Tafeln und Formeln

aus

Astronomie und Geodäsie

für die Hand des Forschungsreisenden,
Geographen, Astronomen und Geodäten

Von

Dr. Carl Wirtz
Universitätsprofessor in Straßburg i. E.

Springer-Verlag Berlin Heidelberg GmbH
1918

Alle Rechte, insbesondere das
der Übersetzung in fremde Sprachen, vorbehalten.

Copyright 1918 by Springer-Verlag Berlin Heidelberg
Ursprünglich erschienen bei Julius Springer in Berlin 1918.
Softcover reprint of the hardcover 1st edition 1918

ISBN 978-3-662-42070-6   ISBN 978-3-662-42337-0 (eBook)
DOI 10.1007/978-3-662-42337-0

Vorbemerkung.

Die vorliegende Tafelsammlung setzt sich als allgemeine Grenze der Genauigkeit ungefähr die 5 stellige logarithmische Rechnung. Mehr kann und soll sie nicht leisten. Verlangt der Rechner höhere Schärfe, so stehen ihm je nach dem Felde seiner Tätigkeit mehrere Tafelwerke zu Gebote, die auf dem Gebiete der Ortsbestimmung und der theoretischen Astronomie die 7 stellige Genauigkeit innehalten[1]).

Was jene Tafeln in getrennten Sammlungen bieten, das vermag infolge der geringeren Genauigkeitsansprüche unsere Tafel in einem Bande zu vereinigen.

Sie verfolgt ein doppeltes Ziel. Der erste Teil ist der geographischen Ortsbestimmung und der mathematischen Geographie gewidmet. Berücksichtigt werden nur solche Methoden, die der Forschungsreisende in fernen Ländern mit kleinem Universalinstrument und Spiegelsextant wirklich einschlagen kann. Rechnungsgenauigkeit etwa $0^s.1$ und $1''$. Beobachtungen am Passageninstrument blieben ganz außer acht. Denn dieser schwere Apparat ist kein Expeditionsinstrument. Der geographische Reisende, der in erster Linie Geograph und Geologe, nicht Astronom ist, wird sich neben einem leichten Universal nicht auch noch mit einem Durchgangsinstrument ausrüsten. So handelt es sich denn nur um Methoden, die auf Beobachtungen von Zenitdistanzen beruhen. Anders steht es um astronomisch-geodätische Expeditionen, etwa zur Festlegung eines kolonialen geodätischen Netzes; da treten Forderungen hervor, die diese Tafel nicht erfüllen will[2]).

Der zweite Teil bringt eine Auswahl von Tafeln zur theoretischen Astronomie, die teils der Bahnbestimmung, teils der Ephemeridenrechnung dienen. Die Genauigkeitsgrenze ist wieder die einer 5 stelligen logarithmischen Rechnung. Einige Inkonsequenzen hier wie im ersten Teil sind nur scheinbar. Bei genäherter Bahn- und Ephemeridenrechnung oder bei der Bearbeitung alter Kometen, deren

---

[1]) Th. Albrecht, Formeln und Hilfstafeln für geographische Ortsbestimmungen. 4. Aufl Leipzig 1908. VIII u. 348 S. gr. 8°. — L. Ambronn, J. Domke, Astronomisch geodätische Hilfstafeln. Mit 15 Nomogrammen. Berlin 1909. VI u. 142 S. gr 8°. — J. Bauschinger, Tafeln zur theoretischen Astronomie. Mit 2 lithogr. Tafeln. Leipzig 1901. IV u. 148 S gr. 8°.

[2]) Vergl. des Verfassers „Allgemeine Bemerkungen zur Ortsbestimmung auf Reisen", Zeitschr. f. Math. u. Phys. 64 (1917) 274.

mittlere Beobachtungsfehler häufig über $\pm 20''$ hinausgehen, wird man die Tafeln mit Gewinn gebrauchen.

Der Studierende und der Astronom findet in beiden Teilen des Buches alle diejenigen Tabellen und Zahlenwerte, deren er bei Beobachtungen an kleinen Instrumenten, an Universal und Refraktor, bei Kometen- und Planetenrechnungen bedarf. Der Forschungsreisende wird den I. Teil benutzen und der Astronom kann bei häufig vorkommenden genäherten Rechnungen sich mit Vorteil der kurzen Tafeln des II. Teiles bedienen, deren Schärfe in den für definitive Bahnbestimmungen und einfachere Störungsrechnungen bestimmten Teilen meist völlig zureicht. An geodätischen Tafeln und Formeln wurden einige mit aufgenommen, die bei der Bearbeitung von Messungen zur Kartierung eines Gebietes zur Hand sein sollen. Genauigkeit und Grad der Ausführlichkeit paßt sich eng dem Zweck an. Topographie blieb unberücksichtigt, es sei denn, daß man die in mehrfacher Einrichtung vorkommenden Tafeln zur barometrischen Höhenmessung dazu rechnen will.

Die Erläuterungen lehren den Gebrauch der Tafeln und führen in Beispielen die Methoden vor. Für einige Formelgruppen, die eine kompliziertere Rechnung, aber keine besonderen Tafeln erfordern, mußten Beispiele in die Zusammenstellung der Formeln eingereiht werden.

Interpolationstäfelchen sind nirgends beigefügt. Sie würden im Verhältnis zuviel Raum einnehmen und wären überdies von geringem Nutzen, da der erfahrene Rechner und sicher der moderne Forschungsreisende hier zum bequemeren und leistungsfähigeren Rechenschieber greift.

Die Sammlung wird auch für den Liebhaber der Astronomie von Wert sein, der neben den Tafeln zur mathematischen Geographie und theoretischen Astronomie einige weitere findet, die bei der Bearbeitung von Helligkeitsbeobachtungen nützlich sind. Dieselben Tafeln dienen dann freilich auch der Vorbereitung der Einzelheiten und der Reduktion für astrometrische Beobachtungen.

Das Buch entstand aus dem Wunsche, alle die Tafeln bequem zusammen zu haben, die bei vielen astronomischen Arbeiten, in Forschung und Lehre, gebraucht werden. Die Meinung über den Nutzen einer Tabelle hängt allerdings von Zufälligkeiten persönlicher Erfahrung, von Art und Umfang des Arbeitsgebietes ab. Die für jedes Zahlenwerk so wichtige typographische Ausgestaltung ließ sich den Zeitumständen angemessen noch befriedigend durchführen.

Bei der Korrektur bin ich in dankenswerter Weise von Dr. K. Schiller in Straßburg i. E. unterstützt worden.

Z. Zt. im Heeresdienst, Februar 1918.

C. Wirtz.

Empfehlenswerte Logarithmentafeln.

Sechsstellig: Bremikers logarithmisch-trigonometrische Tafeln mit sechs Dezimalstellen. Neu bearbeitet von Th. Albrecht. Berlin, R. Stricker.

E. Hammer, Sechsstellige Tafel der Werte $\text{Log}\frac{1+x}{1-x}$. Leipzig, B. G. Teubner 1902.

Fünfstellig: Th. Albrecht, Logarithmisch-trigonometrische Tafeln mit fünf Dezimalstellen. Berlin, P. Stankiewicz.

E. Becker, Logarithmisch-trigonometrisches Handbuch auf fünf Dezimalen. Leipzig, B. Tauchnitz.

C. Bremikers logarithmisch-trigonometrische Tafeln mit fünf Dezimalstellen. Besorgt von A. Kallius. Berlin, Weidmann. — Dezimale Unterteilung des Grades.

Dazu als Ergänzung:

M. von Rohr, Die Logarithmen der Sinus und Tangenten für 0° bis 5° und der Cosinus und Cotangenten für 85° bis 90° von tausendstel zu tausendstel Grad. Berlin, Weidmann, 1900.

F. G. Gauß, Fünfstellige vollständige logarithmische und trigonometrische Tafeln. Halle, E. Strien; Stuttgart, K. Wittwer.

J. Peters, Fünfstellige Logarithmentafel der trigonometrischen Funktionen für jede Zeitsekunde des Quadranten. Berlin, G. Reimer 1912.

F. W. Rex, Fünfstellige Logarithmentafeln. Stuttgart, J. B. Metzler 1884, 1904.

Vierstellig: C. Bremikers Tafeln vierstelliger Logarithmen. Besorgt von A. Kallius. Berlin, Weidmann. — Dezimale Unterteilung des Grades.

F. G. Gauß, Vierstellige logarithmische und trigonometrische Tafeln. Schulausgabe. Halle, E. Strien.

F. W. Rex, Vierstellige Logarithmentafeln. Stuttgart, J. B. Metzler.

Dreistellig: J. Peters, Dreistellige Tafeln für logarithmisches und numerisches Rechnen. Berlin, P. Stankiewicz 1913.

Dreistellige Logarithmentafeln sind auch diesem Buche (Tafel 72) angehängt.

Als astronomische Ephemeride ist für den Forschungsreisenden besonders geeignet

Astronomisch-Nautische Ephemeriden für das Jahr . . . .
Herausgegeben von dem k. k. maritimen Observatorium in Triest. Triest.

Das handliche Buch erscheint in deutscher und italienischer Ausgabe und hält in den Ortsangaben gerade die Genauigkeit inne, die für den Forschungsreisenden die Rechnungsschärfe bildet, nämlich 0^{s}1 und 1″.

Inhaltsverzeichnis.

Seite

Erläuterung der Tafeln I

Tafeln.

Erster Teil.
Tafeln zur mathematischen Geographie und Ortsbestimmung.

1a.	Immerwährende Sonnenephemeride	3, 65
1b.	Scheinbarer Radius und Horizontalparallaxe der Sonne	74
1c.	Verbesserung k wegen Jahresanfang	74
2.	Verwandlung von Bogenmaß in Zeitmaß	75
3.	Verwandlung von Zeitmaß in Bogenmaß	76
4.	Verwandlung der Mittleren Zeit in Sternzeit	77
5.	Verwandlung der Sternzeit in Mittlere Zeit	78
6.	Verwandlung von Stunden, Minuten und Sekunden in Dezimalteile des Tages und umgekehrt	79
7.	Halbe Tagebogen	4, 80
8.	Stundenwinkel im Ersten Vertikal	5, 82
9.	Zenitdistanz im Ersten Vertikal	5, 84
10.	Verwandlung der Thermometer- und Barometer-Skalen	86
11.	Reduktion des Quecksilberbarometers auf 0° (Messingskala) . . .	87
12.	Verwandlung von Graden und Minuten in Sekunden	89
13a.	Mittlere Refraktion	5, 90
13b	Verbesserung der mittleren Refraktion wegen Lufttemperatur . .	91
13c.	Verbesserung der mittleren Refraktion wegen Luftdruck	92
13d.	Logarithmische Refraktionstafel für große Zenitdistanzen	93
13e.	Logarithmische Verbesserung der Refraktion wegen Luftdruck . .	95
13f.	Logarithmische Verbesserung der Refraktion wegen Lufttemperatur	96
13g.	Mittlere Refraktion als Funktion der wahren Zenitdistanz . . .	97
14.	Refraktionstafel für Mikrometermessungen	6, 98
15a.	Kimmtiefe	7, 99
15b.	Verbesserung der mittleren Kimmtiefe wegen Differenz der Wasser- und Lufttemperatur	99
16a.	Zur Reduktion auf den Meridian: $m = \dfrac{2\sin^2 \frac{1}{2} t}{\sin 1''}$	8, 100
16b.	Zur Reduktion auf den Meridian: $n = \dfrac{2\sin^4 \frac{1}{2} t}{\sin 1''}$	100
17.	Stundenwinkel der größten Sonnenhöhe	9, 105
18.	Höhenparallaxe der Sonne	106
19	Höhenparallaxe der Planeten	106

Bemerkung. Stehen bei den Seitenzahlen zwei Angaben, so bezieht sich die erste auf die Erläuterung im Text, die zweite auf die Tafel. Eine einzelne Seitenangabe gilt für die Tafel.

VII

		Seite
20a.	Genäherte Polhöhe aus der Zenitdistanz von Polaris: R_0	9, 107
20b.	Genäherte Polhöhe aus der Zenitdistanz von Polaris: S_0	108
21a.	Polhöhe aus der Zenitdistanz von Polaris: M_0	10, 109
21b.	Polhöhe aus der Zenitdistanz von Polaris: N_0	110
22.	Genähertes Azimut von Polaris	10, 111
23.	Zur Berechnung des genauen Azimuts von Polaris	11, 113
24.	Zur Berechnung des Azimuts für ein beliebiges Gestirn	11, 115
25.	Parallaktische Vergrößerung des Mondradius	14, 120
26a.	Verkürzung des Sonnen- und Mondradius durch Refraktion	14, 121
26b.	Korrektion der vorstehenden Tafel 26a	121
27.	Reduktion der Mondparallaxe	14, 121
28a.	Zur Berechnung der Refraktion in Distanz: 4.1ϱ ⎫ Mond-	15, 122
28b.	Zur Berechnung der Refraktion in Distanz: A ⎬ distanzen:	123
28c.	Zur Berechnung der Refraktion in Distanz: B ⎭ III. Korrektion	124
28d.	Verbesserung der Refraktion in Distanz wegen Lufttemperatur	125
28e.	Verbesserung der Refraktion in Distanz wegen Luftdruck	126
29.	Höhenparallaxe des Mondes	127
30.	Monddistanzen: IV. Korrektion, höhere parallaktische Glieder	15, 128
31.	Monddistanzen: V. Korrektion, kleine parallaktische und Refraktionsglieder	16, 130
32.	Monddistanzen: VI. Korrektion, Verbesserung wegen Erdfigur	16, 131
33.	Monddistanzen: VII. Korrektion, Verbesserung wegen Sonnenparallaxe	16, 132
34.	Genäherte Reduktion der scheinbaren auf wahre Monddistanz	21, 133
35.	Zur Berechnung der Distanz naher Sterne	24, 135
36a.	Präzession in Rektaszension $p\alpha$	24, 136
36b.	Präzession in Deklination $p\delta$	24, 137
37.	Zur Berechnung der Präzession in Rektaszension und Deklination und in den Bahnelementen	24, 138
38a.	Differenzielle Präzession in Rektaszension und Deklination	26, 139
38b.	Zehnjährige Präzession in Positionswinkel	26, 146
39.	Aberration in Positionswinkel und Distanz	27, 149
40.	Ellipsoidische Erdfigur	28, 152
41.	Tafeln zur sphäroidischen Übertragung	29, 154
42a.	Meridianbogen M vom Äquator bis zur Breite φ	33, 157
42b.	Interpolationsfaktoren der zweiten Differenzen für Minutenteilung	33, 158
43.	Zur Berechnung der parallaktischen Faktoren	33, 159
44.	Dimensionen der Erde nach Helmert-Hayford	34, 160
45.	Normalzeiten der wichtigeren Länder	161
46a.	Maßvergleichungen	34, 162
46b.	Lineare Ausdehnungskoeffizienten für $1°$ C innerhalb der gewöhnlichen Gebrauchstemperaturen	35, 162
47.	Barometrische Höhenmessung	35, 163
	Ia. Schwerekorrektion für die geographische Breite	35, 163
	Ib. Schwerekorrektion für Seehöhe	35, 163
	IIa. Korrektion der Temperatur für Änderung der Schwere mit der Breite	36, 163
	IIb. Korrektion der Temperatur für Feuchtigkeit	36, 164
	IIc. Zur genäherten Berechnung des Dampfdrucks im oberen Niveau	36, 164
	III. $18400 \cdot \log \frac{760}{p}$	36, 165
	IV. Temperaturkorrektion	36, 166
	V. Korrektion wegen Abnahme der Schwere mit der Höhe	36, 167

VIII

                           Seite

 VI. Korrektionsfaktor zum Übergang auf linear mit der Höhe ab-
   nehmende Lufttemperatur 36, 167
 VII. Zur genäherten Berechnung der Höhe 37, 168
 VIII. Logarithmische Höhentafeln 38, 169
48. Sättigungsdrucke des Wasserdampfes 39, 171

Zweiter Teil.
Tafeln zur theoretischen Astronomie.

49. Julianische Periode 39, 172
50a. Wahre Anomalie in der parabolischen Bewegung 40, 174
50b. Wahre Anomalie in der Parabel für große v 41, 177
51a. Wahre Anomalie in parabelnahen Bahnen: log f, log E . . . 42, 178
51b. Wahre Anomalie in parabelnahen Bahnen: log G 179
51c. Wahre Anomalie in parabelnahen Bahnen: log H 180
52. Perihelzeit in parabelnahen Bahnen 43, 181
53. Auflösung der Keplerschen Gleichung für e < 0.25 . . . . 44, 182
54. Auflösung der Keplerschen Gleichung für e < 0.6 . . . . 44, 182
55. Zur Ermittelung der Sehne in der parabolischen Bewegung . 45, 183
56. Verhältnis $\frac{\text{Sektor}}{\text{Dreieck}} = y$ in der Parabel 45, 183
57a. Verhältnis $\frac{\text{Sektor}}{\text{Dreieck}} = y$ in Ellipse und Hyperbel: $\log y^2$ . . . 46, 184
57b. Zur Ermittelung von $\frac{\text{Sektor}}{\text{Dreieck}} = y$ in Ellipse und Hyperbel: ξ . 186
58. Enckes f-Tafel 48, 187
59. Zur Berechnung der Differentialquotienten in der Parabel . . 49, 188
60. Bahnverbesserung für große Exzentrizitäten 51, 191
61a. Interpolation nach der Besselschen Formel 53, 193
61b. Interpolation nach der Newtonschen Formel 53, 194
62. Astronomische Konstanten 55, 196
63. Mathematische Konstanten 196

Dritter Teil.
Formeln.

64. Berechnung der Beobachtungsfehler 55, 197
65. Auflösung von Gleichungen mit drei Unbekannten nach der
  Methode der kleinsten Quadrate 56, 198
66. Formeln zur Ortsbestimmung 59, 199
  Zeitbestimmung aus einer Zenitdistanz 199
  Breitenbestimmung aus einer Zenitdistanz 199
  Berechnung der Zenitdistanz 199
  Berechnung des Azimuts 200
  Azimut und Zeit aus einer Distanzmessung 200
  Längenbestimmung aus einer Sternbedeckung 204
67. Formeln zur theoretischen Astronomie 59, 209
  Äquatoreale Koordinaten (α, δ) in ekliptikale (λ, β) . . . 209
  Anomalie und Radiusvektor in der Ellipse 209
  Gaußsche Äquatorkonstanten 210
  Geozentrischer Ort 210
  Transformation der Bahnlage 211
  Heliozentrische Koordinaten 212
  Allgemeine Beziehungen in der Ellipse 212

Anhang.

		Seite
68.	Refraktionstafeln nach Radau's Theorie	59, 213
68a.	Normale Refraktion	60, 213
68b.	Temperaturfaktor A	215
68c.	Faktor α	216
68d.	Faktor τ	216
68e.	Luftdruckfaktor B	217
68f.	Faktor β	217
69.	Mittlere Extinktion	61, 218
	a. Argument Wahre ZD	218
	b. Argument Scheinbare ZD	218
70.	Photometrische Größenklassen und Intensitäten	61, 219
71.	Reduktion beobachteter Zeiten auf die Sonne. Scheinbare Sonnenlänge	62, 220
72.	Dreistellige Logarithmentafel	221
	a. Additions- und Subtraktionslogarithmen	221
	b. Logarithmen der Zahlen	222
	c. Logarithmen der trigonometrischen Funktionen	224
	d. Logarithmen der trigonometrischen Funktionen der in Zeit ausgedrückten Winkel	227
73.	Phasenwinkel	230, 231
74.	Wahrscheinlichkeitsintegral	232

Berichtigungen.

Seite 6, Zeile 15 von oben statt 0_0 lies $0°$.
Seite 25, Zeile 3 von unten statt 25^m lies 52^m.
Seite 111, $t = 8^h\ 40^m\ \varphi = 46°$ statt 71 lies 73.

ERLÄUTERUNGEN.

1. Immerwährende Sonnenephemeride.

Als erste Tafel der Sammlung ist eine immerwährende Sonnenephemeride aufgenommen. Sie enthält im Hauptteil (Tafel 1a) die scheinbare Rektaszension, die scheinbare Deklination, die Zeitgleichung und die Sternzeit im mittleren Mittag auf 1^s und $0.''1$ genau, außerdem den Logarithmus des Radiusvektors R der Sonne auf 5 Dezimalstellen. Alle Angaben beziehen sich auf den mittleren Greenwicher Mittag. Für die Monate Januar und Februar stehen in der Argumentspalte unter G und S nebeneinander die für ein Gemeinjahr und ein Schaltjahr gültigen Daten.

Die Tafel 1b enthält den scheinbaren Sonnenradius auf $1''$ und die Äquatoreal-Horizontalparallaxe auf $0.''1$ von 10 zu 10 Tagen. Mittlerer scheinbarer Sonnenradius $= 15' 59.''63$, mittlere Horizontalparallaxe $= 8.''80$.

Durch die Tafel 1c wird die Übertragung der Sonnenephemeride auf ein beliebiges Jahr zwischen 1900 und 1950 ermöglicht. Sie gibt die Verbesserungen k wegen Jahresanfang in Bruchteilen des Tages an, die man Jahr für Jahr an die Greenwichzeit anbringen muß, bevor man in die Ephemeride eingeht. Die Schaltjahre sind durch ein * gekennzeichnet. Für Tafel 1b spielen diese Korrektionen k der Zeit keine Rolle.

Die Ephemeride gilt für eine Schiefe der Ekliptik $\varepsilon = 23° 27.'0$. In den Jahren 1900—1950 kann durch diese feste Annahme von ε ein Fehler von $0.^s3$ in die Rektaszension und $0.'3$ in die Deklination hineingetragen werden, soweit er nur von der gleichförmigen Abnahme der mittleren Schiefe herrührt. Infolge der Nutation und der Planetenstörungen treten weitere mögliche Fehler von 3^s in Rektaszension und $0.'2$ in Deklination hinzu.

Jedenfalls vermag man dieser Sonnenephemeride für den Tafelzeitraum Örter zu entnehmen, die auf etwa 3^s und $0.'5$ und auf 3 Einheiten der 5ten Stelle im log R genau sind. Diese Schärfe reicht für viele Beobachtungen hin, wie sie der Forschungsreisende anstellt. Z. B. genügt sie, um das Azimut der Sonne zum Zweck der Bestimmung der magnetischen Deklination abzuleiten, sie genügt auch für manche genäherte Beobachtungen und Übungsrechnungen des Studierenden. Außerdem wird man es angenehm empfinden, stets eine Übersichtsephemeride der Sonne für einen langen Zeitraum zur

Hand zu haben, ohne auf die Bände der Jahresephemeriden zurückgreifen zu müssen.

Die seltener gebrauchte scheinbare Länge der Sonne ⊙ findet man mit der gleichen Genauigkeit aus der Tafel 71.

Beispiel. Gesucht Ort der Sonne (α, δ), Zeitgleichung (ζ), Radiusvektor (log R) für 1904 Februar 23 $4^h 22^m 4^s$ M. Z. Greenw. und die Sternzeit (Θ_0) im mittleren Greenwicher Mittag dieses Tages.

$$\begin{array}{r} 1904 \text{ Febr. } 23\cdot 182 \\ k + 0\cdot 391 \\ \hline \text{Febr. } 23\cdot 573 \end{array}$$

Die einfache Interpolation für Febr. 23·573 liefert

$\alpha \; 22^h 22^m 14^s \quad \delta - 10° 10\overset{\cdot}{\,}5 \quad \zeta + 13^m 39^s \quad \log R \; 9\cdot 99544$

Um Θ_0 zu erhalten, schaltet man für Febr. $23 + k =$ Febr. $23\cdot 391$ ein und findet $\quad \Theta_0 \; 22^h 7^m 52^s$

Aus dem Nautical Almanac 1904 ergeben sich in guter Übereinstimmung dieselben Größen wie folgt

$\alpha \; 22^h 22^m 15^s \quad \delta - 10° 10\overset{\cdot}{\,}4 \quad \zeta + 13^m 41^s \quad \log R \; 9\cdot 99545$
$\Theta_0 \; 22^h 7^m 51^s$

Einfach konstruierte Sonnentafeln, aus denen sich der Ort der Sonne mit geringer Mühe für beliebige Zeiten zwischen —800 und + 2200 auf ±1″ genau berechnen läßt, hat **Stürmer** herausgegeben:

C. M. Stürmer, Sonnentafeln nach **Leverriers** Elementen der Sonnenbahn. Ein Hilfsbuch für Chronologie, Astronomie, mathematische Geographie und Nautik. 75 S. Würzburg 1875. 4°.

Diese Tafeln genügen bei der Bearbeitung von Kometen früherer Jahrhunderte, auch noch für die meisten Kometen des 18. Jahrhunderts.

2. Verwandlung von Bogenmaß in Zeitmaß.

3. Verwandlung von Zeitmaß in Bogenmaß.

4. Verwandlung der mittleren Zeit in Sternzeit.

5. Verwandlung der Sternzeit in mittlere Zeit.

6 Verwandlung von Stunden, Minuten und Sekunden in Dezimalteile des Tages und umgekehrt.

7. Halbe Tagbogen.

Die Tafel berücksichtigt die Refraktion im Horizont. Der Stundenwinkel t im Moment des scheinbaren Auf- und Unterganges ergibt sich aus:

$$\cos t = \frac{\cos 90° 35' - \sin \varphi \sin \delta}{\cos \varphi \cos \delta}$$

Bequemer ist es aber, zuerst den Stundenwinkel im Horizont ohne Refraktion zu berechnen nach:

$$\cos t = -\operatorname{tang} \varphi \operatorname{tang} \delta, \text{ oder nach: } \operatorname{tang} \frac{t}{2} = \sqrt{\frac{\cos(\varphi-\delta)}{\cos(\varphi+\delta)}}$$

und dann die Verbesserung dt wegen Refraktion an den Stundenwinkel des wahren Auf- oder Unterganges anzubringen:

$$dt = \frac{2^{\mathrm{m}}33}{\sqrt{\cos(\varphi-\delta)\cos(\varphi+\delta)}}$$

8, 9. Stundenwinkel und Zenitdistanz im Ersten Vertikal.

$$\cos t = \frac{\operatorname{tang} \delta}{\operatorname{tang} \varphi} \qquad \cos z = \frac{\sin \delta}{\sin \varphi}$$

$$\operatorname{tang} \tfrac{1}{2} t = \sqrt{\frac{\sin(\varphi-\delta)}{\sin(\varphi+\delta)}} \qquad \operatorname{tang} \tfrac{1}{2} z = \sqrt{\frac{\operatorname{tang} \tfrac{1}{2}(\varphi-\delta)}{\operatorname{tang} \tfrac{1}{2}(\varphi+\delta)}}$$

10. Verwandlung der Thermometer- und Barometer-Skalen.

11. Reduktion des Quecksilberbarometers auf 0° (Messingskala).

12. Verwandlung von Graden und Minuten in Sekunden.

13. Refraktion.

Die Refraktionstafel ist in doppelter Anordnung gegeben.

Auf die Tafel der numerischen mittleren Refraktion (Tafel 13a), die für 760 mm Luftdruck und + 10° C Temperatur gilt, folgen die numerischen Korrektionen wegen Temperatur und Luftdruck (Tafel 13b, c), ausreichend bis 85½° Zenitdistanz. Thermometer- und Barometergrenzen sind soweit gesteckt, daß die Tafeln auch für extreme Fälle ausreichen, wie sie auf Forschungsreisen in polaren Regionen und in großen Meereshöhen vorkommen (Hochasien, Anden, Südpolarkontinent, Grönländisches Inlandeis).

Für große Zenitdistanzen wäre die Interpolation unbequem, die Rechnung ungenau geworden. Da aber Messungen in niedrigen Höhen, insbesondere bei Polarreisen, sich nicht vermeiden lassen und ausgenützt werden müssen, wurde von 85° an die Refraktionstafel logarithmisch gegeben (Tafel 13 d—f). Vier Dezimalen entsprechen der Genauigkeit der Beobachtungen sowohl als auch der Refraktionswerte. Die Refraktion in Bogensekunden geht hervor durch die Formel:

$$\log \text{Refr.} = \log(\alpha \operatorname{tg} z) + A \log B + \lambda \log \gamma$$

Die numerische Refraktionstafel gibt die Besselschen Werte wieder, die logarithmische enthält die log (α tg z), λ und A nach den auf Gyldéns Theorie gestützten „Tables de réfraction de l'observatoire de Poulkovo"[1]) in vereinfachter und abgekürzter Gestalt; doch sind auch hier die logarithmischen Verbesserungen wegen Barometer und Thermometer nach Bessel angesetzt.

Hat als Barometer ein Quecksilberbarometer gedient, so ist die Ablesung zunächst auf 0° zu reduzieren (Tafel 11).

Die „mittlere Refraktion als Funktion der wahren Zenitdistanz" (Tafel 13 g) braucht man bei Berechnung der scheinbaren Zenitdistanz aus der wahren. Bis 70° kann man innerhalb der Genauigkeitsgrenze von 0.″5 die Argumente als identisch annehmen. Die numerischen Verbesserungstafeln wegen Barometer und Thermometer (Tafel 13 b, c) gelten auch hier.

Beispiel 1. Scheinb. ZD = 80° 45′   Bar. auf 0.°9 = 671 mm
                                      Therm. = + 33°5

Mittl. Refr.	5′ 43″
Verbess. wegen Temp.	− 27
„ „ Luftdruck	− 37
Wahre Refr.	4 39

Beispiel 2. Scheinb. ZD = 87° 22′ 43″ Bar. auf 0° = 768·8 mm
                                         Therm. = − 10°3

  lg α tg z 2.9684 λ 1.259   A 1.028
lg B + 99   A lg B + 102
lg γ + 311 λ lg γ + 392
  lg Refr. 3.0178   Refr. = 1042″ = 17′ 22″

Die Verwandlung der Bogensekunden in Minuten läßt sich aus Tafel 12 entnehmen. —

Beim Gebrauch der Refraktionstafel möge man sich stets vergegenwärtigen, daß die Refraktionstafel eine physikalische Tafel ist, keine Logarithmentafel.

Refraktionstafeln nach Radaus Theorie bringt der Anhang, Tafel 68.

14. Refraktionstafel für Mikrometermessungen.

Zur bequemeren und strengen Berechnung der Refraktion für Mikrometermessungen hat Bessel[2]) eine besondere Konstante eingeführt, auf die man zurückgreifen muß, wenn es sich um große Abstände der verbundenen Gestirne handelt, also um Distanzen, wie

---

[1]) Petersburg 1905.
[2]) F. W. Bessel, Astron. Untersuch. 1 (1841), S. 198.

sie die photographische Platte, das Heliometer oder auch ein Spiegelinstrument zulassen. Für fadenmikrometrische Messungen im Felde des Fernrohrs führen einfachere Formeln zum Ziel, wenn überhaupt die Strahlenbrechung eine Rolle spielt; jedenfalls dürfen dann Barometer und Thermometer wohl immer vernachlässigt werden.

Hier sei nur der am häufigsten vorkommende Fall angeführt. Eine gemessene Distanz s' soll wegen Refraktion verbessert werden. Wir bilden zunächst aus Tafel 14 (Argument wahre Zenitdistanz ζ) die Konstante $\varkappa$ unter Berücksichtigung der meteorologischen Ablesungen:

$$\log \varkappa = \log \varkappa_0 + A_0 \log B + \lambda_0 \log \gamma$$

wo log B und log γ den Tafeln 13 e, f entnommen werden. Bezeichnet ferner

ζ die wahre Zenitdistanz der Mitte des die beiden Sterne verbindenden Bogens

p den Positionswinkel der verbundenen Sterne in der Bogenmitte

q den parallaktischen Winkel in der Bogenmitte

s' die scheinbare (gemessene) Distanz in Bogensekunden

s die wahre Distanz

so ist die Verbesserung Δs von s' wegen Refraktion

$$s - s' = \Delta s = s'\varkappa (1 + \operatorname{tang}^2 \zeta \cos^2 (p-q))$$

p—q stellt den Winkel dar, den die Distanz mit dem Vertikalkreis einschließt. Der parallaktische Winkel q kann leicht mit Hilfe der Tafel 24 (vgl. die Erläuterung dazu) abgeleitet werden.

Beispiel. $s' = 6923''42$ $\zeta = 82°34'3$ $p-q = 114°23'$
Bar. = 771 mm   Therm. = —6°

$\operatorname{tg}^2 \zeta$ 1.7696
$\cos^2 (p-q)$ 9.2316
                1.0012

lg B +111 A_0 lg B +110
lg γ +241 λ_0 lg γ +280

lg $\varkappa_0$ 6.3597 A_0 0.989 λ_0 1.164

lg $\varkappa$ 6.3987
lg s' 3.8403
lg $(1+ \operatorname{tg}^2\zeta \cos^2(p-q))$ 1.0425
lg Δs 1.2815 $\Delta s = +19''12$
              $s = 6942''54$

15. Kimmtiefe.

Befindet sich der Reisende an der Küste, so kann er sich für Beobachtungen, die nicht alle mit seinen Expeditionsmitteln erreichbare Genauigkeit verlangen, die Beziehung zur Lotlinie durch die Kimm herstellen und mit dem Sextanten Kimmabstände messen. Bedeutet h die Augeshöhe des Beobachters über dem Meeresspiegel in Meter, so ist die Kimmtiefe k gegeben durch

$$k = 1''779 \sqrt{h}$$

Durch die Anbringung der Verbesserung $\varDelta k = 0\overset{s}{.}37\,(t_W - t_L)$ wird man in den meisten Fällen einen Gewinn an Genauigkeit erzielen. Man bedarf dazu der Kenntnis der Lufttemperatur t_L in Augeshöhe und der Wassertemperatur t_W; letztere wird man sich schwer beschaffen können, wenn man sich an einer Steilküste hoch über dem Wasser befindet.

Der Hauptsache nach soll aber auch die Tabelle für $\varDelta k$ den Beobachter nur vor allzu großem Vertrauen auf die Kimmtiefentafel warnen.

16. Zur Reduktion auf den Meridian.

Zenitdistanzen, die in Stundenwinkel nicht weit vom Meridian entfernt beobachtet sind, lassen sich bequem auf die Kulminationszenitdistanz reduzieren und ergeben dann die Breite φ nach der einfachen Meridianformel.

Es sei

$$A = \frac{\cos\varphi\,\cos\delta}{\sin z_0},$$

z_0 Meridian-Zenitdistanz:
$z_0 = \varphi - \delta$ für obere Kulmination
$z_0 = 180° - (\varphi + \delta)$ für untere Kulmination

so kommt

$$\varphi = \delta + z - A \cdot m + A^2 \cdot \operatorname{cotg} z_0 \cdot n$$

Die Größen

$$m = \frac{2\sin^2\tfrac{1}{2}t}{\sin 1''} \quad \text{und} \quad n = \frac{2\sin^4\tfrac{1}{2}t}{\sin 1''}$$

enthält die Tafel 16; sie reicht in Stundenwinkel bis 40^m und genügt für alle zweckmäßig angelegten Beobachtungen. Die vernachlässigten Glieder übersteigen in keinem praktisch vorkommenden Falle den Betrag von $0\overset{''}{.}5$. Allzu große Annäherung an das Zenit wird man ja schon aus instrumentellen Gründen zu meiden suchen.

Beispiel. $t = +24^m\,30\overset{s}{.}4 \quad \delta = -3°\,0'\,0'' \quad \varphi = +51°\,32'$

```
Wahres z    54° 45' 29"
       δ   — 3   0   0
Red. auf Mer. — 14  57
       φ   +51  30  32
```

$\varphi \cos$ 9.7938	$\lg A^2$ 9.765	$m = 1178\overset{''}{.}1$
$\delta \cos$ 9.9994	$\operatorname{cotg} z_0$ 9.853	$n = 3.36$
$z_0 = 54°\,32'$ cosec 0.0891	$\lg n$ 0.526	
$\lg A$ 9.8823	0.144	
$\lg m$ 3.0711		
2.9534 — $898\overset{''}{.}2$		
$+1.4$		
Red. auf Mer. — $14'\,56\overset{''}{.}8$		

17. Stundenwinkel der größten Sonnenhöhe.

Liegt eine Reihe von Zirkummeridian-Zenitdistanzen der Sonne vor, so hätte man für jede gemessene Zenitdistanz die zugehörige Sonnendeklination zu nehmen und die Rechnung für jeden Stundenwinkel mit einer anderen Deklination zu führen. Statt dessen verfährt man bequemer, wenn man die Stundenwinkel der Sonne nicht vom Meridian, sondern vom Moment der größten Sonnenhöhe aus zählt. Bewegte Gestirne erreichen ja die größte Höhe nicht im Meridian, sondern bei wachsender Deklination (Bewegung gegen Norden) erst nach dem Meridiandurchgang, bei abnehmender Deklination vor dem Durchgang. Dieser Stundenwinkel σ der größten Höhe ergibt sich durch:

$$\sigma = 0^s2546\,(\mathrm{tg}\,\varphi - \mathrm{tg}\,\delta)\,\mu$$

wo μ die stündliche Änderung der Sonnendeklination um Mittag bezeichnet. Man kann nun alle Beobachtungen mit nur einer Deklination berechnen, wenn man diese für den Augenblick des wahren Mittags der Ephemeride entnimmt. Zur bequemen Bestimmung von σ dient Tafel 17, die die Größen

$$a = 0^s2546\,\mathrm{tang}\,\varphi \qquad b = -0^s2546\,\mathrm{tang}\,\delta$$

und μ enthält, daneben zur Übersicht auch noch die Sonnendeklinationen auf volle Grade gibt. Die Vorzeichen für a und b sind von der Seite des Arguments her zu entnehmen. Dann ist

$$\sigma = (a + b)\,\mu$$

Beispiel. Oktober 1 $\varphi = +51°5$ $\delta = -3°0$
  a +0·320
  b +0·013
  a+b +0·333 $\mu = -58''$ $\sigma = -19^s4$

d. h. die größte Höhe der Sonne tritt 19^s4 vor dem wahren Mittag ein.

18. Höhenparallaxe der Sonne.

19. Höhenparallaxe der Planeten.

20, 21. Polarisbreite.

Zur Berechnung der Polhöhe aus Zenitdistanzen von Polaris sind zwei Tafeln beigegeben. Die eine dient zur genäherten Ableitung des Ergebnisses auf etwa $0\overset{.}{,}1$ genau, die andere soll die genaue Berechnung erleichtern.

Als fester Wert der Poldistanz p_0, mit dem alle Polaristabellen entworfen sind, wurde genommen

$$p_0 = 4000'' = 1°6'40'' \quad \text{oder} \quad \delta = +88°53'20''$$

eine Deklination, die Polaris um 1922 erreichen wird. Zum Übergang auf wahre Poldistanz p der Epoche sind die Täfelchen für $\frac{p}{p_0}$, $\frac{p^2}{p_0^2}$, $\frac{p^3}{p_0^3}$ hinzugefügt.

Zur genäherten Polhöhenbestimmung genügt die Formel

$$\varphi = (90° - z) + \frac{p}{p_0} R_0 + \frac{p^2}{p_0^2} S_0$$

wo $R_0 = -p_0 \cos t$ und $S_0 = \tfrac{1}{2} p_0^2 \sin 1'' \tang \varphi \sin^2 t$

R_0 und S_0 nebst den Verbesserungsfaktoren für andere Deklinationen findet man in den Tafeln 20a, b.

Soll die Bogensekunde innegehalten werden, so berechnet man das einfache Hauptglied $-p \cos t$ direkt mit der wahren Deklination der Epoche; das zweite und dritte Glied leitet man mit Hilfe kurzer Täfelchen (21a, b) ab. Setzen wir

$M_0 = \tfrac{1}{2} p_0^2 \sin 1'' \tang \varphi \qquad N_0 = \tfrac{1}{6} p_0^3 \sin^2 1'' (1 + 3 \tang^2 \varphi) \sin^2 t \cos t$

so wird:

$$\varphi = (90° - z) - p \cos t + \frac{p^2}{p_0^2} M_0 \sin^2 t + \frac{p^3}{p_0^3} N_0$$

Beispiel. 1915 Oktober 6 in $\varphi = +45° 40'$.

Wahres $z = 43° 25' 27''$ $t = 21^h 48^m 31^s$ $\delta_{app} = +88° 51' 25''$

$p = 1° 8' 35'' = 4115''$

Genäherte Rechnung (Tafel 20a, b).

$$\begin{array}{rr} 90° - z & 46° 34\overset{'}{.}6 \\ R = -56\overset{''}{.}0 \times 1.029 & -57.6 \\ S = +0.2 \times 1.06 & +0.2 \\ \hline \varphi = & +45° 37\overset{'}{.}2 \end{array}$$

Strenge Rechnung (Tafel 21a, b).

lg p 3.61437	$M = 40'' \times 1.059 = 42''3$	$90° - z$	$46° 34' 33''$
cos t 9.92423	lg M 1.626	$-p \cos t$	$-57\ 36.2$
3.53860	sin² t 9.469	$+M \sin^2 t$	$+\ 12.4$
3456″2	1.095	$+N$	$+\ 0.2$
	12″4	$\varphi =$	$+45° 37' 9''$

22, 23. Polarisazimut.

Tafeln für das Azimut des Polarsterns findet man ebenfalls in zweifacher Anordnung.

Der Tafel 22 für das genäherte Azimut liegt wieder die Poldistanz $p_0 = 4000''$ zugrunde. Sie liefert die Azimute bei sorgfältiger Interpolation auf 1'—2' genau, und das reicht in den meisten Fällen für die Bestimmung der magnetischen Deklination mit Expeditionsmitteln. Selbst für die Orientierung einer fliegenden Vermessung kommt man mit der Bogenminute aus. Das Azimut A_n wird vom Nordpunkt aus positiv über Ost, Süd, West gezählt. Für andere Poldistanzen p hat man den Tafelwert A_o mit dem Faktor $\frac{p}{p_o}$ zu multiplizieren. Die Vorzeichen stehen auf der Seite des Vertikalargumentes (Stundenwinkel).

Der genauen Bestimmung des Azimutes des Polarsterns dient die nächste Tafel 23. Die strenge Formel für A_n ist bequemer als irgend eine der bisher zur Tabulierung benutzten Reihenentwickelungen. Setzt man:
$$a = \cotg \delta \ \tang \varphi \cos t$$
so ist:
$$\tang A_n = -\cotg \delta \sec \varphi \sin t \cdot \frac{1}{1-a}$$

Die Größe $\log \frac{1}{1-a}$ enthält die Tafel 23 in Einheiten der fünften Dezimale mit dem Argument $\log a$. Das Vorzeichen von a ist zu beachten. Die Methode genügt rechnungsmäßig für die Festlegung der Seitenrichtung in einem kolonialen Dreiecksnetz und ist auch für geographische Zwecke jederzeit bequem. Fünfstellig gibt sie noch in den Digressionen von Polaris Bruchteile der Bogensekunde (etwa 0″2), vierstellig bleibt die zehntel Minute immer sicher.

Beispiel. 1915 Oktober 10 in $\varphi = +36°\,47'\,50''$.

$t = +2^h\,5^m\,36^s$ $\delta_{app} = +88°\,51'\,26''$ $p = 1°\,8'\,34'' = 4116''$

Genäherte Rechnung (Tafel 22).

$A_o = -44'$ $\frac{p}{p_o} = 1.029$

$A_n = -0°\,45\rlap{.}'3$

Strenge Rechnung (Tafel 23).

$-\cotg \delta$	8.29990n	$\cotg \delta$ 8.29990
$\sec \varphi$	0.09650	$\tg \varphi$ 9.87392
$\sin t$	9.71685	$\cos t$ <u>9.93123</u>
$\lg \frac{1}{1-a}$	+ 557	$\lg a$ 8.10505
$\tg A_n$	8.11882n	

$A_n = -0°\,45'\,11\rlap{.}''6$

24. Zur Berechnung des Azimuts für ein beliebiges Gestirn (Zeitazimut).

Bei der Verwertung der astronomischen Messungen zur Standlinienmethode bedarf man der Kenntnis des genäherten Azimuts A der beobachteten Gestirne aus φ, δ und t, ebenso zur raschen Bestimmung der magnetischen Deklination und zu Hilfs- und Reduktionsrechnungen mancherlei Art. Liegt die Genauigkeitsgrenze bei etwa $0°1$, so läßt sich das Azimut mit einer kurzen Tafel bequem und sicher ableiten, einer Tafel, die meines Erachtens den umfangreichen Azimuttabellen verschiedener Konstruktion vorzuziehen ist. Die eleganteste dieser Tabellen, Perrins A-B-C-Tafel, die man in allen neueren nautischen Tafelsammlungen findet, nimmt mindestens 18 Seiten größten Formats ein, verlangt ein dreimaliges Eingehen in drei Tafeln mit je zwei Argumenten und eine algebraische Addition zweier den Tafeln entnommenen Größen. Überdies ist geographische Breite und Deklination auf Werte unter 60° beschränkt. An Arbeit wird gegenüber der hier gegebenen Formel nichts gewonnen, an Sicherheit und Genauigkeit stehen jene Tafeln unserer kleinen dreistelligen Rechnung nach, die stets $0°1$ genau ergibt.

Zählen wir das Azimut A vom Nordpunkt aus über Ost, Süd, West herum, so rechnen wir:

$$a = \cotg \delta \, \tang \varphi \, \cos t$$
$$\tang A = \cotg \delta \, \sec \varphi \, \sin t \, \frac{1}{a-1}$$

Die Tafel 24 gibt nun mit dem Argument $\log a$ den Wert $\log \frac{1}{a-1}$ auf 3 Stellen, und das genügt, um in allen Fällen des Zehntel Grades versichert zu sein. Man hat auf das Vorzeichen von a zu achten und danach den Tafelteil zu wählen, in den man mit $\log a$ eingehen muß. Die Tangente läßt das Azimut A um 180° zweideutig, aber um diesen Betrag ist man nie in Ungewißheit.

Beispiel 1.

$\delta = -23°07$ cot 0.371_n cot 0.371_n
$\varphi = -50.52$ sec 0.196 tg 0.084_n
$t = -6^h 34^m 1^s = -98°50$ sin 9.995_n cos $\underline{9.170_n}$
     lg $\frac{1}{a-1}$ 9.848_n lg a 9.625_n
     tg A $\overline{0.410_n}$

$A = N\,111°3\,O = S\,68°7\,O$

Beispiel 2.

$\delta = -12°97$ cot 0.638_n cot 0.638_n
$\varphi = +46.87$ sec 0.165 tg 0.028
$t = -3^h 1^m 16^s = -45°32$ sin 9.852_n cos $\underline{9.847}$
     lg $\frac{1}{a-1}$ 9.371_n lg a 0.513_n
     tg A $\overline{0.026_n}$

$A = N\,133°3\,O = S\,46°7\,O$

Beispiel 3 (Polarstern).

$$\delta = +88°86 \qquad \text{cot } 8.300 \qquad \text{cot } 8.300$$
$$\varphi = +36.80 \qquad \text{sec } 0.097 \qquad \text{tg } 9.874$$
$$t = +2^h 5^m 36^s = +31°40 \qquad \text{sin } 9.717 \qquad \text{cos } 9.931$$
$$\lg \frac{1}{a-1} \; 0.005_n \qquad \lg a \; \overline{8.105}$$
$$\text{tg A } \overline{8.119_n}$$

$$A = N\,179°25 + 180° O = N\,0°75\,W$$

Mit Hilfe der gleichen Tafel läßt sich in ebenso bequemer Weise der **parallaktische Winkel q** am Gestirn berechnen. Wir haben dann:

$$a = \cotg \varphi \; \tang \delta \; \cos t$$
$$\tang q = -\cotg \varphi \; \sec \delta \; \sin t \frac{1}{a-1}$$

25—34. Monddistanzen.

Die Methode der Monddistanzen bewährt ihre Leistungsfähigkeit in hohen Breiten, auf Polarreisen. In niederen Breiten bieten sich zur Längenbestimmung heutigen Tages die drahtlosen Signale dar und das Gewicht der Empfangsapparate für Funktelegraphie ist geringer als das der Instrumente, deren man zur genauen Bestimmung des Mondortes bedarf, dessen Schärfe zur Längenbestimmung überdies nie an die der drahtlosen Signale heranreicht, ganz abgesehen von der Einfachheit in Beobachtung und Rechnung, die die Signale vor den Mondmethoden voraus haben. Bei Reisen in polaren Gebieten aber befindet man sich meistens, so in der Antarktis, außerhalb der Reichweite der großen drahtlosen Stationen, und dann wird in Polnähe die Längenbestimmung oder die Bestimmung der Greenwich-Zeit durch Monddistanzen gleichwertig mit den topographischen Aufnahmen der Expedition.

Die zufällige Genauigkeit, die man bei der Messung von Monddistanzen an Spiegelinstrumenten erreicht, wird den mittleren Fehler $\pm 20''$ kaum unterschreiten. Wir dürfen demnach die Methode zur Berechnung so auswählen, daß sie die einzelne Bogensekunde nicht mehr zu verbürgen braucht. Die kürzeste und übersichtlichste Reduktion der scheinbaren topozentrischen Distanz auf die wahre geozentrische besteht nun darin, daß man nur die wesentlichste Verbesserung, nämlich das Hauptglied der Parallaxenwirkung des Mondes auf die Distanz direkt genau berechnet. Alles Übrige, also die Summe der Refraktion und der höheren Glieder der Parallaxe pflegt man dann einer Tafel mit drei Argumenten (der scheinbaren Distanz und den Höhen der beiden Gestirne) zu entnehmen, die indes weder bequem noch genau in der Interpolation ist. Sie beansprucht ferner einen großen Raum, nämlich je nach der Anordnung bis zu 22 Seiten größten Formates (Elfordsche Methode).

Hier ist ein anderer Weg eingeschlagen. Die einzelnen Glieder werden getrennt behandelt und zu ihrer Ermittelung Tafeln gegeben, die entweder direkt oder durch eine kleine Rechnung zum Ziele führen. Diese Trennung erlaubt auch eine strenge Berücksichtigung der einzelnen bestimmenden Elemente, so der Thermometer- und Barometerstände für die Refraktion und der schwankenden Größe der Mondparallaxe für die höheren Glieder der parallaktischen Verschiebung. Außerdem wird von vornherein die Erdfigur in einer einfachen Weise eingeführt, bei der man des Mondazimutes nicht bedarf.

Zunächst seien die einzelnen für die Reduktion der Monddistanzen zusammengestellten Tabellen kurz besprochen.

Tafel 25 enthält die Vergrößerung des Mondradius durch die parallaktische Wirkung. Die immer positive Korrektur verwandelt den Radius der Ephemeride in den scheinbaren topozentrischen Mondradius, ohne Strahlenbrechung. Diese bewirkt wiederum eine Zusammendrückung der Mond- und Sonnenscheibe, und den Betrag der Verkürzung geben die Tafeln 26a, b an mit den beiden Argumenten Zenitdistanz (ZD) z des Gestirns und Winkel q der gemessenen Distanz mit dem Vertikalkreis. Die Haupttafel 26a gilt für Barometer 760 mm, Thermometer + 10° und den mittleren Radienwert 15′ 40″; den Übergang auf andere scheinbare Radien vermittelt das Täfelchen 26b. Bei großen Refraktionsbeträgen in Radius könnte man mit den Tafeln 13b, c noch den Stand der meteorologischen Instrumente berücksichtigen. Hat man den Winkel q bei der Messung nicht mitgeschätzt, so findet man ihn leicht durch eine dreistellige Rechnung nach der Formel

$$\tang\frac{q_\odot}{2}=\sqrt{\frac{\sin(s-z_\odot)\sin(s-D)}{\sin s\,\sin(s-z_\mathbb{C})}} \qquad \tang\frac{q_\mathbb{C}}{2}=\sqrt{\frac{\sin(s-z_\mathbb{C})\sin(s-D)}{\sin s\,\sin(s-z_\odot)}}$$

$$s=\frac{z_\mathbb{C}+z_\odot+D}{2}$$

$z_\mathbb{C}$ scheinbare ZD des Mondes
$z_\odot$,,   ,, der Sonne
D   ,,   Distanz.

Mit ⊙ (Sonne) soll weiterhin das mit dem Mond verbundene Gestirn bezeichnet werden, also auch Planet oder Fixstern.

Die Äquatoreal-Horizontalparallaxe Π des Mondes wird vor Beginn der Rechnung durch die positive Korrektur

$$d\Pi = +\Pi\frac{e^2\sin^2\varphi}{2}$$

übertragen auf den Punkt, in dem die Vertikale im Beobachtungsort die Erdachse schneidet. Dieser Punkt heißt der Normalpunkt des Beobachtungsortes. Für dΠ hat man Täfelchen 27; e ist die Exzentrizität der Meridianellipse der Erde, also log e² = 7.8275 mit der Abplattung $\alpha = \frac{1}{297}$.

Zur Berechnung der Refraktion in Distanz dient die Tafelgruppe 28 a—e.

Die mittlere Besselsche Refraktion ϱ für 751.5 mm, +9°3 läßt sich darstellen in der Form:

$$\varrho = 57''796 \tang (z - 4.1 \varrho)$$
$$[1.76190]$$

Bis ZD = 80° erreicht der Fehler dieser Formel erst 0″04, bei ZD 83° beträgt er 0″8, bei 84° wächst er auf 1″7. Jedenfalls genügt die Formel innerhalb aller praktischen Grenzen. Unsere Tafel 28 a gibt daher zunächst den Wert 4.1 ϱ mit dem Argument scheinbare ZD. Bedeutet nun

Z die größere scheinbare ZD,
z „ kleinere „ „

der zum Abstand verbundenen Gestirne, so rechnet man:

$$\tang N = \frac{\cos (Z - 4.1 \varrho)}{\cos (z - 4.1 \varrho)}$$

Refraktion in Distanz = $(A + B) \cosec D$

$A = 115''59 \cosec 2N$ mit dem Argument N, $B = -115''59 \cos D$ [log const. = 2.09293] mit dem Argument D liefern die Tafeln 28 b, c. Die Refraktion wird um nicht mehr als 1″ fehlerhaft sein. Da die Konstante der Tafeln so gewählt ist, daß die Refraktionsformel sich möglichst der Besselschen mittleren Refraktion anschließt, so gelten auch die dieser zugrunde liegenden meteorologischen Daten (751.5 mm, +9°3); zur Verbesserung der gewonnenen Refraktion in Distanz wegen Standes der meteorologischen Instrumente ist daher noch die folgende Tafel 28 d, e beigefügt. Die Verbesserung wegen Refraktion nennen wir die **III. Korrektion der Monddistanzen**. Die Tafel gilt natürlich ganz allgemein. Man befreit mit ihrer Hilfe auch beobachtete Sterndistanzen von Refraktion. Das ist wichtig bei der Prüfung eines Spiegelinstrumentes durch direkte Messungen am Himmel. Alle Abstände werden durch die Strahlenbrechung verkleinert.

Höhere parallaktische Glieder, die vom Quadrat der Mondparallaxe Π abhängen, berücksichtigt die **IV. Korrektion**. Sie lautet:

$$IV = (\Pi \sin z_{\mathbb{C}})^2 \cotg D \frac{\sin 1''}{2} - (\Pi \sin z_{\mathbb{C}} \cos q_{\mathbb{C}})^2 \cotg D \frac{\sin 1''}{2}$$

Beide Teile sind gleich gebaut und werden daher derselben Tafel 30 mit verschiedenem Argument entnommen. Das erste Mal geht man mit dem Argument Höhenparallaxe des Mondes $\Pi \sin z_{\mathbb{C}}$ ein, die man aus der vorhergehenden Tafel 29 entnimmt, das zweite Mal mit dem Argument $\Pi \sin z_{\mathbb{C}} \cos q_{\mathbb{C}} = \mathrm{I} + \mathrm{II}$, der Summe der schon direkt berechneten I. und II. Korrektion; die algebraische Differenz beider Glieder ergibt die Korrektion IV. Das Vorzeichen von $(\mathrm{I} + \mathrm{II})$ bleibt wegen des Quadrates außer Betracht. Die Tafel gilt für die mittlere Parallaxe $\Pi_0 = 57' 30''$; zum Übergang auf die wirkliche Parallaxe Π hat man die aus der Tafel folgende Korrektion mit $\left(\dfrac{\Pi}{\Pi_0}\right)^2$ zu multiplizieren. Der Faktor steht in dem beigefügten kleinen Täfelchen.

In die V. Korrektion gehen kleine Glieder der parallaktischen und der Refraktionswirkung ein, als deren Ausdruck man hat:

$$V = (\Pi \sin z_{\mathbb{C}} - \varrho_{\mathbb{C}}) \varrho_{\odot} \frac{\sin q_{\mathbb{C}} \sin q_{\odot}}{\sin D} \sin 1''$$
$$- (2\Pi \varrho_{\mathbb{C}} \sin z_{\mathbb{C}} - \varrho_{\mathbb{C}}^2) \sin^2 q_{\mathbb{C}} \cotg D \frac{\sin 1''}{2}$$

wo $\varrho_{\mathbb{C}}$, $\varrho_{\odot}$ die Refraktion für Mond und Gestirn bezeichnet. Die Tafel 31 gibt sofort den ganzen Betrag mit den drei Argumenten Distanz, ZD des Mondes und ZD des Gestirns. Sie entspricht der mittleren Parallaxe $\Pi_0 = 57' 30''$; wegen der Kleinheit der Werte bedarf das Glied keiner weiteren Korrektion.

Die Tafel 32 für die Verbesserung wegen Erdfigur, VI. Korrektion, wurde folgendermaßen eingerichtet. Wir haben zunächst:

$$K = \Pi e^2 (\sin \delta_{\odot} \cosec D - \sin \delta \cotg D)$$

und tabulieren:

$$A = 23''2 \sin \delta_{\odot} \cosec D \qquad B = -23''2 \sin \delta_{\mathbb{C}} \cotg D$$

Damit wird
$$K = A + B$$

und die Verbesserung wegen Erdfigur:
$$VI = K \sin \varphi$$

Der Konstante $23''2$ liegt die mittlere Parallaxe $57' 30''$ und die Erdabplattung $\mathfrak{a} = \frac{1}{297}$ zugrunde.

Ist das mit dem Monde verbundene Gestirn die Sonne, so hat man an die Distanz noch den Einfluß der Sonnenparallaxe $\pi = 8''8$ anzubringen (VII. Korrektion). Man entnimmt die Verbesserung bequem der Tafel 33, die die Werte:

$$A = -8''8 \cos z_{\mathbb{C}} \cosec D \qquad B = +8''8 \cos z_{\odot} \cotg D$$

mit je zwei Argumenten enthält. Dann wird die Verbesserung wegen Sonnenparallaxe:

$$VII = A + B$$

Für einen Planeten mit der Horizontalparallaxe π_P als Distanzgestirn ist die mit der Sonnentafel gefundene Verbesserung der Monddistanz noch zu multiplizieren mit dem Faktor $\frac{\pi_P}{8.8}$.

Das Verfahren zur Reduktion einer Monddistanz gestaltet sich nun folgendermaßen, wobei wir voraussetzen, daß die ZD von Mond und Gestirn nicht beobachtet sind, sondern berechnet werden müssen. Das ist auch bei Beobachtungen zu Lande wohl immer der Fall und auch sicherer als die Beobachtung; auf Landreisen kennt man den gegißten Ort der Beobachtung stets genauer als das zur See möglich ist.

Wir setzen die folgenden Bezeichnungen fest:

$z_{\mathbb{C}}$ Scheinbare ZD des Mondes

$z_{\odot}$,, ,, ,, Gestirns

$z_{\mathbb{C}}^{o}$ Wahre ZD des Mondes

$z_{\odot}^{o}$,, ,, ,, Gestirns

Π Äquatoreal-Horizontalparallaxe des Mondes

π ,, ,, ,, Gestirns

$\varrho_{\mathbb{C}}$ Refraktion für den Mond

$\varrho_{\odot}$,, ,, das Gestirn

$q_{\mathbb{C}}$ Winkel am Mond zwischen Vertikalkreis und Distanz

$q_{\odot}$,, ,, Gestirn ,, ,, ,, ,,

D Scheinbare Distanz

D_0 Wahre Distanz im Erdmittelpunkt

$z_{1\mathbb{C}}$ und Π_1 sind die entsprechenden auf den Normalpunkt des Beobachtungsortes bezogenen Größen.

a) **Ableitung der scheinbaren ZD von Mond und Gestirn.** Die geozentrische Deklination $\delta_{\mathbb{C}}^{o}$ reduziert man auf den Normalpunkt durch

$$\delta_{1\mathbb{C}} - \delta_{\mathbb{C}}^{o} = d\delta = e^2 \Pi_1 \sin\varphi \cos\delta$$

Die Korrektion hat das Vorzeichen der geographischen Breite und kann dem beigefügten Täfelchen, dem eine mittlere Mondparallaxe von 57' zugrunde liegt, entnommen werden.

Wirtz, Astronomie.

$$d\delta = e^2 \Pi_1 \sin\varphi \cos\delta$$

φ \ δ	0°	15°	30°
0°	′0.0	′0.0	′0.0
10	0.1	0.1	0.1
20	0.1	0.1	0.1
30	0.2	0.2	0.2
40	0.2	0.2	0.2
50	0.3	0.3	0.3
60	0.3	0.3	0.3
70	0.4	0.3	0.3
80	0.4	0.4	0.3
90	0.4	0.4	0.3

Mit der Deklination $\delta_{1\mathrm{C}}$ und dem geozentrischen Stundenwinkel t°_C, der ungeändert für den Normalpunkt gilt, berechnet man die Zenitdistanz $z_{1\mathrm{C}}$ des Mondes. Man hat dafür allgemein als bequeme Formeln, einmal:

$$\tan N = \cot\varphi \cos t$$
$$\cos z = \sin\varphi \sin(N+\delta) \sec N$$

oder

$$\cos z = \cos\varphi \sin(N+\delta) \operatorname{cosec} N \cos t$$

und dann:

$$\tan N = \operatorname{cosec} \tfrac{1}{2}(\varphi-\delta) \sin\tfrac{1}{2} t \sqrt{\cos\varphi \cos\delta}$$
$$\sin\tfrac{1}{2} z = \sin\tfrac{1}{2}(\varphi-\delta) \sec N$$

Die zweite cos z-Formel für kleine φ.

Die gleiche Rechnung führt man für das andere Gestirn durch, bei dem aber zwischen Normalpunkt und Erdmittelpunkt nicht unterschieden zu werden braucht. Will man der halben Bogenminute in z immer sicher sein, so muß man fünfstellig rechnen, und zwar bei ZD < 20° nach dem zweiten Formelpaar für $\sin\tfrac{1}{2} z$.

Beim Mond gehen wir jetzt von der Zenitdistanz $z_{1\mathrm{C}}$ über auf die scheinbare z_C durch:

$$z_\mathrm{C} - z_{1\mathrm{C}} = \Pi_1 \sin z_{1\mathrm{C}} \tan(45° + \tfrac{1}{2}\Pi_1 \cos z_{1\mathrm{C}})$$

d. h. wir nehmen den Wert $\Pi_1 \sin z_{1\mathrm{C}}$ aus der Tafel 29 und bringen noch wegen des Faktors $\tan(45° + \tfrac{1}{2}\Pi_1 \cos z_{1\mathrm{C}})$ die positive Verbesserung aus dem nachstehenden Täfelchen an. Mittlere Parallaxe des Täfelchens wieder = 57′.

Verbesserung der Höhenparallaxe.

$z_{1\mathbb{C}}$	Korrektion
	′
0°	0.0
10	+ 0.2
20	0.3
30	0.4
40	+ 0.5
50	+ 0.5
60	0.4
70	0.3
80	+ 0.2
90	0.0

Die Höhenparallaxe für das andere Gestirn finden wir in den Tafeln 18, 19.

An die so gewonnenen ZD von Mond und Gestirn kommt dann noch die Strahlenbrechung, die mit dem Argument wahre ZD von 70° an in der Tafel 13g steht. So gehen schließlich die der weiteren Rechnung zugrunde zu legenden scheinbaren ZD $z_{\mathbb{C}}$ und $z_{\odot}$ hervor.

b) **Ableitung der scheinbaren Distanz.** Beobachtet ist der Abstand der Ränder der Gestirne. Für den Mond fügen wir dem geozentrischen Radius die parallaktische Vergrößerung (Tafel 25) hinzu und gehen mit Hilfe der Tafeln 26a, b auf den schrägen durch Refraktion verkürzten Radius in Richtung der Distanz über. Bringt man den einen oder beide verbesserten Radien an die gemessene Distanz an, so gewinnt man die scheinbare Mittelpunktsdistanz D der Gestirne.

c) **Übergang auf die wahre Distanz im Erdmittelpunkt.** Wir rechnen direkt mit vierstelligen Logarithmen die I. und II. Korrektion der scheinbaren Distanz nach:

$$I = - \Pi_1 \cos z_{\odot} \operatorname{cosec} D \qquad II = \Pi_1 \cos z_{\mathbb{C}} \operatorname{cotg} D$$

und entnehmen dann in der schon beschriebenen Weise die ferneren Verbesserungen den Tafeln, mit deren Hilfe man ohne das Azimut des Mondes zu kennen den Unterschied

$$D_0 - D = I + II + III + IV + V + VI + VII$$

findet. Bei Fixsternen fällt VII fort.

d) **Ableitung der Greenwich-Zeit.** Seit zehn und mehr Jahren enthalten die selbständigen großen Ephemeriden (Nautical Almanac London, Connaissance des temps Paris, American ephemeris Washington) keine Vorausberechnungen der geozentrischen Monddistanzen mehr. Nur das Nautische Jahrbuch (Berlin) bringt noch eine beschränkte Anzahl ausgewählter Distanzen. In den meisten Fällen muß man daher ohne Distanzephemeride die Schlußrechnung anlegen. Am zweckmäßigsten dürfte man in folgender Weise vorgehen.

Mit Hilfe der gegißten Länge λ' des Beobachtungsortes leitet man die genäherte Greenwich-Zeit T' der Beobachtung ab, entnimmt für diese Zeit der Ephemeride die geozentrischen Örter α_{C}, δ_{C}, $\alpha_{\odot}$, $\delta_{\odot}$ von Mond und Gestirn und bestimmt die geozentrische Distanz D_R entweder aus:

$$\operatorname{tang} M = \operatorname{tang} \delta_{\mathrm{C}} \sec(\alpha_{\odot} - \alpha_{\mathrm{C}})$$
$$\cos D_R = \sin \delta_{\mathrm{C}} \cos(M - \delta_{\odot}) \operatorname{cosec} M$$

oder durch:

$$\operatorname{tang} M = \operatorname{tang} \tfrac{1}{2}(\alpha_{\odot} - \alpha_{\mathrm{C}}) \cos \tfrac{1}{2}(\delta_{\odot} + \delta_{\mathrm{C}}) \operatorname{cosec} \tfrac{1}{2}(\delta_{\odot} - \delta_{\mathrm{C}})$$
$$\sin \tfrac{1}{2} D_R = \sin \tfrac{1}{2}(\alpha_{\odot} - \alpha_{\mathrm{C}}) \cos \tfrac{1}{2}(\delta_{\odot} + \delta_{\mathrm{C}}) \operatorname{cosec} M$$

Rechnet man Distanzen $> 50°$ nach der cos D-Formel, solche $< 50°$ nach der sin $\tfrac{1}{2}$ D-Formel, so erzielt man bei fünfstelliger Rechnung eine Mindestgenauigkeit von $5''$ in D_R. Ob im einzelnen Falle diese Reduktionsschärfe genügt, hängt von der Qualität der Beobachtung ab. Sechsstellige Logarithmen reichen immer aus.

Wäre die angenommene Länge λ' richtig, so fänden wir die beobachtete wahre Distanz D_o gleich der berechneten D_R. Das ist im allgemeinen nicht der Fall und man muß die Verbesserung der angenommenen Länge oder Greenwich-Zeit ermitteln. Zu dem Zwecke sei:

$d\alpha$ die Änderung der Rektaszension des Mondes in 1^m mittlerer Zeit in Bogensekunden

$d\delta$ die Änderung der Deklination des Mondes in 1^m mittlerer Zeit

dD die Änderung der Monddistanz in 1^m mittlerer Zeit.

Dann haben wir

$$dD = \frac{\cos \delta_{\mathrm{C}} \cos \delta_{\odot} \sin(\alpha_{\mathrm{C}} - \alpha_{\odot})}{\sin D_o} \cdot d\alpha$$
$$- \frac{\cos \delta_{\mathrm{C}} \sin \delta_{\odot} - \sin \delta_{\mathrm{C}} \cos \delta_{\odot} \cos(\alpha_{\mathrm{C}} - \alpha_{\odot})}{\sin D_o} \cdot d\delta$$

und die Verbesserung dT der angenommenen Greenwich-Zeit wird:

$$dT = 60 \cdot \frac{D_o - D_R}{dD} \text{ in Zeitsekunden.}$$

Der Koeffizient von $d\delta$ läßt sich leicht logarithmisch gestalten. Wenn

$$\operatorname{tang} w = \operatorname{tang} \delta_{\odot} \sec(\alpha_{\mathrm{C}} - \alpha_{\odot})$$

so schreibt sich der Ausdruck für dD:

$$dD = \frac{\cos \delta_{\mathrm{C}} \cos \delta_{\odot} \sin(\alpha_{\mathrm{C}} - \alpha_{\odot})}{\sin D_o} \cdot d\alpha + \operatorname{cotg} D_o \operatorname{tg}(\delta_{\mathrm{C}} - w) \cdot d\delta$$

Das ganze Verfahren soll durch ein Beispiel erläutert werden. (Siehe S. 22/23.)

Dasselbe Beispiel wird in dem vom Reichs-Marine-Amt herausgegebenen Lehrbuch der Navigation[1]) behandelt. Durch eine der aus den Grundformeln von Lexell und Dunthorne abgeleiteten Formeln wird dort gefunden $D_0 = 65° 4' 20''$, und dann mit Hilfe der Distanzephemeride des Nautischen Jahrbuches $T = 9^h 0^m 24^s$. Die Übereinstimmung liegt weit innerhalb der Unsicherheiten der Rechnung; denn im „Lehrbuch" wird die direkte Berechnung des $\tan \frac{1}{2} D_0$ nur fünfstellig geführt.

Die Untersuchung der Fehlereinflüsse lehrt, daß Fehler der Zenitdistanzen $z_\odot$ und $z_\mathbb{C}$ in der gesuchten Reduktion der scheinbaren Distanz D auf die wahre D_0 nicht viel ausmachen. Ein Fehler von $1'$ in den ZD wird nur selten einen solchen von mehr als $1''$ in dem Werte $D_0 - D$ nach sich ziehen. Man sieht daraus, daß man zwei kleine Verbesserungen vernachlässigen darf: einmal die Übertragung $d\delta$ der Deklination des Mondes auf den Normalpunkt (Maximum $0\rlap{.}''4$ in $\delta_\mathbb{C}$) und dann die Korrektion der Höhenparallaxe des Mondes $\Pi_1 \sin z_\mathbb{C}$ wegen des $\tan$-Faktors (Maximum $0\rlap{.}''5$). Beide Täfelchen sind daher auch mehr zum Überblick in den erläuternden Text, nicht in die Tafelsammlung aufgenommen worden.

Den Schluß der Tafelgruppe zur Berechnung von Monddistanzen bildet eine Tafel 34 der genäherten Reduktion der· scheinbaren auf wahre Monddistanz für die mittlere Mondparallaxe $\Pi_0 = 57'$. Sie erfordert die drei Argumente $z_\odot$, $z_\mathbb{C}$, D. Zum Übergang auf die wirkliche Parallaxe Π ist der Faktor $\dfrac{\Pi}{\Pi_0}$ hinzugefügt. Als beiläufige Kontrolle der Rechnung mag die Tabelle willkommen sein. Für unser Beispiel entnehmen wir mit $z_\odot = 62°6$, $z_\mathbb{C} = 32°0$, $D = 65°2$ den Wert $D_0 - D = -5'$.

Jede Einstellung des Mondrandes ist mit eigentümlichen von Fall zu Fall schwankenden Beugungs- und Irradiationsfehlern behaftet. Strebt man in polaren Gebieten nach einer möglichst hohen Genauigkeit zur Festlegung eines Fundamentalmeridians, so empfiehlt es sich daher, den Distanzstern nicht auf den Rand, sondern auf eine passende Mondformation zu stellen. Dies läßt mit besonderer Schärfe die sehr regelmäßige, scheinbar elliptische Wallebene Plato zu, in deren auffallend dunkle Fläche nach Erfahrungen des Verf. der helle Sternpunkt mit großer Sicherheit hineingestellt werden kann, selbst mit den gewöhnlichen kleinen Sextantenfernröhrchen. Die Mitte der Formation hat nach Messungen, die J. Franz[2]) auf photographischen Platten vornahm, die selenographischen Koordinaten (l Länge, b Breite):

Wallebene Plato Mitte $l = -9° 10\rlap{.}'8$ $b = +51° 25\rlap{.}'8$.

---

[1]) 2. Aufl. Bd. II. S. 391. Berlin 1906.
[2]) J. Franz, Die Randlandschaften des Mondes. Nov. act. K. Leop. D. Ak. 99, Nr. 1. Halle 1913. S. 68, Breslauer Nr. 736, Mittel aus E- und W-Ecke.

22

Beispiel. 1904 Februar 25   Distanz α Leonis — Mond (entfernter Rand).
$\varphi = +49°15\overset{!}{.}0$ Bar. 762 mm
$\lambda = 20°48\overset{!}{.}0 \text{ W} = 1^h23^m12^s \text{W}$ Therm. $+20°$
$7^h36^m45^s$ MOZt   Beob. $D' = 65°25'31''$ (✶ — ☾ Rand)
$8\;59\;57$ Grw-Zt $16\;13$
                                       $D = 65\;\;9\;18$

	☾	✶	
α	$5^h33^m\;7^s$	$10^h\;3^m17^s$	
t	$+0\;20\;51$	$-\;4\;\;9\;19$	
δ°	$+18°\;3\overset{!}{.}1$	$+12°26\overset{!}{.}0$	
dδ	$+\;\;0\overset{!}{.}3$		

$\Pi\;\;58'35''$ lg Π_1 3.5468   lg Π_1 3.5468
$d\Pi\;+\;\;\;7$ cos $z_✶$ 9.6624   cos $z_☾$ 9.9285
$\Pi_1\;58\;42$ cosec D 0.0422   cotg D 9.6656
                        lg I 3.2514$_n$ lg II 3.1409

$r_☾\;\;15'59''$ I $-1784''$ ⎫
Vergröß. $+14$ II $+1383$ ⎬ $-401''$
Refr. 0 III $+\;\;96$ ⎭
          ———   IV $+\;\;\;\;4$
          $16\;13$ V $+\;\;\;\;0$
                                    VI $+\;\;\;\;1$
                                        ———
                                        $-\;300$
                         $D_o - D = -5'\;0''$
                         $D_o = 65°4'18''$

cotg φ 9.93533 $T' = 8^h59^m57^s$
cos t   9.99820   α   δ
        ———   ☾ $5^h33^m\;7\overset{s}{.}35$ $+18°\;3'\;\;8\overset{''}{.}2$
tg N   9.93353   ✶ $10\;\;3\;17.35$ $+12\;25\;57.5$
N $40°38\overset{!}{.}0$ $\alpha_✶-\alpha_☾\;4\;30\;10.00$
        $21°48\overset{!}{.}5$ tg $\delta_☾$ 9.51312   sin $\delta_☾$ 9.49120
N+δ $58\;41.4$ $34\;14.5$ sec($\alpha_✶-\alpha_☾$) 0.41792 cos(M-ϑ_*) 9.94578
                                tg M   9.93104   cosec M   0.18772
                                M $+40°28'12''$ cos D_R 9.62470
                                M-ϑ_* $+28\;\;2\;14$ $D_R\;\;65°4'35''$
                                                                 $D_o - D_R\;\;-17''$

                         $Z\;\;62°38\overset{!}{.}3$ $31°58$
                         $4\cdot1\varrho\;\;\;\;\;7.6$ $\;\;\;\;2.5$
                         $Z-4\cdot1\varrho\;\;62\;30.7$ $31\;56.4$

                        cos (Z$-4\cdot1\varrho$) 9.6643
                        cos (z$-4\cdot1\varrho$) 9.9287
                                                  ————
                                           tg N   9.7356
                                           N $28°54$
                                           A $+137''7$
                                           B $-\;48.6$
                                                  ————
                                   A + B $+\;89.1$ lg 1.9499
                                                     cosec D 0.0422
                                                              ————
                                                     lg Refr. 1.9921

Bar./Thm. $-\;\;2$ $+\;5''$
    III $=+96$ $+\;4''$ $-\;3$
                      $\;\;0$ $+\;2$
                     ————   ————
             IV $=+\;4$ VI $=+\;1$

23

$\sin\varphi$	9.87942	9.87942	
$\sin(N+\delta)$	9.93165	9.75027	
$\sec N$	0.11982	0.03225	
$\cos z$	9.93089	9.66194	
z_1	31°28.4	62°40.1	
$\Pi_1 \sin z_1$ ☾	+ 30.7		
Korr.	+ 0.4		
	31 59.5		
Refr.	− 0.6	− 1.8	
z ☾	31 58.9	62 38.3	

z☾ 32.°0   s   79.°9   cosec 0.007
z☉ 62.6   s−z☾ 47.°9   sin   9.870
D 65.2   s−D 14.°7   sin   9.404
   159.8   s−z☉ 17.°3   cosec 0.527
                 tg ½q☾ 9.808
                 q☾ 65.°4

$d\alpha + 2^s.42 = +36''.3 \qquad d\delta + 1''.4$

tg δ_* 9.3434
sec($\alpha_☾ − \alpha_*$) 0.4179
tg w   9.7613
w + 29°59.'7
$\delta_☾$ − w − 11°56.'6

cos $\delta_☾$ 9.9781   cotg D 9.6672
cos δ_* 9.9897   tg($\delta_☾$−w) 9.3254n
sin($\alpha_☾−\alpha_*$) 9.9657n
cosec D 0.0425   lg dδ 0.1461
         9.9760n   8.9926n
lg dα 1.5599   9.1387n
         1.5359n − 34''.35
         − 0.14

dD = − 34''.5   lg 1.5378n
lg(D₀ − D_R)   1.2304n
                9.6926
lg 60   1.7782
dT = + 29.ˢ6   lg dT 1.4708
T = 9ʰ 0ᵐ 26.ˢ6

Die Berechnung derartiger Beobachtungen ist allerdings ziemlich umständlich.

35. Zur Berechnung der Distanz naher Sterne.

Die Distanz naher Sterne braucht man z. B. bei der Untersuchung von Mikrometerschrauben, bei der Bestimmung der Brennweite von Objektiven aus den linearen Dimensionen auf photographischen Platten, bei der Reduktion photographischer oder heliometrischer Messungen.

Durch das Täfelchen 35, das für Abstände bis 6500″ = 1° 48′ 20″ ausreicht, wird die sphärische Rechnung zurückgeführt auf die einfachen Formeln:

$$\log \tang N = \log \varDelta \alpha^{(s)} - \log \varDelta \delta^{('')} + \log \sqrt{\cos \delta_1 \cos \delta_2} + a + b$$
$$\log \sin \tfrac{1}{2} s = \log \varDelta \delta^{('')} - b - \log \cos N$$
$$\log s^{('')} = \log \sin \tfrac{1}{2} s + b$$

$\varDelta \alpha$ ist dabei in Zeitsekunden, $\varDelta \delta$ in Bogensekunden vorausgesetzt und s wird in Bogensekunden erhalten. Für Winkel N geht man nur von tang auf cos über.

Beispiel.

	α_1	4ʰ 20ᵐ 23ˢ.422	δ_1	+14° 27′ 51″.35
	α_2	4 22 42.165	δ_2	+15 54 54.28
	$\varDelta \alpha$	138ˢ.743	$\varDelta \delta$	5222″.93

lg $\varDelta \alpha$	2.142211	lg $\varDelta \delta$	3.717914	
cpl lg $\varDelta \delta$	6.282086	cpl b	4.384533	
$\sqrt{\cos \delta_1 \cos \delta_2}$	9.984518	sec N	0.029943	
a	5.560634	sin ½ s	8.132390	
b	5.615467	b	5.615468	
tg N	9.584916	lg s	3.747858	s = 5595″.75

Zur Verbesserung einer gemessenen Distanz wegen Refraktion dient Tafel 14.

36, 37. Präzession.

Den Tafeln 36a, b der Präzession in Rektaszension und Deklination, p_α und p_δ, liegen die Präzessionskonstanten für 1925·0 nach Newcomb zugrunde.

Die nächste Tafel 37 der Werte m, n (gleichfalls nach Newcomb) dient der genaueren Berechnung der Präzession bei der Übertragung von Sternörtern auf verschiedene Äquinoktien. Bedeuten α_1, δ_1 die Koordinaten für das Äquinox t_1 und α_2, δ_2 jene für t_2, sei ferner α', δ' der genäherte Sternort für die mittlere Zeit ½ ($t_1 + t_2$) und $\tau = t_2 - t_1$, so hat man:

$$\alpha_2 = \alpha_1 + m^{(s)} \tau + n^{(s)} \tau \sin \alpha' \tg \delta'$$
$$\delta_2 = \delta_1 + n^{('')} \tau \cos \alpha'$$

Log $m^{(s)}$, log $n^{(s)}$, log $n^{(''')}$ entnimmt man für die Zeit $\frac{1}{2}(t_1 + t_2)$ der Tafel 37. α', δ' bildet man leicht mit Hilfe der beiden Täfelchen 36a, b der genäherten Werte p_α, p_δ. Die zeitlichen Grenzen der Tafel für m, n sind soweit ausgedehnt, daß sie alle Sternkataloge seit Bradley umfaßt. Für Vergleichssternörter, wie man sie zu Planeten- und Kometenbeobachtungen auf $0\overset{s}{.}01$ und $0\overset{''}{.}1$ genau braucht, genügt die Stellenzahl der Werte m, n immer. Daß die Genauigkeit der Übertragung auf moderne Äquinoktien für die alten Kataloge abnimmt, verschlägt nichts, da deren innere Unsicherheit die der Übertragung weit übersteigt. Für Polsterne ist das Rechnungsverfahren nicht mehr zulässig.

Die jährliche Präzession p_α, p_δ für den Ort α, δ ergibt sich aus

$$p_\alpha = m^{(s)} + n^{(s)} \sin \alpha \, \text{tg} \, \delta$$
$$p_\delta = n^{(''')} \cos \alpha$$

Beispiel 1. τ Piscium. Epoche und Äquinox $t_1 = 1875.0$; zu übertragen auf $t_2 = 1900.0$. μ_α, μ_δ Eigenbewegung in AR und Dekl.

α_1	1ʰ 4ᵐ 46ˢ.785		δ_1 +29° 25′ 31″.49	μ_α	+0ˢ.00555
12.5 × p	+ 41.1		+ 4 1	μ_δ	−0″.0413
α'	1 5 27.9		δ' +29 29 32	$\frac{1}{2}(t_1 + t_2)$	= 1887.5
Präz.	+ 1 22.128		+ 8 0.89	lg τ	1.39794
EB	+ 0.139		− 1.03	lg $m^{(s)}$	0.48744
α_2	1 6 9.052		δ_2 +29 33 31.35	lg $n^{(s)}$	0.12597

In Übereinstimmung mit den strengen Werten.

Selbst für den folgenden extremen Fall bei nahe $\delta = +80°$ wird im Ort noch die Genauigkeit von $0\overset{s}{.}01$, $0\overset{''}{.}1$ gewahrt.

sin α'	9.44990
tg δ'	9.75250
lg $n^{(''')}$	1.30206
cos α'	9.98204
+ 76ˢ.803	1.88538
+ 5.325	0.72631
+ 480″.89	2.68204

Beispiel 2. 47 H Cephei. Epoche und Äquinox $t_1 = 1875.0$; zu übertragen auf $t_2 = 1900.0$.

α_1	2ʰ 49ᵐ 33ˢ.643	δ_1 +78° 55′ 16″.96	μ_α	−0ˢ.01125
12.5 × p	+ 1 36.5	+ 3 4	μ_δ	+0″.0210
α'	2 51 10.1	δ' +78 58 21	$\frac{1}{2}(t_1 + t_2)$	= 1887.5
Präz.	+ 3 13.274	+ 6 7.78	lg τ	1.39794
EB	− 0.281	+ 0.53	lg $m^{(s)}$	0.48744
α_2	2ʰ 25ᵐ 46ˢ.636	δ_2 +79° 1′ 25″.27	lg $n^{(s)}$	0.12597
	52			

Strenger Wert: 46ˢ.642, 25″.28, also nur $0\overset{s}{.}001$ Fehler im Bogen größten Kreises.

sin α'	9.83208
tg δ'	0.71023
lg $n^{(''')}$	1.30206
cos α'	9.86559
+ 76ˢ.803	1.88538
+116.471	2.06622
+367″.78	2.56559

Die Anwendung der Größen p, log π, Π wird in den Formeln zur theoretischen Astronomie, Tafel 67, gelehrt.

In der Rubrik ε steht die mittlere Schiefe der Ekliptik.

38. Differenzielle Präzession.

Die Tafeln 38a vermitteln die bequeme Übertragung von Rektaszensions- und Deklinationsdifferenzen auf andere Äquinoktien. Setzen wir

$$A = 10 \cdot n \sin 1' \cos \alpha \, \text{tg} \, \delta$$
$$B = 10 \cdot \tfrac{1}{15} n \sin 1' \sin \alpha \sec^2 \delta$$
$$C = -10 \cdot 15 n \sin 1' \sin \alpha$$

so hat man für die differenzielle Präzession P' die folgenden Ausdrücke:

$$10 \cdot P'(\alpha) = A \cdot \Delta \alpha^m + B \cdot \Delta \delta' \qquad \Delta \alpha \text{ in Zeitminuten}$$
$$10 \cdot P'(\delta) = C \cdot \Delta \alpha^m \qquad \Delta \delta \text{ in Bogenminuten}$$

Die Größen A, B, C enthalten die Tafeln, die mit einer Konstante

$$n = 20{,}''0447 \text{ für } 1925{.}0 \text{ (nach Newcomb)}$$

gerechnet sind. Als Tafelargument dient der mittlere Ort (α_m, δ_m) der verbundenen Gestirne für die Mittelepoche.

Beispiel. Es sei

$$1900{.}0 \quad \Delta\alpha - 6^m 22^s 54 \quad \Delta\delta + 8' 9{.}''2$$
$$1909{.}0 \quad \alpha_m \, 2^h 12^m 5 \quad \delta_m + 61° 18'$$

auf Äquinox 1918·0 zu übertragen. Wir finden

A + 0^{s}090	A · $\Delta\alpha^m$ − 0^{s}574	C − 0$.''$478	C · $\Delta\alpha^m$ + 3$''$11
B + 0.009	B · $\Delta\delta'$ + 0.073		10 · P'(δ)
	10 · P'(α) − 0.501	18 · P'(δ) + 5.59	
	18 · P'(α) − 0.902		

Also $\quad 1918{.}0 \quad \Delta\alpha - 6^m 23^s 44 \quad \Delta\delta + 8' 14{.}''8$

Für die Präzession in Positionswinkel P'(p) (Tafel 38b) besteht die Formel:

$$10 \cdot P'(p) = 10 \cdot n \sin \alpha \sec \delta$$

wo n in Bogenminuten ausgedrückt, $n = 0{.}33408$, ist.

Beispiel. Den Positionswinkel 1900·0 p = 218° 22$.'$3 auf 1918·0 zu übertragen. α_m, δ_m wie im vorhergehenden Beispiel.

Man entnimmt der Tafel $\quad 10 \cdot P'(p) + 3{.}'82$
und hat $\quad 18 \cdot P'(p) + 6{.}88$

Also $\quad 1918{.}0 \quad p = 218° 29{.}'2$

39. Aberration in Positionswinkel und Distanz.

Die Tafeln 39 geben die Wirkung der Aberration in Positionswinkel p und Distanz s.

Setzen wir:

$c = \mathrm{tg}\,\varepsilon \sin\delta + \sin\alpha \cos\delta$ Schiefe der Ekliptik
$d = \cos\alpha \cos\delta$ $\varepsilon = 23°\,27'$

und bedeuten C und D die Besselschen Größen zur Reduktion auf scheinbaren Ort:

$$C = -20{,}''47 \cos\odot \cos\varepsilon \qquad D = -20{,}''47 \sin\odot$$

$\odot$ wahre Länge der Sonne,

so gelten für die Aberration Δp in Positionswinkel und Δs in Distanz die Formeln:

$$\Delta p = -\left(\frac{C}{60}\cos\alpha + \frac{D}{60}\sin\alpha\right) \mathrm{tang}\,\delta$$

$$\Delta s = \{c\,(1000 \sin 1'' \cdot C) - d\,(1000 \sin 1'' \cdot D)\} \cdot \frac{s}{1000}$$

wo s in Bogensekunden ausgedrückt und Δp in Bogenminuten, Δs in Bogensekunden erhalten wird. Die Vorzeichen verstehen sich im Sinne des Überganges vom beobachteten auf den aberrationsfreien Wert.

Nun wurden tabuliert die Größen:

$$K = -\left(\frac{C}{60}\cos\alpha + \frac{D}{60}\sin\alpha\right)$$

$$L = c\,(1000 \sin 1'' \cdot C) - d\,(1000 \sin 1'' \cdot D)$$

und damit kommt einfach:

$$\Delta p = K\,\mathrm{tang}\,\delta \qquad \Delta s = \frac{s}{1000}L$$

Die Tafelgröße L ist die Aberration für $s = 1000''$. Die von Jahr zu Jahr nicht viel schwankenden Besselschen Werte C und D entstammen dem Berliner Jahrbuch 1918 für den mittleren Greenwicher Mittag des betreffenden Tages.

Die Einheiten für K sind die 0,01, für L die 0,″01.

Die Tafeln reichen für die meisten Messungen in p und s aus. Bei sehr großen Distanzen werden die Tafeln immer noch als Kontrolle willkommen sein.

Beispiel. Sept. 11 $\quad \alpha = 14^h\,22^m \qquad \delta = -24°{.}2$
$\qquad\qquad\qquad\qquad\; p = 133°\,24{,}'2 \quad\; s = 1522''13$
Man findet
$\qquad\qquad K = +21 \qquad \Delta p = -0{,}'09$
$\qquad\qquad L = -\;7 \qquad\; \Delta s = -0{,}''11$

40. Ellipsoidische Erdfigur.

Die Tafel der Dimensionen des Erdellipsoids mit dem Argument der geographischen Breite φ beruht auf den Werten

Äquatorradius $a = 6378200$ m (Helmert[1], 1907)

Abplattung $\alpha = \dfrac{1}{297 \cdot 0}$ (Hayford[2], 1909).

Diese Abplattung wurde von der Pariser Ephemeridenkonferenz 1911 angenommen.

Die Hilfsgrößen S und C erleichtern die Bildung der Ausdrücke $\varrho \sin \varphi'$ und $\varrho \cos \varphi'$, wo φ' die geozentrische Breite bedeutet. Es ist

$$S = \frac{1 - e^2}{\sqrt{1 - e^2 \sin^2 \varphi}} \qquad C = \frac{1}{\sqrt{1 - e^2 \sin^2 \varphi}} \qquad e = \sqrt{2\alpha - \alpha^2}$$

und dann

$$\varrho \sin \varphi' = S \sin \varphi \qquad \varrho \cos \varphi' = C \cos \varphi$$

Um in $\log \varrho$ die Seehöhe h des Beobachtungsortes zu berücksichtigen, hat man die Verbesserung anzubringen

$$\Delta \log \varrho^{VI} = 0.06810 \times h.$$

h wird in Metern ausgedrückt, $\Delta \log \varrho$ in Einheiten der sechsten Dezimale erhalten.

Täfelchen für $\Delta \log \varrho$.

h	$\Delta \log \varrho$
0^m	0.0^{VI}
100	6.8 $_{6.8}$
200	13.6 $_{6.8}$
300	20.4 $_{6.8}$
400	27.2 $_{6.8}$
500	34.0 $_{6.9}$
600	40.9 $_{6.8}$
700	47.7 $_{6.8}$
800	54.5 $_{6.8}$
900	61.3 $_{6.8}$
1000	68.1
2000	136.2
3000	204.3
4000	272.4
5000	340.5

---

[1] F. R. Helmert, Bericht über die Tätigkeit des Zentralbur. der Internat. Erdmess. im Jahre 1906. Berlin 1907, S. 5.
[2] J. F. Hayford, Supplem. Investig. in 1909 of the fig. of the earth and isostasy. Washington 1910, S. 39 u. 54.

41. Sphäroidische Übertragung von Breiten, Längen und Azimuten.

Eine häufig wiederkehrende geodätische Hauptaufgabe besteht in der Übertragung der geographischen Lage auf der sphäroidischen Erdoberfläche. Bezeichnen wir mit

φ die geographische Breite des Ausgangspunktes
A das geodätische nordöstliche Azimut der Richtung nach dem Endpunkt
s die Entfernung beider Punkte oder die Länge der geodätischen Linie
φ' die geographische Breite des Endpunktes
A' das nordöstliche Azimut der Richtung nach dem Ausgangspunkt
l den sphäroidischen Längenunterschied beider Punkte,

so haben wir es zunächst mit der Aufgabe zu tun: aus φ und A im Ausgangspunkt und der linearen Entfernung s die Werte φ', A', l im Endpunkt zu berechnen. Ist nun ferner R der Krümmungshalbmesser im Meridian, N der Krümmungshalbmesser in 90° Azimut, $\delta = \frac{a^2 - b^2}{b^2}$, so können wir die gesuchten Unterschiede $\varphi' - \varphi$ und l des Endpunktes gegen den Ausgangspunkt der Strecke s in folgende Reihe nach Potenzen von s entwickeln:

$$\varphi' - \varphi = \frac{s\varrho}{R} \cos A - \frac{s^2 \varrho}{2RN} \operatorname{tang} \varphi \sin^2 A - \frac{s^3 \varrho}{6RN^2}(1 + 3t^2) \sin^2 A \cos A$$
$$- \frac{3\delta s^2 \varrho}{4RN} \sin 2\varphi \cos^2 A$$

$$l \cos \varphi = \frac{s\varrho}{N} \sin A + \frac{s^2 \varrho}{N^2} \operatorname{tang} \varphi \sin A \cos A + \frac{s^3 \varrho}{3N^3}(1 + 3t^2) \sin A$$
$$- \frac{s^3 \varrho}{3N^3}(1 + 4t^2) \sin^3 A$$

$$t = \operatorname{tang} \varphi \qquad \varrho = 206264''806 \quad [5.3144251]$$

Nachdem $\varphi' - \varphi$ und l bekannt, rechnen wir A' mit Hilfe der bequemen und sehr genauen Mittelbreitenformel

$$A' - A = 180° + l \sin \frac{\varphi' + \varphi}{2}$$

Nun führen wir zur Umgestaltung folgende Abkürzungen ein:

$$u = s \cos A \qquad v = s \sin A$$

$$i = \frac{(1)(2)}{2\varrho} \operatorname{tang} \varphi \qquad k = \frac{(2)^2}{\varrho} \operatorname{tang} \varphi \qquad \log \frac{1}{2\varrho} = 4.38454 - 10$$
$$\log \frac{1}{\varrho} = 4.68557 - 10$$

wo (1) und (2) die Schreiberschen Größen bedeuten:

$$(1) = \frac{\varrho}{R} \qquad (2) = \frac{\varrho}{N}$$

Unsere Reihen gehen dann über in:

$$\varphi' - \varphi = u(1) - v^2 i - \frac{1}{6\varrho^2}(1)(2)^2(1 + 3t^2) \cdot v^2 u - \frac{3\delta}{4\varrho}(1)(2) \sin 2\varphi \cdot u^2$$

$$l \cos \varphi = v(2) + vuk + \frac{1}{3\varrho^2}(2)^3(1 + 3t^2) \cdot s^2 v - \frac{1}{3\varrho^2}(2)^3(1 + 4t^2) \cdot v^3$$

und die Tabulierung legen wir in folgender Weise an. Außer einer Tafel für log i und log k nach Argument φ berechnen wir:

$$\beta_1 = -\frac{1}{6\varrho^2}(1)(2)^2(1 + 3t^2) \cdot v^2 u \quad \bigg| \quad \mu_1 = +\frac{1}{3\varrho^2}(2)^3(1 + 3t^2) \cdot s^2 v$$

$$\beta_2 = -\frac{3\delta}{4\varrho}(1)(2) \sin 2\varphi \cdot u^2 \quad \bigg| \quad \mu_2 = -\frac{1}{3\varrho^2}(2)^3(1 + 4t^2) \cdot v^3$$

und ordnen $\beta_1, \beta_2, \mu_1, \mu_2$ mit den zwei Argumenten φ und der Reihe nach log $v^2 u$, log u^2, log $s^2 v$, log v^3 an. Damit lauten die bequemen Gebrauchsformeln:

$$\varphi' - \varphi = u(1) - v^2 i + \beta_1 + \beta_2$$

$$l \cos \varphi = v(2) + vuk + \mu_1 + \mu_2$$

$$A' - A = 180° + l \sin \left(\varphi + \frac{\varphi' - \varphi}{2}\right)$$

Die Tafeln sind soweit ausgedehnt, daß sie bis zu $s = 32$ km benutzt werden können. Darüber hinaus verliert die Formel in unseren Breiten schnell an Genauigkeit, aber bis zu dieser Grenze wird man nur selten um mehr als 0″001 in φ und l, und 0″01 im Azimut fehlen. Selbst für eine Seite von $s = 38.8$ km in $\varphi = 53°$ ergaben sich gegen Schreibers Methode nur Abweichungen von 0″001 in φ, 0″002 in λ und 0″01 in A; dabei hatten die Hilfstäfelchen stark extrapoliert werden müssen.

Die Vorzüge der Rechnung liegen in der Einfachheit aller Operationen und in der Einheitlichkeit des Argumentes; als solches kommt in Breite nur φ des Ausgangspunktes in Frage. Ebenso klar sind die Vorzeichenregeln für die Korrektionen.

Die Maximalbeträge, zu denen die zweiten Glieder $v^2 i$ und vuk im Rahmen der Tafel bei $\varphi = 60°$ ansteigen, belaufen sich auf 4″4; sie werden also durch 4stellige logarithmische Rechnung gerade auf 0″001 ermittelt und besitzen dann jene Genauigkeit, die dieser abgekürzten Reihe bis $s = 32$ km innewohnt.

Die beigegebenen Tafeln erstrecken sich über die mittleren Breiten 40°—60° und beruhen auf Bessels Erdfigur, im Gegensatz zu unsern astronomischen Zwecken dienenden Erdtafeln, denen das Ellipsoid nach Helmert-Hayford zugrunde liegt. Da indes viele

Landesaufnahmen europäischer Staaten, darunter die an Areal ausgedehntesten, die Besselschen Werte benutzen, sind auch die Tafeln zur sphäroidischen Übertragung damit gerechnet.

Besonders vorteilhaft gestaltet sich die Reihenentwicklung für niedere Breiten, also für koloniale Vermessungen. Die Korrektionsglieder werden dann wegen der auftretenden Faktoren $\tang \varphi$, $\sin 2\varphi$ möglichst klein, wie die folgende Übersicht zeigt.

Maximale Beträge der Korrektionsglieder für $s = 31623$ m [$\log s = 4.50000$] bei

	$\varphi = 0°$	$30°$
$v^2 i$	0	$1{,}''47$
$v u k$	0	1.46
β_1	$0{,}''002$	0.004
β_2	0	0.022
μ_1	0.008	0.017
μ_2	0.008	0.020

Die Tafeln werden in Äquatornähe noch bequemer im Gebrauch und die Übertragungsschärfe ist für jene Regionen mehr als genügend; denn über 4 cm Punktfehler bei 35 km Seitenlänge kann nicht vorkommen. Südwestafrika, Ostafrika, Neuguinea, die Südseeinseln sind Länder, in denen diese Reihenentwicklung praktisch vollständige Schärfe erzielen würde. Vielfache Kontrollrechnungen haben gelehrt, daß die Methode auch in unsern Breiten selten um mehr als 5 cm fehlt.

Tafeln für die Schreiberschen Größen (1) und (2) mit Bessels Konstanten, die ebenfalls zur Hand sein müssen, wurden an vielen Stellen veröffentlicht; erwähnt seien nur Th. Albrecht, Formeln u. Hilfstafeln f. geogr. Ortsbest. 4. Aufl. Leipzig 1908. Taf. 32 k. — L. Ambronn, J. Domke, Astron.-geodätische Hilfstafeln. Berlin 1909. Taf. 29. — W. Jordan, Handb. d. Vermessungskunde. III. Bd. 6. Aufl. Stuttgart 1916. S. [9] und [30]. — Rechnungsvorschr. f. d. trigon. Abteil. d. Landesaufnahme. Formeln und Tafeln zur Berechnung der geographischen Koordinaten. Erste, zweite, dritte Ordnung. Berlin.

Liegt die umgekehrte Aufgabe vor, d. h. sollen die Azimute A, A' und die Länge s der geodätischen Linie aus den Breiten- und Längendifferenzen abgeleitet werden, so kann man ohne neue Tafeln durch folgende einfache Formeln zum Ziel gelangen:

$$\cotg \tfrac{1}{2}(A' + A) = -\frac{(1)\,l}{(2)(\varphi' - \varphi)} \cos \tfrac{1}{2}(\varphi' + \varphi)$$

$$A' - A = 180° + l \sin \tfrac{1}{2}(\varphi' + \varphi)$$

$$s = \frac{\varphi' - \varphi}{(1) \sin \tfrac{1}{2}(A' + A)} = -\frac{l \cos \tfrac{1}{2}(\varphi' + \varphi)}{(2) \cos \tfrac{1}{2}(A' + A)}$$

Die Formel wahrt bei mittleren Breiten bis s = 32 km ungünstigsten Falles in A die Genauigkeit von 0″1 und in s diejenige von 4 cm. Der Unsicherheit von 0″1 in A entspricht bei s = 32 km eine Querverschiebung von 1.5 cm.

Das folgende Beispiel gilt für eine Seitenlänge von s = 30.2 km. Die Schreibersche Methode führte auf genau identische Ergebnisse für φ', λ', A'.

Beispiel.

φ 53° 19′ 41″380
λ 19 34 56.747
A 155 56 17.78

lg s 4.4797926
cos A 9.9605215n
sin A 9.6103627
lg u 4.4403141n
lg (1) 8.5098869
     2.9502010n

u(1) — 891″663
— v²i — 0.515
β_1 + 4
β_2 — 19
$\varphi'-\varphi$ — 14′ 52″193
φ' 53° 4′ 49″187

lg v 4.0901553
lg (2) 8.5088473
    2.5990026

v(2) + 397″194
vuk — 2.300
μ_1 + 19
μ_2 — 5
l cos φ + 394.908

lg l cos φ 2.5964959
cos φ 9.7761423
lg l 2.8203536
l + 11′ 1″232

lg l 2.8203536
sin φ_m 9.9035109
lg l sin φ_m 2.7238645
l sin φ_m + 8′ 49″498
$A'-A$ 180° 8′ 49″50
A' 336 5 7.28

λ' 19 45 57.979

φ_m 53° 12′ 15″28

lg v² 8.1803
lg i 1.5313
    9.7116

lg v²u 12.6206

lg v 4.0902
lg u 4.4403n
lg k 1.8313
    0.3618n

lg s 8.9596
lg s²v 13.0498
lg v³ 12.2705

42. Meridianbogen M vom Äquator bis zur Breite φ.

Bei der Berechnung rechtwinkliger sphäroidischer Koordinaten auf der Erdoberfläche und für kartographische Entwürfe mancherlei Art braucht man vielfach die lineare Länge M des Meridianbogens vom Äquator bis zur vorgelegten Breite φ. Die kurze Tafel 42a enthält diesen Wert in solcher Ausdehnung, daß man ihr die Größe M für jede beliebige Breite zwischen 0° und 90° entnehmen kann.

Den Tafeln liegt wieder aus den in Nr. 41 (S. 30) dargelegten Gründen Bessels Erdfigur zugrunde. Das Intervall beträgt zwar einen vollen Grad, die beigefügten Interpolationsgrößen erlauben indes die bequeme Ableitung aller Zwischenwerte auf 1—2 cm genau. Zu dem Zwecke steht hinter der I. Differenz der 7stellige $\log \varDelta(1'')$, wo $\varDelta(1'') = \dfrac{\text{I. Diff.}}{3600}$ ist, und dann folgt die Spalte der natürlichen II. Differenzen. Beigegeben wurden noch die Interpolationsfaktoren der II. Differenzen für Minutenunterteilung (Tafel 42b). Am besten geht man bei der Interpolation vom nächst gelegenen Tafelwert aus und berechnet den Einfluß der II. Differenzen mit dem Rechenschieber; die III. Differenzen machen innerhalb der angestrebten Genauigkeit von 0.01 m nichts mehr aus.

Beispiel 1. $\varphi = 48° 12' 34'' 742$ II. D. + 19.35
(754'' 742)

M (48°) 5 317 885.23 $\log \varDelta(1'')$ 1.489 7534   + 23 310.52
+ 23 308.92   2.877 7985   — 1.60
M = 5 341 194.15 m   4.367 5519   + 23 308.92
(Strenger Wert .150)

Beispiel 2. $\varphi = 52° 37' 32'' 671$ II. D. + 18.86
(— 22 27. 329 = — 1347'' 329)

M (53°) 5 874 014.72 $\log \varDelta(1'')$ 1.490 0524   — 41 641.47
— 41 643.68   3.129 4737 n   — 2.21
M = 5 832 371.04 m   4.619 5261 n   — 41 643.68
(Strenger Wert .046)

43. Parallaktische Faktoren.

Die Tafel erleichtert die Berechnung der parallaktischen Faktoren. Sie beruht auf der Sonnenparallaxe $\pi = 8''80$ und der von der Pariser Ephemeridenkonferenz vom Oktober 1911 für den Gebrauch der astronomischen Jahrbücher angenommenen Erdabplattung $\alpha = \frac{1}{297}$ (für Erdradius ϱ zum Beobachtungsort). Dreistellige Rechnung genügt für alle Kometen und die gewöhnlichen Beobachtungen der kleinen Planeten.

Ist α, δ der geozentrische, α', δ' der topozentrische Ort des Gestirns, t sein Stundenwinkel, $\varDelta$ sein Erdabstand, so hat man als Parallaxe in α und δ zum Übergang vom beobachteten topozentrischen auf den geozentrischen Ort:

$$(\alpha - \alpha')^s = \frac{1}{\varDelta}(\pi\varrho\cos\varphi')^s \sin t \sec\delta$$

$$\tang \gamma = \tang \varphi' \sec t \qquad \gamma < 180°$$

$$(\delta - \delta')'' = \frac{1}{\varDelta}(\pi\varrho\sin\varphi')'' \sin(\gamma - \delta)\cosec\gamma$$

Beispiel. $\varphi = +48° 35'$ $t = -3^h 18^m 4$ $\delta = +8° 27'$ $\log\varDelta = 9.827$

lg $(\pi\varrho\cos\varphi')^s$ 9.590	tg φ' 0.052	lg $(\pi\varrho\sin\varphi')''$ 0.817
sin t 9.882$_n$	sec t 0.188	sin $(\gamma-\delta)$ 9.894
sec δ 0.005	tg γ 0.240	cosec γ 0.062
lg $(1:\varDelta)$ 0.173	γ 60°1	lg $(1:\varDelta)$ 0.173
lg $(\alpha-\alpha')^s$ 9.650$_n$	$\gamma-\delta$ +51.6	lg $(\delta-\delta')''$ 0.946
$\alpha-\alpha'$ -0^s447		$\delta-\delta'$ $+8''83$

44. Dimensionen der Erde.

Der Tabelle der Erddimensionen liegt zugrunde der Äquatorradius a = 6378200.00 m nach Helmert (1907) und der von der internationalen Ephemeridenkonferenz in Paris 1911 zur Berechnung der Parallaxe vorgeschriebene Wert der

Abplattung $\mathfrak{a} = \dfrac{1}{297.0}$ nach Hayford (1909).

Aus den beiden Daten a und $\mathfrak{a}$ wurden die übrigen Größen mit 8stelligen Logarithmen berechnet. Bei der Ableitung des Meridianquadranten Q ist das Quadrat der Abplattung $\mathfrak{a}$ berücksichtigt, $Q = a\dfrac{\pi}{2}\left(1 - \dfrac{\mathfrak{a}}{2} + \dfrac{\mathfrak{a}^2}{16}\right)$, für die Oberfläche F die 8te Potenz der Exzentrizität e mitgenommen, $F = 4b^2\pi(1 + \tfrac{2}{3}e^2 + \tfrac{3}{5}e^4 + \tfrac{4}{7}e^6 + \tfrac{5}{9}e^8)$.

45. Normalzeiten der wichtigeren Länder.

46a. Maßvergleichungen.

Die Zahlenangaben beziehen sich auf das legale Meter (1 Meter = 443.296 Pariser Linien); um auf das internationale Meter überzugehen sind den Logarithmen +580 Einheiten der VIII. Dezimalstelle hinzuzufügen.

46 b. Lineare Ausdehnungskoeffizienten für 1° C innerhalb der gewöhnlichen Gebrauchstemperaturen.

Die Tafel enthält die linearen Ausdehnungskoeffizienten von einigen Metallen und Materialien, die für astronomische und geodätische Apparate in Betracht kommen.

47. Barometrische Höhenmessung.

Die Tafeln zur barometrischen Höhenbestimmung kommen in mehrfacher Einrichtung vor.

Die Anordnung der ersten Gruppe (Tafel I—VI) ist im wesentlichen diejenige, die Angot[1]) seinen barometrischen Höhentafeln gegeben hat. Sie gründen sich auf die Laplacesche Formel:

$$Z = 18400 \left[1 + \frac{k(Z + 2z_0)}{2R}\right] (1 + \alpha \Theta) \log \frac{p_0}{p},$$

wo

p_0 den Luftdruck auf der unteren Station bedeutet,
p den Luftdruck auf der oberen,
z_0 die Meereshöhe der unteren Station,
Z die Niveaudifferenz beider Stationen,
R den Erdradius,
k den Koeffizienten, der die Abnahme der Schwere mit der Höhe berücksichtigt,
Θ die für geographische Breite und Feuchtigkeit verbesserte Temperatur,
α den Ausdehnungskoeffizienten der Luft ($\alpha = 0.00366$).

Erfolgte die Messung mit Quecksilberbarometern, so sind die Stände p_0 und p nicht nur auf $0°$ (Tafel II) zu reduzieren, sondern auch wegen der Schwereänderung mit der geographischen Breite und der Seehöhe zu verbessern. Hierzu dienen die Tafeln Ia und Ib. Durch Tafel Ia wird die Reduktion des Quecksilberbarometers auf die geographische Breite $\varphi = 45°$ vollzogen, durch Tafel Ib die Schwerekorrektion für Seehöhe berücksichtigt, die in doppelter Weise angegeben ist. Für Hochebenen ist in dem Korrektionsausdruck $-\frac{kzp}{R}$ der Koeffizient $k = \frac{5}{4}$ gesetzt, für die freie Atmosphäre (Messungen im Ballon) $k = 2$. Für einen Berg nimmt man das Mittel der beiden Verbesserungen.

Der Einfluß der geographischen Breite und der Feuchtigkeit läßt sich bequem mit der Temperatur vereinigen, indem man als korrigierte Lufttemperatur Θ nimmt:

---
[1]) A. Angot, Sur la formule barométrique. Ann. du bur. centr. météorol., Année 1896. B. Mémoires, S. 159. Paris 1898.

$$\Theta = \frac{t_0 + t}{2} + 0°71 \cos 2\varphi + 51°36 \frac{f_0}{p_0} + 51°36 \frac{f}{p}.$$

φ ist die geographische Breite, t_0 f_0 p_0 Temperatur, Dampfspannung und Druck auf der unteren Station, t f p hat die entsprechende Bedeutung für die obere Station. Tafel IIa gibt die Breitenkorrektion der Temperatur $+0°71 \cos 2\varphi$, Tafel IIb mit den Argumenten f und p die Größe $+51°36 \frac{f}{p}$. Ist der Dampfdruck f im oberen Niveau nicht beobachtet, so kann man mit Hilfe von Tafel IIc seinen genäherten Wert ableiten. Jedenfalls ist dieses Verfahren der völligen Vernachlässigung der Feuchtigkeit der oberen Station unbedingt vorzuziehen, um so mehr, da das zugrunde liegende empirische Gesetz der geometrischen Progression in der Abnahme des Dampfdrucks mit der Höhe überraschend genau zutrifft. Die beiläufige Höhe Z des oberen Niveaus über dem unteren ist für diesen Zweck stets mehr als hinreichend nahe bekannt.

Mit Hilfe der Tafeln I und II bestimmt man so p_0, p, Θ. Dann schreibt sich die Höhenformel:

$$Z = Z_1 (1 + \alpha \Theta) \left[1 + \frac{k}{2R}(Z + 2z_0) \right],$$

wo

$$Z_1 = 18400 \cdot \log \frac{p_0}{p}$$

Die Haupttafel III gibt den Wert $18400 \cdot \log \frac{760}{p}$, sodaß ein Blick in die Tafel für einen vorgelegten Barometerstand p sofort die rohen Meereshöhen anzeigt. Bildet man die Differenz der Tafelwerte für p und p_0, so erhält man die Niveaudifferenz Z_1 beider Stationen gültig für die Temperatur 0° und ohne Berücksichtigung der Änderung der Schwerkraft. Eine zweite Näherung Z_2, die der Temperatur Rechnung trägt, ist gegeben durch:

$$Z_2 = Z_1 + \alpha \Theta Z_1$$

Die Verbesserung $+ \alpha \Theta Z_1$ liefert die Tafel IV.

Der definitive Höhenunterschied Z der Stationen geht nun hervor, wenn man noch die Korrektion wegen Abnahme der Schwere mit der Höhe anbringt:

$$Z = Z_2 + \frac{k Z_2 (Z_2 + 2z_0)}{2R}$$

Tafel V enthält diese stets positive Korrektion unter der Annahme k = 2 (freie Atmosphäre).

Das Korrektionsglied wegen Temperatur (Tafel IV) ist nur strenge richtig unter Annahme einer konstanten Temperatur für die Luftschicht zwischen den beiden Beobachtungsstationen. Setzt man aber voraus — und das wird durchweg der Wahrheit näher kommen —

daß die Temperatur linear mit der Höhe abnimmt, so ist von den aus der Rechnung nach der gewöhnlichen Formel erhaltenen Höhen der durch die Tafel VI angegebene Bruchteil abzuziehen. Nur bei großen Höhendifferenzen kann die Korrektion merklich werden, meist wird sie kleiner bleiben als die Beobachtungsfehler.

Beispiel. Höhendifferenz zwischen dem Pic du Midi und dem Observatorium Bagnères-de-Bigorre ($\varphi = +43°$, $z_0 = 547$ m). Gemessen mit Quecksilberbarometern 1896 Juni 11.

Station	Druck ohne Schwerekorr.	Schwerekorr. für φ Tafel Ia	Schwerekorr. für z Tafel Ib	Druck mit Schwerekorr.	Temperatur	Dampfspannung	Bemerkungen
	mm	mm	mm	mm		mm	
Bagnères	719.4	—0.13	—0.06[1])	719.2	+17°5	9.4	[1]) Korrektion f. Hochebene
Pic du Midi	543.2	—0.10	—0.38[2])	542.7	+ 2.1	3.0	[2]) „ „ Berg

Korrektion der Temperatur

$\dfrac{t_0 + t}{2}$ + 9°80

Tafel IIa + 0.05

„ IIb $\begin{cases} + 0.67 \\ + 0.29 \end{cases}$

$\Theta = + 10.81$

Tafel III $\begin{cases} 542.7 \quad 2691.1^m \\ 719.2 \quad 4410 \end{cases}$

$Z_1 = 2250.1$

Tafel IV + 89.2

„ V + 1.3

„ VI — 0.6

Z = 2340.0 m

Braucht nicht die äußerste Genauigkeit erreicht zu werden und soll nur die Verbesserung wegen Lufttemperatur Berücksichtigung finden, so führt folgendes Verfahren schnell zum Ziel. Man bildet

$$n = \frac{p_0}{p},$$

entnimmt der mit dem Argument n entworfenen Tafel VII die zugehörige Höhendifferenz Z_1 und korrigiert Z_1 noch wegen Temperatur nach Tafel IV oder sucht das Temperaturglied $+ \alpha \Theta Z$ direkt mit dem Rechenschieber auf, wie man auch die ganze Rechnung am bequemsten und hinreichend scharf mit dem Rechenschieber erledigt. Man setzt hier einfach $\Theta = \dfrac{t_0 + t}{2}$.

Beispiel (wie vorhin).

p_0 719.2 mm Θ + 9°8
p   542.7 „
n   1.325 Z_1 2249 m
                  $+ \alpha \Theta Z$ +81 „
                  Z 2330 m

Für die erste Reduktion während der Reise und für Ballonfahrten wird diese Methode die kürzeste sein.

Kurz und bequem läßt sich die barometrische Höhenformel auch logarithmisch tabulieren. Unter Beibehaltung der festgesetzten Bezeichnungen schreiben wir:

$$Z = (\log p_0 - \log p) \times 18400 \left(1 + \alpha \frac{t_0 + t}{2}\right) \times \left(1 + 0.377 \frac{f_0 + f}{p_0 + p}\right)$$
$$\times (1 + 0.00265 \cos 2\varphi) \times \left(1 + \frac{Z + 2z_0}{R}\right)$$

und erhalten durch Logarithmierung mit leicht ersichtlicher Bedeutung der Faktoren A, B, C, D:

$$\log Z = \log(\log p_0 - \log p) + \log A + \log B + \log C + \log D$$

Die $\log A$, $\log B$, $\log C$, $\log D$ stehen in den Tafeln VIIIa, b, c, d auf vier Dezimalen genau; $\log B$, $\log C$, $\log D$ sind in Einheiten der 4. Dezimale gegeben. Hat man die Dampfspannungen f_0 und f nicht gemessen, so entnimmt man $\log B$ mit dem rechts stehenden Vertikalargument $\frac{t_0 + t}{2}$ (Mittel der Lufttemperaturen an beiden Stationen); für gewöhnliche Zwecke reicht dieses Verfahren immer aus. Vor Beginn der Rechnung werden die Ablesungen am Quecksilberbarometer auf die Quecksilbertemperatur 0° (Tafel II) und wegen Schwere (Tafel Ia, b) reduziert.

Beispiel (wie vorhin).

p_0 719.2 mm   log 2.8568 t_0 +17°5 f_0 9.4 mm
p 542.7 „   „   2.7346 t + 2.1 f 3.0 „
$p_0 + p$ 1261.9 mm $\log \frac{p_0}{p}$ 0.1222   log 9.0871 $\frac{t_0+t}{2}$ +9.8 $\frac{f_0+f}{2}$ 6.2 mm
                      log A 4.2801
                      „ B + 16 φ +43°
                      „ C + 1
                      „ D + 2 $2z_0$ 1094 m
                      log Z 3.3691   Z 2000 „
                      Z = 2339 m $Z + 2z_0$ 3094 m

Hätte man, statt mit $\frac{f_0 + f}{2}$, mit $\frac{t_0 + t}{2}$ den $\log B$ entnommen, so käme $Z = 2341$ m heraus. —

Rechnet man mit Quecksilberständen, die nur auf den Gefrierpunkt, nicht auch auf Normalschwere reduziert sind, so wäre statt der Konstante 18400 in die barometrische Höhenformel die neue Konstante 18446 für Erhebungen in der freien Atmosphäre (Ballon) und 18429 für Bergbesteigungen einzuführen.

48. Sättigungsdrucke des Wasserdampfes.

Die Tafel beruht auf den Beobachtungen von Regnault, berechnet von Broch[1]), verbessert nach Wiebe[2]) und umgerechnet auf die Wasserstoffskala. Sie gibt zu dem durch Messungen am Hypsothermometer gewonnenen Siedepunkt T des Wassers den zugehörigen atmosphärischen Druck p in Millimetern Quecksilber von 0° und normaler Schwere an und dient so der Kontrolle der leicht veränderlichen Federbarometer.

In der dritten Spalte stehen noch, lediglich um den Überblick zu unterstützen, die durch Siedepunkt T oder Druck p festgelegten rohen Meereshöhen $Z_0 = 18400 \log \frac{760}{p}$, die mit Hilfe der Haupttafel III in den Tafeln 47 zur barometrischen Höhenmessung gebildet worden sind.

49. Julianische Periode.

Die Tafel dient dazu, das Intervall zwischen zwei gegebenen weit auseinanderliegenden Daten der christlichen Zeitrechnung (des julianischen und gregorianischen Kalenders) in Tage zu verwandeln oder umgekehrt von einem Datum auf ein durch eine große Anzahl Tage davon getrenntes überzugehen. Bei astronomischen Rechnungen kommt diese Aufgabe häufig vor; erinnert sei nur an die Untersuchung von veränderlichen Sternen, an die Ableitung der mittleren Anomalie bei Planeten und kurzperiodischen Kometen, der wahren Anomalie für parabolische und parabelnahe Bahnen, an die Diskussion von Perioden aller Art. Die Haupttafel a beginnt mit dem Jahre 0 und gibt die Tage der julianischen Periode für den nullten Januar jedes 4ten Jahres der christlichen Zeitrechnung. Die Interpolationstafel b enthält die Zahl der Tage für 4 Jahre an jedem nullten Tag des Monats. Da die Tabelle in erster Linie für neuere astronomische Beobachtungen bestimmt ist, wurde sie auf die vorchristliche Zeit nicht ausgedehnt.

Der Gebrauch der Tafel ist so einfach, daß ein Beispiel zur Erläuterung genügt.

Beispiel. Gesucht das Intervall in Tagen zwischen
      140 März 21.96 MZ Greenw. (Von Ptolemäus beobachtetes Frühlingsäquinox)
und 1915 März 21.20 „ „ (Frühlingsäquinox).

140 März 21.96	1915 März 21.20
1 772 192	2 419 402
81.96	1 176.20
1 772 273.96	2 420 578.20

Intervall = 648 304$^\text{d}$24

---

[1]) Trav. et Mém. du Bur. intern. des Poids et Mes. 1 A 22; Paris 1881.
[2]) Ztschr. f. Instrkde. **13**, 329; 1893 und Tafeln f. d. Spannkr. d. Wasserdampfes, 2. Ausg., Braunschweig 1903.

50. Wahre Anomalie in der parabolischen Bewegung.

Es wird die Umkehrung der Barkerschen Tafel gegeben, wie sie zum ersten Mal Bauschinger[1]) nach dem Vorgange von Burckhardt[2]) und Leverrier[3]) in bequemer Anordnung und Ausdehnung berechnet und veröffentlicht hat. Schon im Jahre 1816 stellte allerdings Gauß eine gleiche Tafel von ähnlichem Umfange her, die zu dem Argument $[3.700\,5216] \cdot \frac{t}{q^{\frac{3}{2}}} = [3.700\,5216] \cdot M$ den Wert v auf $0°001$ genau angibt. Die schöne Tafel, deren Gauß später nie mehr gedenkt[4]), wurde erst im Jahre 1906 von Brendel[5]) aus dem Nachlasse herausgegeben; sie umfaßt 11 Druckseiten. —

Entsprechend der hier angestrebten Genauigkeit sind die wahren Anomalien v in Tafel 50a nur auf volle Sekunden verzeichnet.

Bedeutet v die wahre Anomalie in der Parabel, q die Periheldistanz, t die seit dem Periheldurchgang verflossene Zeit, so ist

$$M = \frac{t}{q^{\frac{3}{2}}}$$

das Argument der Tafel für die wahre Anomalie v. Sei ferner M_o ein Tafelargument und v_o der zugehörige Funktionswert, so findet man das zu M gehörige v durch

$$v = v_o + (M - M_o) A,$$

wenn man A oder log A mit dem Argument $\frac{M + M_o}{2} = M_o + \frac{M - M_o}{2}$ der Tafel entnimmt. Für die Interpolationsrechnung genügt in allen Fällen vierstellige logarithmische Rechnung. Soll umgekehrt zu einem vorgelegten v der Wert M gesucht werden so hat man

$$M - M_o = \frac{v - v_o}{A},$$

wo man A oder log A gleich schätzungsweise für das Argument $v_o + \frac{v - v_o}{2}$ interpolieren kann.

Der Radiusvektor r in der Parabel folgt aus

$$r = q \sec^2 \frac{v}{2}$$

Bei großen v werden alle Tafeln unbequem und versagen schließlich. Unsere Tafel bricht daher bei $\log M = 4.60$, $v = 169°8$

---

[1]) J. Bauschinger, Taf. z. theoret. Astron. Leipzig 1901. Taf. XV.
[2]) J. C. Burckhardt, Connaissance des temps pour 1818. Paris 1815. S. 319.
[3]) U. J. Leverrier, Annales de l'observ. de Paris. Bd. I. Paris 1855. S. 226.
[4]) Auch nicht A. N. 20 (1843) 299 (Nr. 474), wo Gauß sich auf Burckhardts Tafel bezieht.
[5]) C. F. Gauß Werke, VII. Bd. S. 351. Leipzig 1906.

ab. Die folgende kleine Tafel 50b ermöglicht dann die Ermittelung von v schon von v = 155° an bis v = 180°. Sie verlangt die Durchrechnung der einfachen Formeln:

$$\frac{1}{M} = \frac{q^{\frac{3}{2}}}{t}$$

$$\sin w = \sqrt[3]{[2.34090] \cdot \frac{1}{M}} \qquad \text{w im II. Quadranten}$$

$$v = w + \delta$$

Beispiel 1. $t = -36^d 55397$ $\log q = 9.51907$

lg t 1.56294   lg A 5.3983 $\frac{v}{2} = -54° 57' 58''5$
lg q^{3/2} 9.27861   7.6365
lg M 2.28433   3.0348
lg M₀ 2.28 $\sec^2 \frac{v}{2}$ 0.48210
            108° 57' 54"
0.00433   + 18 3   1083"   lg q 9.51907
            v = −109° 15' 57"   log r 0.00117

Beispiel 2. $t = +10000^d$ $\log q = 9.51907$

lg q^{3/2} 9.27861   w 170° 44' 32" $\frac{v}{2} = 85° 22' 16''5$ sec² 2.18626
lg t 4.00000   δ   1   lg q 9.51907
lg(1:M) 5.27861   v = 170° 44' 33"   log r 1.70533
       2.34090
       7.61951
sin w 9.20650

Beispiel 3. v = −7° 18' 48"   log q = 9.51907   Gesucht t.

v₀ 6° 57' 8"
v   7 18 48
   21 40 = 1300" lg 3.1139
                  lg A 3.6971
M₀   5.0   9.4168
   + 0.2611
M   5.2611

lg M 0.72108
lg q^{3/2} 9.27861
lg t 9.99969   t = −0^d99928

51. Wahre Anomalie in parabelnahen Bahnen.

Eine der kürzesten und bequemsten Methoden, die wahre Anomalie v und den Radiusvektor r in parabelnahen Bahnen zu ermitteln, hat Th. v. Oppolzer[1]) ausgearbeitet. Aus den Bahnelementen werden zunächst die konstanten Größen abgeleitet:

$$\varepsilon = \frac{1-e}{1+e} \qquad \alpha = \frac{f}{q^{3/2}}\sqrt{\frac{1+e}{2}} \qquad \beta = \varepsilon E$$

Die log f und log E entnimmt man der Tafel 51a mit dem Argument ε. ε selbst kann bequem mit der Tafel V in den „Fünfstelligen Logarithmentafeln" von F. W. Rex[2]) (S. 113) gebildet werden, die zum Argument log x den Wert $\log\frac{1+x}{1-x}$ angibt. Dann folgt die Rechnung für jeden Ort:

$$M = \alpha t \qquad x = \frac{\operatorname{tg}\tfrac{1}{2}w}{f} \qquad n = \beta x^2$$

w wird mit Argument M der parabolischen Tafel 50a entlehnt; es ist der dort mit v bezeichnete Winkel, der aber hier nicht die wahre Anomalie darstellt.

$$\operatorname{tg}\tfrac{1}{2}v = x G H$$
$$\Theta = \varepsilon \operatorname{tg}^2\frac{v}{2}$$
$$r = \frac{q\left(1 + \operatorname{tg}^2\frac{v}{2}\right)}{1 + \Theta}$$

G mit Argument n aus Tafel 51 b,
H mit den Argumenten n und ε aus Tafel 51 c.

Die Tafelgrenzen sind soweit ausgedehnt, daß sie von kurzperiodischen Kometen nur in den seltensten Fällen überschritten werden.

Beispiel. e = 0.86400   log q = 9.60095   t = 26ᵈ9953

lg (1 − e) 9.13354	lg $\sqrt{\frac{1+e}{2}}$ 9.98471
lg (1 + e) 0.27045	
lg ε 8.86309	lg f 9.98690
ε 0.072962	lg (1 : q^{3/2}) 0.59857
lg E 9.99905	lg α 0.57018
lg β 8.86214	

---

[1]) Th. v. Oppolzer, Lehrb. z. Bahnbest. d. Kometen u. Planeten. I. Bd. 2. Aufl. Leipzig 1882. S. 73.
[2]) Stuttgart 1884.

lg t 1.43130	lg x² 9.97426	tg²$\frac{v}{2}$ 9.99864
lg M 2.00148	lg n 8.83640	
w 86° 34′ 31″	n + 0.068612	lg Θ 8.86173
$\frac{w}{2}$ 43 17 15	lg x 9.98713	
	lg G 0.01219	lg$\left(1 + tg^2\frac{v}{2}\right)$ 0.30035
tg $\frac{w}{2}$ 9.97403	lg H 0	
	tg $\frac{v}{2}$ 9.99932	9.90130
		lg (1 + Θ) 0.03049
	$\frac{v}{2}$ 44° 57′ 19″	log r 9.87081
	v 89 54 38	

52. Perihelzeit in parabelnahen Bahnen.

Die Ermittelung der Perihelzeit T aus der wahren Anomalie v in parabelnahen Bahnen läßt sich durch eine wenig umfangreiche Tafel nach Th. v. Oppolzer[1]) recht bequem gestalten. Bedeutet v_1 die zur Zeit t_1 zugehörige wahre Anomalie, so hat man für den Perihelgurchgang T die Beziehung:

$$T = t_1 - \frac{q^{\frac{3}{2}}}{\sqrt{1+e}}\left(P_1 tg\frac{v_1}{2} + P_3 tg^3\frac{v_1}{2}\right)$$

wo log P_1, log P_3 mit dem Argument

$$\Theta = \frac{1-e}{1+e} tg^2\frac{v_1}{2}$$

der Tafel 52 entnommen werden. $T - t_1 = t$ ist in mittleren Sonnentagen ausgedrückt. Für stark hyperbolische Bahnen (Θ negativ) kann die Vernachlässigung der zweiten Differenzen bei der Interpolation einen Fehler von einer Einheit der 5. Stelle in log P_1 und log P_3 nach sich ziehen.

Beispiel. e = 0.85240   log q = 9.60493 v_1 = —72° 57′ 58″

$\frac{v_1}{2}$ —36° 28′ 59″	lg P_1 2.05314	lg q^{3/2} 9.40740
lg (1 — e) 9.16909	tg $\frac{v_1}{2}$ 9.86894n	lg $\sqrt{1+e}$ 0.13387
lg (1 + e) 0.26774		9.27353
8.90135	1.92208n — 83.576	1.99328n
tg²$\frac{v_1}{2}$ 9.73788	lg P_3 1.56607	lg (—t) 1.26681n
lg Θ 8.63923	tg³$\frac{v_1}{2}$ 9.60682n	T — t_1 = + 18^{d}4846
Θ + 0.043574	1.17289n — 14.890	
	— 98.466	

---
[1]) Th. v. Oppolzer, Lehrb. z. Bahnbest. d. Kometen u. Planeten. II. Bd. Leipzig 1880. S. 479.

53, 54. Auflösung der Keplerschen Gleichung.

Den Übergang von der Zeit t oder der mittleren Anomalie $M = \mu t$ (μ mittlere tägliche Bewegung) zur wahren Anomalie v vermittelt bei elliptischen Bahnen mäßiger Exzentrizität die exzentrische Anomalie E. Mittlere und exzentrische Anomalie sind verbunden durch die transzendente Keplersche Gleichung
$$M = E - e \sin E$$
aus der bei bekanntem M und e die exzentrische Anomalie E zu bestimmen ist. Mit E gelangt man dann durch bequeme Formeln zur wahren Anomalie v und zum Radiusvektor r.

Handelt es sich wie hier nur um 5 stellige Genauigkeit, so führen zwei verwandte von Tietjen angegebene Methoden gleich zum strengen Ergebnis, oder bei höheren Genauigkeitsansprüchen zu einem sehr guten Näherungswert, von dem aus das scharfe Resultat leicht zu erhalten ist.

Nach der Größe der Exzentrizität werden zwei Verfahren innezuhalten sein. Ist $e < 0.25$, so genügt der folgende einfache Formelkomplex:
$$\tan x_0 = \frac{e \sin M}{1 - e \cos M}$$
$$E = M + x_0 - \frac{\sigma}{1 - e \cos M} \qquad \sigma \text{ hat das Vorzeichen von } x_0$$
in dem die Größe σ mit dem Argument x_0 durch Tafel 53 gegeben ist.

Etwas umständlicher wird die Rechnung, wenn die Exzentrizität 0.25 übersteigt, aber noch innerhalb der oberen Grenze von etwa 0.6 bleibt. Dann hat man unter Benutzung der Tafel 54 für log C mit Argument x_0 zu rechnen:
$$\tan x_0 = \frac{e \sin M}{1 - e \cos M} \qquad A = \frac{\cos x_0}{1 - e \cos M}$$
$$\Delta x = -AC \sin^3 x_0$$
$$\delta x = \frac{\Delta x}{\cos x_0 (1 + 2A \sin^2 \tfrac{1}{2}(x_0 + \tfrac{1}{2}\Delta x))} \qquad \begin{array}{l}\text{log C stets positiv.} \\ \Delta x \text{ und } \delta x \text{ in} \\ \text{Bogensekunden.}\end{array}$$
$$E = M + x_0 + \delta x$$

Beispiel 1. $e = 0.24532$ $M = 332° 28' 55''$

lg e	9.38973	x_0 —8 14 33
sin M	9.66467$_n$	$-\dfrac{\sigma}{1 - e \cos M}$ + 2 8
cos M	9.94786	
e sin M	9.05440$_n$	$E = 324° 16' 30''$
e cos M	9.33759	
lg (1 — e cos M)	9.89345	
tg x_0	9.16095$_n$	
σ	— 100''	Der strenge Wert ist $E = 324° 16' 29''5$
lg σ	2.0000$_n$	
lg $\dfrac{\sigma}{1 - e \cos M}$	2.1066$_n$	

Beispiel 2. $e = 0.55495$ $M = 34°19'36''$

lg e	9.74425	lg A 0.20371	
sin M	9.75121	lg C 4.52793	$x_0 + \dfrac{\Delta x}{2}$ 29° 4' 40''
cos M	9.91690	sin³ x_0 9.09751	
e sin M	9.49546	lg Δx 3.82915n	$\dfrac{1}{2}\left(x_0 + \dfrac{\Delta x}{2}\right)$ 14 32 20
e cos M	9.66115	Δx —1° 52' 28''	
lg (1 — e cos M)	9.73376		$\sin^2 \dfrac{1}{2}\left(x_0 + \dfrac{\Delta x}{2}\right)$ 8.79948
tg x_0	9.76170	M 34° 19' 36''	
x_0	30°0'54''	$x_0 + 30$ 0 54	lg 2A 0.50474
cos x_0	9.93747	δx — 1 48 6	Σ 9.30422
sin x_0	9.69917	E = 62° 32' 24''	1 + Σ 0.07972
			cos x_0 (1 + Σ) 0.01719
			lg δx 3.81196n
Der strenge Wert ist E = 62° 32' 25''8.			δx — 1° 48' 6''

55, 56. Sehne und Verhältnis $\dfrac{\text{Sektor}}{\text{Dreieck}}$ in der Parabel.

In der parabolischen Bahnbestimmung nach der Olbersschen Methode tritt die Ermittelung der Sehne s zwischen den Endpunkten der zu den Zeiten t_1 und t_2 gehörigen Radienvektoren r_1 und r_2 auf (Eulersche Gleichung). Nach dem Vorgange von Encke läßt sich diese Rechnung durch eine Hilfstafel recht einfach gestalten. Man hat

$$\eta = \frac{2k(t_2 - t_1)}{(r_1 + r_2)^{\frac{3}{2}}} \qquad s = (r_1 + r_2)\eta\mu \qquad \log 2k = 8.53661$$

$\log \mu$ mit dem Argument η aus Tafel 55.

Will man auch noch das Verhältnis $\dfrac{\text{Sektor}}{\text{Dreieck}} = y$ kennen, das allerdings bei der Parabel geringes Interesse hat, so rechnet man weiter:

$$\sin \gamma = \eta\mu \qquad y = \frac{1 + 2\sec\gamma}{3}$$

oder: man entnimmt $\log y$ direkt mit dem Argument η der nächsten Tafel 56, bei deren Gebrauch man die zweiten Differenzen mit einer Wirkung von höchstens 0.5 Einheiten der 5ten Dezimale durch Schätzung berücksichtigen muß, wenn es auf die letzte Stelle ankommt. Bei der Seltenheit des Gebrauchs dieser Tafel schien es unnötig, das Intervall zu verengern.

Beispiel. $t_2 - t_1 = 12^d0000$ $\log r_1 = 9.82707$ $\log r_2 = 9.63542$

lg 2k	8.53661	sin γ	9.55403
lg ($t_2 - t_1$)	1.07918	sec γ	0.02980
cpl lg $(r_1 + r_2)^{\frac{3}{2}}$	9.93585	lg 2 sec γ	0.33083
lg η	9.55164	lg (1 + 2 sec γ)	0.49721
η	0.35616	lg 3	0.47712
lg μ	0.00239	log y	0.02009
lg $(r_1 + r_2)$	0.04277		
lg s	9.59680	oder direkt mit η aus Tafel 56:	
		log y	0.02009

57. Verhältnis $\frac{\text{Sektor}}{\text{Dreieck}}$ in Ellipse und Hyperbel.

Jede Methode der Bahnbestimmung führt schließlich auf das Problem, aus zwei nach Lage und Größe gegebenen Radienvektoren die Elemente der Bahn zu ermitteln. Hierbei ist von entscheidender Wichtigkeit die Aufgabe, das Verhältnis y des von den beiden Radienvektoren und dem Stück der Bahnkurve begrenzten Sektors zu dem Dreieck aus eben diesen Radienvektoren und der Sehne ihrer Endpunkte zu ermitteln. Wir bezeichnen mit

2 f den Winkel zwischen den beiden Radienvektoren r_1 und r_2, deren Lage durch die heliozentrischen Örter l_1, b_1 und l_2, b_2 gegeben ist,

t_1, t_2 die Beobachtungszeiten, denen die Radienvektoren r_1, r_2 zugehören,

und haben zu rechnen:

$$\cos 2f = \sin b_1 \sin b_2 + \cos b_1 \cos b_2 \cos(l_2 - l_1)$$

oder $\quad \sin^2 f = \sin^2 \tfrac{1}{2}(l_2 - l_1) \cos b_1 \cos b_2 + \sin^2 \tfrac{1}{2}(b_2 - b_1)$

$$m = \frac{k^2 (t_2 - t_1)^2}{(2 \cos f \sqrt{r_1 r_2})^3}$$

$$\operatorname{tg}(45° + \omega) = \sqrt[4]{\frac{r_2}{r_1}}$$

$\log k = 8.23558$
$\tfrac{5}{6} = 0.83333$
$\log \tfrac{5}{6} = 9.92082$

$$l = \frac{\sin^2 \tfrac{1}{2} f + \operatorname{tg}^2 2\omega}{\cos f}$$

$$h = \frac{m}{\tfrac{5}{6} + l + \xi}$$

Im ersten Versuch wird $\xi = 0$ gesetzt, eine Annahme, die bei exzentrischen Bahnen der Wahrheit nahe kommt. Dann nimmt man mit h aus Tafel 57a den Wert $\log y^2$ und sieht nach, ob wegen ξ eine Verbesserung nötig ist; denn ξ wird von Tafel 57b geliefert mit dem Argument:

$$x = \frac{m}{y^2} - 1$$

Für positive x hat man eine Ellipse, für negative x eine Hyperbel. Mit dem neuen h geht man wieder in die Tafel 57a für $\log y^2$ ein und wiederholt nötigenfalls das einfache Verfahren bis die Rechnung steht, d. h. bis sich für ξ derselbe Wert ergibt.

Beispiel. $t_2-t_1 = 259{,}8848$ $\log r_1 = 0.42828$ $\log r_2 = 0.40620$

$2f = 62° 55' 17''$

f 31° 27' 39"   ½f 15° 43' 49"

lg k	8.23558	sin² ½f	8.86630	
lg (t₂ — t₁)	2.41478	tg² 2ω	6.20814	
	0.65036	A	7.34184	
	1.30072	B	0.00095	
lg (....)³	1.94766	lg Zähl.	8.86725	
lg m	9.35306	lg l	8.93630	
		l	0.08636	
lg 2	0.30103	⅚	0.83333	**2. Näherung**
cos f	9.93095		0.91969	0.91994
lg √r₁ r₂	0.41724			
lg (...)	0.64922	lg (⅚ + l)	9.96364	9.96376
		lg h	9.38942	9.38930
lg (r₂ : r₁)	9.97792	h	0.24514	0.24508
tg (45° + ω)	9.99448	lg y²	0.17226	0.17223
ω —0° 21' 50"		lg m/y²	9.18080	9.18083
2ω —0 43 41				
		m/y²	0.15163	0.15164
		x	0.06527	0.06528
		ξ	0.00025	0.00025

Demnach $\log y = 0.086115$

Die zweite Näherung hat also gleich den wahren Wert des gesuchten Verhältnisses y geliefert. Dabei überschreiten die Zahlen des Beispiels bei weitem die in der Anwendung vorkommenden Grenzen. Bei Planetenbahnen empfiehlt sich als brauchbare erste Näherung $x = \sin^2 \tfrac{1}{2} f$, in unserm Falle mithin $x = 0.07352$, wodurch $\xi = 0.00032$, $h = 0.24506$, $\log y^2 = 0.17222$ erhalten worden wäre. Trotzdem dann schon der erste Versuch zum wahren Wert von log y führt, hätte man doch zur Sicherung die zweite Näherung durchrechnen müssen.

Der Einfluß der zweiten Differenzen erreicht an der ungünstigsten Stelle der Tafel 57a bei $h = 0.25 - 0.40$ etwa eine Einheit der 5ten Dezimale. Man kann diese Verbesserung aber bei der linearen Interpolation noch leicht durch Schätzung im Kopf berücksichtigen. In der gleichen Lage ist man ja bei den 7 stelligen Tafeln, wenn man dort der letzten Stelle sicher sein will.

58. Zur Berechnung der speziellen Störungen in den rechtwinkligen Koordinaten (Enckes f-Tafel).

Bei parabolischen oder langperiodischen Kometen und bei Planeten, für die nur die Beobachtungen einer Erscheinung vorliegen, empfiehlt sich die Störungsrechnung in den rechtwinkligen Koordinaten nach der für Bahnen jeder Form gleich gut anwendbaren Bond-Enckeschen Methode[1]). Ihr Vorzug, Kürze und Übersichtlichkeit der Rechnung, kommt voll zur Geltung, ihr Nachteil, starkes Anwachsen der Störungen, tritt noch nicht auf, es sei denn in Ausnahmefällen.

Zur bequemen Anwendung dieser Methode bedarf man der von Encke entworfenen Tafel der Größe f, die folgende Bedeutung besitzt. Es seien:

x_0, y_0, z_0, r_0 heliozentrische Koordinaten und Radiusvektor in der ungestörten elliptischen Bahn des Himmelskörpers,

x, y, z, r heliozentrische Koordinaten und Radiusvektor in der gestörten Bahn,

ξ, η, ζ die Störungen in den Koordinaten,

sodaß
$$x = x_0 + \xi \qquad y = y_0 + \eta \qquad z = z_0 + \zeta$$

Dann bildet man das Argument q durch:
$$q = \frac{x_0 + \tfrac{1}{2}\xi}{r_0^2}\xi + \frac{y_0 + \tfrac{1}{2}\eta}{r_0^2}\eta + \frac{z_0 + \tfrac{1}{2}\zeta}{r_0^2}\zeta,$$

entnimmt der Tafel 58 den Wert f:
$$f = 3\left\{1 - \frac{5}{2}q + \frac{5\cdot 7}{2\cdot 3}q^2 - \frac{5\cdot 7\cdot 9}{2\cdot 3\cdot 4}q^3 + \frac{5\cdot 7\cdot 9\cdot 11}{2\cdot 3\cdot 4\cdot 5}q^4 - \cdots\right\}$$

$$\approx 3\cdot\frac{1+q}{1+\frac{7}{2}q+\frac{35}{12}q^2}$$

und erhält:
$$1 - \frac{r_0^3}{r^3} = fq.$$

In der Störungsrechnung nach den rechtwinkligen Koordinaten tritt weiter der Faktor
$$(wk)^2 m_1 10^7$$
auf. Hier bedeutet w das Intervall der Rechnung in Tagen, m_1 die Masse des störenden Planeten, und der Koeffizient 10^7 ist hinzugefügt, um die Störungsbeträge gleich in Einheiten der 7ten Dezimale der astronomischen Einheit zu erhalten, d. h. man rechnet die mit 10^7 multiplizierten Störungen.

---
[1]) Berl. astron. Jahrb. 1858, S. 307. Berlin 1855.

Entsprechend hat man es bei der Ermittelung der speziellen Störungen in den Elementen mit dem Faktor

$$w \, k'' \, m_1$$

zu tun.

Beide Faktoren vereinigt für alle großen Planeten und für die Intervalle $w = 20^d$ und $w = 40^d$ die folgende Übersicht.

Massen und Störungsfaktoren der großen Planeten.

Planet	$\dfrac{1}{m_1}$	$\log m_1$	$\log [(wk)^2 m_1 \, 10^7]$		$\log [wk'' m_1]$	
			$w = 20^d$	$w = 40^d$	$w = 20^d$	$w = 40^d$
Merkur . . .	6 000 000	3.22185 −10	9.2951−10	9.8972−10	8.0729−10	8.3739−10
Venus	408 000	4.38934 −10	0.4626	1.0646	9.2404−10	9.5415−10
Erde+Mond	329 390	4.48229 −10	0.5555	1.1576	9.3333−10	9.6344−10
Mars	3 093 500	3.50955 −10	9.5828−10	0.1848	8.3606−10	8.6616−10
Jupiter . . .	1 047 355	6.97 9906 −10	3.05313	3.65519	1.83094	2.13197
Saturn . . .	3 501.6	6.45 5733 −10	2.52896	3.13102	1.30677	1.60780
Uranus . . .	22 869	5.64075 −10	1.71397	2.31603	0.49179	0.79282
Neptun . . .	19 700	5.70553 −10	1.77875	2.38081	0.55657	0.85760

$\log k \; 8.235581 - 10$ $\qquad\qquad\qquad \log k'' \; 3.550007$

59. Zur Berechnung der Differentialquotienten in der Parabel.

Für die Berechnung der Differentialquotienten in der Parabel gewährt es eine wesentliche Erleichterung, wenn die Schönfeldschen[1]) Größen H, h_1, J, j tabuliert vorliegen.

Man erhält in dem Falle zur Verbesserung der parabolischen Bahn folgende Formeln:

$$\sin b \sin B = - \sin(\alpha - \Omega)$$
$$\sin b \cos B = + \cos i \cos(\alpha - \Omega)$$
$$\cos b = - \sin i \cos(\alpha - \Omega)$$

$$\sin c \sin C = - \sin \delta \cos(\alpha - \Omega)$$
$$\sin c \cos C = + \sin i \cos \delta - \cos i \sin \delta \sin(\alpha - \Omega)$$
$$\cos c = + \cos i \cos \delta + \sin i \sin \delta \sin(\alpha - \Omega)$$

$\sin b$ und $\sin c$ positiv.

Die Elemente ω, Ω, i beziehen sich auf dieselbe Grundebene und dasselbe Äquinox wie α und δ.

---
[1]) A. N. 113 (1885) 65.

$$d\alpha \cos\delta = -\frac{\sin b}{\varrho}\cos(B+\omega+\tfrac{1}{2}v)\frac{k''\sqrt{2}}{\sqrt{r}}\,dT \qquad \log k''\sqrt{2}=3.70052$$

$$+\frac{\sin b}{\varrho}\frac{1}{\cos\tfrac{1}{2}v}\,j\sin(B+\omega+J)\,dq$$

$$+\frac{\sin b}{\varrho}\frac{r\,\operatorname{tg}\tfrac{1}{2}v}{\cos\tfrac{1}{2}v}\,h_I\cos(B+\omega+H)\tfrac{1}{2}\,de$$

$$+\frac{r}{\varrho}\sin b\cos(B+\omega+v)\,ds$$

$$+\frac{r}{\varrho}\cos b\sin v\,dp$$

$$-\frac{r}{\varrho}\cos b\cos v\,dq$$

$$d\delta = -\frac{\sin c}{\varrho}\cos(C+\omega+\tfrac{1}{2}v)\frac{k''\sqrt{2}}{\sqrt{r}}\,dT$$

$$+\frac{\sin c}{\varrho}\frac{1}{\cos\tfrac{1}{2}v}\,j\sin(C+\omega+J)\,dq$$

$$+\frac{\sin c}{\varrho}\frac{r\,\operatorname{tg}\tfrac{1}{2}v}{\cos\tfrac{1}{2}v}\,h_I\cos(C+\omega+H)\tfrac{1}{2}\,de$$

$$+\frac{r}{\varrho}\sin c\cos(C+\omega+v)\,ds$$

$$+\frac{r}{\varrho}\cos c\sin v\,dp$$

$$-\frac{r}{\varrho}\cos c\cos v\,dq$$

ϱ Erdabstand, r Radiusvektor des Himmelskörpers. Die Werte H, h_I, J, j entnimmt man mit dem Argument wahre Anomalie v der Tafel 59. dT ergibt sich in Tagen; die gefundenen dq und de müssen mit sin 1" [log = 4.68557] multipliziert werden, um in Längenmaß zu erscheinen. Zum Übergang von dp, dq, ds auf die Elementenkorrektionen di, dΩ, dω hat man:

$$di = \cos\omega\cdot dp - \sin\omega\cdot dq$$
$$\sin i\cdot d\Omega = \sin\omega\cdot dp + \cos\omega\cdot dq$$
$$d(\Omega+\omega) = ds + \operatorname{tg}\tfrac{1}{2}i\sin i\cdot d\Omega$$

„Die Fälle, wo nicht auch eine vierstellige Rechnung [für die Differentialquotienten] genügen würde, möchten in der Tat zu den größten Seltenheiten gehören"[1].

---
[1] E. Schönfeld, A. N. 113 (1885) 65.

60. Bahnverbesserung für große Exzentrizitäten.

Die Berechnung der Differentialquotienten der Elemente bei der Verbesserung einer elliptischen Bahn ist stets eine umständliche Arbeit, für die entweder Doppel- oder Kontrollrechnung notwendig, jedenfalls erwünscht ist.

Nun sind ja durch viele Abhandlungen und mehrere Lehrbücher die Formeln bekannt und gebräuchlich, die ohne Tafeln auch für Bahnen großer Exzentrizität zum Ziele führen. Bedient man sich dieser Methoden zunächst, so kann man eine zweite Rechnung nach den Formeln von Th. v. Oppolzer durchführen, für deren Anwendung Tafeln entworfen worden sind. Oppolzers Verfahren bedeutet gegenüber der Rechnung ohne Tafeln keine Abkürzung, ist aber auch nicht länger als jene. Da Oppolzer andere Bestimmungsstücke der Bahn zur Verbesserung gewählt hat, bedeutet die zweifache Berechnung der Differentialquotienten nach beiden Methoden eine durchgreifende Kontrolle.

Die Tafel 60 bringt die Oppolzerschen Hilfsgrößen $\log E_2^v$, $\log E_4^v$, E_0^r, $\log E_4^r$ in zureichendem Umfange. Die durchzurechnenden Formeln der Differentialquotienten für Bahnen großer Exzentrizität (periodische Kometen) gestalten sich jetzt wie folgt.

$A \sin A' = \cos(\alpha - \Omega) \cos i$
$A \cos A' = \sin(\alpha - \Omega)$
$m \sin M = \sin i$
$m \cos M = -\sin(\alpha - \Omega) \cos i$
$B \sin B' = m \sin(M + \delta)$
$B \cos B' = \cos(\alpha - \Omega) \sin \delta$

α, δ müssen sich auf dieselbe Fundamentalebene beziehen, wie Ω, i und ω.

Δ geozentrische Entfernung.

$$F \sin F' = \frac{k e \sin v}{r \sqrt{p}}$$

$$F \cos F' = -\frac{k \sqrt{p}}{r^2}$$

Hier ist:
$p = q(1 + e)$
$\log k = 8.23558 - 10$
$\log(-\gamma) = 8.77389_n - 10$
$\log\left(-\frac{1}{\text{Mod}}\right) = 0.36222_n$

$$G \sin G' = -\frac{\sin^2 v}{4(1+e)}\{E_0^r + \text{tg}^2 \tfrac{1}{2} v + E_4^r \text{tg}^4 \tfrac{1}{2} v\}$$

$$G \cos G' = \frac{\sin v \cos^2 \tfrac{1}{2} v}{2(1+e)}\{1 + E_2^v \text{tg}^2 \tfrac{1}{2} v + E_4^v \text{tg}^4 \tfrac{1}{2} v\}$$

dT wird in Einheiten des mittleren Sonnentages erhalten.

Mit dem Argumente:
$\Theta = \frac{1-e}{1+e} \text{tg}^2 \tfrac{1}{2} v$

$$H \sin H' = -\frac{1}{\text{Mod}}\left\{\frac{q}{r}\cos v - (1-e) G \sin G'\right\}$$

$$H \cos H' = -\gamma \frac{t - T}{r^2} \sqrt{p}$$

entnimmt man $\log E_2^v$, $\log E_4^v$, E_0^r, $\log E_4^r$ aus Tafel 60.

Dann ist: $\qquad u = \omega + v$

$$\frac{\cos\delta \cdot d\alpha}{dT} = \frac{r}{\Delta} AF\sin(F'+A'+u)$$

$$\frac{d\delta}{dT} = \frac{r}{\Delta} BF\sin(F'+B'+u)$$

$$\frac{\cos\delta \cdot d\alpha}{de} = \frac{r}{\Delta} AG\sin(G'+A'+u)$$

$$\frac{d\delta}{de} = \frac{r}{\Delta} BG\sin(G'+B'+u)$$

$$\frac{\cos\delta \cdot d\alpha}{d\log q} = \frac{r}{\Delta} AH\sin(H'+A'+u)$$

$$\frac{d\delta}{d\log q} = \frac{r}{\Delta} BH\sin(H'+B'+u)$$

$$\frac{\cos\delta \cdot d\alpha}{d\pi} = \frac{r}{\Delta} A\sin(A'+u)$$

$$\frac{d\delta}{d\pi} = \frac{r}{\Delta} B\sin(B'+u)$$

$$\frac{\cos\delta \cdot d\alpha}{\sin i \cdot d\Omega} = \frac{r}{\Delta} \operatorname{tg}\frac{i}{2}\cos(\alpha-\Omega+u)$$

$$\frac{d\delta}{\sin i \cdot d\Omega} = -\frac{r}{\Delta}\left\{\sin(\alpha-\Omega+u)\sin\delta\operatorname{tg}\frac{i}{2} + \cos u\cos\delta\right\}$$

$$\frac{\cos\delta \cdot d\alpha}{di} = -\frac{r}{\Delta}\sin u\cos(\alpha-\Omega)\sin i$$

$$\frac{d\delta}{di} = \frac{r}{\Delta}\{\sin(\alpha-\Omega)\sin\delta\sin i + \cos\delta\cos i\}\sin u$$

$d\pi$, $d\Omega$, di, i beziehen sich auf die äquatorealen Elemente.

$$\omega = \pi - \Omega$$

Für die ersten drei Elemente gilt der Radius als Einheit; die drei letzten Elemente werden schon in Bogenmaß verstanden. Es müssen die für die drei ersten Elemente gefundenen Korrektionen mit sin 1" multipliziert werden, wenn die Unterschiede (Beob. — Rechn.), wie gewöhnlich, in Bogensekunden angesetzt werden. log sin 1" = 4.68557.

61. Interpolation.

Argument	Funktion	I. Diff.	II. Diff.	III. Diff.	IV. Diff.	V. Diff.
a_{-2}	u_{-2}					
		$\Delta u_{-\frac{3}{2}}$				
a_{-1}	u_{-1}		$\Delta^2 u_{-1}$			
		$\Delta u_{-\frac{1}{2}}$		$\Delta^3 u_{-\frac{1}{2}}$		
a_0	u_0		$\Delta^2 u_0$		$\Delta^4 u_0$	
		$\boldsymbol{\Delta u_{+\frac{1}{2}}}$		$\Delta^3 u_{+\frac{1}{2}}$		$\Delta^5 u_{+\frac{1}{2}}$
a_{+1}	u_{+1}		$\boldsymbol{\Delta^2 u_{+1}}$		$\boldsymbol{\Delta^4 u_{+1}}$	
		$\Delta u_{+\frac{3}{2}}$		$\boldsymbol{\Delta^3 u_{+\frac{3}{2}}}$		$\Delta^5 u_{+\frac{3}{2}}$
a_{+2}	u_{+2}		$\Delta^2 u_{+2}$		$\boldsymbol{\Delta^4 u_{+2}}$	
		$\Delta u_{+\frac{5}{2}}$		$\Delta^3 u_{+\frac{5}{2}}$		$\Delta^5 u_{+\frac{5}{2}}$
a_{+3}	u_{+3}		$\Delta^2 u_{+3}$		$\Delta^4 u_{+3}$	
		$\Delta u_{+\frac{7}{2}}$		$\Delta^3 u_{+\frac{7}{2}}$		
a_{+4}	u_{+4}		$\Delta^2 u_{+4}$			
		$\Delta u_{+\frac{9}{2}}$				
a_{+5}	u_{+5}					

n bezeichne die Phase, ausgedrückt in Bruchteilen der unter sich gleichen Argumentintervalle.

Newtons Interpolationsformel:

$$f(a_n) = u_0 + n \cdot \Delta u_{+\frac{1}{2}} + (II) \cdot \Delta^2 u_{+1} + (III) \cdot \Delta^3 u_{+\frac{3}{2}} + (IV) \cdot \Delta^4 u_{+2} + (V) \cdot \Delta^5 u_{+\frac{5}{2}}$$

Bessels Interpolationsformel:

$$f(a_n) = u_0 + n \cdot \Delta u_{+\frac{1}{2}} + (II) \cdot \frac{\Delta^2 u_0 + \Delta^2 u_{+1}}{2} + (III) \cdot \Delta^3 u_{+\frac{1}{2}}$$
$$+ (IV) \cdot \frac{\Delta^4 u_0 + \Delta^4 u_{+1}}{2} + (V) \cdot \Delta^5 u_{+\frac{1}{2}}$$

Die Faktoren (II), (III), (IV), (V) der 2ten, 3ten, 4ten, 5ten Differenzen für beide Formeln findet man mit dem Argument n in den Tafeln 61a, b. Die in den Formeln vorkommenden Glieder der Differenzreihen sind in dem Schema oben durch fette Schrift kenntlich gemacht.

Die vorteilhafteste Interpolationsformel ist die Besselsche; die höheren Differenzen weisen die kleinsten Koeffizienten auf, und alle Differenzen, die man braucht, stehen längs einer Zeile. Sie versagt aber in zwei Fällen. Einmal im Anfangs- und Endintervall einer vorgelegten Tafel, wenn nach dem unregelmäßigen Verlauf der Differenzen eine Extrapolation bedenklich erscheint. Ferner wird die Besselsche Formel auch unanwendbar, wenn wenige Intervalle vor dem einzuschaltenden Werte eine irreguläre Stelle liegt, weil sich die Wirkung der Irregularität schon in den Differenzen der benutzten Zeile bemerklich macht. Von beiden Ausnahmen bleibt Newtons Formel unberührt; im ersten Falle sind die erforderlichen Glieder der absteigenden Treppe der Differenzen alle vorhanden und im andern Falle unterliegen sie nicht den Einflüssen der Irregularität.

Zur Verfeinerung einer ursprünglich in grobem Intervall angelegten Tafel bedient man sich gerne der **Interpolation in die Mitte**. Die Phase wird $n = \frac{1}{2}$ und wir haben nach **Bessels** Formel:

$$f(a+\tfrac{1}{2}) = u_0 + \tfrac{1}{2}\Delta u_{+\frac{1}{2}} - \tfrac{1}{8}\frac{\Delta^2 u_0 + \Delta^2 u_{+1}}{2} + \tfrac{3}{128}\frac{\Delta^4 u_0 + \Delta^4 u_{+1}}{2}$$

Die ungeraden Differenzen fallen heraus und die Koeffizienten besitzen bequeme Werte.

Beispiel. Aus der Ephemeride des Merkur 1917.

1917 0^h m Z Greenw.		α_{app}	I. Diff.	II. Diff.	III. Diff.	IV. Diff.	V. Diff.
Jan.	4	$20^h 21^m 22^s 61$					
			$+3^m 13^s 56$				
	5	20 24 36.17		$-33^s 36$			
			$+2\ 40.20$		$-3^s 39$		
	6	20 27 16.37		-36.75		$+0^s 05$	
			$+2\ \ 3.45$		-3.34		$+0^s 26$
	7	20 29 19.82		-40.09		$+0.31$	
			$+1\ 23.36$		-3.03		$+0.20$
	8	20 30 43.18		-43.12		$+0.51$	
			$+0\ 40.24$		-2.52		$+0.21$
	9	20 31 23.42		-45.64		$+0.72$	
			$-0\ \ 5.40$		-1.80		
	10	20 31 18.02		-47.44			
			$-0\ 52.84$				
	11	20 30 25.18					

Gesucht α für Jan. 6.70048 $n = 0.70048$

Nach **Bessels** Formel		Nach **Newtons** Formel	
$n \times \Delta u_{+\frac{1}{2}}$	$+86^s 476$	$n \times \Delta u_{+\frac{1}{2}}$	$+86^s 476$
$(II) \times \dfrac{\Delta^2 u_0 + \Delta^2 u_{+1}}{2}$	$+\ \ 4.031$	$(II) \times \Delta^2 u_{+1}$	$+\ \ 4.205$
$(III) \times \Delta^3 u_{+\frac{1}{2}}$	$+\ \ 0.023$	$(III) \times \Delta^3 u_{+\frac{3}{2}}$	$-\ \ 0.138$
$(IV) \times \dfrac{\Delta^4 u_0 + \Delta^4 u_{+1}}{2}$	$+\ \ 0.003$	$(IV) \times \Delta^4 u_{+2}$	$-\ \ 0.013$
$(V) \times \Delta^5 u_{+\frac{1}{2}}$	0.000	$(V) \times \Delta^5 u_{+\frac{5}{2}}$	$+\ \ 0.004$
	$+1^m 30^s 533$		$+1^m 30^s 534$

$$\alpha = 20^h 28^m 46^s 90$$

62. Astronomische Konstanten.

Die allgemeine Präzession ist nach S. Newcomb angesetzt. Die Konstanten der Nutation, der Aberration und die Sonnenparallaxe wurden von der internationalen Konferenz für Fundamentalsterne zu Paris, Mai 1896, angenommen. Dem mittleren Abstand der Erde von der Sonne liegt der Äquatorradius der Erde nach Helmert 1907 zugrunde. Die Dauer des siderischen und tropischen Jahres (nach Newcomb) gilt für 1900. Das tropische Jahr verkürzt sich in einem Jahrtausend um $-5^s\!.30 = -0^d\!.0000614$; das siderische Jahr wächst im gleichen Zeitraum um $+0^s\!.10 = +0^d\!.00000011$.

Geschwindigkeit des Lichtes in 1^s nach Newcomb und Michelson. Durch Aberration und Sonnenparallaxe ist indes auch schon die Lichtgeschwindigkeit festgelegt. Bezeichnet

A die Aberrationskonstante $= 20''\!.47$ (Pariser Konf. 1896)

π die Äquatoreal-Horizontal-Parallaxe der Sonne $= 8''\!.80$ (Pariser Konf. 1896)

V die Lichtgeschwindigkeit in km

μ die mittlere tägliche Bewegung der Erde in ihrer Bahn $= 3548''\!.19283$ (Newcomb)

φ den Exzentrizitätswinkel der Erdbahn $= 0°\,57'\,35''\!.31$ (Newcomb)

a den Äquatorradius der Erde $= 6378.200$ km (Helmert),

so besteht die Relation:

$$A\pi V = \frac{\mu a \sec \varphi}{86400 \sin 1''} \qquad A\pi V = 54035313\ [7.73267767]$$

Die Zahl rechts ist so sicher bestimmt, daß sie als Konstante gelten kann. Zu den Werten A und π der Pariser Konferenz 1896 in Verbindung mit Helmerts Äquatorradius (1907) gehört dann eine Lichtgeschwindigkeit:

$$V = 299969.54 \text{ km } [5.47707716]$$

63. Mathematische Konstanten.

64, 65. Berechnung der Beobachtungsfehler und Ausgleichung nach der Methode der kleinsten Quadrate.

In den beiden Tabellen 64, 65 sind alle Formeln, Ausdrücke und Zahlenwerte aus der Ausgleichungsrechnung zusammengestellt, deren der Forschungsreisende bei der definitiven Bearbeitung und Kritik seiner astronomischen Beobachtungen bedarf.

Das von Gauß eingeführte Zeichen [ ] bedeutet die Summe einer endlichen Zahl derjenigen gleichartigen Größen, die der Inhalt der Klammer anzeigt. Durch das Symbol [[v]] wird darauf hingewiesen, daß die absoluten Beträge der Abweichungen v vom

Mittelwert ohne Rücksicht auf ihr Vorzeichen zu summieren sind. Man gewöhne sich daran, die Abweichungen v stets im Sinne (Beobachtung — Mittel) oder (Beobachtung — Rechnung) zu bilden.

Beispiel 1. Mit einem kleinen Spiegelkreis wurden 1897 April 13 von 16^m vor bis 7^m nach der Kulmination 16 Zirkummeridian-Zenitdistanzen der Sonne über einem Ölhorizont gemessen, die die folgenden Werte für die Polhöhe φ des Beobachtungsortes ergaben. Wie genau ist die einzelne Beobachtung und der Mittelwert?

Nr.	φ	Beob.–Mittel = v	v v
1	51° 19′ 16″	− 30″	900
2	28	− 18	324
3	37	− 9	81
4	48	+ 2	4
5	55	+ 9	81
6	30	− 16	256
7	58	+ 12	144
8	45	− 1	1
9	56	+ 10	100
10	66	+ 20	400
11	60	+ 14	196
12	61	+ 15	225
13	59	+ 13	169
14	55	+ 9	81
15	30	− 16	256
16	30	− 16	256
Mittel	51° 19′ 46″	+ 104 / − 106 / 210	3474

Mittlerer Fehler einer Beobachtung $\varepsilon = \pm 15″2$
Mittlerer Fehler des Resultats $\varepsilon(W) = \pm 3.8$

Leitet man aus der Summe $[[v]] = 210$ der ersten Potenz der Fehler die mittleren Beobachtungsfehler ab, so findet sich $\varepsilon = \pm 17″0$ und $\varepsilon(W) = \pm 4″2$.

$\lg [vv]$ 3.5408
$\lg (n-1)$ 1.1761
2.3647
$\lg \varepsilon$ 1.1823
$\lg \sqrt{n}$ 0.6021
$\lg \varepsilon(W)$ 0.5802

Da die Teilung des Instrumentchens, direkt 20′, nur 20″ mit Nonius abzulesen erlaubte, so haben die Beobachtungen an innerer Genauigkeit das geleistet, was man von ihnen fordern darf.

Beispiel 2. Die Zahlen des vorigen Beispiels wurden noch in der Richtung untersucht, ob sich darin eine durch eine Unsicherheit im Uhrstand verursachte für die ganze Reihe konstante Stundenwinkelkorrektion dt zeige. Als zweite Unbekannte ist die Verbesserung dφ der geographischen Breite eingeführt. Die Bedingungsgleichungen bekommen die Form:

$$d\varphi + b \cdot dt = n,$$

wo für n, um mit kleinen Zahlen rechnen zu können, die Werte Beobachtung — Mittel = v des Beispiels 1 eingeführt sind. Der Koeffizient b ist so angesetzt, daß sich dt in Zeitminuten ergibt; dφ kommt in Bogensekunden heraus.

Bedingungsgleichungen.

Nr.	a·x +	b·y =	n	bb	bn	nn	Rechn.	B−R = v	vv
1	1·dφ −	56·dt = −	30″	3136	+ 1680	900	− 9″	− 21″	441
2	1	− 48	= − 18	2304	+ 864	324	− 7	− 11	121
3	1	− 44	= − 9	1936	+ 396	81	− 7	− 2	4
4	1	− 39	= + 2	1521	− 78	4	− 5	+ 7	49
5	1	− 29	= + 9	841	− 261	81	− 3	+ 12	144
6	1	− 25	= − 16	625	+ 400	256	− 2	− 14	196
7	1	− 21	= + 12	441	− 252	144	− 1	+ 13	169
8	1	− 16	= − 1	256	+ 16	1	0	− 1	1
9	1	− 12	= + 10	144	− 120	100	+ 1	+ 9	81
10	1	− 7	= + 20	49	− 140	400	+ 2	+ 18	324
11	1	− 2	= + 14	4	− 28	196	+ 3	+ 11	121
12	1	+ 1	= + 15	1	+ 15	225	+ 3	+ 12	144
13	1	+ 7	= + 13	49	+ 91	169	+ 5	+ 8	64
14	1	+ 11	= + 9	121	+ 99	81	+ 6	+ 3	9
15	1	+ 19	= − 16	361	− 304	256	+ 7	− 23	529
16	1	+ 24	= − 16	576	− 384	256	+ 9	− 25	625
[aa]=16		+ 62	+ 104	12365	+ 3561	3474			3022
		− 299	− 106		− 1567				
[ab] =	− 237	[an] =	− 2		+ 1994				n = 16
									μ = 2
									n − μ = 14

lg [ab] 2.3747n   + 12365   + 1994 lg [bn 1] 3.2934
lg [aa] 1.2041   − 3510   −   29 lg [bb 1] 3.9472
         ─────
         1.1706n   [bb 1] + 8855   [bn 1] + 1965   lg y 9.3462   y = + 0^m.2219
lg [ab] 2.3747n   lg [ab] 2.3747n   y = + 13^s.32
lg [an] 0.3010n   [an] − 2 00   1.7209n
         ─────   + 52.59
         3.5453   ──────
         1.4716   + 50 59   lg 1.7041
                                                            lg [aa] 1.2041
                                                            ────────
                                                            lg x 0.5000   x = + 3″.16

[nn]   3474   lg [aa] 1.2041   lg [vv]   3.4803
−[an] x +   6   lg [bb 1] 3.9472   lg (n−μ) 1.1461
−[bn] y −   442   ──────   ──────
          ─────   5.1513   2.3342
[nn 2]   3038   lg [bb] 4.0922   lg ε 1.1671 ε = ± 14″.7
                    lg p$_x$ 1.0591   lg $\sqrt{p_x}$ 0.5296
                                        lg $\sqrt{p_y}$ 1.9736

Anmerkung. Die ganze Rechnung   lg ε(x) 0.6375 ε(x) = ± 4″.34
läßt sich sehr bequem und hinreichend
genau mit dem Rechenschieber er- lg ε(y) 9.1935 ε(y) = ± 0^m.156 = ± 9^s.37
ledigen.

Die innerhalb der Rechnungsunsicherheit liegende Übereinstimmung der auf verschiedenem Wege abgeleiteten Fehlerquadratsummen ([nn 2] = 3038, [vv] = 3022) bestätigt die Richtigkeit der ganzen Rechnung. Das Ergebnis ist demnach:

$$d\varphi = +3''2 \qquad dt = +13^s3$$
$$\text{M.F. } \pm 4.3 \qquad \text{M.F. } \pm 9.4$$
$$\text{M. F. einer Beobachtung } \varepsilon = \pm 14''7$$

und die definitive Polhöhe:

$$\varphi = +51° 19' 49''2 \qquad \text{m. F. } \pm 4''3$$

Der Vergleich mit dem Resultat in Beispiel 1 zeigt, daß der m. F. einer Beobachtung etwas kleiner geworden ist. Das mußte man erwarten; denn durch zwei Unbekannte kann ich eine vorgelegte Beobachtungsreihe besser darstellen, als durch eine. Dagegen hat der m. F. der Polhöhe φ ein weniges zugenommen; ebenfalls vorauszusehen, weil das vorher auf eine Unbekannte konzentrierte Material jetzt deren zwei bestimmen muß. —

Ein wertvolles Kriterium für die Beobachtungen bildet auch die Verteilung der Fehler nach der absoluten Größe und deren Vergleich mit der aus der Wahrscheinlichkeitstheorie folgenden Anzahl. Bezeichnet r den wahrscheinlichen Fehler einer Beobachtung (r = 0.6745 ε), so soll danach ein Fehler kleiner als t·r unter 1000 einzelnen Beobachtungen desselben Gegenstandes n mal vorkommen; mit dem Argument t entnimmt man n dem nachstehenden Täfelchen.

t	n	t	n
0.5	264	3.0	957
1.0	500	3.5	982
1.5	688	4.0	993
2.0	823	4.5	998
2.5	908	5.0	999

Zur Anwendung ordnen wir die 16 Fehler v in Beispiel 1 nach ihrer absoluten Größe und erhalten die Reihe

1" 2" 9" 9" 9" 10" 12" 13" 14" 15" 16" 16" 16" 18" 20" 30".

Da hier $r = \pm 10''3$, so liefert Abzählung und Rechnung das folgende ohne weiteres verständliche Ergebnis für die wirklich auftretende und die theoretisch geforderte Fehleranzahl n.

t	t·r	n Beob.	n Rechn.	B−R
0.5	< 5.1″	2	4 2	−2.2
1 0	10.3	6	8.0	−2.0
1.5	15 5	10	11 0	−1.0
2 0	20.6	15	13.2	+1.8
2.5	25.8	15	14 5	+0 5
3 0	< 30 9	16	15.3	+0.7

Übersichtlich läßt sich das Resultat der Abzählung auch in dieser Form zusammenstellen:

Zwischen den Grenzen für t.r	n Beob.	n Rechn.	B — R
$0''.0 \ldots 5''.1$	2	4.2	— 2.2
5.1 .... 10.3	4	3.8	+ 0.2
10.3 .... 15.5	4	3.0	+ 1.0
15.5 .... 20.6	5	2.2	+ 2.8
20.6 .... 25.8	0	1.3	— 1.3
25.8 .... 30.9	1	0.8	+ 0.2
> 30.9	0	0.7	— 0.7
	16	16.0	

In Anbetracht der geringen Zahl der verglichenen Messungen kann die Übereinstimmung zwischen Erfahrung und Theorie noch als leidlich gelten. Daß die großen Abweichungen etwas häufiger auftreten, als es nach der Theorie sein sollte, ist eine Wahrnehmung, die man gemeinhin macht und die aus der Eigenart des Beobachtungsvorganges nicht schwer zu erklären ist.

66, 67. Formeln.

Die Zusammenstellung bringt an erster Stelle diejenigen Formeln, deren der Forschungsreisende zur Auswertung der Zeit- und Ortsbestimmungen bedarf, und an zweiter Stelle eine Auswahl aus Formeln, die in der elliptischen Bahn zur Bearbeitung von Beobachtungen und zur Herstellung einer Ephemeride dienen können. Gleichungen, die schon in den Tafeln und ihren Erklärungen vorkommen, sind nicht wiederholt.

Der Methode zur Längenbestimmung aus Sternbedeckungen ist ein Täfelchen beigegeben, aus dem man die **Korrektion des Erdradius wegen Refraktion bei Okkultationsphänomenen** entlehnen kann.

Anhang.

68. Refraktion nach Radau.

Um die Möglichkeit zur Berechnung der Refraktion nach der Theorie von Radau[1]) zu gewähren, bietet der Anhang eine auf diese Theorie gestützte Refraktionstafel, die wieder nur die Genauigkeit der Bogensekunde anstrebt.

Ohne auf eine nähere Erläuterung von Radaus Theorie einzugehen, sei hier nur soviel gesagt, als zum Gebrauch der Tafeln erforderlich ist.

---

[1]) R. Radau, Essai sur les réfractions astronomiques. Annales de l'observ. Paris. 19. 1889. — Conn. des temps 1915 ff.

Den am Quecksilberbarometer gemessenen Luftdruck hat man wegen Schwere (geographische Breite und Seehöhe des Beobachtungsortes) zu korrigieren. Die Verbesserung wegen geographischer Breite findet man schon in Tafel 47 Ia, die wegen Seehöhe in Tafel 47 Ib. Ferner ist die Barometerablesung auf die Lufttemperatur t zu reduzieren. Bedeutet t' die Temperatur des Quecksilbers, so entnimmt man diese Verbesserung mit dem Argument t'—t der Tafel 11. Auf diese Weise erhält man den weiter zu verwendenden Barometerstand.

Die Tafel 68a gibt die normale Refraktion ϱ_0, gültig für Barometer 760 mm Quecksilber bei 0°, Lufttemperatur 0°, Dampfspannung 6 mm, geographische Breite 45°, Seehöhe 0 m. Als Refraktionskonstante liegt der Wert 60″154 zugrunde. Man berechnet dann die Temperaturkorrektion $d\varrho_T$, die man an ϱ_0 anzubringen hat, durch

$$d\varrho_T = \varrho_0 A \alpha \tau$$

Die numerischen Faktoren A, α, τ liefern die Tafeln 68b, c, d. Bildet man nun

$$\varrho' = \varrho_0 + d\varrho_T,$$

so gewinnt man die Luftdruckkorrektion

$$d\varrho_B = \varrho' B \beta$$

und hat schließlich die gesuchte Refraktion

$$\varrho = \varrho' + d\varrho_B$$

B und β in den Tafeln 68e, f. Die Auswertung der Verbesserungen $d\varrho_T$ und $d\varrho_B$ vermittelt entweder der Rechenschieber oder die dreistellige Logarithmentafel. Die rechnungsmäßige Unsicherheit der gewonnenen Refraktion wird 2″ nicht übersteigen. Man erkennt leicht die Vereinfachungen, die bei kleinen Zenitdistanzen eintreten: Faktor α ist 1 unterhalb 45°, τ ist 1 unterhalb 80° und β ist 1 unterhalb 60°.

Beispiel 1. Scheinb.ZD = 75°19.′6 Bar. = 696.8 mm Therm. = —15°5

ϱ_0	3′ 46″	A + 0.063	B —0.083		Mit Rechenschieber.
$d\varrho_T$	+ 14.5	α 1.018	β 1.002		
$d\varrho_B$	— 20.0	ϱ_0 226″	ϱ' 240″		
ϱ	3 40				

Beispiel 2. Scheinb.ZD = 87°22.′7 Bar. = 768.8 mm Therm. = —10°3

ϱ_0	16′ 21″	A + 0.041	B + 0.011		Mit Rechenschieber.
$d\varrho_T$	+ 50.1	α 1.239	β 1.033		
$d\varrho_B$	+ 11.7	τ 1.004	ϱ' 1031″		
ϱ	17 23	ϱ_0 981″			

Tafel 13 hat $\varrho = 17′ 22″$ ergeben. (S. 6.)

69. Mittlere Extinktion.

Um die Lichtabsorption beurteilen zu können, die die zu beobachtenden Gestirne durch die Atmosphäre erleiden, ist die Tafel 69 der mittleren Extinktion aufgenommen. Sie gibt an, um wieviel photometrische Größenklassen ein Stern in gegebener Zenitdistanz gegenüber seiner Helligkeit im Zenit geschwächt erscheint. Diese Kenntnis ist für den Beobachter zuweilen von Wert, wenn er wissen will, ob ein bestimmtes Gestirn in großen ZD überhaupt noch bequem sichtbar ist. Wäre der betreffende Stern z. B. von der Größe 3^m0, so könnte man ihn in 86° wahrer ZD nur schwer mit den kleinen Hilfsmitteln zur Ortsbestimmung einstellen; denn er zeigt dann die Größe $3^m0 + 2^m0 = 5^m0$.

Die Tafel beruht auf Beobachtungen von G. Müller[1]); sie gilt im engeren Sinne für Potsdam (Seehöhe 100 m, Barometer 752 mm). In größeren Höhen über dem Meere wird die Extinktion natürlich geringer sein, doch fällt der Unterschied erst in den niedrigen Schichten am Horizont ins Auge. So hat man z. B. für den Säntis (Seehöhe 2504 m, Barometer 569 mm) in 88° wahrer ZD eine Extinktion von 2^m34 gegenüber 3^m10 in Potsdam.

Die Haupttafel a läuft mit der wahren ZD als Argument, das bis 75° ZD nach Belieben mit der scheinbaren ZD vertauscht werden darf. Für $ZD \gtrless 75°$ gibt ein zweites Täfelchen b die Extinktion als Funktion der scheinbaren ZD.

70. Photometrische Größenklassen und Intensitäten.

Die Tafel 70 ist für manche Betrachtungen über das Helligkeitsverhältnis von Gestirnen bequem; ferner wird man sie mit Vorteil benutzen, wenn es sich darum handelt, die Gesamthelligkeit mehrerer nahestehender Sterne abzuleiten oder umgekehrt, aus der Gesamthelligkeit auf Einzelgrößen überzugehen. Die photometrischen Größenklassen M sind mit den Intensitäten J verknüpft durch die Gleichung:

$$J = \frac{1}{2.512^M} \quad \text{oder} \quad \log J = -M \cdot 0.40000$$

wo 2.5119 [log = 0.40000] das durch Definition festgelegte Helligkeitsverhältnis zweier aufeinander folgender photometrischer Sterngrößen bedeutet. Die Intensitäten J beziehen sich auf die Größenklasse 0^m0, deren J = 1 angenommen ist.

Beispiele. Sei für einen Doppelstern, dessen Komponenten M_1 und M_2 vorliegen, die Totalhelligkeit M abzuleiten, so addiert man die J der Komponenten und entnimmt die zur J-Summe gehörige Größenklasse.

---

[1]) G. Müller, Photometrie der Gestirne. Leipzig 1897. S. 515.

$$M_1 = 2^m\!.83 \qquad J_1 = 0.074$$
$$M_2 = 5.67 \qquad J_2 = 0.00542$$
$$M = 2.75 \qquad J = 0.07942$$

Aus J erhält man durch Rechnung auch $M = -2.5 \log J$.

Häufig kommt es vor, daß für einen Doppelstern die Gesamthelligkeit M und eine Komponente M_1 bekannt sind. Wie hell ist die andere Komponente M_2?

$$M = 4^m\!.85 \qquad J = 0.0115$$
$$M_1 = 5.08 \qquad J_1 = 0.00932$$
$$M_2 = 6.65 \qquad J_2 = 0.00218$$

Ferner kann man mit Hilfe der Tafel 70 leicht finden, um wieviel eine bestimmte Größenklasse M_1 heller ist als eine andere M_2.

$$M_1 = -0^m\!.8 \qquad \frac{J_1}{J_2} = \frac{2.09}{0.000191} = 10940,$$
$$M_2 = 9.3$$

der helle Stern besitzt also die 11000 fache Leuchtkraft des schwächeren.

Man erkennt, daß die geltenden Ziffern der Tafel nach je 5^m wiederkehren. Für $M = -0^m\!.8$ hat man z. B. bei $4^m\!.2$ den Wert $J = 2.09$.

71. Reduktion beobachteter Zeiten auf die Sonne. Scheinbare Sonnenlänge.

Die Tafel 71 ermöglicht den bequemen Übergang von einer beobachteten geozentrischen Zeit auf die Sonne, wie es z. B. bei der Bearbeitung veränderlicher Sterne vorkommt. Bedeutet ☉ die scheinbare Länge der Sonne, R den Abstand Sonne-Erde, λ und β die astronomische Länge und Breite des Gestirns, so ist

Heliozentr. Zeit — Geozentr. Zeit = $-8^m\!.308\,R\cos\beta\cos(☉-\lambda)$

in Zeitminuten. Die Tafel 71 gibt ☉ und $\log(8^m\!.308 \cdot R)$ für den mittleren Greenwicher Mittag eines jeden zehnten Tages des Jahres. Sie bildet zugleich eine Ergänzung der immerwährenden Sonnenephemeride (Tafel 1a), der sie die scheinbare Sonnenlänge ☉ hinzufügt. Innerhalb desselben Zeitraumes, für den die Tafeln 1 gelten, kann man ihr mit Hilfe der Zeitreduktion k (Tafel 1c) die Sonnenlänge auf etwa 1 genau entnehmen.

Beispiel. Gesucht scheinbare Länge ☉ der Sonne für 1912 Februar 14 $3^h\,8^m\,46^s$ M. Z. Greenw.

1912 Febr. 14.131   Mit Berücksichtigung der zweiten Differenzen,
k + 0.453   deren Einfluß hier $0°\!.005$ (nahe das mögliche
Febr. 14.584   Maximum) ausmacht, erhält man
                    ☉ = $324°\!.58$.

Der Nautical Almanac 1912 liefert in guter Übereinstimmung
☉ = $324°34'58'' = 324°\!.583$.

72. Dreistellige Logarithmentafel.

TAFELN.

1a. Immerwährende Sonnenephemeride.
Mittlerer Greenwicher Mittag.

Tag	Scheinb. AR	Scheinb. Dekl.	Zeitgleichung	log R	Sternzeit
Januar G S	h m s	° ′	m s		h m s
0 1	18 40 20 $_{4\,25}$	−23 7.6 $_{4.5}$	+ 2 58 $_{28}$	9.99267 $_0$	18 37 22
1 2	18 44 45 $_{4\,25}$	23 3.1 $_{5.0}$	3 26 $_{29}$	99267 $_0$	18 41 18
2 3	18 49 10 $_{4\,24}$	22 58.1 $_{5.4}$	3 55 $_{28}$	99267 $_0$	18 45 15
3 4	18 53 34 $_{4\,24}$	22 52.7 $_{5.8}$	4 23 $_{27}$	99267 $_0$	18 49 12
4 5	18 57 58 $_{4\,24}$	22 46.9 $_{6.3}$	4 50 $_{27}$	99267 $_1$	18 53 8
5 6	19 2 22 $_{4\,23}$	−22 40.6 $_{6.8}$	+ 5 17 $_{27}$	9.99268 $_1$	18 57 5
6 7	19 6 45 $_{4\,23}$	22 33.8 $_{7.2}$	5 44 $_{27}$	99269 $_2$	19 1 1
7 8	19 11 8 $_{4\,23}$	22 26.6 $_{7.7}$	6 11 $_{26}$	99271 $_1$	19 4 58
8 9	19 15 31 $_{4\,22}$	22 18.9 $_{8.1}$	6 37 $_{25}$	99272 $_2$	19 8 54
9 10	19 19 53 $_{4\,21}$	−22 10.8 $_{8.5}$	7 2 $_{25}$	99274 $_2$	19 12 51
10 11	19 24 14 $_{4\,21}$	−22 2.3 $_{9.0}$	+ 7 27 $_{24}$	9.99276 $_2$	19 16 47
11 12	19 28 35 $_{4\,21}$	21 53.3 $_{9.4}$	7 51 $_{24}$	99278 $_2$	19 20 44
12 13	19 32 56 $_{4\,19}$	21 43.9 $_{9.8}$	8 15 $_{23}$	99280 $_2$	19 24 41
13 14	19 37 15 $_{4\,20}$	21 34.1 $_{10.2}$	8 38 $_{23}$	99282 $_2$	19 28 37
14 15	19 41 35 $_{4\,18}$	21 23.9 $_{10.6}$	9 1 $_{22}$	99284 $_3$	19 32 34
15 16	19 45 53 $_{4\,18}$	−21 13.3 $_{11.1}$	+ 9 23 $_{21}$	9.99287 $_3$	19 36 30
16 17	19 50 11 $_{4\,17}$	21 2.2 $_{11.4}$	9 44 $_{21}$	99290 $_3$	19 40 27
17 18	19 54 28 $_{4\,16}$	20 50.8 $_{11.9}$	10 5 $_{19}$	99293 $_3$	19 44 23
18 19	19 58 44 $_{4\,16}$	20 38.9 $_{12.2}$	10 24 $_{19}$	99296 $_3$	19 48 20
19 20	20 3 0 $_{4\,15}$	20 26.7 $_{12.6}$	10 43 $_{19}$	99299 $_4$	19 52 16
20 21	20 7 15 $_{4\,14}$	−20 14.1 $_{13.0}$	+11 2 $_{17}$	9.99303 $_4$	19 56 13
21 22	20 11 29 $_{4\,13}$	20 1.1 $_{13.4}$	11 19 $_{17}$	99307 $_4$	20 0 10
22 23	20 15 42 $_{4\,13}$	19 47.7 $_{13.7}$	11 36 $_{16}$	99311 $_4$	20 4 6
23 24	20 19 55 $_{4\,12}$	19 34.0 $_{14.1}$	11 52 $_{15}$	99315 $_5$	20 8 3
24 25	20 24 7 $_{4\,11}$	19 19.9 $_{14.5}$	12 7 $_{15}$	99320 $_4$	20 11 59
25 26	20 28 18 $_{4\,10}$	−19 5.4 $_{14.8}$	+12 22 $_{13}$	9.99324 $_5$	20 15 56
26 27	20 32 28 $_{4\,10}$	18 50.6 $_{15.1}$	12 35 $_{13}$	99329 $_6$	20 19 52
27 28	20 36 37 $_{4\,9}$	18 35.5 $_{15.5}$	12 48 $_{12}$	99335 $_5$	20 23 49
28 29	20 40 46 $_{4\,9}$	18 20.0 $_{15.8}$	13 0 $_{11}$	99340 $_6$	20 27 45
29 30	20 44 53 $_{4\,7}$	18 4.2 $_{16.1}$	13 11 $_{11}$	99346 $_6$	20 31 42
30 31	20 49 0 $_{4\,7}$	−17 48.1 $_{16.5}$	+13 22 $_{9}$	9.99352 $_6$	20 35 39
31 32	20 53 6 $_{4\,6}$	17 31.6	13 31	99358	20 39 35
Februar					
0 1	20 53 6 $_{4\,6}$	−17 31.6 $_{16.8}$	+13 31 $_{9}$	9.99358 $_7$	20 39 35
1 2	20 57 12 $_{4\,4}$	17 14.8 $_{17.0}$	13 40 $_{8}$	99365 $_7$	20 43 32
2 3	21 1 16 $_{4\,4}$	16 57.8 $_{17.4}$	13 48 $_{7}$	99372 $_7$	20 47 28
3 4	21 5 20 $_{4\,3}$	16 40.4 $_{17.7}$	13 55 $_{6}$	99379 $_7$	20 51 25
4 5	21 9 23 $_{4\,2}$	16 22.7 $_{17.9}$	14 1 $_{6}$	99386 $_7$	20 55 21
5 6	21 13 25 $_{4\,1}$	−16 4.8 $_{18.2}$	+14 7 $_{5}$	9.99393 $_8$	20 59 18
6 7	21 17 26 $_{4\,1}$	15 46.6 $_{18.5}$	14 12 $_{4}$	99401 $_7$	21 3 14
7 8	21 21 27 $_{3\,59}$	15 28.1 $_{18.8}$	14 16 $_{3}$	99408 $_8$	21 7 11
8 9	21 25 26 $_{3\,59}$	15 9.3 $_{19.0}$	14 19 $_{2}$	99416 $_8$	21 11 8
9 10	21 29 25 $_{3\,59}$	14 50.3 $_{19.3}$	14 21 $_{2}$	99424 $_8$	21 15 4
10 11	21 33 24	−14 31.0	+14 23	9.99432	21 19 1

Wirtz, Astronomie.

1a. Immerwährende Sonnenephemeride (Fortsetzung).

Tag		Scheinb. AR	Scheinb. Dekl.	Zeitgleichung	log R	Sternzeit
Februar						
G	S	h m s	° ′	m s		h m s
10	11	21 33 24 $_{3\ 57}$	−14 31.0 $_{19.5}$	+14 23 $_1$	9.99432 $_8$	21 19 1
11	12	21 37 21 $_{3\ 57}$	14 11.5 $_{19.7}$	14 24 $_0$	99440 $_9$	21 22 57
12	13	21 41 18 $_{3\ 55}$	13 51.8 $_{20.0}$	14 24 $_1$	99449 $_8$	21 26 54
13	14	21 45 13 $_{3\ 55}$	13 31.8 $_{20.2}$	14 23 $_1$	99457 $_8$	21 30 50
14	15	21 49 8 $_{3\ 55}$	13 11.6 $_{20.4}$	14 22 $_3$	99465 $_9$	21 34 47
15	16	21 53 3 $_{3\ 53}$	−12 51.2 $_{20.6}$	+14 19 $_3$	9.99474 $_9$	21 38 43
16	17	21 56 56 $_{3\ 53}$	12 30.6 $_{20.8}$	14 16 $_3$	99483 $_9$	21 42 40
17	18	22 0 49 $_{3\ 52}$	12 9.8 $_{21.0}$	14 13 $_5$	99492 $_8$	21 46 37
18	19	22 4 41 $_{3\ 52}$	11 48.8 $_{21.2}$	14 8 $_5$	99500 $_{10}$	21 50 33
19	20	22 8 33 $_{3\ 50}$	11 27.6 $_{21.3}$	14 3 $_6$	99510 $_9$	21 54 30
20	21	22 12 23 $_{3\ 50}$	−11 6.3 $_{21.6}$	+13 57 $_6$	9.99519 $_9$	21 58 26
21	22	22 16 13 $_{3\ 50}$	10 44.7 $_{21.7}$	13 51 $_8$	99528 $_{10}$	22 2 23
22	23	22 20 3 $_{3\ 48}$	10 23.0 $_{21.8}$	13 43 $_7$	99538 $_{10}$	22 6 19
23	24	22 23 51 $_{3\ 48}$	10 1.2 $_{22.0}$	13 36 $_9$	99548 $_{10}$	22 10 16
24	25	22 27 39 $_{3\ 48}$	9 39.2 $_{22.2}$	13 27 $_9$	99558 $_{10}$	22 14 12
25	26	22 31 27 $_{3\ 47}$	− 9 17.0 $_{22.3}$	+13 18 $_{10}$	9.99568 $_{10}$	22 18 9
26	27	22 35 14 $_{3\ 46}$	8 54.7 $_{22.4}$	13 8 $_{10}$	99578 $_{11}$	22 22 6
27	28	22 39 0 $_{3\ 46}$	8 32.3 $_{22.5}$	12 58 $_{11}$	99589 $_{10}$	22 26 2
28	29	22 42 46 $_{3\ 45}$	8 9.8 $_{22.7}$	12 47 $_{11}$	99599 $_{11}$	22 29 59
März						
1		22 46 31 $_{3\ 45}$	− 7 47.1 $_{22.8}$	+12 36 $_{12}$	9.99610 $_{11}$	22 33 55
2		22 50 16 $_{3\ 44}$	7 24.3 $_{22.9}$	12 24 $_{12}$	99621 $_{11}$	22 37 52
3		22 54 0 $_{3\ 44}$	7 1.4 $_{23.0}$	12 12 $_{13}$	99632 $_{12}$	22 41 48
4		22 57 44 $_{3\ 43}$	6 38.4 $_{23.1}$	11 59 $_{13}$	99644 $_{11}$	22 45 45
5		23 1 27 $_{3\ 43}$	6 15.3 $_{23.2}$	11 46 $_{14}$	99655 $_{12}$	22 49 41
6		23 5 10 $_{3\ 43}$	− 5 52.1 $_{23.2}$	+11 32 $_{14}$	9.99667 $_{11}$	22 53 38
7		23 8 53 $_{3\ 42}$	5 28.9 $_{23.3}$	11 18 $_{14}$	99678 $_{12}$	22 57 35
8		23 12 35 $_{3\ 41}$	5 5.6 $_{23.4}$	11 4 $_{15}$	99690 $_{12}$	23 1 31
9		23 16 16 $_{3\ 42}$	4 42.2 $_{23.5}$	10 49 $_{15}$	99702 $_{11}$	23 5 28
10		23 19 58 $_{3\ 41}$	4 18.7 $_{23.5}$	10 34 $_{16}$	99713 $_{12}$	23 9 24
11		23 23 39 $_{3\ 40}$	− 3 55.2 $_{23.6}$	+10 18 $_{16}$	9.99725 $_{12}$	23 13 21
12		23 27 19 $_{3\ 41}$	3 31.6 $_{23.6}$	10 2 $_{16}$	99737 $_{12}$	23 17 17
13		23 31 0 $_{3\ 40}$	3 8.0 $_{23.6}$	9 46 $_{16}$	99749 $_{11}$	23 21 14
14		23 34 40 $_{3\ 40}$	2 44.4 $_{23.7}$	9 30 $_{17}$	99760 $_{12}$	23 25 10
15		23 38 20 $_{3\ 39}$	2 20.7 $_{23.7}$	9 13 $_{17}$	99772 $_{12}$	23 29 7
16		23 41 59 $_{3\ 40}$	− 1 57.0 $_{23.7}$	+ 8 56 $_{17}$	9.99784 $_{12}$	23 33 4
17		23 45 39 $_{3\ 39}$	1 33.3 $_{23.7}$	8 39 $_{18}$	99796 $_{12}$	23 37 0
18		23 49 18 $_{3\ 39}$	1 9.6 $_{23.7}$	8 21 $_{17}$	99808 $_{12}$	23 40 57
19		23 52 57 $_{3\ 39}$	0 45.9 $_{23.7}$	8 4 $_{18}$	99820 $_{11}$	23 44 53
20		23 56 36 $_{3\ 38}$	− 0 22.2 $_{23.7}$	7 46 $_{18}$	99831 $_{12}$	23 48 50
21		0 0 14 $_{3\ 39}$	+ 0 1.5 $_{23.7}$	+ 7 28 $_{18}$	9.99843 $_{13}$	23 52 46
22		0 3 53 $_{3\ 38}$	0 25.2 $_{23.7}$	7 10 $_{18}$	99856 $_{12}$	23 56 43
23		0 7 31 $_{3\ 38}$	0 48.9 $_{23.6}$	6 52 $_{18}$	99868 $_{12}$	0 0 39
24		0 11 9 $_{3\ 38}$	1 12.5 $_{23.6}$	6 33 $_{19}$	99880 $_{12}$	0 4 36
25		0 14 48 $_{3\ 39}$	1 36.1 $_{23.6}$	6 15 $_{18}$	99892 $_{12}$	0 8 32
26		0 18 26	+ 1 59.7	+ 5 57	9.99904	0 12 29

1a. Immerwährende Sonnenephemeride (Fortsetzung).

Tag	Scheinb. AR	Scheinb. Dekl.	Zeitgleichung	log R	Sternzeit
März	h m s	° ′	m s		h m s
26	0 18 26	+ 1 59.7	+ 5 57	9.99904	0 12 29
27	0 22 4 $_{3\,38}$	2 23.2 $_{23.5}$	5 38 $_{19}$	99917 $_{13}$	0 16 26
28	0 25 42 $_{3\,38}$	2 46.7 $_{23.5}$	5 20 $_{18}$	99929 $_{12}$	0 20 22
29	0 29 20 $_{3\,38}$	3 10.1 $_{23.4}$	5 1 $_{19}$	99942 $_{13}$	0 24 19
30	0 32 58 $_{3\,38}$	3 33.5 $_{23.4}$	4 43 $_{18}$	99954 $_{12}$	0 28 15
31	0 36 36 $_{3\,38}$	+ 3 56.8 $_{23.3}$	+ 4 25 $_{18}$	9.99967 $_{13}$	0 32 12
April	$_{3\,39}$	$_{23.2}$	$_{19}$	$_{13}$	
1	0 40 15 $_{3\,38}$	+ 4 20.0 $_{23.2}$	+ 4 6 $_{18}$	9.99980 $_{12}$	0 36 8
2	0 43 53 $_{3\,39}$	4 43.2 $_{23.2}$	3 48 $_{18}$	9.99992 $_{13}$	0 40 5
3	0 47 32 $_{3\,38}$	5 6.2 $_{23.0}$	3 30 $_{18}$	0.00005 $_{13}$	0 44 1
4	0 51 10 $_{3\,39}$	5 29.2 $_{23.0}$	3 12 $_{18}$	00018 $_{13}$	0 47 58
5	0 54 49 $_{3\,39}$	5 52.1 $_{22.9}$	2 55 $_{17}$	00031 $_{13}$	0 51 55
6	0 58 28 $_{3\,40}$	+ 6 14.9 $_{22.8}$	+ 2 37 $_{18}$	0.00043 $_{12}$	0 55 51
7	1 2 8 $_{3\,39}$	6 37.5 $_{22.6}$	2 20 $_{17}$	00056 $_{13}$	0 59 48
8	1 5 47 $_{3\,40}$	7 0.1 $_{22.6}$	2 3 $_{17}$	00069 $_{13}$	1 3 44
9	1 9 27 $_{3\,40}$	7 22.5 $_{22.4}$	1 46 $_{17}$	00081 $_{12}$	1 7 41
10	1 13 7 $_{3\,40}$	7 44.9 $_{22.4}$	1 30 $_{16}$	00094 $_{13}$	1 11 37
11	1 16 47 $_{3\,41}$	+ 8 7.1 $_{22.2}$	+ 1 13 $_{17}$	0.00106 $_{12}$	1 15 34
12	1 20 28 $_{3\,41}$	8 29.1 $_{22.0}$	0 58 $_{15}$	00118 $_{12}$	1 19 30
13	1 24 9 $_{3\,41}$	8 51.0 $_{21.9}$	0 42 $_{16}$	00130 $_{12}$	1 23 27
14	1 27 50 $_{3\,41}$	9 12.8 $_{21.8}$	0 26 $_{16}$	00142 $_{12}$	1 27 24
15	1 31 31 $_{3\,42}$	9 34.4 $_{21.6}$	+ 0 11 $_{15}$	00154 $_{12}$	1 31 20
16	1 35 13 $_{3\,42}$	+ 9 55.8 $_{21.4}$	− 0 3 $_{14}$	0.00166 $_{12}$	1 35 17
17	1 38 55 $_{3\,42}$	10 17.1 $_{21.3}$	0 18 $_{15}$	00178 $_{11}$	1 39 13
18	1 42 38 $_{3\,43}$	10 38.2 $_{21.1}$	0 32 $_{14}$	00189 $_{12}$	1 43 10
19	1 46 21 $_{3\,43}$	10 59.2 $_{21.0}$	0 46 $_{14}$	00201 $_{12}$	1 47 6
20	1 50 4 $_{3\,43}$	11 19.9 $_{20.7}$	0 59 $_{13}$	00213 $_{11}$	1 51 3
21	1 53 48 $_{3\,44}$	+11 40.5 $_{20.6}$	− 1 12 $_{12}$	0.00224 $_{12}$	1 54 59
22	1 57 32 $_{3\,44}$	12 0.9 $_{20.4}$	1 24 $_{12}$	00236 $_{11}$	1 58 56
23	2 1 16 $_{3\,44}$	12 21.0 $_{20.1}$	1 36 $_{12}$	00247 $_{11}$	2 2 53
24	2 5 1 $_{3\,45}$	12 41.0 $_{20.0}$	1 48 $_{12}$	00258 $_{11}$	2 6 49
25	2 8 47 $_{3\,46}$	13 0.8 $_{19.8}$	1 59 $_{11}$	00270 $_{12}$	2 10 46
26	2 12 33 $_{3\,46}$	+13 20.3 $_{19.5}$	− 2 10 $_{11}$	0.00281 $_{11}$	2 14 42
27	2 16 19 $_{3\,46}$	13 39.7 $_{19.4}$	2 20 $_{10}$	00293 $_{12}$	2 18 39
28	2 20 6 $_{3\,47}$	13 58.8 $_{19.1}$	2 29 $_{9}$	00304 $_{11}$	2 22 35
29	2 23 53 $_{3\,47}$	14 17.7 $_{18.9}$	2 39 $_{10}$	00315 $_{11}$	2 26 32
30	2 27 41 $_{3\,48}$	14 36.3 $_{18.6}$	2 47 $_{8}$	00326 $_{11}$	2 30 28
Mai	$_{3\,49}$	$_{18.4}$	$_{8}$	$_{11}$	
1	2 31 30 $_{3\,49}$	+14 54.7 $_{18.2}$	− 2 55 $_{8}$	0.00337 $_{12}$	2 34 25
2	2 35 19 $_{3\,49}$	15 12.9 $_{17.9}$	3 3 $_{7}$	00349 $_{10}$	2 38 22
3	2 39 8 $_{3\,50}$	15 30.8 $_{17.6}$	3 10 $_{6}$	00359 $_{11}$	2 42 18
4	2 42 58 $_{3\,51}$	15 48.4 $_{17.4}$	3 16 $_{6}$	00370 $_{11}$	2 46 15
5	2 46 49 $_{3\,51}$	16 5.8 $_{17.2}$	3 22 $_{5}$	00381 $_{11}$	2 50 11
6	2 50 40	+16 23.0	− 3 27	0.00392	2 54 8

1a. Immerwährende Sonnenephemeride (Fortsetzung).

Tag	Scheinb. AR	Scheinb. Dekl.	Zeitgleichung	log R	Sternzeit
Mai	h m s	° ′	m s		h m s
6	2 50 40	+16 23.0	− 3 27	0.00392	2 54 8
7	2 54 32 ³⁵²	16 39.8 ¹⁶·⁸	3 32 ⁵	00402 ¹⁰	2 58 4
8	2 58 25 ³⁵³	16 56.4 ¹⁶·⁶	3 36 ⁴	00412 ¹⁰	3 2 1
9	3 2 18 ³⁵³	17 12.7 ¹⁶·³	3 40 ⁴	00423 ¹¹	3 5 57
10	3 6 12 ³⁵⁴	17 28.7 ¹⁶·⁰	3 42 ²	00433 ¹⁰	3 9 54
	³⁵⁴	¹⁵·⁸	³	⁹	
11	3 10 6	+17 44.5	− 3 45	0.00442	3 13 51
12	3 14 0 ³⁵⁴	17 59.9 ¹⁵·⁴	3 47 ²	00452 ¹⁰	3 17 47
13	3 17 56 ³⁵⁶	18 15.0 ¹⁵·¹	3 48 ¹	00461 ⁹	3 21 44
14	3 21 52 ³⁵⁶	18 29.8 ¹⁴·⁸	3 48 ⁰	00470 ⁹	3 25 40
15	3 25 48 ³⁵⁶	18 44.3 ¹⁴·⁵	3 49 ¹	00479 ⁹	3 29 37
	³⁵⁷	¹⁴·²	¹	⁹	
16	3 29 45	+18 58.5	− 3 48	0.00488	3 33 33
17	3 33 43 ³⁵⁸	19 12.4 ¹³·⁹	3 47 ¹	00497 ⁹	3 37 30
18	3 37 41 ³⁵⁸	19 25.9 ¹³·⁵	3 46 ¹	00505 ⁸	3 41 26
19	3 41 40 ³⁵⁹	19 39.1 ¹³·²	3 43 ³	00514 ⁹	3 45 23
20	3 45 39 ³⁵⁹	19 52.0 ¹²·⁹	3 41 ²	00522 ⁸	3 49 20
	³⁵⁹	¹²·⁵	³	⁸	
21	3 49 38	+20 4.5	− 3 38	0.00530	3 53 16
22	3 53 39 ⁴ ¹	20 16.7 ¹²·²	3 34 ⁴	00538 ⁸	3 57 13
23	3 57 39 ⁴ ⁰	20 28.6 ¹¹·⁹	3 30 ⁴	00546 ⁷	4 1 9
24	4 1 41 ⁴ ²	20 40.1 ¹¹·⁵	3 25 ⁵	00553 ⁸	4 5 6
25	4 5 42 ⁴ ¹	20 51.2 ¹¹·¹	3 20 ⁵	00561 ⁸	4 9 2
	⁴ ³	¹⁰·⁸	⁶	⁸	
26	4 9 45	+21 2.0	− 3 14	0.00569	4 12 59
27	4 13 48 ⁴ ³	21 12.4 ¹⁰·⁴	3 8 ⁶	00576 ⁷	4 16 55
28	4 17 51 ⁴·³	21 22.5 ¹⁰·¹	3 1 ⁷	00583 ⁷	4 20 52
29	4 21 55 ⁴ ⁴	21 32.2 ⁹·⁷	2 54 ⁷	00590 ⁷	4 24 49
30	4 25 59 ⁴ ⁴	21 41.5 ⁹·³	2 46 ⁸	00598 ⁸	4 28 45
	⁴ ⁴	⁸·⁹	⁸	⁷	
31	4 30 3	+21 50.4	− 2 38	0.00605	4 32 42
Juni	⁴ ⁶	⁸·⁶	⁸	⁶	
1	4 34 9	+21 59.0	− 2 30	0.00611	4 36 38
2	4 38 14 ⁴ ⁵	22 7.2 ⁸·²	2 21 ⁹	00618 ⁷	4 40 35
3	4 42 20 ⁴ ⁶	22 15.0 ⁷·⁸	2 11 ¹⁰	00624 ⁶	4 44 31
4	4 46 26 ⁴ ⁶	22 22.4 ⁷·⁴	2 1 ¹⁰	00631 ⁷	4 48 28
5	4 50 33 ⁴ ⁷	22 29.4 ⁷·⁰	1 51 ¹⁰	00637 ⁶	4 52 24
	⁴ ⁷	⁶·⁶	¹⁰	⁵	
6	4 54 40	+22 36.0	− 1 41	0.00642	4 56 21
7	4 58 48 ⁴ ⁸	22 42.2 ⁶·²	1 30 ¹¹	00648 ⁶	5 0 18
8	5 2 55 ⁴ ⁷	22 48.1 ⁵·⁹	1 19 ¹¹	00653 ⁵	5 4 14
9	5 7 3 ⁴ ⁸	22 53.5 ⁵·⁴	1 7 ¹²	00658 ⁵	5 8 11
10	5 11 12 ⁴ ⁹	22 58.5 ⁵·⁰	0 56 ¹¹	00663 ⁵	5 12 7
	⁴ ⁸	⁴·⁶	¹²	⁵	
11	5 15 20	+23 3.1	− 0 44	0.00668	5 16 4
12	5 19 29 ⁴ ⁹	23 7.3 ⁴·²	0 31 ¹³	00672 ⁴	5 20 0
13	5 23 38 ⁴ ⁹	23 11.2 ³·⁹	0 19 ¹²	00676 ⁴	5 23 57
14	5 27 47 ⁴ ⁹	23 14.6 ³·⁴	− 0 7 ¹²	00680 ⁴	5 27 53
15	5 31 56 ⁴ ⁹	23 17.5 ²·⁹	+ 0 6 ¹³	00684 ⁴	5 31 50
	⁴ ⁹	²·⁶	¹³	³	
16	5 36 5	+23 20.1	+ 0 19	0.00687	5 35 47

1a. Immerwährende Sonnenephemeride (Fortsetzung).

Tag	Scheinb. AR	Scheinb. Dekl.	Zeitgleichung	log R	Sternzeit
Juni	h m s	° ′	m s		h m s
16	5 36 5	+23 20.1	+ 0 19	0.00687	5 35 47
17	5 40 15 ⁴ ¹⁰	23 22.3 ²·²	0 32 ¹³	00690 ³	5 39 43
18	5 44 24 ⁴ ⁹	23 24.0 ¹·⁷	0 45 ¹³	00693 ³	5 43 40
19	5 48 34 ⁴ ¹⁰	23 25.4 ¹·⁴	0 58 ¹³	00696 ³	5 47 36
20	5 52 43 ⁴ ⁹	23 26.3 ⁰·⁹	1 11 ¹³	00699 ³	5 51 33
	⁴ ¹⁰	⁰·⁵	¹³	²	
21	5 56 53	+23 26.8	+ 1 24	0.00701	5 55 29
22	6 1 2 ⁴ ⁹	23 26.9 ⁰·¹	1 37 ¹³	00704 ³	5 59 26
23	6 5 12 ⁴ ¹⁰	23 26.6 ⁰·³	1 49 ¹²	00706 ²	6 3 22
24	6 9 21 ⁴ ⁹	23 25.9 ⁰·⁷	2 2 ¹³	00708 ²	6 7 19
25	6 13 31 ⁴ ¹⁰	23 24.8 ¹·¹	2 15 ¹³	00710 ²	6 11 16
	⁴ ⁹	¹·⁶	¹³	²	
26	6 17 40	+23 23.2	+ 2 28	0.00712	6 15 12
27	6 21 49 ⁴ ⁹	23 21.3 ¹·⁹	2 40 ¹²	00714 ²	6 19 9
28	6 25 58 ⁴ ⁹	23 18.9 ²·⁴	2 53 ¹³	00715 ¹	6 23 5
29	6 30 7 ⁴ ⁹	23 16.1 ²·⁸	3 5 ¹²	00716 ¹	6 27 2
30	6 34 15 ⁴ ⁸	23 13.0 ³·¹	3 17 ¹²	00718 ²	6 30 58
Juli	⁴ ⁹	³·⁶	¹²	¹	
1	6 38 24	+23 9.4	+ 3 29	0.00719	6 34 55
2	6 42 32 ⁴ ⁸	23 5.4 ⁴·⁰	3 41 ¹²	00719 ⁰	6 38 51
3	6 46 40 ⁴ ⁸	23 1.0 ⁴·⁴	3 52 ¹¹	00720 ¹	6 42 48
4	6 50 48 ⁴ ⁸	22 56.1 ⁴·⁹	4 3 ¹¹	00720 ⁰	6 46 45
5	6 54 55 ⁴ ⁷	22 50.9 ⁵·²	4 14 ¹¹	00720 ⁰	6 50 41
	⁴ ⁷	⁵·⁶	¹¹	⁰	
6	6 59 2	+22 45.3	+ 4 25	0.00720	6 54 38
7	7 3 9 ⁴ ⁷	22 39.3 ⁶·⁰	4 35 ¹⁰	00720 ⁰	6 58 34
8	7 7 15 ⁴ ⁶	22 32.9 ⁶·⁴	4 45 ¹⁰	00719 ¹	7 2 31
9	7 11 21 ⁴ ⁶	22 26.2 ⁶·⁷	4 54 ⁹	00718 ¹	7 6 27
10	7 15 27 ⁴ ⁶	22 19.0 ⁷·²	5 3 ⁹	00717 ¹	7 10 24
	⁴ ⁵	⁷·⁶	⁹	²	
11	7 19 32	+22 11.4	+ 5 12	0.00715	7 14 21
12	7 23 37 ⁴ ⁵	22 3.5 ⁷·⁹	5 20 ⁸	00714 ¹	7 18 17
13	7 27 41 ⁴ ⁴	21 55.2 ⁸·³	5 28 ⁸	00712 ²	7 22 14
14	7 31 45 ⁴ ⁴	21 46.5 ⁸·⁷	5 35 ⁷	00710 ²	7 26 10
15	7 35 48 ⁴ ³	21 37.4 ⁹·¹	5 42 ⁷	00707 ³	7 30 7
	⁴ ³	⁹·⁴	⁶	³	
16	7 39 51	+21 28.0	+ 5 48	0.00704	7 34 3
17	7 43 54 ⁴ ³	21 18.2 ⁹·⁸	5 54 ⁶	00702 ²	7 38 0
18	7 47 55 ⁴ ¹	21 8.0 ¹⁰·²	5 59 ⁵	00699 ³	7 41 56
19	7 51 56 ⁴ ¹	20 57.5 ¹⁰·⁵	6 4 ⁵	00695 ⁴	7 45 53
20	7 55 57 ⁴ ¹	20 46.7 ¹⁰·⁸	6 8 ⁴	00692 ³	7 49 50
	⁴ ⁰	¹¹·²	³	³	
21	7 59 57	+20 35.5	+ 6 11	0.00689	7 53 46
22	8 3 57 ⁴ ⁰	20 23.9 ¹¹·⁶	6 14 ³	00685 ⁴	7 57 43
23	8 7 56 ³ ⁵⁹	20 12.0 ¹¹·⁹	6 16 ²	00681 ⁴	8 1 39
24	8 11 54 ³ ⁵⁸	19 59.8 ¹²·²	6 18 ²	00677 ⁴	8 5 36
25	8 15 52 ³ ⁵⁸	19 47.2 ¹²·⁶	6 19 ¹	00673 ⁴	8 9 32
	³ ⁵⁷	¹²·⁹	¹	⁴	
26	8 19 49	+19 34.3	+ 6 20	0.00669	8 13 29
27	8 23 46 ³ ⁵⁷	19 21.1 ¹³·²	6 20 ⁰	00665 ⁴	8 17 25
28	8 27 42 ³ ⁵⁶	19 7.5 ¹³·⁶	6 20 ⁰	00660 ⁵	8 21 22
29	8 31 37 ³ ⁵⁵	18 53.6 ¹³·⁹	6 19 ¹	00656 ⁴	8 25 19
30	8 35 32 ³ ⁵⁵	18 39.4 ¹⁴·²	6 17 ²	00651 ⁵	8 29 15
	³ ⁵⁴	¹⁴·⁴	²	⁵	
31	8 39 26	+18 25.0	+ 6 15	0.00646	8 33 12
32	8 43 20 ³ ⁵⁴	18 10.2 ¹⁴·⁸	6 12 ³	00641 ⁵	8 37 8

1a. Immerwährende Sonnenephemeride (Fortsetzung).

Tag	Scheinb. AR	Scheinb. Dekl.	Zeitgleichung	log R	Sternzeit
August	h m s	° ′	m s		h m s
1	8 43 20	+18 10.2	+ 6 12	0.00641	8 37 8
2	8 47 13 3 53	17 55.1 15.1	6 8 4	00635 6	8 41 5
3	8 51 6 3 53	17 39.7 15.4	6 4 4	00630 5	8 45 1
4	8 54 58 3 52	17 24.0 15.7	6 0 4	00624 6	8 48 58
5	8 58 49 3 51	17 8.1 15.9	5 54 6	00618 6	8 52 54
	3 51	16.3	5	6	
6	9 2 40	+16 51.8	+ 5 49	0.00612	8 56 51
7	9 6 30 3 50	16 35.3 16.5	5 42 7	00605 7	9 0 48
8	9 10 19 3 49	16 18.5 16.8	5 35 7	00598 7	9 4 44
9	9 14 8 3 49	16 1.5 17.0	5 28 7	00591 7	9 8 41
10	9 17 57 3 49	15 44.2 17.3	5 19 9	00584 7	9 12 37
	3 47	17.5	8	7	
11	9 21 44	+15 26.7	+ 5 11	0.00577	9 16 34
12	9 25 32 3 48	15 8.9 17.8	5 1 10	00569 8	9 20 30
13	9 29 18 3 46	14 50.9 18.0	4 51 10	00561 8	9 24 27
14	9 33 4 3 46	14 32.6 18.3	4 41 10	00553 8	9 28 23
15	9 36 50 3 46	14 14.1 18.5	4 30 11	00545 8	9 32 20
	3 45	18.7	12	8	
16	9 40 35	+13 55.4	+ 4 18	0.00537	9 36 17
17	9 44 19 3 44	13 36.4 19.0	4 6 12	00528 9	9 40 13
18	9 48 3 3 44	13 17.3 19.1	3 53 13	00520 8	9 44 10
19	9 51 46 3 43	12 57.9 19.4	3 40 13	00511 9	9 48 6
20	9 55 29 3 43	12 38.3 19.6	3 26 14	00502 9	9 52 3
	3 43	19.7	14	8	
21	9 59 12	+12 18.6	+ 3 12	0.00494	9 55 59
22	10 2 53 3 41	11 58.6 20.0	2 58 14	00485 9	9 59 56
23	10 6 35 3 42	11 38.4 20.2	2 42 16	00476 9	10 3 52
24	10 10 16 3 41	11 18.1 20.3	2 27 15	00466 10	10 7 49
25	10 13 56 3 40	10 57.6 20.5	2 11 16	00457 9	10 11 46
	3 41	20.7	17	9	
26	10 17 37	+10 36.9	+ 1 54	0.00448	10 15 42
27	10 21 16 3 39	10 16.0 20.9	1 38 16	00439 9	10 19 39
28	10 24 56 3 40	9 55.0 21.0	1 21 17	00429 10	10 23 35
29	10 28 35 3 39	9 33.8 21.2	1 3 18	00420 9	10 27 32
30	10 32 13 3 38	9 12.4 21.4	0 45 18	00410 10	10 31 28
	3 39	21.5	18	10	
31	10 35 52	+ 8 50.9	+ 0 27	0.00400	10 35 25
September					
1	10 39 30 3 38	+ 8 29.3 21.6	+ 0 9 18	0.00390 10	10 39 21
2	10 43 8 3 38	8 7.5 21.8	− 0 10 19	00380 10	10 43 18
3	10 46 45 3 37	7 45.6 21.9	0 29 19	00369 11	10 47 14
4	10 50 22 3 37	7 23.6 22.0	0 49 20	00359 10	10 51 11
5	10 53 59 3 37	7 1.4 22.2	1 8 19	00348 11	10 55 8
	3 37	22.2	20	11	
6	10 57 36	+ 6 39.2	− 1 28	0.00337	10 59 4
7	11 1 13 3 37	6 16.8 22.4	1 48 20	00326 11	11 3 1
8	11 4 49 3 36	5 54.3 22.5	2 8 20	00315 11	11 6 57
9	11 8 25 3 36	5 31.7 22.6	2 29 21	00304 11	11 10 54
10	11 12 1 3 36	5 9.1 22.6	2 49 20	00292 12	11 14 50
	3 36	22.8	21	11	
11	11 15 37	+ 4 46.3	− 3 10	0.00281	11 18 47

1a. Immerwährende Sonnenephemeride (Fortsetzung).

Tag	Scheinb. AR	Scheinb. Dekl.	Zeitgleichung	log R	Sternzeit
September	h m s	° ′	m s		h m s
11	11 15 37 ₃₃₆	+ 4 46.3 ₂₂.₈	− 3 10 ₂₁	0.00281 ₁₂	11 18 47
12	11 19 13 ₃₃₅	4 23.5 ₂₂.₉	3 31 ₂₁	00269 ₁₂	11 22 43
13	11 22 48 ₃₃₆	4 0.6 ₂₃.₀	3 52 ₂₁	00257 ₁₂	11 26 40
14	11 26 24 ₃₃₆	3 37.6 ₂₃.₁	4 13 ₂₁	00246 ₁₁	11 30 37
15	11 29 59 ₃₃₅	3 14.5 ₂₃.₁	4 34 ₂₁	00234 ₁₂	11 34 33
16	11 33 34 ₃₃₅	+ 2 51.4 ₂₃.₁	− 4 55 ₂₁	0.00222 ₁₂	11 38 30
17	11 37 9 ₃₃₅	2 28.3 ₂₃.₁	5 17 ₂₂	00210 ₁₂	11 42 26
18	11 40 45 ₃₃₅	2 5.1 ₂₃.₂	5 38 ₂₁	00198 ₁₂	11 46 23
19	11 44 20 ₃₃₅	1 41.8 ₂₃.₃	5 59 ₂₂	00186 ₁₂	11 50 19
20	11 47 55 ₃₃₅	1 18.6 ₂₃.₂	6 21 ₂₂	00174 ₁₂	11 54 16
21	11 51 30 ₃₃₆	+ 0 55.2 ₂₃.₄	− 6 42 ₂₁	0.00162 ₁₂	11 58 12
22	11 55 6 ₃₃₆	0 31.9 ₂₃.₃	7 3 ₂₁	00150 ₁₂	12 2 9
23	11 58 41 ₃₃₅	+ 0 8.5 ₂₃.₄	7 24 ₂₁	00138 ₁₂	12 6 6
24	12 2 17 ₃₃₆	− 0 14.8 ₂₃.₃	7 45 ₂₁	00126 ₁₂	12 10 2
25	12 5 53 ₃₃₆	0 38.2 ₂₃.₄	8 6 ₂₁	00114 ₁₂	12 13 59
26	12 9 29 ₃₃₆	− 1 1.6 ₂₃.₄	− 8 27 ₂₀	0.00102 ₁₂	12 17 55
27	12 13 5 ₃₃₆	1 25.0 ₂₃.₄	8 47 ₂₀	00090 ₁₂	12 21 52
28	12 16 41 ₃₃₆	1 48.4 ₂₃.₄	9 7 ₂₀	00078 ₁₃	12 25 48
29	12 20 18 ₃₃₇	2 11.8 ₂₃.₄	9 27 ₂₀	00065 ₁₂	12 29 45
30	12 23 54 ₃₃₆	2 35.2 ₂₃.₄	9 47 ₂₀	00053 ₁₂	12 33 41
Oktober					
1	12 27 31 ₃₃₇	− 2 58.5 ₂₃.₃	−10 7 ₂₀	0.00041 ₁₂	12 37 38
2	12 31 9 ₃₃₈	3 21.8 ₂₃.₃	10 26 ₁₉	00029 ₁₃	12 41 35
3	12 34 47 ₃₃₈	3 45.1 ₂₃.₂	10 45 ₁₉	00016 ₁₃	12 45 31
4	12 38 25 ₃₃₈	4 8.3 ₂₃.₂	11 3 ₁₈	0.00004 ₁₃	12 49 28
5	12 42 3 ₃₃₈	4 31.5 ₂₃.₁	11 21 ₁₈	9.99991 ₁₂	12 53 24
6	12 45 42 ₃₃₉	− 4 54.6 ₂₃.₁	−11 39 ₁₈	9.99979 ₁₃	12 57 21
7	12 49 21 ₃₃₉	5 17.7 ₂₃.₀	11 57 ₁₈	99966 ₁₃	13 1 17
8	12 53 0 ₃₃₉	5 40.7 ₂₂.₉	12 14 ₁₇	99954 ₁₃	13 5 14
9	12 56 40 ₃₄₀	6 3.6 ₂₂.₈	12 30 ₁₆	99941 ₁₃	13 9 10
10	13 0 20 ₃₄₀	6 26.4 ₂₂.₈	12 47 ₁₇	99928 ₁₃	13 13 7
11	13 4 1 ₃₄₁	− 6 49.2 ₂₂.₆	−13 2 ₁₆	9.99916 ₁₂	13 17 3
12	13 7 42 ₃₄₁	7 11.8 ₂₂.₆	13 18 ₁₆	99903 ₁₃	13 21 0
13	13 11 24 ₃₄₂	7 34.4 ₂₂.₅	13 33 ₁₅	99890 ₁₃	13 24 57
14	13 15 6 ₃₄₂	7 56.9 ₂₂.₃	13 47 ₁₄	99878 ₁₃	13 28 53
15	13 18 49 ₃₄₃	8 19.2 ₂₂.₂	14 1 ₁₄	99865 ₁₃	13 32 50
16	13 22 32 ₃₄₃	− 8 41.4 ₂₂.₁	−14 14 ₁₃	9.99852 ₁₂	13 36 46
17	13 26 16 ₃₄₄	9 3.5 ₂₂.₀	14 27 ₁₃	99840 ₁₃	13 40 43
18	13 30 0 ₃₄₄	9 25.5 ₂₁.₈	14 39 ₁₂	99827 ₁₂	13 44 39
19	13 33 45 ₃₄₅	9 47.3 ₂₁.₇	14 51 ₁₂	99815 ₁₂	13 48 36
20	13 37 31 ₃₄₆	10 9.0 ₂₁.₆	15 2 ₁₁	99803 ₁₂	13 52 32
21	13 41 17 ₃₄₇	−10 30.6 ₂₁.₄	−15 12 ₁₀	9.99791 ₁₂	13 56 29
22	13 45 4 ₃₄₇	10 52.0 ₂₁.₂	15 22 ₉	99779 ₁₂	14 0 26
23	13 48 51 ₃₄₈	11 13.2 ₂₁.₀	15 31 ₈	99767 ₁₁	14 4 22
24	13 52 39 ₃₄₈	11 34.2 ₂₀.₉	15 39 ₈	99756 ₁₂	14 8 19
25	13 56 28 ₃₅₀	11 55.1 ₂₀.₇	15 47 ₇	99744 ₁₂	14 12 15
26	14 0 18	−12 15.8	−15 54	9.99732	14 16 12

1a. Immerwährende Sonnenephemeride (Fortsetzung).

Tag	Scheinb. AR	Scheinb. Dekl.	Zeitgleichung	log R	Sternzeit
Oktober	h m s	° ′	m s		h m s
26	14 0 18	—12 15.8	—15 54	9.99732	14 16 12
	3 51	20.6	6	11	
27	14 4 9	12 36.4	16 0	99721	14 20 8
	3 51	20.3	5	11	
28	14 8 0	12 56.7	16 5	99710	14 24 5
	3 52	20.1	5	12	
29	14 11 52	13 16.8	16 10	99698	14 28 1
	3 52	19.9	4	11	
30	14 15 44	13 36.7	16 14	99687	14 31 58
	3 54	19.7	3	11	
31	14 19 38	—13 56.4	—16 17	9.99676	14 35 55
November	3 54	19.5	2	11	
1	14 23 32	—14 15.9	—16 19	9.99665	14 39 51
	3 55	19.3	1	11	
2	14 27 27	14 35.2	16 20	99654	14 43 48
	3 56	19.0	1	12	
3	14 31 23	14 54.2	16 21	99642	14 47 44
	3 57	18.7	0	11	
4	14 35 20	15 12.9	16 21	99631	14 51 41
	3 57	18.6	1	11	
5	14 39 17	15 31.5	16 20	99620	14 55 37
	3 59	18.2	2	10	
6	14 43 16	—15 49.7	—16 18	9.99610	14 59 34
	3 59	18.0	3	11	
7	14 47 15	16 7.7	16 15	99599	15 3 30
	4 0	17.8	3	11	
8	14 51 15	16 25.5	16 12	99588	15 7 27
	4 1	17.4	4	11	
9	14 55 16	16 42.9	16 8	99577	15 11 24
	4 1	17.2	5	10	
10	14 59 17	17 0.1	16 3	99567	15 15 20
	4 3	16.9	6	11	
11	15 3 20	—17 17.0	—15 57	9.99556	15 19 17
	4 3	16.6	7	10	
12	15 7 23	17 33.6	15 50	99546	15 23 13
	4 4	16.2	8	10	
13	15 11 27	17 49.8	15 42	99536	15 27 10
	4 5	16.0	8	10	
14	15 15 32	18 5.8	15 34	99526	15 31 6
	4 6	15.7	9	10	
15	15 19 38	18 21.5	15 25	99516	15 35 3
	4 7	15.3	10	10	
16	15 23 45	—18 36.8	—15 15	9.99506	15 38 59
	4 7	15.0	11	9	
17	15 27 52	18 51.8	15 4	99497	15 42 56
	4 9	14.6	12	10	
18	15 32 1	19 6.4	14 52	99487	15 46 53
	4 9	14.4	13	9	
19	15 36 10	19 20.8	14 39	99478	15 50 49
	4 10	13.9	13	8	
20	15 40 20	19 34.7	14 26	99470	15 54 46
	4 11	13.7	14	9	
21	15 44 31	—19 48.4	—14 12	9.99461	15 58 42
	4 11	13.2	15	8	
22	15 48 42	20 1.6	13 57	99453	16 2 39
	4 13	12.9	16	9	
23	15 52 55	20 14.5	13 41	99444	16 6 35
	4 13	12.5	17	8	
24	15 57 8	20 27.0	13 24	99436	16 10 32
	4 14	12.2	17	7	
25	16 1 22	20 39.2	13 7	99429	16 14 28
	4 15	11.7	19	8	
26	16 5 37	—20 50.9	—12 48	9.99421	16 18 25
	4 15	11.4	19	8	
27	16 9 52	21 2.3	12 29	99413	16 22 22
	4 17	11.0	19	7	
28	16 14 9	21 13.3	12 10	99406	16 26 18
	4 17	10.6	21	7	
29	16 18 26	21 23.9	11 49	99399	16 30 15
	4 17	10.1	21	7	
30	16 22 43	21 34.0	11 28	99392	16 34 11
Dezember	4 19	9.8	22	7	
1	16 27 2	—21 43.8	—11 6	9.99385	16 38 8
	4 19	9.3	23	7	
2	16 31 21	21 53.1	10 43	99378	16 42 4
	4 20	9.0	23	6	
3	16 35 41	22 2.1	10 20	99372	16 46 1
	4 20	8.5	24	7	
4	16 40 1	22 10.6	9 56	99365	16 49 57
	4 21	8.0	24	6	
5	16 44 22	22 18.6	9 32	99359	16 53 54
	4 21	7.7	25	6	
6	16 48 43	—22 26.3	— 9 7	9.99353	16 57 51

1a. Immerwährende Sonnenephemeride (Schluß).

Tag	Scheinb. AR	Scheinb. Dekl.	Zeitgleichung	log R	Sternzeit
Dezember	h m s	° ′	m s		h m s
6	16 48 43	−22 26.3	− 9 7 ₂₅	9.99353 ₆	16 57 51
7	16 53 5 ⁴²²	22 33.5 7.2	8 42 ₂₆	99347 ₆	17 1 47
8	16 57 28 ⁴²³	22 40.2 6.7	8 16 ₂₇	99341 ₆	17 5 44
9	17 1 51 ⁴²³	22 46.5 6.3	7 49 ₂₇	99335 ₆	17 9 40
10	17 6 14 ⁴²³	22 52.4 5.9	7 22 ₂₇	99329 ₆	17 13 37
	⁴²⁴	5.4	₂₇	₅	
11	17 10 38	−22 57.8	− 6 55 ₂₈	9.99324 ₅	17 17 33
12	17 15 2 ⁴²⁴	23 2.8 5.0	6 27 ₂₈	99319 ₅	17 21 30
13	17 19 27 ⁴²⁵	23 7.3 4.5	5 59 ₂₈	99314 ₅	17 25 26
14	17 23 52 ⁴²⁵	23 11.3 4.0	5 31 ₂₈	99309 ₅	17 29 23
15	17 28 17 ⁴²⁵	23 14.9 3.6	5 3 ₂₉	99305 ₄	17 33 20
	⁴²⁶	3.1			
16	17 32 43	−23 18.0	− 4 34 ₂₉	9.99301 ₄	17 37 16
17	17 37 8 ⁴²⁵	23 20.7 2.7	4 5 ₃₀	99297 ₄	17 41 13
18	17 41 34 ⁴²⁶	23 22.9 2.2	3 35 ₂₉	99293 ₃	17 45 9
19	17 46 0 ⁴²⁶	23 24.6 1.7	3 6 ₃₀	99290 ₃	17 49 6
20	17 50 26 ⁴²⁶	23 25.9 1.3	2 36 ₃₀	99287 ₃	17 53 2
	⁴²⁷	0.7	₃₀	₃	
21	17 54 53	−23 26.6	− 2 6 ₂₉	9.99284 ₂	17 56 59
22	17 59 19 ⁴²⁶	23 26.9 0.3	1 37 ₃₀	99282 ₂	18 0 56
23	18 3 45 ⁴²⁶	23 26.8 0.1	1 7 ₃₀	99280 ₂	18 4 52
24	18 8 12 ⁴²⁷	23 26.1 0.7	0 37 ₃₀	99278 ₂	18 8 49
25	18 12 38 ⁴²⁶	23 25.0 1.1	− 0 7 ₃₀	99276 ₂	18 12 45
	⁴²⁷	1.5	₃₀		
26	18 17 5	−23 23.5	+ 0 23 ₃₀	9.99274 ₁	18 16 42
27	18 21 31 ⁴²⁶	23 21.4 2.1	0 53 ₂₉	99273 ₁	18 20 38
28	18 25 57 ⁴²⁶	23 18.9 2.5	1 22 ₃₀	99272 ₁	18 24 35
29	18 30 23 ⁴²⁶	23 15.9 3.0	1 52 ₂₉	99271 ₁	18 28 31
30	18 34 49 ⁴²⁶	23 12.5 3.4	2 21 ₂₉	99270 ₀	18 32 28
	⁴²⁶	4.0	₂₉		
31	18 39 15	−23 8.5	+ 2 50 ₂₉	9.99270 ₁	18 36 25
32	18 43 40 ⁴²⁵	23 4.2 4.3	3 19	99269	18 40 21

Die scheinbare Sonnenlänge ☉ siehe Tafel 71, S. 220.

1b. Scheinbarer Radius und Horizontalparallaxe der Sonne.
Mittlerer Greenwicher Mittag.

Tag		☉ Radius	☉ Parallaxe	Tag		☉ Radius	☉ Parallaxe
Jan.	1	16′ 18″	9″0	Juli	10	15′ 45″	8″7
	11	16 17	8.9		20	15 46	8.7
	21	16 17	8.9		30	15 47	8.7
	31	16 15	8.9	Aug.	9	15 48	8.7
Febr.	10	16 14	8.9		19	15 50	8.7
	20	16 12	8.9		29	15 52	8.7
März	2	16 10	8.9	Sept.	8	15 54	8.7
	12	16 7	8.9		18	15 57	8.8
	22	16 4	8.8		28	15 59	8.8
April	1	16 2	8.8	Okt.	8	16 2	8.8
	11	15 59	8.8		18	16 5	8.8
	21	15 56	8.8		28	16 8	8.9
Mai	1	15 54	8.7	Nov.	7	16 10	8.9
	11	15 51	8.7		17	16 12	8.9
	21	15 50	8.7		27	16 14	8.9
	31	15 48	8.7	Dez.	7	16 16	8.9
Juni	10	15 47	8.7		17	16 17	8.9
	20	15 46	8.7		27	16 17	9.0
	30	15 45	8.7		37	16 17	9.0
Juli	10	15 45	8.7				

1c. Verbesserung k wegen Jahresanfang.

Jahr	k	Jahr	k	Jahr	k
1900	$+0^d360$	1920*	$+0^d516$	1940*	$+0^d672$
01	$+0.117$	21	$+0.273$	41	$+0.429$
02	-0.125	22	$+0.031$	42	$+0.187$
03	-0.367	23	-0.211	43	-0.055
04*	$+0.391$	24*	$+0.547$	44*	$+0.703$
1905	$+0.148$	1925	$+0.305$	1945	$+0.461$
06	-0.094	26	$+0.062$	46	$+0.218$
07	-0.336	27	-0.180	47	-0.024
08*	$+0.422$	28*	$+0.578$	48*	$+0.734$
09	$+0.180$	29	$+0.336$	49	$+0.492$
1910	-0.062	1930	$+0.094$	1950	$+0.250$
11	-0.305	31	-0.149		
12*	$+0.453$	32*	$+0.609$		
13	$+0.211$	33	$+0.367$		
14	-0.031	34	$+0.125$		
1915	-0.273	1935	-0.117		
16*	$+0.484$	36*	$+0.640$	* Schaltjahr	
17	$+0.242$	37	$+0.398$		
18	0.000	38	$+0.156$		
19	-0.242	39	-0.086		

2. Verwandlung von Bogenmaß in Zeitmaß.

°	h	m	°	h	m	°	h	m	°	h	m	°	h	m	°	h	m	′	m	s	″	s
0	0	0	60	4	0	120	8	0	180	12	0	240	16	0	300	20	0	0	0	0	0	0.00
1	0	4	61	4	4	121	8	4	181	12	4	241	16	4	301	20	4	1	0	4	1	0.07
2	0	8	62	4	8	122	8	8	182	12	8	242	16	8	302	20	8	2	0	8	2	0.13
3	0	12	63	4	12	123	8	12	183	12	12	243	16	12	303	20	12	3	0	12	3	0.20
4	0	16	64	4	16	124	8	16	184	12	16	244	16	16	304	20	16	4	0	16	4	0.27
5	0	20	65	4	20	125	8	20	185	12	20	245	16	20	305	20	20	5	0	20	5	0.33
6	0	24	66	4	24	126	8	24	186	12	24	246	16	24	306	20	24	6	0	24	6	0.40
7	0	28	67	4	28	127	8	28	187	12	28	247	16	28	307	20	28	7	0	28	7	0.47
8	0	32	68	4	32	128	8	32	188	12	32	248	16	32	308	20	32	8	0	32	8	0.53
9	0	36	69	4	36	129	8	36	189	12	36	249	16	36	309	20	36	9	0	36	9	0.60
10	0	40	70	4	40	130	8	40	190	12	40	250	16	40	310	20	40	10	0	40	10	0.67
11	0	44	71	4	44	131	8	44	191	12	44	251	16	44	311	20	44	11	0	44	11	0.73
12	0	48	72	4	48	132	8	48	192	12	48	252	16	48	312	20	48	12	0	48	12	0.80
13	0	52	73	4	52	133	8	52	193	12	52	253	16	52	313	20	52	13	0	52	13	0.87
14	0	56	74	4	56	134	8	56	194	12	56	254	16	56	314	20	56	14	0	56	14	0.93
15	1	0	75	5	0	135	9	0	195	13	0	255	17	0	315	21	0	15	1	0	15	1.00
16	1	4	76	5	4	136	9	4	196	13	4	256	17	4	316	21	4	16	1	4	16	1.07
17	1	8	77	5	8	137	9	8	197	13	8	257	17	8	317	21	8	17	1	8	17	1.13
18	1	12	78	5	12	138	9	12	198	13	12	258	17	12	318	21	12	18	1	12	18	1.20
19	1	16	79	5	16	139	9	16	199	13	16	259	17	16	319	21	16	19	1	16	19	1.27
20	1	20	80	5	20	140	9	20	200	13	20	260	17	20	320	21	20	20	1	20	20	1.33
21	1	24	81	5	24	141	9	24	201	13	24	261	17	24	321	21	24	21	1	24	21	1.40
22	1	28	82	5	28	142	9	28	202	13	28	262	17	28	322	21	28	22	1	28	22	1.47
23	1	32	83	5	32	143	9	32	203	13	32	263	17	32	323	21	32	23	1	32	23	1.53
24	1	36	84	5	36	144	9	36	204	13	36	264	17	36	324	21	36	24	1	36	24	1.60
25	1	40	85	5	40	145	9	40	205	13	40	265	17	40	325	21	40	25	1	40	25	1.67
26	1	44	86	5	44	146	9	44	206	13	44	266	17	44	326	21	44	26	1	44	26	1.73
27	1	48	87	5	48	147	9	48	207	13	48	267	17	48	327	21	48	27	1	48	27	1.80
28	1	52	88	5	52	148	9	52	208	13	52	268	17	52	328	21	52	28	1	52	28	1.87
29	1	56	89	5	56	149	9	56	209	13	56	269	17	56	329	21	56	29	1	56	29	1.93
30	2	0	90	6	0	150	10	0	210	14	0	270	18	0	330	22	0	30	2	0	30	2.00
31	2	4	91	6	4	151	10	4	211	14	4	271	18	4	331	22	4	31	2	4	31	2.07
32	2	8	92	6	8	152	10	8	212	14	8	272	18	8	332	22	8	32	2	8	32	2.13
33	2	12	93	6	12	153	10	12	213	14	12	273	18	12	333	22	12	33	2	12	33	2.20
34	2	16	94	6	16	154	10	16	214	14	16	274	18	16	334	22	16	34	2	16	34	2.27
35	2	20	95	6	20	155	10	20	215	14	20	275	18	20	335	22	20	35	2	20	35	2.33
36	2	24	96	6	24	156	10	24	216	14	24	276	18	24	336	22	24	36	2	24	36	2.40
37	2	28	97	6	28	157	10	28	217	14	28	277	18	28	337	22	28	37	2	28	37	2.47
38	2	32	98	6	32	158	10	32	218	14	32	278	18	32	338	22	32	38	2	32	38	2.53
39	2	36	99	6	36	159	10	36	219	14	36	279	18	36	339	22	36	39	2	36	39	2.60
40	2	40	100	6	40	160	10	40	220	14	40	280	18	40	340	22	40	40	2	40	40	2.67
41	2	44	101	6	44	161	10	44	221	14	44	281	18	44	341	22	44	41	2	44	41	2.73
42	2	48	102	6	48	162	10	48	222	14	48	282	18	48	342	22	48	42	2	48	42	2.80
43	2	52	103	6	52	163	10	52	223	14	52	283	18	52	343	22	52	43	2	52	43	2.87
44	2	56	104	6	56	164	10	56	224	14	56	284	18	56	344	22	56	44	2	56	44	2.93
45	3	0	105	7	0	165	11	0	225	15	0	285	19	0	345	23	0	45	3	0	45	3.00
46	3	4	106	7	4	166	11	4	226	15	4	286	19	4	346	23	4	46	3	4	46	3.07
47	3	8	107	7	8	167	11	8	227	15	8	287	19	8	347	23	8	47	3	8	47	3.13
48	3	12	108	7	12	168	11	12	228	15	12	288	19	12	348	23	12	48	3	12	48	3.20
49	3	16	109	7	16	169	11	16	229	15	16	289	19	16	349	23	16	49	3	16	49	3.27
50	3	20	110	7	20	170	11	20	230	15	20	290	19	20	350	23	20	50	3	20	50	3.33
51	3	24	111	7	24	171	11	24	231	15	24	291	19	24	351	23	24	51	3	24	51	3.40
52	3	28	112	7	28	172	11	28	232	15	28	292	19	28	352	23	28	52	3	28	52	3.47
53	3	32	113	7	32	173	11	32	233	15	32	293	19	32	353	23	32	53	3	32	53	3.53
54	3	36	114	7	36	174	11	36	234	15	36	294	19	36	354	23	36	54	3	36	54	3.60
55	3	40	117	7	40	175	11	40	235	15	40	295	19	40	355	23	40	55	3	40	55	3.67
56	3	44	116	7	44	176	11	44	236	15	44	296	19	44	356	23	44	56	3	44	56	3.73
57	3	48	115	7	48	177	11	48	237	15	48	297	19	48	357	23	48	57	3	48	57	3.80
58	3	52	118	7	52	178	11	52	238	15	52	298	19	52	358	23	52	58	3	52	58	3.87
59	3	56	119	7	56	179	11	56	239	15	56	299	19	56	359	23	56	59	3	56	59	3.93
60	4	0	120	8	0	180	12	0	240	16	0	300	20	0	360	24	0	60	4	0	60	4.00

3. Verwandlung von Zeitmaß in Bogenmaß.

Stunden		Minuten				Sekunden					
h	°	m	° ′	m	° ′	s	′ ″	s	′ ″		
1	15	1	0 15	31	7 45	1	0 15	31	7 45		
2	30	2	0 30	32	8 0	2	0 30	32	8 0		
3	45	3	0 45	33	8 15	3	0 45	33	8 15		
4	60	4	1 0	34	8 30	4	1 0	34	8 30	s	″
5	75	5	1 15	35	8 45	5	1 15	35	8 45	0,1	1,5
6	90	6	1 30	36	9 0	6	1 30	36	9 0	0,2	3,0
7	105	7	1 45	37	9 15	7	1 45	37	9 15	0,3	4,5
8	120	8	2 0	38	9 30	8	2 0	38	9 30	0,4	6,0
9	135	9	2 15	39	9 45	9	2 15	39	9 45	0,5	7,5
10	150	10	2 30	40	10 0	10	2 30	40	10 0	0,6	9,0
11	165	11	2 45	41	10 15	11	2 45	41	10 15	0,7	10,5
12	180	12	3 0	42	10 30	12	3 0	42	10 30	0,8	12,0
13	195	13	3 15	43	10 45	13	3 15	43	10 45	0,9	13,5
14	210	14	3 30	44	11 0	14	3 30	44	11 0		
15	225	15	3 45	45	11 15	15	3 45	45	11 15	s	″
16	240	16	4 0	46	11 30	16	4 0	46	11 30	0,01	0,15
17	255	17	4 15	47	11 45	17	4 15	47	11 45	0,02	0,30
18	270	18	4 30	48	12 0	18	4 30	48	12 0	0,03	0,45
19	285	19	4 45	49	12 15	19	4 45	49	12 15	0,04	0,60
20	300	20	5 0	50	12 30	20	5 0	50	12 30	0,05	0,75
21	315	21	5 15	51	12 45	21	5 15	51	12 45	0,06	0,90
22	330	22	5 30	52	13 0	22	5 30	52	13 0	0,07	1,05
23	345	23	5 45	53	13 15	23	5 45	53	13 15	0,08	1,20
24	360	24	6 0	54	13 30	24	6 0	54	13 30	0,09	1,35
		25	6 15	55	13 45	25	6 15	55	13 45		
		26	6 30	56	14 0	26	6 30	56	14 0		
		27	6 45	57	14 15	27	6 45	57	14 15		
		28	7 0	58	14 30	28	7 0	58	14 30		
		29	7 15	59	14 45	29	7 15	59	14 45		
		30	7 30	60	15 0	30	7 30	60	15 0		

4. Verwandlung der Mittleren Zeit in Sternzeit.

Red.	+ 0m	+ 1m	+ 2m	+ 3m
s	h m s	h m s	h m s	h m s
0	0 0 0	6 5 15	12 10 29	18 15 44
1	0 6 5	6 11 20	12 16 34	18 21 49
2	0 12 10	6 17 25	12 22 40	18 27 54
3	0 18 16	6 23 30	12 28 45	18 33 59
4	0 24 21	6 29 36	12 34 50	18 40 5
5	0 30 26	6 35 41	12 40 55	18 46 10
6	0 36 31	6 41 46	12 47 1	18 52 15
7	0 42 37	6 47 51	12 53 6	18 58 20
8	0 48 42	6 53 56	12 59 11	19 4 26
9	0 54 47	7 0 2	13 5 16	19 10 31
10	1 0 52	7 6 7	13 11 21	19 16 36
11	1 6 58	7 12 12	13 17 27	19 22 41
12	1 13 3	7 18 17	13 23 32	19 28 47
13	1 19 8	7 24 23	13 29 37	19 34 52
14	1 25 13	7 30 28	13 35 42	19 40 57
15	1 31 19	7 36 33	13 41 48	19 47 2
16	1 37 24	7 42 38	13 47 53	19 53 7
17	1 43 29	7 48 44	13 53 58	19 59 13
18	1 49 34	7 54 49	14 0 3	20 5 18
19	1 55 40	8 0 54	14 6 9	20 11 23
20	2 1 45	8 6 59	14 12 14	20 17 28
21	2 7 50	8 13 5	14 18 19	20 23 34
22	2 13 55	8 19 10	14 24 24	20 29 39
23	2 20 1	8 25 15	14 30 30	20 35 44
24	2 26 6	8 31 20	14 36 35	20 41 49
25	2 32 11	8 37 26	14 42 40	20 47 55
26	2 38 16	8 43 31	14 48 45	20 54 0
27	2 44 22	8 49 36	14 54 51	21 0 5
28	2 50 27	8 55 41	15 0 56	21 6 10
29	2 56 32	9 1 47	15 7 1	21 12 16
30	3 2 37	9 7 52	15 13 6	21 18 21
31	3 8 43	9 13 57	15 19 12	21 24 26
32	3 14 48	9 20 2	15 25 17	21 30 31
33	3 20 53	9 26 8	15 31 22	21 36 37
34	3 26 58	9 32 13	15 37 27	21 42 42
35	3 33 3	9 38 18	15 43 33	21 48 47
36	3 39 9	9 44 23	15 49 38	21 54 52
37	3 45 14	9 50 28	15 55 43	22 0 58
38	3 51 19	9 56 34	16 1 48	22 7 3
39	3 57 24	10 2 39	16 7 54	22 13 8
40	4 3 30	10 8 44	16 13 59	22 19 13
41	4 9 35	10 14 49	16 20 4	22 25 19
42	4 15 40	10 20 55	16 26 9	22 31 24
43	4 21 45	10 27 0	16 32 14	22 37 29
44	4 27 51	10 33 5	16 38 20	22 43 34
45	4 33 56	10 39 10	16 44 25	22 49 39
46	4 40 1	10 45 16	16 50 30	22 55 45
47	4 46 6	10 51 21	16 56 35	23 1 50
48	4 52 12	10 57 26	17 2 41	23 7 55
49	4 58 17	11 3 31	17 8 46	23 14 0
50	5 4 22	11 9 37	17 14 51	23 20 6
51	5 10 27	11 15 42	17 20 56	23 26 11
52	5 16 33	11 21 47	17 27 2	23 32 16
53	5 22 38	11 27 52	17 33 7	23 38 21
54	5 28 43	11 33 58	17 39 12	23 44 27
55	5 34 48	11 40 3	17 45 17	23 50 32
56	5 40 54	11 46 8	17 51 23	23 56 37
57	5 46 59	11 52 13	17 57 28	24 2 42
58	5 53 4	11 58 19	18 3 33	24 8 48
59	5 59 9	12 4 24	18 9 38	24 14 53
60	6 5 15	12 10 29	18 15 44	24 20 58

	s		m s
+	0.0		0 0
	0.1		0 37
	0.2		1 13
	0.3		1 50
	0.4		2 26
	0.5		3 3
	0.6		3 39
	0.7		4 16
	0.8		4 52
	0.9		5 29

Reduktion der Sternzeit im mittleren Mittag. Man entnimmt dieser Tafel mit der in Zeit ausgedrückten Länge λ des Beobachtungsortes die zugehörige Reduktion und addiert } sie { zu der } Sternzeit im mittleren subtrahiert von der } Greenwicher Mittag, wenn λ { westlich } ist. östlich

5. Verwandlung der Sternzeit in Mittlere Zeit.

Red.	— 0ᵐ	— 1ᵐ	— 2ᵐ	— 3ᵐ			
s	h m s	h m s	h m s	h m s			
0	0 0 0	6 6 15	12 12 29	18 18 44			
1	0 6 6	6 12 21	12 18 35	18 24 50			
2	0 12 12	6 18 27	12 24 42	18 30 56			
3	0 18 19	6 24 33	12 30 48	18 37 2			
4	0 24 25	6 30 40	12 36 54	18 43 9			
5	0 30 31	6 36 46	12 43 0	18 49 15			
6	0 36 37	6 42 52	12 49 7	18 55 21			
7	0 42 44	6 48 58	12 55 13	19 1 27			
8	0 48 50	6 55 4	13 1 19	19 7 34			
9	0 54 56	7 1 11	13 7 25	19 13 40			
10	1 1 2	7 7 17	13 13 31	19 19 46			
11	1 7 9	7 13 23	13 19 38	19 25 52			
12	1 13 15	7 19 29	13 25 44	19 31 59			
13	1 19 21	7 25 36	13 31 50	19 38 5			
14	1 25 27	7 31 42	13 37 56	19 44 11			
15	1 31 34	7 37 48	13 44 3	19 50 17			
16	1 37 40	7 43 54	13 50 9	19 56 23			
17	1 43 46	7 50 1	13 56 15	20 2 30			
18	1 49 52	7 56 7	14 2 21	20 8 36			
19	1 55 59	8 2 13	14 8 28	20 14 42			
20	2 2 5	8 8 19	14 14 34	20 20 48			
21	2 8 11	8 14 26	14 20 40	20 26 55			
22	2 14 17	8 20 32	14 26 46	20 33 1			
23	2 20 24	8 26 38	14 32 53	20 39 7			
24	2 26 30	8 32 44	14 38 59	20 45 13			
25	2 32 36	8 38 51	14 45 5	20 51 20	s	m s	
26	2 38 42	8 44 57	14 51 11	20 57 26	— 0.0	0 0	
27	2 44 49	8 51 3	14 57 18	21 3 32	0.1	0 37	
28	2 50 55	8 57 9	15 3 24	21 9 38	0.2	1 13	
29	2 57 1	9 3 16	15 9 30	21 15 45	0.3	1 50	
30	3 3 7	9 9 22	15 15 36	21 21 51	0.4	2 26	
31	3 9 14	9 15 28	15 21 43	21 27 57	0.5	3 3	
32	3 15 20	9 21 34	15 27 49	21 34 3	0.6	3 40	
33	3 21 26	9 27 41	15 33 55	21 40 10	0.7	4 16	
34	3 27 32	9 33 47	15 40 1	21 46 16	0.8	4 53	
					0.9	5 30	
35	3 33 38	9 39 53	15 46 8	21 52 22			
36	3 39 45	9 45 59	15 52 14	21 58 28			
37	3 45 51	9 52 5	15 58 20	22 4 35			
38	3 51 57	9 58 12	16 4 26	22 10 41			
39	3 58 3	10 4 18	16 10 33	22 16 47			
40	4 4 10	10 10 24	16 16 39	22 22 53			
41	4 10 16	10 16 30	16 22 45	22 29 0			
42	4 16 22	10 22 37	16 28 51	22 35 6			
43	4 22 28	10 28 43	16 34 57	22 41 12			
44	4 28 35	10 34 49	16 41 4	22 47 18			
45	4 34 41	10 40 55	16 47 10	22 53 24			
46	4 40 47	10 47 2	16 53 16	22 59 31			
47	4 46 53	10 53 8	16 59 22	23 5 37			
48	4 53 0	10 59 14	17 5 29	23 11 43			
49	4 59 6	11 5 20	17 11 35	23 17 49			
50	5 5 12	11 11 27	17 17 41	23 23 56			
51	5 11 18	11 17 33	17 23 47	23 30 2			
52	5 17 25	11 23 39	17 29 54	23 36 8			
53	5 23 31	11 29 45	17 36 0	23 42 14			
54	5 29 37	11 35 52	17 42 6	23 48 21			
55	5 35 43	11 41 58	17 48 12	23 54 27			
56	5 41 50	11 48 4	17 54 19	24 0 33			
57	5 47 56	11 54 10	18 0 25	24 6 39			
58	5 54 2	12 0 17	18 6 31	24 12 46			
59	6 0 8	12 6 23	18 12 37	24 18 52			
60	6 6 15	12 12 29	18 18 44	24 24 58			

6. Verwandlung von Stunden, Minuten und Sekunden in Dezimalteile des Tages und umgekehrt.

Tage	h	m	s	Tage	h	m	s	Tage	m	s	Tage	m	s	Tage	s
d	h	m	s	d	h	m	s	d	m	s	d	m	s		
0.00	0	0	0	0.50	12	0	0	0.0000	0	0.00	0.0050	7	12.00		
01	0	14	24	51	12	14	24	01	0	8.64	51	7	20.64		
02	0	28	48	52	12	28	48	02	0	17.28	52	7	29.28		
03	0	43	12	53	12	43	12	03	0	25.92	53	7	37.92		
04	0	57	36	54	12	57	36	04	0	34.56	54	7	46.56		
0.05	1	12	0	0.55	13	12	0	0.0005	0	43.20	0.0055	7	55.20		
06	1	26	24	56	13	26	24	06	0	51.84	56	8	3.84		
07	1	40	48	57	13	40	48	07	1	0.48	57	8	12.48		
08	1	55	12	58	13	55	12	08	1	9.12	58	8	21.12		
09	2	9	36	59	14	9	36	09	1	17.76	59	8	29.76	d	s
0.10	2	24	0	0.60	14	24	0	0.0010	1	26.40	0.0060	8	38.40	0.00000	0.000
11	2	38	24	61	14	38	24	11	1	35.04	61	8	47.04	1	0.864
12	2	52	48	62	14	52	48	12	1	43.68	62	8	55.68	2	1.728
13	3	7	12	63	15	7	12	13	1	52.32	63	9	4.32	3	2.592
14	3	21	36	64	15	21	36	14	2	0.96	64	9	12.96	4	3.456
0.15	3	36	0	0.65	15	36	0	0.0015	2	9.60	0.0065	9	21.60	0.00005	4.320
16	3	50	24	66	15	50	24	16	2	18.24	66	9	30.24	6	5.184
17	4	4	48	67	16	4	48	17	2	26.88	67	9	38.88	7	6.048
18	4	19	12	68	16	19	12	18	2	35.52	68	9	47.52	8	6.912
19	4	33	36	69	16	33	36	19	2	44.16	69	9	56.16	9	7.776
0.20	4	48	0	0.70	16	48	0	0.0020	2	52.80	0.0070	10	4.80		
21	5	2	24	71	17	2	24	21	3	1.44	71	10	13.44		
22	5	16	48	72	17	16	48	22	3	10.08	72	10	22.08		
23	5	31	12	73	17	31	12	23	3	18.72	73	10	30.72		
24	5	45	36	74	17	45	36	24	3	27.36	74	10	39.36		
0.25	6	0	0	0.75	18	0	0	0.0025	3	36.00	0.0075	10	48.00		
26	6	14	24	76	18	14	24	26	3	44.64	76	10	56.64		
27	6	28	48	77	18	28	48	27	3	53.28	77	11	5.28		
28	6	43	12	78	18	43	12	28	4	1.92	78	11	13.92		
29	6	57	36	79	18	57	36	29	4	10.56	79	11	22.56	d	s
0.30	7	12	0	0.80	19	12	0	0.0030	4	19.20	0.0080	11	31.20	0.000000	0.0000
31	7	26	24	81	19	26	24	31	4	27.84	81	11	39.84	1	0.0864
32	7	40	48	82	19	40	48	32	4	36.48	82	11	48.48	2	0.1728
33	7	55	12	83	19	55	12	33	4	45.12	83	11	57.12	3	0.2592
34	8	9	36	84	20	9	36	34	4	53.76	84	12	5.76	4	0.3456
0.35	8	24	0	0.85	20	24	0	0.0035	5	2.40	0.0085	12	14.40	0.000005	0.4320
36	8	38	24	86	20	38	24	36	5	11.04	86	12	23.04	6	0.5184
37	8	52	48	87	20	52	48	37	5	19.68	87	12	31.68	7	0.6048
38	9	7	12	88	21	7	12	38	5	28.32	88	12	40.32	8	0.6912
39	9	21	36	89	21	21	36	39	5	36.96	89	12	48.96	9	0.7776
0.40	9	36	0	0.90	21	36	0	0.0040	5	45.60	0.0090	12	57.60		
41	9	50	24	91	21	50	24	41	5	54.24	91	13	6.24		
42	10	4	48	92	22	4	48	42	6	2.88	92	13	14.88		
43	10	19	12	93	22	19	12	43	6	11.52	93	13	23.52		
44	10	33	36	94	22	33	36	44	6	20.16	94	13	32.16		
0.45	10	48	0	0.95	22	48	0	0.0045	6	28.80	0.0095	13	40.80		
46	11	2	24	96	23	2	24	46	6	37.44	96	13	49.44		
47	11	16	48	97	23	16	48	47	6	46.08	97	13	58.08		
48	11	31	12	98	23	31	12	48	6	54.72	98	14	6.72		
49	11	45	36	99	23	45	36	49	7	3.36	99	14	15.36		

Berlin — Greenwich: $+ 0^h 53^m 34^s 91 = + 0^d 037\,2096$
Berlin — Paris: $+ 0 44 13.88 = + 0.030\,7162$

7. Halbe Tagbogen.

δ \ φ	0°	+2°	+4°	+6°	+8°	+10°	+12°	+14°	+16°	+18°	+20°	+22°	+24°	+26°	+28°	+30°	
°	h m	h m	h m	h m	h m	h m	h m	h m	h m	h m	h m	h m	h m	h m	h m	h m	°
−50	6 3	5 54	5 44	5 35	5 25	5 15	5 5	4 54	4 44	4 33	4 21	4 9	3 56	3 42	3 27	3 11	+50
48	3	54	45	36	27	18	9	59	49	39	28	17	4 5	53	40	25	48
46	3	55	46	38	30	21	12	5 3	54	45	35	25	14	4 3	51	37	46
44	3	55	47	40	32	24	16	7	59	50	41	32	22	11	4 0	48	44
42	3	56	48	41	34	26	19	11	5 3	55	47	38	29	19	9	59	42
−40	6 3	5 56	5 49	5 43	5 36	5 29	5 22	5 15	5 7	4 59	4 52	4 44	4 35	4 27	4 17	4 8	+40
38	3	56	50	44	37	31	25	18	11	5 4	57	49	42	34	25	16	38
36	3	57	51	45	39	33	27	21	15	8	5 2	55	48	40	32	24	36
34	3	57	52	46	41	35	30	24	18	12	6	5 0	53	46	39	31	34
32	2	57	52	47	43	37	32	27	21	16	10	4	58	52	45	38	32
−30	6 2	5 58	5 53	5 49	5 44	5 39	5 35	5 29	5 24	5 19	5 14	5 9	5 3	4 57	4 51	4 45	+30
28	2	58	54	50	45	41	37	32	27	23	18	13	7	5 2	56	51	28
26	2	58	55	51	46	43	39	35	30	26	21	17	12	7	5 2	57	26
24	2	59	55	52	48	45	41	37	33	29	25	21	16	12	7	5 3	24
22	2	59	56	53	50	46	43	39	36	32	28	24	21	17	13	9	22
−20	6 2	6 0	5 57	5 54	5 51	5 48	5 45	5 42	5 39	5 35	5 32	5 29	5 25	5 21	5 18	5 14	+20
18	2	0	57	55	52	49	47	44	41	38	35	32	29	26	23	19	18
16	2	0	58	56	53	51	48	46	44	41	39	36	33	30	27	24	16
14	2	0	58	56	54	52	50	48	46	44	42	39	37	35	32	29	14
12	2	0	59	57	55	54	52	50	48	47	45	43	41	39	37	34	12
−10	6 2	6 1	5 59	5 58	5 56	5 55	5 54	5 52	5 51	5 49	5 48	5 46	5 45	5 43	5 41	5 39	+10
8	2	1	6 0	58	57	56	55	54	53	52	51	50	48	46	45	44	8
6	2	2	0	6 0	58	58	57	56	56	55	54	53	52	51	50	49	6
4	2	2	1	0	6 0	59	59	58	58	57	56	56	55	55	54	53	4
−2	6 2	6 2	6 2	6 2	6 1	6 1	6 0	6 0	6 0	6 0	6 0	5 59	5 59	5 58	5 58	5 58	+2
0	6 2	6 2	6 2	6 2	6 2	6 2	6 2	6 2	6 2	6 2	6 2	6 2	6 2	6 2	6 2	6 2	0
+2	6 2	6 3	6 3	6 3	6 3	6 3	6 4	6 4	6 4	6 4	6 5	6 5	6 6	6 6	6 6	6 7	−2
4	2	3	4	4	5	5	6	6	7	8	8	9	10	10	11	11	4
6	2	3	4	5	6	6	8	8	9	10	11	12	13	14	15	16	6
8	2	3	5	6	7	8	9	11	12	13	14	16	17	18	20	21	8
10	2	4	5	6	7	9	11	13	14	16	17	19	21	22	24	26	10
+12	6 2	6 4	6 6	6 8	6 9	6 11	6 13	6 15	6 16	6 18	6 20	6 22	6 24	6 26	6 29	6 31	−12
14	2	4	6	8	11	13	15	17	19	21	23	26	28	31	33	36	14
16	2	4	7	9	12	14	16	19	21	24	26	29	32	35	38	41	16
18	2	5	8	10	13	16	18	21	24	27	30	33	36	39	42	46	18
20	2	5	8	11	14	17	20	23	26	30	33	37	40	44	48	51	20
+22	6 2	6 6	6 9	6 12	6 16	6 19	6 22	6 26	6 29	6 33	6 37	6 41	6 44	6 48	6 53	6 57	−22
24	2	6	10	13	17	21	24	28	32	36	40	44	49	53	58	7 2	24
26	2	6	10	14	18	22	26	31	35	39	44	48	53	58	7 3	8	26
28	2	7	11	15	20	24	29	33	38	42	48	53	58	7 3	9	14	28
30	2	7	11	16	21	26	31	36	41	46	51	57	7 2	8	14	21	30
+32	6 2	6 7	6 12	6 18	6 23	6 28	6 33	6 38	6 44	6 50	6 55	7 1	7 7	7 14	7 21	7 28	−32
34	2	8	13	19	24	30	36	41	47	53	7 0	6	13	20	27	35	34
36	3	8	14	20	26	32	38	44	51	57	4	11	19	26	34	43	36
38	3	9	15	22	28	34	41	48	55	7 2	9	17	25	33	42	51	38
40	3	9	16	23	30	37	44	51	59	6	14	22	31	40	50	8 0	40
+42	6 3	6 10	6 17	6 25	6 32	6 39	6 47	6 55	7 3	7 11	7 20	7 29	7 38	7 48	7 58	8 10	−42
44	3	11	18	26	34	42	51	59	7	16	26	35	46	56	8 7	20	44
46	3	11	20	28	37	45	55	7 3	12	22	32	43	54	8 5	18	32	46
48	3	12	21	30	39	48	58	8	18	28	39	50	8 3	15	29	45	48
+50	6 3	6 13	6 22	6 32	6 42	6 52	7 2	7 13	7 24	7 35	7 47	7 59	8 12	8 27	8 42	9 0	−50
	0°	−2°	−4°	−6°	−8°	−10°	−12°	−14°	−16°	−18°	−20°	−22°	−24°	−26°	−28°	−30°	δ \ φ

81

7. Halbe Tagbogen (Schluß).

δ \ φ	+30°	+32°	+34°	+36°	+38°	+40°	+42°	+44°	+46°	+48°	+50°	+52°	+54°	+56°	+58°	+60°	
	h m	h m	h m	h m	h m	h m	h m	h m	h m	h m	h m	h m	h m	h m	h m	h m	°
−50	3 11	2 54	2 33	—	—	—	—	—	—	—	—	—	—	—	—	—	
48	25	3 10	52	2 31	—	—	—	—	—	—	—	—	—	—	—	—	+50
46	37	24	3 9	51	2 31	—	—	—	—	—	—	—	—	—	—	—	48
44	48	36	23	3 7	50	2 30	—	—	—	—	—	—	—	—	—	—	46
42	59	47	35	22	3 7	50	2 30	—	—	—	—	—	—	—	—	—	44
−40	4 8	3 58	3 47	3 34	3 21	3 7	2 50	2 30	—	—	—	—	—	—	—	—	42
38	16	4 7	57	46	34	21	3 7	50	2 31	—	—	—	—	—	—	—	+40
36	24	16	4 7	57	46	34	22	3 7	51	2 31	—	—	—	—	—	—	38
34	31	24	16	4 7	57	46	35	23	3 9	52	2 33	—	—	—	—	—	36
32	38	31	24	16	4 7	58	47	36	24	3 10	54	2 34	—	—	—	—	34
−30	4 45	4 38	4 31	4 24	4 16	4 8	3 59	3 48	3 37	3 25	3 11	2 55	2 36	—	—	—	32
28	51	45	39	32	25	17	4 9	4 0	50	40	28	3 14	2 57	2 38	—	—	+30
26	57	52	46	40	34	27	19	11	4 3	53	42	30	3 17	3 1	2 42	—	28
24	5 3	4 58	53	48	42	35	29	22	14	4 5	56	46	34	20	3 5	2 45	26
22	9	5 4	5 0	55	49	44	38	32	25	17	4 9	4 0	50	38	24	3 9	24
−20	5 14	5 10	5 6	5 2	4 57	4 52	4 47	4 41	4 35	4 28	4 21	4 13	4 4	3 54	3 43	3 29	22
18	19	16	12	8	5 4	59	55	50	45	39	33	26	18	4 9	4 0	48	+20
16	24	21	18	15	11	5 7	5 3	59	54	49	44	38	31	24	15	4 6	18
14	29	27	24	21	18	15	11	5 7	5 3	59	54	49	44	37	30	23	16
12	34	32	30	27	25	22	19	16	12	5 9	5 5	5 0	56	51	45	38	14
																	12
−10	5 39	5 37	5 35	5 33	5 31	5 29	5 26	5 24	5 21	5 18	5 15	5 11	5 8	5 3	4 59	4 53	+10
8	44	43	41	39	37	36	34	32	30	27	25	22	19	16	5 12	5 8	8
6	49	47	46	45	43	41	40	38	36	35	33	30	28	25	22	6	6
4	53	52	52	51	50	49	48	47	46	45	44	43	42	40	38	36	4
− 2	5 58	5 57	5 57	5 57	5 56	5 56	5 56	5 55	5 55	5 54	5 54	5 53	5 53	5 52	5 51	5 50	+ 2
0	6 2	6 2	6 3	6 3	6 3	6 3	6 3	6 3	6 3	6 3	6 4	6 4	6 4	6 4	6 4	0
+ 2	6 7	6 7	6 8	6 8	6 9	6 9	6 10	6 11	6 11	6 12	6 13	6 14	6 15	6 16	6 17	6 18	− 2
4	11	12	13	13	15	16	17	18	20	21	22	24	26	28	30	32	4
6	16	18	19	20	22	23	25	26	28	30	32	34	37	40	43	46	6
8	21	23	24	26	28	30	32	34	37	39	42	45	48	52	56	7 1	8
10	26	28	30	32	34	37	39	42	45	48	52	56	7 0	7 5	7 10	16	10
+12	6 31	6 33	6 36	6 38	6 41	6 44	6 47	6 51	6 55	6 58	7 2	7 7	7 12	7 18	7 24	7 31	−12
14	36	38	41	44	48	51	55	59	7 3	7 8	13	18	24	31	39	47	14
16	41	44	47	51	55	59	7 3	7 7	12	18	24	30	37	45	54	8 4	16
18	46	50	53	57	7 2	7 6	11	16	22	28	35	42	51	8 0	8 10	22	18
20	51	55	7 0	7 4	9	14	20	26	32	39	47	55	8 5	15	28	42	20
+22	6 57	7 1	7 6	7 11	7 17	7 22	7 29	7 35	7 43	7 50	7 59	8 9	8 20	8 32	8 47	9 4	−22
24	7 2	7	13	19	25	31	38	45	54	8 3	8 12	24	36	51	9 8	29	24
26	8	14	20	26	33	40	48	56	8 5	15	27	39	54	9 11	33	10 0	26
28	14	21	27	34	42	49	58	8 7	18	29	42	57	9 14	35	10 2	42	28
30	21	28	35	43	51	8 0	8 9	20	31	44	59	9 17	38	10 4	10 43	—	30
+32	7 28	7 35	7 43	7 51	8 1	8 11	8 21	8 33	8 46	9 1	9 19	9 39	10 6	10 44	—	—	−32
34	35	43	52	8 1	11	22	34	47	9 3	20	41	10 8	10 46	—	—	—	34
36	43	52	8 1	11	23	35	48	9 4	21	42	10 9	10 47	—	—	—	—	36
38	51	8 1	11	23	35	49	9 4	22	43	10 10	10 48	—	—	—	—	—	38
40	8 0	11	22	35	49	9 5	23	44	10 10	10 48	—	—	—	—	—	—	40
+42	8 10	8 21	8 34	8 49	9 5	9 23	9 44	10 11	10 48	—	—	—	—	—	—	—	−42
44	20	33	48	9 4	22	44	10 11	10 48	—	—	—	—	—	—	—	—	44
46	32	45	9 3	21	43	10 10	10 48	—	—	—	—	—	—	—	—	—	46
48	45	9 2	20	42	10 10	10 48	—	—	—	—	—	—	—	—	—	—	48
+50	9 0	9 19	9 41	10 9	10 48	—	—	—	—	—	—	—	—	—	—	—	−50
	−30°	−32°	−34°	−36°	−38°	−40°	−42°	−44°	−46°	−48°	−50°	−52°	−54°	−56°	−58°	−60°	δ / φ

Wirtz, Astronomie. 6

8. Stundenwinkel im Ersten Vertikal.

φ \ δ	+20°	+22°	+24°	+26°	+28°	+30°	+32°	+34°	+36°	+38°	+40°	
°	h m	h m	h m	h m	h m	h m	h m	h m	h m	h m	h m	°
0	6 0	6 0	6 0	6 0	6 0	6 0	6 0	6 0	6 0	6 0	6 0	0
+1	5 49	5 50	5 51	5 52	5 52	5 53	5 54	5 54	5 54	5 55	5 55	−1
2	38	40	42	44	45	46	47	48	49	50	50	2
3	27	30	33	35	37	39	41	42	43	45	46	3
4	16	20	24	27	29	32	34	36	38	39	41	4
+5	5 4	5 10	5 15	5 19	5 22	5 25	5 28	5 30	5 32	5 34	5 36	−5
6	4 53	5 0	5 6	10	14	18	21	24	27	29	31	6
7	42	4 49	4 56	5 1	5 6	11	15	18	21	24	26	7
8	30	39	46	4 53	4 59	5 4	8	12	15	19	21	8
9	18	28	37	44	51	4 56	5 1	5 6	10	13	16	9
+10	4 5	4 17	4 27	4 35	4 43	4 49	4 54	4 59	5 4	5 8	5 11	−10
11	3 51	4 5	17	26	34	41	47	53	4 58	5 2	6	11
12	37	3 53	4 6	16	26	34	40	47	52	4 57	5 1	12
13	22	41	3 55	4 7	17	26	33	40	46	51	4 56	13
14	3 7	28	44	3 57	4 8	18	26	33	40	46	51	14
+15	2 50	3 14	3 32	3 47	3 59	4 9	4 18	4 26	4 33	4 40	4 46	−15
16	32	3 0	20	36	49	4 1	11	19	27	34	40	16
17	2 11	2 43	3 6	25	40	3 52	4 3	12	20	28	35	17
18	1 48	26	2 52	13	29	43	3 55	4 5	14	22	29	18
19	1 17	2 6	37	3 1	18	34	46	3 57	7	15	23	19
+20	0 0	1 42	2 20	2 47	3 7	3 24	3 37	3 49	4 0	4 9	4 17	−20
21	—	1 13	2 2	32	2 55	13	28	41	3 52	4 2	11	21
22	—	0 0	1 40	2 16	42	3 2	19	33	45	3 55	4 5	22
23	—	—	1 10	1 57	28	2 51	3 9	24	37	48	3 58	23
24	—	—	0 0	1 37	2 13	38	2 58	15	29	41	52	24
+25	—	—	—	1 9	1 55	2 24	2 47	3 5	3 20	3 33	3 45	−25
26	—	—	—	0 0	34	2 9	35	2 55	11	25	38	26
27	—	—	—	—	1 7	1 52	21	44	3 2	17	30	27
28	—	—	—	—	0 0	32	2 7	32	2 52	3 8	23	28
29	—	—	—	—	—	1 5	1 50	19	41	2 59	15	29
+30	—	—	—	—	—	0 0	1 30	2 5	2 30	2 49	3 6	−30
31	—	—	—	—	—	—	1 4	1 48	17	39	2 57	31
32	—	—	—	—	—	—	0 0	28	2 3	28	47	32
33	—	—	—	—	—	—	—	1 3	1 47	15	37	33
34	—	—	—	—	—	—	—	0 0	27	2 1	26	34
+35	—	—	—	—	—	—	—	—	1 2	1 45	2 14	−35
36	—	—	—	—	—	—	—	—	0 0	26	2 0	36
37	—	—	—	—	—	—	—	—	—	1 1	1 44	37
38	—	—	—	—	—	—	—	—	—	0 0	26	38
39	—	—	—	—	—	—	—	—	—	—	1 1	39
+40	—	—	—	—	—	—	—	—	—	—	0 0	−40
	−20°	−22°	−24°	−26°	−28°	−30°	−32°	−34°	−36°	−38°	−40°	δ / φ

8. Stundenwinkel im Ersten Vertikal (Schluß).

δ \ φ	+40°	+42°	+44°	+46°	+48°	+50°	+52°	+54°	+56°	+58°	+60°	
°	h m	h m	h m	h m	h m	h m	h m	h m	h m	h m	h m	°
0	6 0	6 0	6 0	6 0	6 0	6 0	6 0	6 0	6 0	6 0	6 0	0
+ 1	5 55	5 56	5 56	5 56	5 56	5 57	5 57	5 57	5 57	5 57	5 58	— 1
2	50	51	52	52	53	53	54	54	55	55	55	2
3	46	47	48	48	49	50	51	51	52	52	53	3
4	41	42	43	45	46	47	47	48	49	50	51	4
+ 5	5 36	5 38	5 39	5 41	5 42	5 43	5 44	5 45	5 46	5 47	5 48	— 5
6	31	33	35	37	38	40	41	42	44	45	46	6
7	26	29	31	33	35	36	38	40	41	42	44	7
8	21	24	27	29	31	33	35	37	38	40	41	8
9	16	19	22	25	27	29	32	34	35	37	39	9
+10	5 11	5 15	5 18	5 21	5 23	5 26	5 28	5 31	5 33	5 35	5 37	—10
11	6	10	14	17	20	22	25	28	30	32	34	11
12	5 1	5	9	13	16	19	22	24	27	29	32	12
13	4 56	5 1	5	8	12	15	18	21	24	27	29	13
14	51	4 56	5 0	4	8	12	15	18	21	24	27	14
+15	4 46	4 51	4 56	5 0	5 4	5 8	5 12	5 15	5 18	5 21	5 24	—15
16	40	46	51	4 56	5 0	4	8	12	15	19	22	16
17	35	41	46	51	4 56	5 1	5	9	12	16	19	17
18	29	35	41	47	52	4 57	5 1	5	9	13	17	18
19	23	30	36	42	48	53	4 58	5 2	6	10	14	19
+20	4 17	4 25	4 31	4 38	4 43	4 49	4 54	4 59	5 3	5 7	5 11	—20
21	11	19	26	33	39	45	50	55	5 0	4	9	21
22	4 5	13	21	28	35	41	46	52	4 57	5 2	6	22
23	3 58	7	16	23	30	37	43	48	53	4 58	3	23
24	52	4 1	10	18	25	32	39	45	50	55	5 0	24
+25	3 45	3 55	4 5	4 13	4 21	4 28	4 35	4 41	4 47	4 52	4 58	—25
26	38	49	3 59	8	16	23	30	37	43	49	55	26
27	30	42	53	4 2	11	19	26	33	40	46	52	27
28	23	35	46	3 56	6	14	22	29	36	42	48	28
29	15	28	40	50	4 1	9	18	25	32	39	45	29
+30	3 6	3 20	3 33	3 44	3 55	4 4	4 13	4 21	4 28	4 35	4 42	—30
31	2 57	13	26	38	49	3 59	8	17	24	32	39	31
32	47	3 4	19	32	43	54	4 3	12	20	28	35	32
33	37	2 55	11	25	37	48	3 58	8	16	24	32	33
34	26	46	3 3	17	30	42	53	4 3	12	20	28	34
+35	2 14	2 36	2 54	3 10	3 24	3 36	3 48	3 58	4 8	4 16	4 25	—35
36	2 0	25	45	3 2	17	30	42	53	4 3	12	21	36
37	1 44	2 13	35	2 53	9	23	36	48	3 58	8	17	37
38	26	1 59	24	44	3 1	16	30	42	53	4 3	13	38
39	1 1	44	2 12	34	2 53	9	23	36	48	3 59	9	39
+40	0 0	1 25	1 59	2 23	2 44	3 1	3 16	3 30	3 42	3 54	4 4	—40
41	—	1 0	43	2 12	34	2 53	9	23	36	49	4 0	41
42	—	0 0	25	1 58	23	44	3 1	17	30	43	3 55	42
43	—	—	1 0	43	2·11	34	2 53	10	24	38	50	43
44	—	—	0 0	25	1 58	23	44	3 2	17	32	44	44
+45	—	—	—	1 0	1 43	2 12	2 34	2 54	3 10	3 25	3 39	—45
46	—	—	—	0 0	25	1 59	24	45	3 3	19	33	46
47	—	—	—	—	1 0	44	2 12	35	2 55	12	27	47
48	—	—	—	—	0 0	25	1 59	25	46	3 4	20	48
49	—	—	—	—	—	1 1	44	13	36	2 56	13	49
+50	—	—	—	—	—	0 0	1 26	2 0	2 26	2 47	3 6	—50
51	—	—	—	—	—	—	1 1	1 45	14	38	2 58	51
52	—	—	—	—	—	—	0 0	26	2 1	28	49	52
53	—	—	—	—	—	—	—	1 1	1 46	16	40	53
54	—	—	—	—	—	—	—	0 0	27	2 3	30	54
+55	—	—	—	—	—	—	—	—	1 2	1 47	2 18	—55
56	—	—	—	—	—	—	—	—	0 0	28	2 5	56
57	—	—	—	—	—	—	—	—	—	1 3	1 49	57
58	—	—	—	—	—	—	—	—	—	0 0	30	58
59	—	—	—	—	—	—	—	—	—	—	1 4	59
+60	—	—	—	—	—	—	—	—	—	—	0 0	—60
	−40°	−42°	−44°	−46°	−48°	−50°	−52°	−54°	−56°	−58°	−60°	δ \ φ

9. Zenitdistanz im Ersten Vertikal.

δ \ ψ	+20°	+22°	+24°	+26°	+28°	+30°	+32°	+34°	+36°	+38°	+40°	
°	°	°	°	°	°	°	°	°	°	°	°	°
0	90.0	90.0	90.0	90.0	90.0	90.0	90.0	90.0	90.0	90.0	90.0	0
+ 1	87.1	87.3	87.5	87.7	87.9	88.0	88.1	88.2	88.3	88.4	88.5	— 1
2	84.2	84.7	85.1	85.5	85.7	86.0	86.2	86.4	86.6	86.8	86.9	2
3	81.2	82.0	82.6	83.1	83.6	84.0	84.3	84.6	84.9	85.1	85.3	3
4	78.3	79.3	80.1	80.8	81.5	82.0	82.4	82.8	83.2	83.5	83.8	4
+ 5	75.3	76.5	77.6	78.5	79.3	80.0	80.5	81.0	81.5	81.9	82.2	— 5
6	72.3	73.8	75.1	76.3	77.1	77.9	78.6	79.2	79.8	80.2	80.6	6
7	69.1	71.0	72.5	73.9	75.0	75.9	76.7	77.4	78.0	78.6	79.1	7
8	66.0	68.2	69.9	71.5	72.8	73.8	74.8	75.6	76.3	76.9	77.5	8
9	62.8	65.3	67.4	69.1	70.5	71.8	72.8	73.8	74.6	75.3	75.9	9
+10	59.5	62.4	64.7	66.7	68.3	69.7	70.9	71.9	72.8	73.6	74.3	—10
11	56.1	59.4	62.0	64.3	66.0	67.6	68.9	70.1	71.1	71.9	72.7	11
12	52.5	56.3	59.3	61.7	63.7	65.4	66.9	68.2	69.3	70.3	71.1	12
13	48.8	53.1	56.4	59.1	61.4	63.3	64.9	66.3	67.5	68.6	69.5	13
14	45.0	49.8	53.5	56.5	59.0	61.1	62.8	64.4	65.7	66.9	67.9	14
+15	40.8	46.3	50.5	53.8	56.5	58.8	60.8	62.4	63.9	65.1	66.3	—15
16	36.3	42.7	47.4	51.1	54.1	56.5	58.7	60.5	62.0	63.4	64.6	16
17	31.2	38.7	44.0	48.2	51.5	54.2	56.5	58.5	60.2	61.7	63.0	17
18	25.3	34.4	40.6	45.2	48.8	51.8	54.3	56.5	58.3	59.9	61.3	18
19	18.0	29.5	36.9	42.2	46.1	49.4	52.1	54.4	56.4	58.1	59.6	19
+20	0.0	24.0	32.8	38.8	43.2	46.8	49.8	52.3	54.4	56.3	57.9	—20
21	—	16.8	28.3	35.2	40.2	44.2	47.5	50.1	52.4	54.4	56.1	21
22	—	0.0	22.9	31.3	37.0	41.5	45.0	47.9	50.4	52.5	54.4	22
23	—	—	16.2	27.0	33.7	38.6	42.5	45.7	48.3	50.6	52.6	23
24	—	—	0.0	22.0	30.0	35.6	39.9	43.4	46.2	48.6	50.8	24
+25	—	—	—	15.4	25.9	32.4	37.1	40.9	44.0	46.6	48.9	—25
26	—	—	—	0.0	20.2	28.8	34.2	38.4	41.8	44.6	47.0	26
27	—	—	—	—	14.9	24.8	31.1	35.7	39.4	42.5	45.1	27
28	—	—	—	—	0.0	20.1	27.6	32.9	37.0	40.3	43.1	28
29	—	—	—	—	—	14.2	23.8	29.9	34.4	38.0	41.0	29
+30	—	—	—	—	—	0.0	19.3	26.6	31.7	35.7	38.9	—30
31	—	—	—	—	—	—	13.6	22.9	28.8	33.2	36.7	31
32	—	—	—	—	—	—	0.0	18.6	25.6	30.6	34.5	32
33	—	—	—	—	—	—	—	13.1	22.1	27.8	32.1	33
34	—	—	—	—	—	—	—	0.0	17.9	24.7	29.6	34
+35	—	—	—	—	—	—	—	—	12.6	21.3	26.8	—35
36	—	—	—	—	—	—	—	—	0.0	17.3	23.9	36
37	—	—	—	—	—	—	—	—	—	12.1	20.6	37
38	—	—	—	—	—	—	—	—	—	0.0	16.7	38
39	—	—	—	—	—	—	—	—	—	—	11.7	39
+40	—	—	—	—	—	—	—	—	—	—	0.0	—40
	−20°	−22°	−24°	−26°	−28°	−30°	−32°	−34°	−36°	−38°	−40°	δ \ φ

9. Zenitdistanz im Ersten Vertikal (Schluß).

δ\φ	+40°	+42°	+44°	+46°	+48°	+50°	+52°	+54°	+56°	+58°	+60°	
0	90.0	90.0	90.0	90.0	90.0	90.0	90.0	90.0	90.0	90.0	90.0	0
+1	88.5	88.5	88.6	88.6	88.7	88.7	88.7	88.8	88.8	88.8	88.9	−1
2	86.9	87.0	87.1	87.2	87.3	87.4	87.5	87.5	87.6	87.6	87.7	2
3	85.3	85.5	85.7	85.8	86.0	86.1	86.2	86.2	86.3	86.4	86.5	3
4	83.8	84.0	84.2	84.4	84.6	84.8	84.9	85.1	85.2	85.3	85.4	4
+5	82.2	82.5	82.8	83.0	83.3	83.5	83.7	83.8	84.0	84.1	84.2	−5
6	80.6	81.0	81.4	81.7	81.9	82.2	82.4	82.6	82.8	82.9	83.1	6
7	79.1	79.5	79.9	80.3	80.6	80.9	81.1	81.3	81.6	81.7	81.9	7
8	77.5	78.0	78.5	78.9	79.2	79.5	79.8	80.1	80.3	80.6	80.8	8
9	75.9	76.5	77.0	77.4	77.9	78.2	78.6	78.9	79.1	79.4	79.6	9
+10	74.3	75.0	75.5	76.0	76.5	76.9	77.3	77.6	77.9	78.2	78.4	−10
11	72.7	73.4	74.1	74.6	75.1	75.6	76.0	76.4	76.7	77.0	77.3	11
12	71.1	71.9	72.6	73.2	73.8	74.3	74.7	75.1	75.5	75.8	76.1	12
13	69.5	70.4	71.1	71.8	72.4	72.9	73.4	73.9	74.3	74.6	75.0	13
14	67.9	68.8	69.6	70.4	71.0	71.6	72.1	72.6	73.0	73.4	73.8	14
+15	66.3	67.3	68.1	68.9	69.6	70.3	70.8	71.4	71.8	72.2	72.6	−15
16	64.6	65.7	66.6	67.5	68.2	68.9	69.5	70.1	70.6	71.0	71.4	16
17	63.0	64.1	65.1	66.0	66.8	67.6	68.2	68.8	69.4	69.8	70.3	17
18	61.3	62.5	63.6	64.6	65.4	66.2	66.9	67.6	68.1	68.6	69.1	18
19	59.6	60.9	62.1	63.1	64.0	64.9	65.6	66.3	66.9	67.4	67.9	19
+20	57.9	59.3	60.5	61.6	62.6	63.5	64.3	65.0	65.6	66.2	66.7	−20
21	56.1	57.6	59.0	60.1	61.2	62.1	63.0	63.7	64.4	65.0	65.6	21
22	54.4	56.0	57.4	58.6	59.7	60.7	61.6	62.4	63.1	63.8	64.4	22
23	52.6	54.3	55.8	57.1	58.3	59.3	60.3	61.1	61.9	62.6	63.2	23
24	50.8	52.6	54.2	55.6	56.8	57.9	58.9	59.8	60.6	61.4	62.0	24
+25	48.9	50.8	52.5	54.0	55.3	56.5	57.6	58.5	59.4	60.1	60.8	−25
26	47.0	49.1	50.9	52.5	53.9	55.1	56.2	57.2	58.1	58.9	59.6	26
27	45.1	47.3	49.2	50.9	52.4	53.7	54.8	55.9	56.8	57.6	58.4	27
28	43.1	45.5	47.5	49.3	50.8	52.2	53.4	54.5	55.5	56.4	57.2	28
29	41.0	43.6	45.7	47.6	49.3	50.7	52.0	53.2	54.2	55.1	56.0	29
+30	38.9	41.7	44.0	46.0	47.7	49.3	50.6	51.8	52.9	53.9	54.7	−30
31	36.7	39.7	42.2	44.3	46.1	47.8	49.2	50.5	51.6	52.6	53.5	31
32	34.5	37.6	40.3	42.6	44.5	46.2	47.7	49.1	50.3	51.3	52.3	32
33	32.1	35.5	38.4	40.8	42.9	44.7	46.3	47.7	48.9	50.1	51.0	33
34	29.6	33.3	36.4	39.0	41.2	43.1	44.8	46.3	47.6	48.8	49.8	34
+35	26.8	31.0	34.3	37.1	39.5	41.5	43.3	44.9	46.2	47.4	48.5	−35
36	23.9	28.6	32.2	35.2	37.7	39.9	41.8	43.4	44.6	46.1	47.3	36
37	20.6	25.9	30.0	33.2	35.9	38.2	40.2	41.9	43.5	44.8	46.0	37
38	16.7	23.1	27.6	31.1	34.1	36.5	38.6	40.5	42.1	43.5	44.7	38
39	11.7	19.9	25.1	29.0	32.1	34.8	37.0	38.9	40.6	42.1	43.4	39
+40	0.0	16.1	22.3	26.7	30.1	33.0	35.3	37.4	39.2	40.7	42.1	−40
41	—	11.4	19.2	24.2	28.0	31.1	33.6	35.8	37.7	39.3	40.8	41
42	—	0.0	15.6	21.5	25.8	29.1	31.9	34.2	36.2	37.9	39.4	42
43	—	—	11.0	18.6	23.4	27.1	30.1	32.5	34.7	36.5	38.1	43
44	—	—	0.0	15.1	20.8	24.9	28.2	30.8	33.1	35.0	36.7	44
+45	—	—	—	10.6	17.9	22.6	26.2	29.1	31.5	33.5	35.3	−45
46	—	—	—	0.0	14.5	20.1	24.1	27.2	29.8	32.0	33.8	46
47	—	—	—	—	10.2	17.3	21.9	25.3	28.1	30.4	32.4	47
48	—	—	—	—	0.0	14.1	19.4	23.3	26.3	28.8	30.9	48
49	—	—	—	—	—	9.9	16.7	21.1	24.4	27.1	29.4	49
+50	—	—	—	—	—	0.0	13.6	18.8	22.5	25.4	27.8	−50
51	—	—	—	—	—	—	9.6	16.2	20.4	23.6	26.2	51
52	—	—	—	—	—	—	0.0	13.1	18.1	21.7	24.5	52
53	—	—	—	—	—	—	—	9.3	15.6	19.7	22.8	53
54	—	—	—	—	—	—	—	0.0	12.6	17.4	20.9	54
+55	—	—	—	—	—	—	—	—	8.9	15.0	18.9	−55
56	—	—	—	—	—	—	—	—	0.0	12.1	16.8	56
57	—	—	—	—	—	—	—	—	—	8.5	14.4	57
58	—	—	—	—	—	—	—	—	—	0.0	11.7	58
59	—	—	—	—	—	—	—	—	—	—	8.1	59
+60	—	—	—	—	—	—	—	—	—	—	0.0	−60
	−40°	−42°	−44°	−46°	−48°	−50°	−52°	−54°	−56°	−58°	−60°	δ\φ

10. Verwandlung der Thermometer- und Barometer-Skalen.

Réaumur	Celsius	Fahrenheit	Celsius	Fahrenheit	Celsius	Pariser Zoll und Linien		Millimeter	Englische Zoll	Millimeter
°	°	°	°	°	°	″	‴	mm	″	mm
± 0	± 0.00	− 60	− 51.1	+ 32	+ 0.0	11	0	297.8	12.0	304.8
1	1.25	58	50.0	34	1.1	12	0	324.8	13.0	330.2
2	2.50	56	48.9	36	2.2	13	0	351.9	14.0	355.6
3	3.75	54	47.8	38	3.3	14	0	379.0	15.0	381.0
4	5.00	52	46.7	40	4.4	15	0	406.0		
									16.0	406.4
5	6.25	− 50	− 45.6	+ 42	+ 5.6	16	0	433.1	17.0	431.8
6	7.50	48	44.4	44	6.7	17	0	460.2	18.0	457.2
7	8.75	46	43.3	46	7.8	18	0	487.3	19.0	482.6
8	10.00	44	42.2	48	8.9	19	0	514.3	20.0	508.0
9	11.25	42	41.1	50	10.0	20	0	541.4		
									21.0	533.4
10	12.50	− 40	− 40.0	+ 52	+ 11.1	21	0	568.5	22.0	558.8
11	13.75	38	38.9	54	12.2	22	0	595.5	23.0	584.2
12	15.00	36	37.8	56	13.3	23	0	622.6	24.0	609.6
13	16.25	34	36.7	58	14.4	24	0	649.7	25.0	635.0
14	17.50	32	35.6	60	15.6	25	0	676.7		
									26.0	660.4
15	18.75	− 30	− 34.4	+ 62	+ 16.7	26	0	703.8	27.0	685.8
16	20.00	28	33.3	64	17.8				28.0	711.2
17	21.25	26	32.2	66	18.9	27	0	730.9		
18	22.50	24	31.1	68	20.0		1	733.1	29.0	736.6
19	23.75	22	30.0	70	21.1		2	735.4	29.1	739.1
							3	737.7	29.2	741.7
20	25.00	− 20	− 28.9	+ 72	+ 22.2		4	739.9	29.3	744.2
21	26.25	18	27.8	74	23.3		5	742.2	29.4	746.7
22	27.50	16	26.7	76	24.4					
23	28.75	14	25.6	78	25.6	27	6	744.4	29.5	749.3
24	30.00	12	24.4	80	26.7		7	746.7	29.6	751.8
							8	748.9	29.7	754.4
25	31.25	− 10	− 23.3	+ 82	+ 27.8		9	751.2	29.8	756.9
26	32.50	8	22.2	84	28.9		10	753.4	29.9	759.4
27	33.75	6	21.1	86	30.0		11	755.7		
28	35.00	4	20.0	88	31.1				30.0	762.0
29	36.25	2	18.9	90	32.2	28	0	758.0	30.1	764.5
							1	760.2	30.2	767.1
30	37.50	0	− 17.8	+ 92	+ 33.3		2	762.5	30.3	769.6
31	38.75			94	34.4		3	764.7	30.4	772.1
32	40.00	+ 2	16.7	96	35.6		4	767.0		
33	41.25	4	15.6	98	36.7		5	769.2		
34	42.50	6	14.4	100	37.8				30.5	774.7
		8	13.3			28	6	771.5	30.6	777.2
35	43.75	10	12.2	+ 102	+ 38.9		7	773.7	30.7	779.8
36	45.00			104	40.0		8	776.0	30.8	782.3
37	46.25	+ 12	− 11.1	106	41.1		9	778.3	30.9	784.8
38	47.50	14	10.0	108	42.2		10	780.5	31.0	787.4
39	48.75	16	8.9	110	43.3		11	782.8	31.1	789.9
		18	7.8						31.2	792.5
40	50.00	20	6.7	+ 112	+ 44.4	29	0	785.0	31.3	795.0
				114	45.6		1	787.3		
		+ 22	− 5.6	116	46.7		2	789.5		
		24	4.4	118	47.8		3	791.8		
		26	3.3	120	48.9		4	794.1		
		28	2.2							
		30	1.1	+ 122	+ 50.0					
		+ 32	− 0.0							

11. Reduktion des Quecksilberbarometers auf 0° (Messingskala).

t° C	460^{mm}	480^{mm}	500^{mm}	520^{mm}	540^{mm}	560^{mm}	580^{mm}	600^{mm}	620^{mm}	t° C
0	mm	mm	mm	mm	mm	mm	mm	mm	mm	0
0	0.0	0.0	0.0	0.0	0.0	0.0	0.0	0.0	0.0	0
1	0.1	0.1	0.1	0.1	0.1	0.1	0.1	0.1	0.1	1
2	0.1	0.2	0.2	0.2	0.2	0.2	0.2	0.2	0.2	2
3	0.2	0.2	0.2	0.3	0.3	0.3	0.3	0.3	0.3	3
4	0.3	0.3	0.3	0.3	0.4	0.4	0.4	0.4	0.4	4
5	0.4	0.4	0.4	0.4	0.4	0.5	0.5	0.5	0.5	5
6	0.4	0.5	0.5	0.5	0.5	0.5	0.6	0.6	0.6	6
7	0.5	0.5	0.6	0.6	0.6	0.6	0.7	0.7	0.7	7
8	0.6	0.6	0.6	0.7	0.7	0.7	0.8	0.8	0.8	8
9	0.7	0.7	0.7	0.8	0.8	0.8	0.9	0.9	0.9	9
10	0.8	0.8	0.8	0.8	0.9	0.9	0.9	1.0	1.0	10
11	0.8	0.9	0.9	0.9	1.0	1.0	1.0	1.1	1.1	11
12	0.9	0.9	1.0	1.0	1.1	1.1	1.1	1.2	1.2	12
13	1.0	1.0	1.1	1.1	1.1	1.2	1.2	1.3	1.3	13
14	1.0	1.1	1.1	1.2	1.2	1.3	1.3	1.4	1.4	14
15	1.1	1.2	1.2	1.3	1.3	1.4	1.4	1.5	1.5	15
16	1.2	1.2	1.3	1.4	1.4	1.5	1.5	1.5	1.6	16
17	1.3	1.3	1.4	1.4	1.5	1.6	1.6	1.6	1.7	17
18	1.4	1.4	1.5	1.5	1.6	1.6	1.7	1.7	1.8	18
19	1.4	1.5	1.6	1.6	1.7	1.7	1.8	1.8	1.9	19
20	1.5	1.6	1.6	1.7	1.8	1.8	1.9	1.9	2.0	20
21	1.6	1.6	1.7	1.8	1.8	1.9	2.0	2.0	2.1	21
22	1.6	1.7	1.8	1.9	1.9	2.0	2.1	2.1	2.2	22
23	1.7	1.8	1.9	2.0	2.0	2.1	2.2	2.2	2.3	23
24	1.8	1.9	2.0	2.0	2.1	2.2	2.3	2.3	2.4	24
25	1.9	2.0	2.0	2.1	2.2	2.3	2.4	2.4	2.5	25
26	2.0	2.0	2.1	2.2	2.3	2.4	2.5	2.5	2.6	26
27	2.0	2.1	2.2	2.3	2.4	2.5	2.5	2.6	2.7	27
28	2.1	2.2	2.3	2.4	2.5	2.5	2.6	2.7	2.8	28
29	2.2	2.3	2.4	2.4	2.5	2.6	2.7	2.8	2.9	29
30	2.2	2.3	2.4	2.5	2.6	2.7	2.8	2.9	3.0	30
31	2.3	2.4	2.5	2.6	2.7	2.8	2.9	3.0	3.1	31
32	2.4	2.5	2.6	2.7	2.8	2.9	3.0	3.1	3.2	32
33	2.5	2.6	2.7	2.8	2.9	3.0	3.1	3.2	3.3	33
34	2.5	2.6	2.8	2.9	3.0	3.1	3.2	3.3	3.4	34
35	2.6	2.7	2.8	3.0	3.1	3.2	3.3	3.4	3.5	35
36	2.7	2.8	2.9	3.0	3.2	3.3	3.4	3.5	3.6	36
37	2.8	2.9	3.0	3.1	3.2	3.4	3.5	3.6	3.7	37
38	2.8	3.0	3.1	3.2	3.3	3.4	3.6	3.7	3.8	38
39	2.9	3.0	3.2	3.3	3.4	3.5	3.7	3.8	3.9	39
40	3.0	3.1	3.2	3.4	3.5	3.6	3.8	3.9	4.0	40

Die Verbesserung der Barometerablesung ist $\left\{\begin{array}{l}\text{negativ}\\\text{positiv}\end{array}\right\}$ für $\left\{\begin{array}{l}\text{positive}\\\text{negative}\end{array}\right\}$ Thermometerstände.

II. Reduktion des Quecksilberbarometers auf 0° (Messingskala) (Schluß).

t° C	620ᵐᵐ	640ᵐᵐ	660ᵐᵐ	680ᵐᵐ	700ᵐᵐ	720ᵐᵐ	740ᵐᵐ	760ᵐᵐ	780ᵐᵐ	t° C
0	mm	mm	mm	mm	mm	mm	mm	mm	mm	0
0	0,0	0,0	0,0	0,0	0,0	0,0	0,0	0,0	0,0	0
1	0,1	0,1	0,1	0,1	0,1	0,1	0,1	0,1	0,1	1
2	0,2	0,2	0,2	0,2	0,2	0,2	0,2	0,2	0,3	2
3	0,3	0,3	0,3	0,3	0,3	0,3	0,4	0,4	0,4	3
4	0,4	0,4	0,4	0,4	0,5	0,5	0,5	0,5	0,5	4
5	0,5	0,5	0,5	0,5	0,6	0,6	0,6	0,6	0,6	5
6	0,6	0,6	0,6	0,7	0,7	0,7	0,7	0,7	0,8	6
7	0,7	0,7	0,7	0,8	0,8	0,8	0,8	0,9	0,9	7
8	0,8	0,8	0,9	0,9	0,9	0,9	1,0	1,0	1,0	8
9	0,9	0,9	1,0	1,0	1,0	1,0	1,1	1,1	1,1	9
10	1,0	1,0	1,1	1,1	1,1	1,2	1,2	1,2	1,3	10
11	1,1	1,1	1,2	1,2	1,2	1,3	1,3	1,3	1,4	11
12	1,2	1,2	1,3	1,3	1,4	1,4	1,4	1,5	1,5	12
13	1,3	1,3	1,4	1,4	1,5	1,5	1,6	1,6	1,6	13
14	1,4	1,4	1,5	1,5	1,6	1,6	1,7	1,7	1,8	14
15	1,5	1,5	1,6	1,6	1,7	1,7	1,8	1,8	1,9	15
16	1,6	1,7	1,7	1,8	1,8	1,9	1,9	2,0	2,0	16
17	1,7	1,8	1,8	1,9	1,9	2,0	2,0	2,1	2,1	17
18	1,8	1,9	1,9	2,0	2,0	2,1	2,1	2,2	2,3	18
19	1,9	2,0	2,0	2,1	2,1	2,2	2,3	2,3	2,4	19
20	2,0	2,1	2,1	2,2	2,3	2,3	2,4	2,5	2,5	20
21	2,1	2,2	2,2	2,3	2,4	2,4	2,5	2,6	2,6	21
22	2,2	2,3	2,3	2,4	2,5	2,6	2,6	2,7	2,8	22
23	2,3	2,4	2,5	2,5	2,6	2,7	2,7	2,8	2,9	23
24	2,4	2,5	2,6	2,6	2,7	2,8	2,9	2,9	3,0	24
25	2,5	2,6	2,7	2,7	2,8	2,9	3,0	3,1	3,1	25
26	2,6	2,7	2,8	2,9	2,9	3,0	3,1	3,2	3,3	26
27	2,7	2,8	2,9	3,0	3,1	3,1	3,2	3,3	3,4	27
28	2,8	2,9	3,0	3,1	3,2	3,3	3,3	3,4	3,5	28
29	2,9	3,0	3,1	3,2	3,3	3,4	3,5	3,6	3,6	29
30	3,0	3,1	3,2	3,3	3,4	3,5	3,6	3,7	3,8	30
31	3,1	3,2	3,3	3,4	3,5	3,6	3,7	3,8	3,9	31
32	3,2	3,3	3,4	3,5	3,6	3,7	3,8	3,9	4,0	32
33	3,3	3,4	3,5	3,6	3,7	3,8	3,9	4,0	4,1	33
34	3,4	3,5	3,6	3,7	3,8	4,0	4,1	4,2	4,3	34
35	3,5	3,6	3,7	3,8	4,0	4,1	4,2	4,3	4,4	35
36	3,6	3,7	3,8	4,0	4,1	4,2	4,3	4,4	4,5	36
37	3,7	3,8	3,9	4,1	4,2	4,3	4,4	4,5	4,6	37
38	3,8	3,9	4,0	4,2	4,3	4,4	4,5	4,7	4,8	38
39	3,9	4,0	4,1	4,3	4,4	4,5	4,7	4,8	4,9	39
40	4,0	4,1	4,2	4,4	4,5	4,6	4,8	4,9	5,0	40

Die Verbesserung der Barometerablesung ist
{ negativ / positiv } für { positive / negative } Thermometerstände.

12. Verwandlung von Graden und Minuten in Sekunden.

0°	0″	0′	0″	0′	0″
1	3 600	1	60	45	2700
2	7 200	2	120	46	2760
3	10 800	3	180	47	2820
4	14 400	4	240	48	2880
				49	2940
5	18 000	5	300	50	3000
6	21 600	6	360	51	3060
7	25 200	7	420	52	3120
8	28 800	8	480	53	3180
9	32 400	9	540	54	3240
10	36 000	10	600	55	3300
20	72 000	11	660	56	3360
30	108 000	12	720	57	3420
40	144 000	13	780	58	3480
50	180 000	14	840	59	3540
60	216 000	15	900	60	3600
70	252 000	16	960		
80	288 000	17	1020		
90	324 000	18	1080		
100	360 000	19	1140		
110	396 000	20	1200		
120	432 000	21	1260		
130	468 000	22	1320		
140	504 000	23	1380		
150	540 000	24	1440		
160	576 000	25	1500		
170	612 000	26	1560		
180	648 000	27	1620		
190	684 000	28	1680		
200	720 000	29	1740		
210	756 000	30	1800		
220	792 000	31	1860		
230	828 000	32	1920		
240	864 000	33	1980		
250	900 000	34	2040		
260	936 000	35	2100		
270	972 000	36	2160		
280	1 008 000	37	2220		
290	1 044 000	38	2280		
300	1 080 000	39	2340		
310	1 116 000	40	2400		
320	1 152 000	41	2460		
330	1 188 000	42	2520		
340	1 224 000	43	2580		
350	1 260 000	44	2640		
360	1 296 000	45	2700		

13a. Mittlere Refraktion.
Bar. 760 mm, Therm. + 10° C.

Scheinbare ZD	Mittlere Refraktion	Scheinbare ZD	Mittlere Refraktion	Scheinbare ZD	Mittlere Refraktion	Scheinbare ZD	Mittlere Refraktion	Scheinbare ZD	Mittlere Refraktion
0°	0' 0'' ₂	45°	0' 58'' ₂	68° 0'	2' 23'' ₃	80° 0'	5' 19'' ₅	88° 0'	18' 18'' ₅₀
1	1 1 ₁	46	1 0 ₂	20	26 ₂	10	5 24 ₅	10	19 8 ₅₄
2	2 2 ₁	47	2 ₃	40	28 ₃	20	5 29 ₆	20	20 2 ₅₉
3	3 3 ₁	48	5 ₂	69 0	31 ₂	30	5 35 ₆	30	21 1 ₆₆
4	4 4 ₁	49	7 ₂	20	33 ₃	40	5 41 ₅	40	22 7 ₇₂
				40	36 ₃	50	5 46 ₆	50	23 19 ₇₈
5	0 5 ₁	50	1 9 ₃	70 0	2 39 ₃	81 0	5 52 ₇	89 0	24 37 ₈₆
6	6 ₁	51	12 ₂	20	42 ₃	10	5 59 ₆	10	26 3 ₉₃
7	7 ₁	52	14 ₂	40	45 ₃	20	6 5 ₇	20	27 36 ₁₀₂
8	8 ₁	53	17 ₃	71 0	48 ₃	30	6 12 ₇	30	29 18 ₁₁₁
9	9 ₁	54	20 ₃	20	51 ₃	40	6 19 ₇	40	31 9 ₁₂₂
10	0 10 ₁	55	1 23 ₃	40	54 ₃	50	6 26 ₇	50	33 11 ₁₃₃
11	11 ₁								
12	12 ₁	56 0'	1 26 ₁	72 0	2 57 ₄	82 0	6 33 ₈	90 0	35 24
13	13 ₂	20	27 ₁	20	3 1 ₃	10	6 41 ₈		
14	15 ₁	40	28 ₁	40	4 ₄	20	6 49 ₈		
		57 0	29 ₂	73 0	8 ₄	30	6 57 ₈		
15	0 16 ₁	20	31 ₁	20	12 ₄	40	7 5 ₉		
16	17 ₁	40	32 ₁	40	16 ₄	50	7 14 ₁₀		
17	18 ₁								
18	19 ₁	58 0	1 33 ₁	74 0	3 20 ₅	83 0	7 24 ₉		
19	20 ₁	20	34 ₁	20	25 ₄	10	7 33 ₁₀		
		40	35 ₂	40	29 ₅	20	7 43 ₁₀		
20	0 21 ₁	59 0	37 ₁	75 0	34 ₅	30	7 54 ₁₁		
21	22 ₂	20	38 ₁	20	39 ₅	40	8 5 ₁₁		
22	24 ₁	40	39 ₂	40	44 ₅	50	8 16 ₁₂		
23	25 ₁								
24	26 ₁	60 0	1 41 ₁	76 0	3 49 ₃	84 0	8 28 ₁₂		
		20	42 ₁	10	52 ₃	10	8 40 ₁₃		
25	0 27 ₁	40	43 ₂	20	55 ₃	20	8 53 ₁₄		
26	28 ₂	61 0	45 ₁	30	3 58 ₃	30	9 7 ₁₄		
27	30 ₂	20	46 ₂	40	4 1 ₃	40	9 21 ₁₄		
28	31 ₁	40	48 ₁	50	4 ₃	50	9 36 ₁₅		
29	32 ₂								
		62 0	1 49 ₂	77 0	4 7 ₃	85 0	9 52 ₁₆		
30	0 34 ₁	20	51 ₁	10	10 ₃	10	10 8 ₁₆		
31	35 ₁	40	52 ₂	20	13 ₃	20	10 26 ₁₈		
32	36 ₂	63 0	54 ₁	30	17 ₄	30	10 45 ₁₉		
33	38 ₁	20	55 ₂	40	20 ₄	40	11 4 ₁₉		
34	39 ₂	40	57 ₂	50	24 ₃	50	11 24 ₂₀		
35	0 41 ₁	64 0	1 59 ₂	78 0	4 27 ₄	86 0	11 45 ₂₂		
36	42 ₂	20	2 1 ₁	10	31 ₄	10	12 7 ₂₃		
37	44 ₁	40	2 ₂	20	35 ₄	20	12 30 ₂₃		
38	45 ₂	65 0	4 ₂	30	39 ₄	30	12 55 ₂₅		
39	47 ₂	20	6 ₂	40	43 ₄	40	13 22 ₂₇		
		40	8 ₂	50	47 ₄	50	13 51 ₂₉		
40	0 49 ₂								
41	51 ₁	66 0	2 10 ₂	79 0	4 51 ₄	87 0	14 22 ₃₁		
42	52 ₂	20	12 ₂	10	4 55 ₅	10	14 55 ₃₃		
43	54 ₂	40	14 ₂	20	5 0 ₄	20	15 31 ₃₆		
44	56 ₂	67 0	16 ₃	30	4 ₅	30	16 9 ₃₈		
		20	19 ₂	40	9 ₅	40	16 49 ₄₀		
45	0 58	40	21 ₂	50	14 ₅	50	17 32 ₄₃		
		68 0	2 23	80 0	5 19	88 0	18 18 ₄₆		

13b. Verbesserung der mittleren Refraktion wegen Lufttemperatur.

Temperatur C	Mittlere Refraktion												Temperatur C
	0'	1'	2'	3'	4'	5'	6'	7'	8'	9'	10'	11'	
−40°	0"	+13"	26"	39"	53"	67"	81"	96"	112"	129"	146"	164"	−40°
35	0	+11	23	34	46	59	71	85	99	114	128	144	35
30	0	+10	20	30	40	51	62	74	86	99	112	125	30
25	0	+ 8	17	26	35	44	53	63	74	84	96	107	25
−20	0	+ 7	14	22	29	37	45	53	62	71	80	90	−20
−18	0	+ 7	13	20	27	34	41	49	57	65	74	83	−18
16	0	+ 6	12	18	25	31	38	45	52	60	68	77	16
14	0	+ 6	11	17	23	29	35	41	48	55	62	70	14
12	0	+ 5	10	15	21	26	32	38	44	50	57	64	12
−10	0	+ 5	9	14	19	24	29	34	40	45	51	58	−10
− 9	0	+ 4	9	13	18	22	27	32	37	43	48	54	− 9
8	0	+ 4	8	12	17	21	25	30	35	40	46	51	8
7	0	+ 4	8	12	16	20	24	28	33	38	43	48	7
6	0	+ 3	7	11	15	18	22	26	31	35	40	45	6
− 5	0	+ 3	7	10	14	17	21	25	29	33	38	42	− 5
− 4	0	+ 3	6	9	13	16	20	23	27	31	35	39	− 4
3	0	+ 3	6	9	12	15	18	22	25	29	32	36	3
2	0	+ 3	5	8	11	14	17	20	23	26	30	33	2
− 1	0	+ 2	5	8	10	13	15	18	21	24	27	31	− 1
0	0	+ 2	4	7	9	11	14	16	19	22	25	28	0
+ 1	0	+ 2	4	6	8	10	12	15	17	20	22	25	+ 1
2	0	+ 2	3	5	7	9	11	13	15	17	20	22	2
3	0	+ 2	3	5	6	8	10	11	13	15	17	19	3
+ 4	0	+ 1	3	4	5	7	8	10	11	13	15	16	+ 4
+ 5	0	+ 1	2	3	4	6	7	8	9	11	12	14	+ 5
6	0	+ 1	2	3	4	4	5	6	7	9	10	11	6
7	0	+ 1	1	2	3	3	4	5	6	6	7	8	7
8	0	+ 0	1	1	2	2	3	3	4	4	5	5	8
+ 9	0	+ 0	0	1	1	1	1	2	2	2	2	3	+ 9
+ 10	0	0	0	0	0	0	0	0	0	0	0	0	+ 10
11	0	− 0	0	1	1	1	1	2	2	2	2	3	11
12	0	− 0	1	1	2	2	3	3	4	4	5	5	12
13	0	− 1	1	2	3	3	4	5	5	6	7	8	13
+ 14	0	− 1	2	3	3	4	5	6	7	8	9	11	+ 14
+ 15	0	− 1	2	3	4	5	7	8	9	10	12	13	+ 15
16	0	− 1	3	4	5	6	8	9	11	12	14	16	16
17	0	− 1	3	4	6	7	9	11	12	14	16	18	17
18	0	− 2	3	5	7	9	10	12	14	16	18	21	18
+ 19	0	− 2	4	6	8	10	12	14	16	18	21	23	+ 19
+ 20	0	− 2	4	6	8	11	13	15	18	20	23	26	+ 20
21	0	− 2	4	7	9	12	14	17	19	22	25	28	21
22	0	− 2	5	7	10	13	15	18	21	24	27	31	22
23	0	− 3	5	8	11	14	17	20	23	26	29	33	23
+ 24	0	− 3	6	9	12	15	18	21	24	28	32	35	+ 24
+ 25	0	− 3	6	9	12	16	19	22	26	30	34	38	+ 25
26	0	− 3	6	10	13	17	20	24	28	32	36	40	26
27	0	− 3	7	10	14	18	21	25	29	34	38	43	27
28	0	− 4	7	11	15	18	22	27	31	35	40	45	28
+ 29	0	− 4	8	11	15	19	24	28	33	37	42	47	+ 29
+ 30	0	− 4	8	12	16	20	25	29	34	39	44	49	+ 30
35	0	− 5	10	15	20	25	31	36	42	48	54	61	35
+ 40	0	− 6	12	18	23	30	36	43	50	57	64	72	+ 40

13c. Verbesserung der mittleren Refraktion wegen Luftdruck.

Luftdruck mm	Mittlere Refraktion + Verbesserung wegen Lufttemperatur											Luftdruck mm
	0′	1′	2′	3′	4′	5′	6′	7′	8′	9′	10′	11′	
400	0″	−28″	57″	85″	114″	143″	171″	200″	229″	258″	287″	316″	400
450	0	−24	49	73	98	123	147	172	197	222	247	272	450
500	0	−21	41	62	82	103	124	145	165	186	207	229	500
550	0	−17	33	50	66	83	100	117	134	151	168	185	550
600	0	−13	25	38	51	63	76	89	102	115	128	141	600
610	0	−12	24	36	48	59	71	83	95	108	120	132	610
620	0	−11	22	33	44	55	66	78	89	100	112	123	620
630	0	−10	21	31	41	52	62	72	83	93	104	114	630
640	0	−9	19	29	38	48	57	67	76	86	96	106	640
650	0	−9	17	26	35	44	52	61	70	79	88	97	650
660	0	−8	16	24	32	40	48	56	64	72	80	88	660
670	0	−7	14	21	29	36	43	50	57	65	72	79	670
680	0	−6	13	19	25	32	38	44	51	57	64	71	680
690	0	−6	11	17	22	28	33	39	45	50	56	62	690
700	0	−5	9	14	19	24	29	33	38	43	48	53	700
705	0	−4	9	13	17	22	26	31	35	40	44	49	705
710	0	−4	8	12	16	20	24	28	32	36	40	44	710
715	0	−4	7	11	14	18	22	25	29	32	36	40	715
720	0	−3	6	9	13	16	19	22	26	29	32	35	720
725	0	−3	6	8	11	14	17	20	23	25	28	31	725
730	0	−2	5	7	10	12	14	17	19	22	24	26	730
732	0	−2	4	7	9	11	13	16	18	20	22	25	732
734	0	−2	4	6	8	10	12	14	17	19	21	23	734
736	0	−2	4	6	8	10	11	13	15	17	19	21	736
738	0	−2	3	5	7	9	10	12	14	16	18	19	738
740	0	−2	3	5	6	8	10	11	13	14	16	18	740
742	0	−1	3	4	6	7	9	10	11	13	14	16	742
744	0	−1	3	4	5	6	8	9	10	11	13	14	744
746	0	−1	2	3	4	6	7	8	9	10	11	12	746
748	0	−1	2	3	4	5	6	7	8	9	10	11	748
750	0	−1	2	2	3	4	5	6	6	7	8	9	750
752	0	−1	1	2	3	3	4	4	5	6	6	7	752
754	0	−0	1	1	2	2	3	3	4	4	5	5	754
756	0	−0	1	1	1	2	2	2	3	3	3	4	756
758	0	−0	0	0	1	1	1	1	1	1	2	2	758
760	0	0	0	0	0	0	0	0	0	0	0	0	760
762	0	+0	0	0	1	1	1	1	1	1	2	2	762
764	0	+0	0	1	1	2	2	2	3	3	3	4	764
766	0	+0	1	1	2	2	3	3	4	4	5	5	766
768	0	+1	1	2	3	3	4	4	5	6	6	7	768
770	0	+1	2	2	3	4	5	6	6	7	8	9	770
772	0	+1	2	3	4	5	6	7	8	9	10	11	772
774	0	+1	2	3	4	6	7	8	9	10	11	12	774
776	0	+1	3	4	5	6	8	9	10	11	13	14	776
778	0	+1	3	4	6	7	9	10	11	13	14	16	778
780	0	+2	3	5	6	8	10	11	13	14	16	18	780
785	0	+2	4	6	8	10	12	14	16	18	20	22	785
790	0	+2	5	7	10	12	14	17	19	22	24	26	790
795	0	+3	6	8	11	14	17	20	23	25	28	31	795
800	0	+3	6	10	13	16	19	23	26	29	32	36	800

13d. Logarithmische Refraktionstafel für große Zenitdistanzen.

Bar. 751.5 mm, Therm. + 9°3 C.

Scheinbare ZD	log α tang z	A	λ	Scheinbare ZD	log α tang z	A	λ
85° 0′	2.7672 [23]	1.013	1.124	86° 20′	2.8709 [29]	1.019	1.183
2	7695 [24]		125	22	8738 [28]		185
4	7719 [24]		126	24	8766 [29]		187
6	7743 [24]		127	26	8795 [29]		189
8	7767 [24]		128	28	8824 [30]		191
85 10	2.7791 [24]	1.013	1.129	86 30	2.8854 [29]	1.020	1.193
12	7815 [24]		131	32	8883 [29]		195
14	7839 [24]		132	34	8912 [30]		198
16	7864 [25]		133	36	8942 [30]		200
18	7888 [24]		134	38	8972 [30]		202
85 20	2.7913 [25]	1.014	1.136	86 40	2.9002 [30]	1.021	1.204
22	7937 [24]		137	42	9032 [31]		206
24	7962 [25]		138	44	9063 [30]		208
26	7987 [25]		140	46	9093 [31]		211
28	8012 [25]		141	48	9124 [31]		213
85 30	2.8038 [26]	1.015	1.142	86 50	2.9155 [31]	1.023	1.215
32	8063 [25]		144	52	9186 [31]		218
34	8088 [25]		145	54	9217 [31]		220
36	8114 [26]		147	56	9248 [32]		223
38	8139 [25]		148	58	9280 [31]		225
85 40	2.8165 [26]	1.016	1.149	87 0	2.9311 [32]	1.024	1.228
42	8191 [26]		151	2	9343 [32]		230
44	8217 [26]		152	4	9375 [32]		233
46	8243 [26]		154	6	9407 [33]		236
48	8270 [27]		155	8	9440 [32]		238
85 50	2.8296 [26]	1.016	1.157	87 10	2.9472 [33]	1.026	1.241
52	8323 [27]		159	12	9505 [33]		244
54	8349 [26]		160	14	9538 [33]		247
56	8376 [27]		162	16	9571 [33]		249
58	8403 [27]		164	18	9605 [34]		252
86 0	2.8430 [27]	1.017	1.165	87 20	2.9638 [33]	1.027	1.255
2	8458 [28]		167	22	9672 [34]		258
4	8485 [27]		169	24	9706 [34]		261
6	8512 [27]		170	26	9740 [34]		265
8	8540 [28]		172	28	9774 [34]		268
86 10	2.8568 [28]	1.018	1.174	87 30	2.9809 [35]	1.029	1.271
12	8596 [28]		176	32	9843 [34]		274
14	8624 [28]		178	34	9878 [35]		277
16	8652 [28]		179	36	9913 [35]		280
18	8680 [28]		181	38	9949 [36]		284
86 20	2.8709 [29]	1.019	1.183	87 40	2.9984 [35]	1.031	1.287

$$\log \text{Refr.} = \log (\alpha\, \text{tg}\, z) + A \log B + \lambda \log \gamma$$

13d. Logarithmische Refraktionstafel für große Zenitdistanzen

(Schluß).

Scheinbare ZD	log α tang z	A	λ	Scheinbare ZD	log α tang z	A	λ
87° 40′	2.9984 ₃₆	1.031	1.287	88° 50′	3.1374 ₄₅	1.050	1.443
42	3.0020 ₃₆		291	52	1419 ₄₅		449
44	0056 ₃₆		294	54	1463 ₄₄		455
46	0093 ₃₇		298	56	1508 ₄₅		461
48	0129 ₃₆		301	58	1554 ₄₆		467
	₃₆				₄₅		
87 50	3.0165 ₃₇	1.033	1.305	89 0	3.1599 ₄₆	1.054	1.473
52	0202 ₃₇		309	2	1645 ₄₆		479
54	0239 ₃₇		312	4	1691 ₄₆		485
56	0276 ₃₇		316	6	1738 ₄₇		492
58	0314 ₃₈		320	8	1785 ₄₇		498
	₃₈				₄₇		
88 0	3.0352 ₃₈	1.036	1.324	89 10	3.1832 ₄₇	1.058	1.505
2	0390 ₃₈		328	12	1879 ₄₈		512
4	0428 ₃₈		332	14	1927 ₄₈		518
6	0467 ₃₉		336	16	1975 ₄₈		525
8	0505 ₃₈		340	18	2023 ₄₈		532
	₃₉				₄₉		
88 10	3.0544 ₃₉	1.038	1.344	89 20	3.2072 ₄₉	1.063	1.539
12	0583 ₃₉		349	22	2121 ₄₉		546
14	0622 ₃₉		353	24	2170 ₄₉		554
16	0662 ₄₀		357	26	2220 ₅₀		561
18	0702 ₄₀		362	28	2270 ₅₀		568
	₄₀				₅₁		
88 20	3.0742 ₄₀	1.041	1.366	89 30	3.2321 ₅₀	1.068	1.576
22	0782 ₄₀		371	32	2371 ₅₀		584
24	0822 ₄₀		376	34	2422 ₅₁		592
26	0863 ₄₁		380	36	2474 ₅₂		600
28	0904 ₄₁		385	38	2525 ₅₁		608
	₄₂				₅₂		
88 30	3.0946 ₄₁	1.044	1.390	89 40	3.2577 ₅₃	1.073	1.616
32	0987 ₄₂		395	42	2630 ₅₃		624
34	1029 ₄₂		400	44	2683 ₅₃		632
36	1071 ₄₂		405	46	2736 ₅₃		641
38	1114 ₄₃		411	48	2789 ₅₃		650
	₄₃				₅₄		
88 40	3.1157 ₄₃	1.047	1.416	89 50	3.2843 ₅₅	1.079	1.658
42	1200 ₄₃		421	52	2898 ₅₄		667
44	1243 ₄₃		427	54	2952 ₅₅		676
46	1286 ₄₃		432	56	3007 ₅₅		686
48	1330 ₄₄		438	58	3063 ₅₆		695
	₄₄				₅₆		
88 50	3.1374	1.050	1.443	90 0	3.3119	1.086	1.705

$$\log \text{Refr.} = \log(\alpha\, \text{tg}\, z) + A \log B + \lambda \log \gamma$$

13 e. Logarithmische Verbesserung der Refraktion wegen Luftdruck.

Einheiten der IV. Dezimale.

Barometer mm	log B	Barometer mm	log B	Barometer mm	log B
500	—1770 ^{IV} 18	600	— 978 ^{IV} 15	690	—371 ^{IV} 13
502	1752 17	602	963 14	692	358 12
504	1735 17	604	949 14	694	346 13
506	1718 17	606	935 15	696	333 12
508	1701 17	608	920 14	698	321 13
510	—1684 17	610	— 906 14	700	—308 12
512	1667 17	612	892 14	702	296 12
514	1650 17	614	878 14	704	284 13
516	1633 17	616	864 15	706	271 12
518	1616 17	618	849 14	708	259 12
520	—1599 16	620	— 835 14	710	—247 13
522	1583 17	622	821 14	712	234 12
524	1566 16	624	807 13	714	222 12
526	1550 17	626	794 14	716	210 12
528	1533 16	628	780 14	718	198 12
530	—1517 17	630	— 766 14	720	—186 12
532	1500 16	632	752 14	722	174 12
534	1484 16	634	738 13	724	162 12
536	1468 16	636	725 14	726	150 12
538	1452 17	638	711 14	728	138 12
540	—1435 16	640	— 697 13	730	—126 12
542	1419 16	642	684 14	732	114 12
544	1403 16	644	670 13	734	102 11
546	1387 15	646	657 13	736	91 12
548	1372 16	648	644 14	738	79 12
550	—1356 16	650	— 630 13	740	— 67 12
552	1340 16	652	617 13	742	55 11
554	1324 15	654	604 14	744	44 12
556	1309 16	656	590 13	746	32 12
558	1293 15	658	577 13	748	20 11
560	—1278 16	660	— 564 13	750	— 9 12
562	1262 16	662	551 13	752	+ 3 11
564	1246 15	664	538 13	754	14 12
566	1231 15	666	525 13	756	26 11
568	1216 16	668	512 13	758	37 12
570	—1200 15	670	— 499 13	760	+ 49 11
572	1185 15	672	486 13.	762	60 12
574	1170 15	674	473 13	764	72 11
576	1155 15	676	460 13	766	83 11
578	1140 15	678	447 13	768	94 12
580	—1125 15	680	— 434 13	770	+106 11
582	1110 15	682	421 12	772	117 11
584	1095 15	684	409 13	774	128 11
586	1080 15	686	396 12	776	139 11
588	1065 14	688	384 13	778	150 12
590	—1051 15	690	— 371	780	+162
592	1036 15				
594	1021 14				
596	1007 15				
598	992 14				
600	— 978				

log Refr. = log (α tg z) + A log B + λ log γ

13f. Logarithmische Verbesserung der Refraktion wegen Lufttemperatur.

Einheiten der IV. Dezimale.

Thermometer C	log γ	Thermometer C	log γ
−50°	+1018 [IV] 19	−5°	+225 [IV] 16
49	999 19	4	209 16
48	980 19	3	193 16
47	961 19	2	177 16
46	942 19	−1	161 16
−45	+923 19	0	+145 16
44	904 19	+1	129 16
43	885 19	2	113 15
42	866 19	3	98 15
41	848 18	4	82 16
−40	+829 19	+5	+66 16
39	810 19	6	51 15
38	792 18	7	35 15
37	774 18	8	20 15
36	755 19	9	+5 15
−35	+737 18	+10	−11 16
34	719 18	11	26 15
33	701 18	12	41 15
32	683 18	13	56 15
31	665 18	14	71 15
−30	+648 18	+15	−86 15
29	630 18	16	101 15
28	612 17	17	116 15
27	595 18	18	131 15
26	577 17	19	146 15
−25	+560 18	+20	−161 14
24	542 17	21	175 15
23	525 17	22	190 15
22	508 17	23	205 15
21	491 17	24	219 14
−20	+473 18	+25	−234 14
19	456 17	26	248 15
18	439 17	27	263 14
17	422 17	28	277 14
16	406 16	29	291 15
−15	+389 17	+30	−306 14
14	372 17	31	320 14
13	356 16	32	334 14
12	339 17	33	348 14
11	322 17	34	362 14
−10	+306 16	+35	−376
9	290 16		
8	273 17		
7	257 16		
6	241 16		
−5	+225 16		

$$\log \text{Refr.} = \log(a \, \text{tg} \, z) + A \log B + \lambda \log \gamma$$

13g. Mittlere Refraktion als Funktion der wahren Zenitdistanz.

Bar. 760 mm, Therm. + 10° C.

Wahre ZD	Mittlere Refraktion	Wahre ZD	Mittlere Refraktion	Wahre ZD	Mittlere Refraktion
70° 0'	2' 39"	80° 0'	5' 16"	87° 0'	13' 40"
20	42 ^{3}	10	5 21 ^{5}	10	14 9 ^{29}
40	45 ^{3}	20	5 26 ^{5}	20	14 41 ^{32}
71 0	48 ^{3}	30	5 32 ^{6}	30	15 14 ^{33}
20	50 ^{2}	40	5 38 ^{6}	40	15 48 ^{34}
40	2 53 ^{3}	50	5 43 ^{5}	50	16 25 ^{37}
72 0	2 56 ^{3}	81 0	5 49 ^{6}	88 0	17 3 ^{38}
20	3 0 ^{4}	10	5 55 ^{6}	10	17 44 ^{41}
40	3 ^{3}	20	6 1 ^{6}	20	18 27 ^{43}
73 0	7 ^{4}	30	6 8 ^{7}	30	19 13 ^{46}
20	11 ^{4}	40	6 15 ^{7}	40	20 4 ^{51}
40	3 15 ^{4}	50	6 21 ^{6}	50	20 58 ^{54}
74 0	3 19 ^{4}	82 0	6 28 ^{7}	89 0	21 56 ^{58}
20	24 ^{5}	10	6 36 ^{8}	10	23 0 ^{64}
40	28 ^{5}	20	6 44 ^{8}	20	24 7 ^{67}
75 0	33 ^{5}	30	6 51 ^{7}	30	25 20 ^{73}
20	38 ^{5}	40	6 59 ^{8}	40	26 40 ^{80}
40	3 43 ^{5}	50	7 8 ^{9}	50	28 7 ^{87}
76 0	3 48 ^{5}	83 0	7 17 ^{9}	90 0	29 42 ^{95}
10	51 ^{3}	10	7 26 ^{9}		
20	54 ^{3}	20	7 36 ^{10}		
30	3 57 ^{3}	30	7 46 ^{10}		
40	4 0 ^{3}	40	7 57 ^{11}		
50	4 3 ^{3}	50	8 8 ^{11}		
77 0	4 6 ^{3}	84 0	8 19 ^{11}		
10	9 ^{3}	10	8 30 ^{11}	Für ZD < 70° gilt die	
20	12 ^{3}	20	8 42 ^{12}	Tafel 13a mit dem Argu-	
30	15 ^{3}	30	8 55 ^{13}	ment Wahre ZD.	
40	18 ^{3}	40	9 8 ^{13}		
50	4 22 ^{4}	50	9 22 ^{14}		
78 0	4 25 ^{3}	85 0	9 37 ^{15}		
10	29 ^{4}	10	9 52 ^{15}		
20	33 ^{4}	20	10 8 ^{16}		
30	37 ^{4}	30	10 25 ^{17}		
40	41 ^{4}	40	10 43 ^{18}		
50	4 45 ^{4}	50	11 2 ^{19}		
79 0	4 48 ^{3}	86 0	11 22 ^{20}		
10	52 ^{4}	10	11 42 ^{20}		
20	4 57 ^{5}	20	12 3 ^{21}		
30	5 1 ^{4}	30	12 25 ^{22}		
40	6 ^{5}	40	12 49 ^{24}		
50	5 11 ^{5}	50	13 14 ^{25}		
80 0	5 16 ^{5}	87 0	13 40 ^{26}		

14. Refraktionstafel für Mikrometermessungen.

Wahre ZD	log $\varkappa_0$	A_0	λ_0	Wahre ZD	log $\varkappa_0$	A_0	λ_0
0°	6.4458 ₀			80° 0′	6.3947 ₁₆	0.994	1.099
10	4458 ₂			10	3931 ₁₇	994	102
20	4456 ₄			20	3914 ₁₇	994	105
30	4452 ₆			30	3895 ₁₉	993	108
				40	3876 ₁₉	993	112
40	6.4446 ₂			50	3856 ₂₀	993	115
42	4444 ₂				₂₀		
44	4442 ₃			81 0	6.3836 ₂₀	0.993	1.119
46	4439 ₃		1.005	10	3816 ₂₁	992	123
48	4436 ₃		006	20	3795 ₂₁	992	127
				30	3774 ₂₂	992	132
50	6.4433 ₄		1.006	40	3752 ₂₄	991	136
52	4429 ₄		007	50	3728 ₂₄	991	141
54	4425 ₆		008		₂₆		
56	4419 ₇		010	82 0	6.3702 ₂₈	0.991	1.146
58	4412 ₈		012	10	3674 ₃₁	990	151
				20	3643 ₃₂	990	156
60	6.4404 ₄		1.014	30	3611 ₃₃	989	161
61	4400 ₅		015	40	3578 ₃₃	989	167
62	4395 ₅		016	50	3544 ₃₄	988	172
63	4390 ₆		017		₃₆		
64	4384 ₆		019	83 0	6.3508 ₃₉	0.987	1.178
				10	3469 ₄₂	986	183
65	6.4378 ₈		1.020	20	3427 ₄₅	985	188
66	4370 ₉		022	30	3382 ₄₈	984	193
67	4361 ₁₀		024	40	3334 ₅₀	983	199
68	4351 ₁₂		026	50	3284 ₅₀	982	204
69	4339 ₁₃		028		₅₃		
				84 0	6.3231 ₅₇	0.981	1.209
70	6.4326 ₁₅		1.031	10	3174 ₅₉	980	214
71	4311 ₁₉		034	20	3115 ₆₃	979	219
72	4292 ₂₁		037	30	3052 ₆₅	977	224
73	4271 ₂₅		040	40	2987 ₆₈	976	228
74	4246 ₂₈		043	50	2919 ₇₂	974	232
75° 0′	6.4218 ₈		1.047	85 0	6.2847	0.973	1.237
20	4210 ₁₀		049				
40	4200 ₁₂		052				
76 0	6.4188 ₁₄		1.054				
20	4174 ₁₄		057				
40	4160 ₁₅		059				
77 0	4145 ₁₅	0.997	062	$\log \varkappa = \log \varkappa_0 + A_0 \log B + \lambda_0 \log \gamma$			
20	4130 ₁₆	997	066				
40	4114 ₁₇	996	069				
78 0	6.4097 ₁₉	0.996	1.073				
20	4078 ₂₂	996	076				
40	4056 ₂₄	996	080				
79 0	4032 ₂₇	995	085				
20	4005 ₂₉	995	089				
40	3976 ₂₉	995	094				
80 0	6.3947	0.994	1.099				

15a. Kimmtiefe $k = 1\!'779 \sqrt{h}$.

h	k	h	k	h	k
m		m		m	
0,0	0′0 ₁₃	10,0	5′6 ₂	20	8′0
0,5	1,3 ₅	10,5	5,8 ₁	30	9,7 ¹·⁷
1,0	1,8 ₄	11,0	5,9 ₁	40	11,3 ¹·⁶
1,5	2,2 ₃	11,5	6,0 ₂	50	12,6 ¹·³
2,0	2,5 ₃	12,0	6,2 ₁	60	13,8 ¹·²
2,5	2,8 ₃	12,5	6,3 ₁	70	14,9 ¹·¹
3,0	3,1 ₂	13,0	6,4 ₁	80	15,9 ¹·⁰
3,5	3,3 ₃	13,5	6,5 ₂	90	16,9 ¹·⁰
4,0	3,6 ₂	14,0	6,7 ₁	100	17,8 ⁰·⁹
4,5	3,8 ₂	14,5	6,8 ₁	200	25,2 ⁷·⁴
5,0	4,0 ₂	15,0	6,9 ₁	300	30,8 ⁵·⁶
5,5	4,2 ₂	15,5	7,0 ₁	400	35,6 ⁴·⁸
				500	39,8 ⁴·²
6,0	4,4 ₁	16,0	7,1 ₁		
6,5	4,5 ₂	16,5	7,2 ₁	600	43,6 ³·⁸
7,0	4,7 ₂	17,0	7,3 ₁	700	47,1 ³·⁵
7,5	4,9 ₁	17,5	7,4 ₁	800	50,3 ³·²
				900	53,4 ³·¹
8,0	5,0 ₂	18,0	7,5 ₁	1000	56,3 ²·⁹
8,5	5,2 ₁	18,5	7,6 ₂		
9,0	5,3 ₂	19,0	7,8 ₁		
9,5	5,5 ₁	19,5	7,9 ₁		
10,0	5,6	20,0	8,0		

15b. Verbesserung $\Delta k = 0\!'37 (t_w - t_L)$ der mittleren Kimmtiefe wegen Differenz der Wasser- und Lufttemperatur.

$t_w - t_L$	Δk	$t_w - t_L$
0°C	0′0	0°C
+ 1	+ 0,4 ⁴ —	− 1
2	0,7 ³	2
3	1,1 ⁴	3
+ 4	+ 1,5 ⁴ —	− 4
+ 5	+ 1,9 ⁴ —	− 5
6	2,2 ³	6
7	2,6 ⁴	7
8	3,0 ⁴	8
+ 9	+ 3,3 ³ —	− 9
+10	+ 3,7 ⁴ —	−10

t_w Wassertemperatur
t_L Lufttemperatur

16a. Zur Reduktion auf den Meridian: $m = \dfrac{2\sin^2\frac{1}{2}t}{\sin 1''}$

t	0^m	1^m	2^m	3^m	4^m	5^m	6^m	7^m	8^m	
0^s	0″0	2″0	7″8	17″7	31″4	49″1	70″7	96″2	125″6	
2	0,0	2,1	8,1	18,1	31,9	49,7	71,5	97,1	126,7	1,1
4	0,0	2,2	8,4	18,5	32,5	50,4	72,3	98,0	127,7	1,0
6	0,0	2,4	8,7	18,9	33,0	51,1	73,1	99,0	128,8	1,1
8	0,0	2,5	8,9	19,3	33,5	51,7	73,9	99,9	129,9	1,1
10	0,0	2,7	9,2	19,7	34,1	52,4	74,7	100,8	130,9	1,0
12	0,1	2,8	9,5	20,1	34,6	53,1	75,5	101,8	132,0	1,1
14	0,1	3,0	9,8	20,5	35,2	53,8	76,3	102,7	133,1	1,1
16	0,1	3,2	10,1	21,0	35,7	54,5	77,1	103,7	134,2	1,1
18	0,2	3,3	10,4	21,4	36,3	55,2	77,9	104,6	135,3	1,0
20	0,2	3,5	10,7	21,8	36,9	55,8	78,7	105,6	136,3	1,1
22	0,3	3,7	11,0	22,2	37,4	56,5	79,6	106,6	137,4	1,1
24	0,3	3,9	11,3	22,7	38,0	57,2	80,4	107,5	138,5	1,1
26	0,4	4,0	11,6	23,1	38,6	58,0	81,3	108,5	139,6	1,1
28	0,4	4,2	11,9	23,6	39,2	58,7	82,1	109,5	140,7	1,1
30	0,5	4,4	12,3	24,0	39,8	59,4	82,9	110,4	141,8	1,2
32	0,6	4,6	12,6	24,5	40,4	60,1	83,8	111,4	143,0	1,1
34	0,6	4,8	12,9	25,0	41,0	60,8	84,7	112,4	144,1	1,1
36	0,7	5,0	13,3	25,5	41,6	61,6	85,5	113,4	145,2	1,1
38	0,8	5,2	13,6	25,9	42,2	62,3	86,4	114,4	146,3	1,1
40	0,9	5,4	14,0	26,4	42,8	63,0	87,3	115,4	147,5	1,2
42	1,0	5,7	14,3	26,9	43,4	63,8	88,1	116,4	148,6	1,1
44	1,1	5,9	14,7	27,4	44,0	64,5	89,0	117,4	149,7	1,2
46	1,2	6,1	15,0	27,9	44,6	65,3	89,9	118,4	150,9	1,1
48	1,3	6,4	15,4	28,4	45,2	66,0	90,8	119,4	152,0	1,2
50	1,4	6,6	15,8	28,9	45,9	66,8	91,7	120,5	153,2	1,2
52	1,5	6,8	16,1	29,4	46,5	67,6	92,6	121,5	154,4	1,1
54	1,6	7,1	16,5	29,9	47,1	68,3	93,5	122,5	155,5	1,2
56	1,7	7,3	16,9	30,4	47,8	69,1	94,4	123,6	156,7	1,1
58	1,8	7,6	17,3	30,9	48,4	69,9	95,3	124,6	157,8	1,2
60	2,0	7,8	17,7	31,4	49,1	70,7	96,2	125,6	159,0	

16b. $n = \dfrac{2\sin^4\frac{1}{2}t}{\sin 1''}$

t	0^m	1^m	2^m	3^m	4^m	5^m	6^m	7^m	8^m
0^s	0″00	0″00	0″00	0″00	0″00	0″01	0″01	0″02	0″04
20	0,00	0,00	0,00	0,00	0,00	0,01	0,01	0,03	0,05
40	0,00	0,00	0,00	0,00	0,00	0,01	0,02	0,03	0,05
60	0,00	0,00	0,00	0,00	0,01	0,01	0,02	0,04	0,06

$$\varphi = \delta + z - A \cdot m + A^2 \cdot \cotg z_0 \cdot n$$
$$A = \cos\varphi \cos\delta \cosec z_0$$

16a. Zur Reduktion auf den Meridian: $m = \dfrac{2\sin^2 \frac{1}{2}t}{\sin 1''}$
(Fortsetzung).

t	9^m	10^m	11^m	12^m	13^m	14^m	15^m	16^m
0s	159″0	196″3	237″5	282″7	331″7	384″7	441″6	502″5
2	160.2 ₁.₂	197.6 ₁.₃	239.0 ₁.₅	284.3 ₁.₆	333.4 ₁.₇	386.6 ₁.₉	443.6 ₂.₀	504.6 ₂.₁
4	161.4 ₁.₂	198.9 ₁.₃	240.4 ₁.₅	285.8 ₁.₅	335.2 ₁.₇	388.4 ₁.₈	445.6 ₂.₀	506.7 ₂.₁
6	162.6 ₁.₂	200.3 ₁.₃	241.9 ₁.₄	287.4 ₁.₆	336.9 ₁.₇	390.2 ₁.₉	447.5 ₁.₉	508.8 ₂.₁
8	163.8 ₁.₂	201.6 ₁.₃	243.3 ₁.₅	289.0 ₁.₆	338.6 ₁.₇	392.1 ₁.₈	449.5 ₂.₀	510.9 ₂.₁
10	165.0 ₁.₂	202.9 ₁.₃	244.8 ₁.₄	290.6 ₁.₆	340.3 ₁.₇	393.9 ₁.₉	451.5 ₂.₀	513.0 ₂.₁
12	166.2 ₁.₂	204.2 ₁.₃	246.2 ₁.₅	292.2 ₁.₆	342.0 ₁.₈	395.8 ₁.₈	453.5 ₂.₀	515.1 ₂.₁
14	167.4 ₁.₂	205.6 ₁.₃	247.7 ₁.₅	293.8 ₁.₆	343.8 ₁.₇	397.6 ₁.₉	455.5 ₂.₀	517.2 ₂.₁
16	168.6 ₁.₂	206.9 ₁.₄	249.2 ₁.₅	295.4 ₁.₆	345.5 ₁.₇	399.5 ₁.₉	457.5 ₂.₀	519.3 ₂.₂
18	169.8 ₁.₂	208.3 ₁.₃	250.7 ₁.₅	297.0 ₁.₆	347.2 ₁.₈	401.4 ₁.₉	459.5 ₂.₀	521.5 ₂.₁
20	171.0 ₁.₂	209.6 ₁.₄	252.2 ₁.₄	298.6 ₁.₆	349.0 ₁.₇	403.3 ₁.₈	461.5 ₂.₀	523.6 ₂.₁
22	172.2 ₁.₃	211.0 ₁.₃	253.6 ₁.₅	300.2 ₁.₆	350.7 ₁.₈	405.1 ₁.₉	463.5 ₂.₀	525.7 ₂.₂
24	173.5 ₁.₂	212.3 ₁.₄	255.1 ₁.₅	301.8 ₁.₇	352.5 ₁.₇	407.0 ₁.₉	465.5 ₂.₀	527.9 ₂.₁
26	174.7 ₁.₂	213.7 ₁.₄	256.6 ₁.₅	303.5 ₁.₆	354.2 ₁.₈	408.9 ₁.₉	467.5 ₂.₀	530.0 ₂.₂
28	175.9 ₁.₃	215.1 ₁.₃	258.1 ₁.₅	305.1 ₁.₆	356.0 ₁.₇	410.8 ₁.₉	469.5 ₂.₀	532.2 ₂.₁
30	177.2 ₁.₂	216.4 ₁.₄	259.6 ₁.₅	306.6 ₁.₇	357.7 ₁.₈	412.7 ₁.₉	471.5 ₂.₁	534.3 ₂.₂
32	178.4 ₁.₃	217.8 ₁.₄	261.1 ₁.₅	308.4 ₁.₆	359.5 ₁.₈	414.6 ₁.₉	473.6 ₂.₀	536.5 ₂.₂
34	179.7 ₁.₂	219.2 ₁.₄	262.6 ₁.₆	310.0 ₁.₆	361.3 ₁.₈	416.5 ₁.₉	475.6 ₂.₀	538.7 ₂.₁
36	180.9 ₁.₃	220.6 ₁.₄	264.2 ₁.₅	311.6 ₁.₇	363.1 ₁.₇	418.4 ₁.₉	477.6 ₂.₁	540.8 ₂.₂
38	182.2 ₁.₃	222.0 ₁.₄	265.7 ₁.₅	313.3 ₁.₆	364.8 ₁.₈	420.3 ₁.₉	479.7 ₂.₀	543.0 ₂.₂
40	183.5 ₁.₂	223.4 ₁.₄	267.2 ₁.₅	314.9 ₁.₇	366.6 ₁.₈	422.2 ₂.₀	481.7 ₂.₁	545.2 ₂.₂
42	184.7 ₁.₃	224.8 ₁.₄	268.7 ₁.₆	316.6 ₁.₇	368.4 ₁.₈	424.2 ₁.₉	483.8 ₂.₀	547.4 ₂.₁
44	186.0 ₁.₃	226.2 ₁.₄	270.3 ₁.₅	318.3 ₁.₆	370.2 ₁.₈	426.1 ₁.₉	485.8 ₂.₁	549.5 ₂.₂
46	187.3 ₁.₃	227.6 ₁.₄	271.8 ₁.₅	319.9 ₁.₇	372.0 ₁.₈	428.0 ₁.₉	487.9 ₂.₁	551.7 ₂.₂
48	188.6 ₁.₂	229.0 ₁.₄	273.3 ₁.₆	321.6 ₁.₇	373.8 ₁.₈	429.9 ₂.₀	490.0 ₂.₀	553.9 ₂.₂
50	189.8 ₁.₃	230.4 ₁.₄	274.9 ₁.₅	323.3 ₁.₇	375.6 ₁.₈	431.9 ₁.₉	492.0 ₂.₁	556.1 ₂.₂
52	191.1 ₁.₃	231.8 ₁.₄	276.4 ₁.₆	325.0 ₁.₇	377.4 ₁.₉	433.8 ₂.₀	494.1 ₂.₁	558.3 ₂.₂
54	192.4 ₁.₃	233.2 ₁.₅	278.0 ₁.₆	326.7 ₁.₇	379.3 ₁.₈	435.8 ₁.₉	496.2 ₂.₁	560.5 ₂.₃
56	193.7 ₁.₃	234.7 ₁.₄	279.6 ₁.₅	328.4 ₁.₆	381.1 ₁.₈	437.7 ₂.₀	498.3 ₂.₁	562.8 ₂.₂
58	195.0 ₁.₃	236.1 ₁.₄	281.1 ₁.₆	330.0 ₁.₇	382.9 ₁.₈	439.7 ₁.₉	500.4 ₂.₁	565.0 ₂.₂
60	196.3	237.5	282.7	331.7	384.7	441.6	502.5	567.2

16b. $n = \dfrac{2\sin^4 \frac{1}{2}t}{\sin 1''}$
(Fortsetzung).

t	9^m	10^m	11^m	12^m	13^m	14^m	15^m	16^m
0s	0″06	0″09	0″14	0″19	0″27	0″36	0″47	0″61
20	0.07 ₁	0.11 ₂	0.15 ₁	0.22 ₃	0.30 ₃	0.39 ₃	0.52 ₅	0.66 ₅
40	0.08 ₁	0.12 ₁	0.17 ₂	0.24 ₂	0.33 ₃	0.43 ₄	0.56 ₄	0.72 ₆
60	0.09 ₁	0.14 ₂	0.19 ₂	0.27 ₃	0.36 ₃	0.47 ₄	0.61 ₅	0.78 ₆

$$\varphi = \delta + z - A \cdot m + A^2 \cdot \cotg z_0 \cdot n$$
$$A = \cos\varphi \cos\delta \cosec z_0$$

16a. Zur Reduktion auf den Meridian: $m = \dfrac{2\sin^2\frac{1}{2}t}{\sin 1''}$
(Fortsetzung).

t	17^m	18^m	19^m	20^m	21^m	22^m	23^m	24^m
0s	567″2 2.2	635″9 2.3	708″4 2.5	784″9 2.6	865″3 2.8	949″6 2.9	1037″8 3.0	1129″9 3.2
2	569.4 2.2	638.2 2.4	710.9 2.5	787.5 2.6	868.1 2.7	952.5 2.9	1040.8 3.0	1133.1 3.1
4	571.6 2.2	640.6 2.3	713.4 2.5	790.1 2.7	870.8 2.8	955.4 2.8	1043.8 3.0	1136.2 3.1
6	573.9 2.3	642.9 2.3	715.9 2.5	792.8 2.6	873.6 2.7	958.2 2.9	1046.8 3.0	1139.4 3.2
8	576.1 2.2	645.3 2.4	718.4 2.5	795.4 2.6	876.3 2.8	961.1 2.9	1049.9 3.1	1142.5 3.1
	2.3	2.4	2.5	2.6	2.8	2.9	3.0	3.2
10	578.4 2.2	647.7 2.3	720.9 2.5	798.0 2.7	879.1 2.8	964.0 2.9	1052.9 3.0	1145.7 3.1
12	580.6 2.3	650.0 2.4	723.4 2.5	800.7 2.6	881.9 2.7	966.9 2.9	1055.9 3.0	1148.8 3.2
14	582.9 2.3	652.4 2.4	725.9 2.5	803.3 2.7	884.6 2.8	969.8 2.9	1059.0 3.1	1152.0 3.2
16	585.1 2.2	654.8 2.4	728.4 2.5	806.0 2.6	887.4 2.8	972.7 2.9	1062.0 3.0	1155.2 3.2
18	587.4 2.3	657.2 2.4	730.9 2.5	808.6 2.7	890.2 2.8	975.7 3.0	1065.1 3.1	1158.4 3.2
	2.2	2.4	2.6	2.7	2.8	2.9	3.0	3.1
20	589.6 2.3	659.6 2.4	733.5 2.5	811.3 2.6	893.0 2.8	978.6 2.9	1068.1 3.1	1161.5 3.2
22	591.9 2.3	662.0 2.4	736.0 2.5	813.9 2.7	895.8 2.8	981.5 2.9	1071.2 3.0	1164.7 3.2
24	594.2 2.3	664.4 2.4	738.5 2.6	816.6 2.7	898.6 2.8	984.4 3.0	1074.2 3.1	1167.9 3.2
26	596.5 2.3	666.8 2.4	741.1 2.5	819.3 2.6	901.4 2.8	987.4 2.9	1077.3 3.0	1171.1 3.2
28	598.7 2.2	669.2 2.4	743.6 2.6	821.9 2.7	904.2 2.8	990.3 2.9	1080.3 3.1	1174.3 3.2
	2.3	2.4	2.5	2.7	2.8	2.9	3.1	3.2
30	601.0 2.3	671.6 2.5	746.2 2.5	824.6 2.7	907.0 2.8	993.2 3.0	1083.4 3.1	1177.5 3.2
32	603.3 2.3	674.1 2.4	748.7 2.6	827.3 2.7	909.8 2.8	996.2 2.9	1086.5 3.1	1180.7 3.2
34	605.6 2.3	676.5 2.4	751.3 2.5	830.0 2.7	912.6 2.8	999.1 3.0	1089.6 3.0	1183.9 3.2
36	607.9 2.3	678.9 2.4	753.8 2.6	832.7 2.7	915.4 2.9	1002.1 2.9	1092.6 3.0	1187.1 3.2
38	610.2 2.3	681.3 2.5	756.4 2.6	835.4 2.7	918.3 2.8	1005.0 3.0	1095.7 3.1	1190.3 3.2
	2.3	2.5	2.6	2.7	2.8	3.0	3.1	3.2
40	612.5 2.3	683.8 2.4	759.0 2.5	838.1 2.7	921.1 2.8	1008.0 2.9	1098.8 3.1	1193.5 3.2
42	614.8 2.4	686.2 2.5	761.5 2.6	840.8 2.7	923.9 2.8	1010.9 3.0	1101.9 3.1	1196.7 3.3
44	617.2 2.3	688.7 2.4	764.1 2.6	843.5 2.7	926.7 2.9	1013.9 3.0	1105.0 3.1	1200.0 3.2
46	619.5 2.3	691.1 2.5	766.7 2.6	846.2 2.7	929.6 2.8	1016.9 3.0	1108.1 3.1	1203.2 3.2
48	621.8 2.3	693.6 2.4	769.3 2.6	848.9 2.7	932.4 2.9	1019.9 3.0	1111.2 3.1	1206.4 3.3
	2.3	2.4	2.6	2.7	2.9	3.0	3.1	3.3
50	624.1 2.4	696.0 2.5	771.9 2.6	851.6 2.8	935.3 2.8	1022.9 3.0	1114.3 3.2	1209.7 3.3
52	626.5 2.3	698.5 2.5	774.5 2.6	854.4 2.7	938.1 2.9	1025.9 2.9	1117.5 3.1	1213.0 3.2
54	628.8 2.4	701.0 2.5	777.1 2.6	857.1 2.7	941.0 2.9	1028.8 2.9	1120.6 3.1	1216.2 3.3
56	631.2 2.3	703.5 2.4	779.7 2.6	859.8 2.8	943.9 2.8	1031.8 3.0	1123.7 3.1	1219.5 3.2
58	633.5 2.4	705.9 2.5	782.3 2.6	862.6 2.7	946.7 2.9	1034.8 3.0	1126.8 3.1	1222.7 3.3
60	635.9	708.4	784.9	865.3	949.6	1037.8	1129.9	1226.0

16b. $n = \dfrac{2\sin^4\frac{1}{2}t}{\sin 1''}$
(Fortsetzung).

t	17^m	18^m	19^m	20^m	21^m	22^m	23^m	24^m
0s	0″78 6	0″98 7	1″22 8	1″49 11	1″81 12	2″19 13	2″61 16	3″09 18
20	0.84 7	1.05 8	1.30 10	1.60 10	1.93 13	2.32 14	2.77 16	3.27 18
40	0.91 7	1.13 9	1.40 9	1.70 11	2.06 13	2.46 15	2.93 16	3.45 19
60	0.98	1.22	1.49	1.81	2.19	2.61	3.09	3.64

$\varphi = \delta + z - A \cdot m + A^2 \cdot \cotg z_0 \cdot n$

$A = \cos\varphi \cos\delta \cosec z_0$

16a. Zur Reduktion auf den Meridian: $m = \dfrac{2\sin^2\frac{1}{2}t}{\sin 1''}$
(Fortsetzung).

t	25^m	26^m	27^m	28^m	29^m	30^m	31^m
0s	1226″0	1325″9	1429″8	1537″5	1649″1	1764″6	1884″0
2	1229.3 ³·³	1329.3 ³·⁴	1433.3 ³·⁵	1541.2 ³·⁷	1652.9 ³·⁸	1768.5 ³·⁹	1888.0 ⁴·⁰
4	1232.5 ³·²	1332.7 ³·⁴	1436.8 ³·⁵	1544.9 ³·⁷	1656.7 ³·⁸	1772.4 ³·⁹	1892.1 ⁴·¹
6	1235.8 ³·³	1336.1 ³·⁴	1440.4 ³·⁶	1548.5 ³·⁶	1660.5 ³·⁸	1776.3 ³·⁹	1896.1 ⁴·⁰
8	1239.1 ³·³	1339.6 ³·⁵	1443.9 ³·⁵	1552.2 ³·⁷	1664.3 ³·⁸	1780.3 ⁴·⁰	1900.2 ⁴·¹
	3.3	3.4	3.5	3.6	3.8	3.9	4.1
10	1242.4	1343.0	1447.4	1555.8	1668.1	1784.2	1904.3
12	1245.7 ³·³	1346.4 ³·⁴	1451.0 ³·⁶	1559.5 ³·⁷	1672.0 ³·⁹	1788.2 ⁴·⁰	1908.4 ⁴·¹
14	1249.0 ³·³	1349.8 ³·⁴	1454.5 ³·⁵	1563.1 ³·⁶	1675.8 ³·⁸	1792.1 ³·⁹	1912.4 ⁴·⁰
16	1252.2 ³·²	1353.3 ³·⁵	1458.1 ³·⁶	1566.8 ³·⁷	1679.6 ³·⁸	1796.1 ⁴·⁰	1916.5 ⁴·¹
18	1255.5 ³·³	1356.7 ³·⁴	1461.6 ³·⁵	1570.5 ³·⁷	1683.4 ³·⁸	1800.0 ³·⁹	1920.6 ⁴·¹
	3.4	3.4	3.6	3.8	3.8	4.0	
20	1258.9	1360.1	1465.2	1574.3	1687.2	1804.0	1924.7
22	1262.2 ³·³	1363.6 ³·⁵	1468.8 ³·⁶	1578.0 ³·⁷	1691.0 ³·⁸	1807.9 ³·⁹	1928.8 ⁴·¹
24	1265.5 ³·³	1367.0 ³·⁴	1472.4 ³·⁶	1581.7 ³·⁷	1694.9 ³·⁹	1811.9 ⁴·⁰	1932.9 ⁴·¹
26	1268.8 ³·³	1370.5 ³·⁵	1476.0 ³·⁶	1585.4 ³·⁷	1698.7 ³·⁸	1815.8 ³·⁹	1937.0 ⁴·¹
28	1272.1 ³·³	1373.9 ³·⁴	1479.5 ³·⁵	1589.1 ³·⁷	1702.6 ³·⁹	1819.8 ⁴·⁰	1941.1 ⁴·¹
	3.4	3.4	3.6	3.7	3.8	4.0	
30	1275.5	1377.3	1483.1	1592.8	1706.4	1823.8	1945.2
32	1278.8 ³·³	1380.8 ³·⁵	1486.7 ³·⁶	1596.5 ³·⁷	1710.2 ³·⁸	1827.8 ⁴·⁰	1949.3 ⁴·¹
34	1282.1 ³·³	1384.3 ³·⁵	1490.3 ³·⁶	1600.2 ³·⁷	1714.1 ³·⁹	1831.8 ⁴·⁰	1953.4 ⁴·¹
36	1285.5 ³·⁴	1387.8 ³·⁵	1493.9 ³·⁶	1604.0 ³·⁸	1717.9 ³·⁸	1835.8 ⁴·⁰	1957.6 ⁴·²
38	1288.8 ³·³	1391.2 ³·⁴	1497.5 ³·⁶	1607.7 ³·⁷	1721.8 ³·⁹	1839.8 ⁴·⁰	1961.7 ⁴·¹
	3.4	3.5	3.6	3.8	3.9	4.0	
40	1292.2	1394.7	1501.1	1611.5	1725.7	1843.8	1965.8
42	1295.5 ³·³	1398.2 ³·⁵	1504.8 ³·⁷	1615.2 ³·⁷	1729.5 ³·⁸	1847.8 ⁴·⁰	1969.9 ⁴·¹
44	1298.9 ³·⁴	1401.7 ³·⁵	1508.4 ³·⁶	1619.0 ³·⁸	1733.4 ³·⁹	1851.8 ⁴·⁰	1974.1 ⁴·²
46	1302.2 ³·³	1405.2 ³·⁵	1512.0 ³·⁶	1622.7 ³·⁷	1737.3 ³·⁹	1855.8 ⁴·⁰	1978.2 ⁴·¹
48	1305.6 ³·⁴	1408.7 ³·⁵	1515.7 ³·⁷	1626.4 ³·⁷	1741.2 ³·⁹	1859.8 ⁴·⁰	1982.4 ⁴·²
	3.4	3.5	3.6	3.8	3.9	4.0	
50	1309.0	1412.2	1519.3	1630.2	1745.1	1863.8	1986.5
52	1312.3 ³·³	1415.7 ³·⁵	1522.9 ³·⁶	1633.9 ³·⁷	1749.0 ³·⁹	1867.8 ⁴·⁰	1990.7 ⁴·²
54	1315.7 ³·⁴	1419.2 ³·⁵	1526.5 ³·⁶	1637.7 ³·⁸	1752.9 ³·⁹	1871.8 ⁴·⁰	1994.8 ⁴·¹
56	1319.1 ³·⁴	1422.8 ³·⁶	1530.2 ³·⁷	1641.5 ³·⁸	1756.8 ³·⁹	1875.9 ⁴·¹	1999.0 ⁴·²
58	1322.5 ³·⁴	1426.3 ³·⁵	1533.8 ³·⁶	1645.3 ³·⁸	1760.7 ³·⁹	1879.9 ⁴·⁰	2003.2 ⁴·²
	3.4	3.5	3.7	3.8	3.9	4.1	
60	1325.9	1429.8	1537.5	1649.1	1764.6	1884.0	2007.4

16b. $n = \dfrac{2\sin^4\frac{1}{2}t}{\sin 1''}$
(Fortsetzung).

t	25^m	26^m	27^m	28^m	29^m	30^m	31^m
0s	3″64	4″26	4″96	5″73	6″59	7″55	8″60
20	3.84 ²⁰	4.48 ²²	5.20 ²⁴	6.01 ²⁸	6.90 ³¹	7.89 ³⁴	8.98 ³⁸
40	4.05 ²¹	4.71 ²³	5.46 ²⁶	6.30 ²⁹	7.22 ³²	8.24 ³⁵	9.37 ³⁹
60	4.26 ²¹	4.96 ²⁵	5.73 ²⁷	6.59 ²⁹	7.55 ³³	8.60 ³⁶	9.77 ⁴⁰

$$\varphi = \delta + z - A \cdot m + A^2 \cdot \cot g\, z_0 \cdot n$$
$$A = \cos\varphi \cos\delta \operatorname{cosec} z_0$$

16a. Zur Reduktion auf den Meridian: $m = \dfrac{2\sin^2 \frac{1}{2}t}{\sin 1''}$
(Schluß).

t	32^m	33^m	34^m	35^m	36^m	37^m	38^m	39^m
0s	2007″4	2134″6	2265″6	2400″6	2539″5	2682″2	2828″8	2979″3
2	2011.5 ⁴·¹	2138.9 ⁴·³	2270.0 ⁴·⁴	2405.2 ⁴·⁶	2544.2 ⁴·⁷	2687.0 ⁴·⁸	2833.7 ⁴·⁹	2984.4 ⁵·¹
4	2015.7 ⁴·²	2143.2 ⁴·³	2274.5 ⁴·⁵	2409.8 ⁴·⁶	2548.9 ⁴·⁷	2691.9 ⁴·⁹	2838.7 ⁵·⁰	2989.5 ⁵·¹
6	2019.9 ⁴·²	2147.5 ⁴·³	2278.9 ⁴·⁴	2414.3 ⁴·⁵	2553.6 ⁴·⁷	2696.7 ⁴·⁸	2843.6 ⁴·⁹	2994.6 ⁵·¹
8	2024.1 ⁴·²	2151.8 ⁴·³	2283.4 ⁴·⁵	2418.9 ⁴·⁶	2558.3 ⁴·⁷	2701.5 ⁴·⁸	2848.6 ⁵·⁰	2999.7 ⁵·¹
	⁴·²	⁴·³	⁴·⁴	⁴·⁶	⁴·⁷	⁴·⁸	⁵·⁰	⁵·⁰
10	2028.3	2156.1	2287.8	2423.5	2563.0	2706.3	2853.6	3004.7
12	2032.5 ⁴·²	2160.5 ⁴·⁴	2292.3 ⁴·⁵	2428.1 ⁴·⁶	2567.7 ⁴·⁷	2711.2 ⁴·⁹	2858.6 ⁵·⁰	3009.8 ⁵·¹
14	2036.7 ⁴·²	2164.8 ⁴·³	2296.8 ⁴·⁵	2432.7 ⁴·⁶	2572.4 ⁴·⁷	2716.1 ⁴·⁹	2863.5 ⁴·⁹	3014.9 ⁵·²
16	2040.9 ⁴·²	2169.1 ⁴·³	2301.3 ⁴·⁵	2437.3 ⁴·⁶	2577.1 ⁴·⁷	2720.9 ⁴·⁸	2868.5 ⁵·⁰	3020.1 ⁵·¹
18	2045.1 ⁴·²	2173.4 ⁴·³	2305.8 ⁴·⁵	2441.9 ⁴·⁶	2581.9 ⁴·⁸	2725.8 ⁴·⁹	2873.5 ⁵·⁰	3025.2 ⁵·¹
	⁴·²		⁴·⁴	⁴·⁶	⁴·⁷	⁴·⁸	⁵·⁰	⁵·¹
20	2049.3	2177.8	2310.2	2446.5	2586.6	2730.6	2878.5	3030.3
22	2053.5 ⁴·²	2182.1 ⁴·³	2314.7 ⁴·⁵	2451.1 ⁴·⁶	2591.3 ⁴·⁷	2735.5 ⁴·⁹	2883.5 ⁵·⁰	3035.5 ⁵·¹
24	2057.8 ⁴·³	2186.5 ⁴·³	2319.2 ⁴·⁵	2455.7 ⁴·⁶	2596.1 ⁴·⁷	2740.4 ⁴·⁸	2888.5 ⁵·⁰	3040.6 ⁵·²
26	2062.0 ⁴·²	2190.8 ⁴·³	2323.7 ⁴·⁵	2460.3 ⁴·⁶	2600.8 ⁴·⁷	2745.2 ⁴·⁹	2893.5 ⁵·⁰	3045.8 ⁵·¹
28	2066.2 ⁴·²	2195.2 ⁴·⁴	2328.2 ⁴·⁵	2464.9 ⁴·⁶	2605.6 ⁴·⁸	2750.1 ⁴·⁹	2898.5 ⁵·⁰	3050.9 ⁵·¹
	⁴·²	⁴·³	⁴·⁵	⁴·⁶	⁴·⁷	⁴·⁹	⁵·¹	⁵·¹
30	2070.4	2199.5	2332.7	2469.5	2610.3	2755.0	2903.6	3056.0
32	2074.7 ⁴·³	2203.9 ⁴·⁴	2337.2 ⁴·⁵	2474.2 ⁴·⁷	2615.1 ⁴·⁸	2759.9 ⁴·⁹	2908.6 ⁵·⁰	3061.2 ⁵·²
34	2078.9 ⁴·²	2208.3 ⁴·⁴	2341.7 ⁴·⁵	2478.8 ⁴·⁶	2619.8 ⁴·⁷	2764.8 ⁴·⁹	2913.6 ⁵·⁰	3066.3 ⁵·¹
36	2083.2 ⁴·³	2212.7 ⁴·⁴	2346.2 ⁴·⁵	2483.5 ⁴·⁷	2624.6 ⁴·⁸	2769.7 ⁴·⁹	2918.6 ⁵·⁰	3071.4 ⁵·¹
38	2087.4 ⁴·²	2217.1 ⁴·⁴	2350.7 ⁴·⁵	2488.1 ⁴·⁶	2629.4 ⁴·⁸	2774.6 ⁴·⁹	2923.6 ⁵·⁰	3076.6 ⁵·²
	⁴·³	⁴·⁴	⁴·⁵	⁴·⁷	⁴·⁸	⁴·⁹	⁵·¹	⁵·¹
40	2091.7	2221.5	2355.2	2492.8	2634.2	2779.5	2928.7	3081.7
42	2095.9 ⁴·²	2225.9 ⁴·⁴	2359.7 ⁴·⁵	2497.4 ⁴·⁶	2639.0 ⁴·⁸	2784.4 ⁴·⁹	2933.7 ⁵·⁰	3086.8 ⁵·¹
44	2100.2 ⁴·³	2230.3 ⁴·⁴	2364.2 ⁴·⁵	2502.1 ⁴·⁷	2643.8 ⁴·⁸	2789.3 ⁴·⁹	2938.8 ⁵·¹	3092.0 ⁵·²
46	2104.5 ⁴·³	2234.7 ⁴·⁴	2368.7 ⁴·⁵	2506.7 ⁴·⁶	2648.5 ⁴·⁷	2794.2 ⁴·⁹	2943.9 ⁵·¹	3097.2 ⁵·²
48	2108.8 ⁴·³	2239.1 ⁴·⁴	2373.3 ⁴·⁶	2511.4 ⁴·⁷	2653.3 ⁴·⁸	2799.2 ⁵·⁰	2948.9 ⁵·⁰	3102.4 ⁵·²
	⁴·³	⁴·⁴	⁴·⁵	⁴·⁷	⁴·⁸	⁴·⁹	⁵·⁰	⁵·²
50	2113.1	2243.5	2377.8	2516.1	2658.1	2804.1	2953.9	3107.6
52	2117.4 ⁴·³	2247.9 ⁴·⁴	2382.4 ⁴·⁶	2520.8 ⁴·⁷	2662.9 ⁴·⁸	2809.0 ⁴·⁹	2959.0 ⁵·¹	3112.8 ⁵·²
54	2121.7 ⁴·³	2252.3 ⁴·⁴	2386.9 ⁴·⁵	2525.4 ⁴·⁶	2667.7 ⁴·⁸	2814.0 ⁵·⁰	2964.1 ⁵·¹	3118.0 ⁵·²
56	2126.0 ⁴·³	2256.7 ⁴·⁴	2391.5 ⁴·⁶	2530.1 ⁴·⁷	2672.5 ⁴·⁸	2818.9 ⁴·⁹	2969.2 ⁵·¹	3123.2 ⁵·²
58	2130.3 ⁴·³	2261.1 ⁴·⁴	2396.0 ⁴·⁵	2534.8 ⁴·⁷	2677.3 ⁴·⁸	2823.8 ⁴·⁹	2974.3 ⁵·¹	3128.4 ⁵·²
	⁴·³	⁴·⁵	⁴·⁶	⁴·⁷	⁴·⁹	⁵·⁰	⁵·⁰	⁵·²
60	2134.6	2265.6	2400.6	2539.5	2682.2	2828.8	2979.3	3133.6

16b. $n = \dfrac{2\sin^4 \frac{1}{2}t}{\sin 1''}$
(Schluß).

t	32^m	33^m	34^m	35^m	36^m	37^m	38^m	39^m
0s	9″77	11″05	12″44	13″97	15″63	17″44	19″40	21″52
20	10.18 ₄₁	11.50 ₄₅	12.94 ₅₀	14.51 ₅₄	16.22 ₅₉	18.08 ₆₄	20.09 ₆₉	22.26 ₇₄
40	10.61 ₄₃	11.96 ₄₆	13.45 ₅₁	15.06 ₅₅	16.82 ₆₀	18.73 ₆₅	20.79 ₇₀	23.02 ₇₆
60	11.05 ₄₄	12.44 ₄₈	13.97 ₅₂	15.63 ₅₇	17.44 ₆₂	19.40 ₆₇	21.52 ₇₃	23.80 ₇₈

$$\varphi = \delta + z - A \cdot m + A^2 \cdot \cotg z_0 \cdot n$$
$$A = \cos\varphi \cos\delta \cosec z_0$$

17. Stundenwinkel σ der größten Sonnenhöhe.

$a = 0^s\!2546 \text{ tang } \varphi \qquad b = -0^s\!2546 \text{ tang } \delta$

Argum. für a φ	a	b	Argum. für b δ	Datum		μ	δ
± 0°	±0^{s}000		± 0°	Januar	I	+ 11″	− 23°
2	009	9	2		II	23 ^{12}	− 22
4	018	9	4		21	33 ^{10}	− 20
6	027	9	6	Februar	I	42 ^{9}	− 17
8	036	9	8		II	49 ^{7}	− 14
		9			21	+ 54 ^{5}	− 11
± 10	±0.045		± 10			^{3}	
12	054	9	12	März	I	+ 57	− 8
14	063	9	14		II	59 ^{2}	− 4
16	073	10	16		21	59 ^{0}	0
18	083	10	18	April	I	58 ^{1}	+ 4
		10			II	55 ^{3}	+ 8
± 20	±0.093		± 20		21	+ 51 ^{4}	+ 12
22	103	10	22			^{5}	
24	113	10	24	Mai	I	+ 46	+ 15
26	124	11			II	39 ^{7}	+ 18
28	135	11			21	31 ^{8}	+ 20
		12		Juni	I	21 ^{10}	+ 22
± 30	±0.147				II	11 ^{10}	+ 23
32	159	12			21	+ 1 ^{10}	+ 23
34	172	13				^{10}	
36	185	13		Juli	I	− 9	+ 23
38	199	14			II	19 ^{10}	+ 22
		15			21	28 ^{9}	+ 21
± 40°	±0.214			August	I	37 ^{9}	+ 18
41	221	7			II	44 ^{7}	+ 15
42	229	8			21	− 50 ^{6}	+ 12
43	237	8				^{4}	
44	246	9		September	I	− 54	+ 9
		9			II	57 ^{3}	+ 5
± 45	±0.255				21	58 ^{1}	+ 1
46	264	9		Oktober	I	58 ^{0}	− 3
47	273	9			II	57 ^{1}	− 7
48	283	10			21	− 54 ^{3}	− 10
49	293	10				^{5}	
		10		November	I	− 49	− 14
± 50	±0.303				II	42 ^{7}	− 17
51	314	11			21	34 ^{8}	− 20
52	326	12		Dezember	I	24 ^{10}	− 22
53	338	11			II	13 ^{11}	− 23
54	350	12			21	− 2 ^{11}	− 23
		14				^{13}	
± 55	±0.364			Januar	I	+ 11	− 23
56	378	14					
57	392	14					
58	407	15					
59	424	17					
		17					
± 60	±0.441	18					
61	459	20					
62	479	21					
63	500	22					
64	522						

$\sigma = (a + b)\mu$

σ in Zeitsekunden

18. Höhenparallaxe der Sonne.

Horizontal-Parallaxe	Zenitdistanz															
	0°	5°	10°	15°	20°	25°	30°	35°	40°	45°	50°	55°	60°	70°	80°	90°
8″8	0″	1″	2″	2″	3″	4″	4″	5″	6″	6″	7″	7″	8″	8″	9″	9″

19. Höhenparallaxe der Planeten.

Horizontal-Parallaxe	Zenitdistanz															
	0°	5°	10°	15°	20°	25°	30°	35°	40°	45°	50°	55°	60°	70°	80°	90°
0″	0″	0″	0″	0″	0″	0″	0″	0″	0″	0″	0″	0″	0″	0″	0″	0″
2	0	0	0	1	1	1	1	1	1	1	2	2	2	2	2	2
4	0	0	1	1	1	2	2	2	3	3	3	3	3	4	4	4
6	0	1	1	2	2	3	3	3	4	4	5	5	5	6	6	6
8	0	1	1	2	3	3	4	5	5	6	6	7	7	8	8	8
10	0	1	2	3	3	4	5	6	6	7	8	8	9	9	10	10
12	0	1	2	3	4	5	6	7	8	8	9	10	10	11	12	12
14	0	1	2	4	5	6	7	8	9	10	11	11	12	13	14	14
16	0	1	3	4	5	7	8	9	10	11	12	13	14	15	16	16
18	0	2	3	5	6	8	9	10	12	13	14	15	16	17	18	18
20	0	2	3	5	7	8	10	11	13	14	15	16	17	19	20	20
22	0	2	4	6	8	9	11	13	14	16	17	18	19	21	22	22
24	0	2	4	6	8	10	12	14	15	17	18	20	21	23	24	24
26	0	2	5	7	9	11	13	15	17	18	20	21	23	24	26	26
28	0	2	5	7	10	12	14	16	18	20	21	23	24	26	28	28
30	0	3	5	8	10	13	15	17	19	21	23	25	26	28	30	30
32	0	3	6	8	11	14	16	18	21	23	25	26	28	30	32	32

20a. Genäherte Polhöhe aus der Zenitdistanz von Polaris.

$R_0 = -p_0 \cos t$ für $p_0 = 4000''$ $\delta_0 = +88° 53' 20''$

Stundenwinkel		R_0		Stundenwinkel	
−	+			+	−
0ʰ 0ᵐ	12ʰ 0ᵐ	66.7	1	12ʰ 0ᵐ	24ʰ 0ᵐ
10	10	66.6	2	11 50	23 50
20	20	66.4	3	40	40
30	30	66.1	4	30	30
40	40	65.7	6	20	20
50	50	65.1	7	10	10
1 0	13 0	64.4	8	11 0	23 0
10	10	63.6	9	10 50	22 50
20	20	62.7	11	40	40
30	30	61.6	12	30	30
40	40	60.4	13	20	20
50	50	59.1	14	10	10
2 0	14 0	57.7	15	10 0	22 0
10	10	56.2	16	9 50	21 50
20	20	54.6	17	40	40
30	30	52.9	18	30	30
40	40	51.1	19	20	20
50	50	49.2	20	10	10
3 0	15 0	47.2	21	9 0	21 0
10	10	45.1	22	8 50	20 50
20	20	42.9	23	40	40
30	30	40.6	24	30	30
40	40	38.2	24	20	20
50	50	35.8	25	10	10
4 0	16 0	33.3	25	8 0	20 0
10	10	30.8	26	7 50	19 50
20	20	28.2	27	40	40
30	30	25.5	27	30	30
40	40	22.8	28	20	20
50	50	20.0	28	10	10
5 0	17 0	17.2	28	7 0	19 0
10	10	14.4	28	6 50	18 50
20	20	11.6	29	40	40
30	30	8.7	29	30	30
40	40	5.8	29	20	20
50	50	2.9	29	10	10
6 0	18 0	0.0		6 0	18 0
−	+			+	−

δ	$\dfrac{p}{p_0}$
88° 50'	1.050
51	1.035
52	1.020
53	1.005
54	0.990
55	0.975
56	0.960
57	0.945
58	0.930
88 59	0.915
89 0	0.900

$$R = \frac{p}{p_0} R_0 \qquad S = \frac{p^2}{p_0^2} S_0$$

$$\varphi = (90° - z) + R + S$$

20b. Genäherte Polhöhe aus der Zenitdistanz von Polaris.

$S_0 = \frac{1}{2} p_0^2 \sin 1' \tan \varphi \sin^2 t$ für $p_0 = 4000''$ $\delta_0 = +88° 53' 20''$

δ	$\dfrac{p^2}{p_0^2}$
88° 50'	1.10
51	1.07
52	1.04
53	1.01
54	0.98
55	0.95
56	0.92
57	0.89
58	0.86
88 59	0.84
89 0	0.81

t \ φ		10°	14°	18°	22°	26°	30°	34°	38°	42°	46°	50°	54°	58°	62°	66°		φ \ t
		+	+	+	+	+	+	+	+	+	+	+	+	+	+	+		
0ʰ 0ᵐ	12ʰ 0ᵐ	0.0	0.0	0.0	0.0	0.0	0.0	0.0	0.0	0.0	0.0	0.0	0.0	0.0	0.0	0.0	12ʰ 0ᵐ	24ʰ 0ᵐ
30	30	0.0	0.0	0.0	0.0	0.0	0.0	0.0	0.0	0.0	0.0	0.0	0.0	0.0	0.0	0.0	11 30	23 30
1 0	13 0	0.0	0.0	0.0	0.0	0.0	0.0	0.0	0.0	0.0	0.0	0.1	0.1	0.1	0.1	0.1	11 0	23 0
30	30	0.0	0.0	0.0	0.0	0.0	0.1	0.1	0.1	0.1	0.1	0.1	0.1	0.2	0.2	0.2	10 30	22 30
2 0	14 0	0.0	0.0	0.1	0.1	0.1	0.1	0.1	0.1	0.2	0.2	0.2	0.3	0.3	0.3	0.4	10 0	22 0
30	30	0.0	0.1	0.1	0.1	0.1	0.2	0.2	0.2	0.2	0.3	0.3	0.4	0.4	0.5	0.5	9 30	21 30
3 0	15 0	0.1	0.1	0.1	0.1	0.2	0.2	0.2	0.3	0.3	0.3	0.4	0.4	0.5	0.6	0.7	9 0	21 0
30	30	0.1	0.1	0.1	0.2	0.2	0.2	0.3	0.3	0.4	0.4	0.5	0.6	0.6	0.8	0.9	8 30	20 30
4 0	16 0	0.1	0.1	0.2	0.2	0.2	0.3	0.3	0.4	0.4	0.5	0.6	0.7	0.8	0.9	1.1	8 0	20 0
30	30	0.1	0.1	0.2	0.2	0.3	0.3	0.4	0.4	0.5	0.6	0.7	0.8	0.9	1.0	1.2	7 30	19 30
5 0	17 0	0.1	0.2	0.2	0.3	0.3	0.3	0.4	0.5	0.5	0.6	0.7	0.8	1.0	1.1	1.4	7 0	19 0
30	30	0.1	0.2	0.2	0.3	0.3	0.4	0.4	0.5	0.6	0.7	0.8	0.9	1.0	1.2	1.4	6 30	18 30
6 0	18 0	0.1	0.2	0.2	0.3	0.3	0.4	0.4	0.5	0.6	0.7	0.8	0.9	1.0	1.2	1.5	6 0	18 0

$$R = \frac{p}{p_0} R_0 \qquad S = \frac{p^2}{p_0^2} S_0$$

$$\varphi = (90° - z) + R + S$$

21a. Polhöhe aus der Zenitdistanz von Polaris.

$M_0 = \frac{1}{2} p_0^2 \sin 1'' \tan \varphi$ für $p_0 = 4000''$ $\delta_0 = +88°\,53'\,20''$

φ	M₀	φ	M₀
10°	7″	40°	33″
11	8	41	34
12	8	42	35
13	9	43	36
14	10	44	37
15	10	45	39
16	11	46	40
17	12	47	42
18	13	48	43
19	13	49	45
20	14	50	46
21	15	51	48
22	16	52	50
23	16	53	51
24	17	54	53
25	18	55	55
26	19	56	58
27	20	57	60
28	21	58	62
29	21	59	65
30	22	60	67
31	23	61	70
32	24	62	73
33	25	63	76
34	26	64	80
35	27	65	83
36	28	66	87
37	29		
38	30		
39	31		
40	33		

δ	$\frac{p^2}{p_0^2}$
88° 50′	1.102
51	1.071
52	1.040
53	1.010
54	0.980
55	0.951
56	0.921
57	0.893
58	0.865
88 59	0.837
89 0	0.810

$$M = \frac{p^2}{p_0^2} M_0 \qquad N = \frac{p^3}{p_0^3} N_0$$

$$\varphi = (90° - z) - p \cos t + M \sin^2 t + N$$

21b. Polhöhe aus der Zenitdistanz von Polaris.

$N_0 = \frac{1}{6} p_0^3 \sin^2 1'' (1 + 3 \tan^2 \varphi) \sin^2 t \cos t$ für $p_0 = 4000''$ $\quad \delta_0 = +88° 53' 20''$

δ	$\dfrac{p^3}{p_0^3}$
88° 50'	1.16
51	1.11
52	1.06
53	1.01
54	0.97
55	0.93
56	0.88
57	0.84
58	0.80
88 59	0.77
89 0	0.73

t \ φ		10°	18°	26°	34°	38°	42°	46°	50°	54°	58°	62°	66°	φ \ t	
+	−													−	+
0ʰ 0ᵐ	12ʰ 0ᵐ	0″0	0″0	0″0	0″0	0″0	0″0	0″0	0″0	0″0	0″0	0″0	0″0	12ʰ 0ᵐ	24ʰ 0ᵐ
30	30	0	0	0	0	0	0	0	0	0	0	0	1	11 30	23 30
1 0	13 0	0	0	0	0	0	1	1	1	1	1	2	3	11 0	23 0
30	30	0	0	1	1	1	1	1	2	2	3	4	5	10 30	22 30
2 0	14 0	0.1	0.1	0.1	0.1	0.2	0.2	0.2	0.3	0.4	0.5	0.6	0.8	10 0	22 0
30	·30	1	1	1	2	2	3	3	4	5	6	0.9	1.1	9 30	21 30
3 0	15 0	1	1	1	2	3	3	4	5	6	8	1.0	1.5	9 0	21 0
30	30	1	1	2	2	3	3	4	5	6	8	1.1	1.5	8 30	20 30
4 0	16 0	0.1	0.1	0.2	0.2	0.3	0.3	0.4	0.5	0.6	0.8	1.1	1.5	8 0	20 0
30	30	1	1	1	2	2	3	3	4	6	7	0.9	1.4	7 30	19 30
5 0	17 0	1	1	1	1	2	2	3	3	4	5	0.7	1.0	7 0	19 0
30	30	0	0	0	1	1	1	1	2	2	3	0.4	0.5	6 30	18 30
6 0	18 0	0.0	0.0	0.0	0.0	0.0	0.0	0.0	0.0	0.0	0.0	0.0	0.0	6 0	18 0
+	−													−	+

$$M = \frac{p^2}{p_0^2} M_0 \qquad N = \frac{p^3}{p_0^3} N_0$$

$$\varphi = (90° - z) - p \cos t + M \sin^2 t + N$$

22. Genähertes Azimut von Polaris.

$$\delta_0 = +88° 53' 20''$$

t \ φ	10°	14°	18°	22°	26°	30°	34°	38°	42°	46°	50°	φ \ t
—												+
0^h 0^m	0'	0'	0'	0'	0'	0'	0'	0'	0'	0'	0'	24^h 0^m
20	6	6	6	6	7	7	7	8	8	9	9	23 40
40	12	12	12	13	13	14	14	15	16	17	18	20
1 0	18	18	18	19	19	20	21	22	24	25	28	23 0
20	23	24	24	25	26	27	28	30	31	33	36	22 40
40	29	29	30	31	32	33	34	36	39	41	45	20
2 0	34	34	35	36	37	39	41	43	46	49	53	22 0
20	39	40	41	42	43	45	47	49	52	56	61	21 40
40	44	44	45	47	48	50	52	55	59	63	68	20
3 0	48	49	50	51	53	54	57	61	64	69	75	21 0
20	52	53	54	55	57	59	62	66	70	75	81	20 40
40	56	57	58	59	61	63	66	70	74	80	86	20
4 0	59	60	61	62	64	67	70	74	78	84	91	20 0
20	61	62	64	65	67	70	73	77	82	88	95	19 40
40	64	65	66	68	70	73	76	80	85	91	98	20
5 0	65	66	68	70	72	75	78	82	87	93	101	19 0
20	67	68	69	71	73	76	79	84	89	95	103	18 40
40	67	68	70	72	74	77	80	84	90	96	104	20
6 0	68	69	70	72	74	77	80	85	90	96	104	18 0
20	67	68	70	72	74	77	80	84	89	95	103	17 40
40	67	68	69	71	73	76	79	83	88	94	102	20
7 0	65	66	67	69	71	74	77	81	86	92	100	17 0
20	64	65	66	67	69	72	75	79	84	90	97	16 40
40	61	62	63	65	67	69	72	76	81	86	93	20
8 0	58	59	61	62	64	66	69	73	77	82	89	16 0
20	55	56	57	59	61	63	65	69	73	78	84	15 40
40	52	53	53	55	57	59	61	64	68	73	78	20
9 0	48	48	49	51	52	54	56	59	63	67	72	15 0
20	43	44	45	46	47	49	51	54	57	61	65	14 40
40	39	39	40	41	42	44	46	48	51	54	58	20
10 0	34	34	35	36	37	38	40	42	44	47	51	14 0
20	28	29	29	30	31	32	34	35	37	40	43	13 40
40	23	23	24	24	25	26	27	29	30	32	35	20
11 0	17	18	18	19	19	20	21	22	23	24	26	13 0
20	12	12	12	12	13	13	14	15	16	18	12 40
40	6	6	6	6	6	7	7	7	8	8	9	20
12 0	0	0	0	0	0	0	0	0	0	0	0	12 0
—												+

Tafelwert A₀   Azimut = $\dfrac{p}{p_0} \cdot A_0$

δ	$\dfrac{p}{p_0}$
88° 50'	1.050
51	1.035
52	1.020
53	1.005
54	0.990
55	0.975
56	0.960
57	0.945
58	0.930
88 59	0.915
89 0	0.900

22. Genähertes Azimut von Polaris (Schluß).

$$\delta_0 = +88° 53' 20''$$

δ	p/p₀
88° 50'	1.050
51	1.035
52	1.020
53	1.005
54	0.990
55	0.975
56	0.960
57	0.945
58	0.930
88 59	0.915
89 0	0.900

t		50°	52°	54°	56°	58°	60°	62°	64°	66°	68°	70°	φ	t
0ʰ	0ᵐ	0'	0'	0'	0'	0'	0'	0'	0'	0'	0'	0'	24ʰ	0ᵐ
	20	9	10	10	11	11	12	13	14	15	16	18	23	40
	40	18	19	20	21	23	24	26	28	30	33	36		20
1	0	28	29	30	32	34	36	38	41	44	49	53	23	0
	20	36	38	40	42	44	47	50	54	59	64	71	22	40
	40	45	47	49	52	55	58	62	67	72	79	87		20
2	0	53	55	58	61	65	69	73	79	86	93	102	22	0
	20	61	64	67	70	74	79	84	90	98	107	117	21	40
	40	68	71	75	78	83	88	94	101	109	119	131		20
3	0	75	78	82	86	91	97	103	111	120	131	144	21	0
	20	81	84	88	93	98	105	112	120	130	141	155	20	40
	40	86	90	94	99	105	112	119	128	138	150	165		20
4	0	91	95	99	105	111	118	126	135	145	158	174	20	0
	20	95	99	104	110	116	123	131	140	151	165	181	19	40
	40	98	103	108	113	120	127	135	145	156	170	187		20
5	0	101	105	110	116	123	130	139	149	160	174	191	19	0
	20	103	107	112	118	125	132	141	151	163	177	194	18	40
	40	104	108	113	119	126	133	142	152	164	178	195		20
6	0	104	108	113	119	126	133	142	152	164	178	195	18	0
	20	103	108	113	118	125	132	141	151	162	176	193	17	40
	40	102	106	111	117	123	130	139	149	160	173	190		20
7	0	100	104	109	114	120	128	136	145	156	169	185	17	0
	20	97	101	106	111	117	124	132	141	151	164	179	16	40
	40	93	97	101	107	112	119	127	135	146	158	172		20
8	0	89	92	97	102	107	113	121	129	139	150	164	16	0
	20	84	87	91	96	101	107	114	121	131	141	154	15	40
	40	78	81	85	90	94	100	106	113	122	132	144		20
9	0	72	75	79	82	87	92	98	104	112	121	132	15	0
	20	65	68	71	75	79	83	89	95	102	110	120	14	40
	40	58	61	64	67	70	74	79	84	90	98	107		20
10	0	51	53	55	58	61	65	69	73	79	85	93	14	0
	20	43	45	47	49	52	54	58	62	66	72	78	13	40
	40	35	36	38	40	42	44	47	50	54	58	63		20
11	0	26	27	29	30	32	33	35	38	41	44	48	13	0
	20	18	18	19	20	21	22	24	25	27	29	32	12	40
	40	9	9	10	10	11	11	12	13	14	15	16		20
12	0	0	0	0	0	0	0	0	0	0	0	0	12	0

Tafelwert A_0 Azimut $= \dfrac{p}{p_0} \cdot A_0$

23. Zur Berechnung des genauen Azimuts von Polaris.

$a = \cotg \delta \tang \varphi \cos t$ $\log \dfrac{1}{1-a}$ in Einheiten der V. Dezimale.

log a	log $\frac{1}{1-a}$	log a	log $\frac{1}{1-a}$	log a	log $\frac{1}{1-a}$	log a	log $\frac{1}{1-a}$	log a	log $\frac{1}{1-a}$
8.60n	— 1695^V	8.25n	— 765^V	7.90n	— 344^V	7.55n	— 154^V	7.20n	— 69^V
8.59n	— 1658 ^{37}	8.24n	— 748 ^{17}	7.89n	— 336 ^{8}	7.54n	— 150 ^{4}	7.19n	— 67 ^{2}
58	1621 ^{37}	23	731 ^{17}	88	328 ^{8}	53	147 ^{3}	18	66 ^{1}
57	1584 ^{37}	22	715 ^{16}	87	321 ^{7}	52	144 ^{3}	17	64 ^{1}
56	1549 ^{35}	21	699 ^{16}	86	314 ^{7}	51	140 ^{4}	16	63 ^{1}
55n	1514 ^{35}	20n	683 ^{16}	85n	306 ^{8}	50n	137 ^{3}	15n	61 ^{2}
8.54n	— 1480 ^{34}	8.19n	— 667 ^{16}	7.84n	— 299 ^{7}	7.49n	— 134 ^{3}	7.14n	— 60 ^{1}
53	1447 ^{33}	18	652 ^{15}	83	293 ^{6}	48	131 ^{3}	13	58 ^{1}
52	1415 ^{32}	17	638 ^{14}	82	286 ^{7}	47	128 ^{3}	12	57 ^{1}
51	1383 ^{32}	16	623 ^{15}	81	280 ^{6}	46	125 ^{3}	11	56 ^{1}
50n	1352 ^{31}	15n	609 ^{14}	80n	273 ^{7}	45n	122 ^{3}	10n	55 ^{1}
8.49n	— 1322 ^{30}	8.14n	— 595 ^{14}	7.79n	— 267 ^{6}	7.44n	— 120 ^{2}	7.09n	— 53 ^{1}
48	1292 ^{30}	13	582 ^{13}	78	261 ^{6}	43	117 ^{3}	08	52 ^{1}
47	1263 ^{29}	12	569 ^{13}	77	255 ^{6}	42	114 ^{3}	07	51 ^{1}
46	1235 ^{28}	11	556 ^{13}	76	249 ^{6}	41	112 ^{2}	06	50 ^{1}
45n	1207 ^{28}	10n	543 ^{13}	75n	243 ^{5}	40n	109 ^{3}	05n	49 ^{1}
8.44n	— 1180 ^{27}	8.09n	— 531 ^{12}	7.74n	— 238 ^{5}	7.39n	— 106 ^{2}	7.04n	— 48 ^{2}
43	1153 ^{27}	08	519 ^{12}	73	233 ^{6}	38	104 ^{2}	03	46 ^{1}
42	1127 ^{26}	07	507 ^{12}	72	227 ^{5}	37	102 ^{2}	02	45 ^{1}
41	1102 ^{25}	06	496 ^{11}	71	222 ^{5}	36	99 ^{3}	01	44 ^{1}
40n	1077 ^{25}	05n	485 ^{11}	70n	217 ^{5}	35n	97 ^{2}	00n	43 ^{9}
8.39n	— 1053 ^{24}	8.04n	— 474 ^{11}	7.69n	— 212 ^{5}	7.34n	— 95 ^{2}	6.9 n	— 34 ^{7}
38	1029 ^{24}	03	463 ^{11}	68	207 ^{4}	33	93 ^{2}	8	27 ^{5}
37	1006 ^{23}	02	452 ^{11}	67	203 ^{5}	32	91 ^{2}	7	22 ^{5}
36	984 ^{22}	01	442 ^{10}	66	198 ^{4}	31	89 ^{2}	6	17 ^{5}
35n	962 ^{22}	8.00n	432 ^{10}	65n	194 ^{5}	30n	87 ^{2}	5 n	14 ^{3}
8.34n	— 940 ^{21}	7.99n	— 422 ^{9}	7.64n	— 189 ^{4}	7.29n	— 85 ^{2}	6.4 n	— 11 ^{2}
33	919 ^{21}	98	413 ^{10}	63	185 ^{4}	28	83 ^{2}	3	9 ^{2}
32	898 ^{20}	97	403 ^{9}	62	181 ^{4}	27	81 ^{2}	2	7 ^{2}
31	878 ^{20}	96	394 ^{9}	61	177 ^{4}	26	79 ^{2}	1	5 ^{1}
30n	858 ^{19}	95n	385 ^{8}	60n	173 ^{4}	25n	77 ^{2}	6.0 n	4 ^{1}
8.29n	— 839 ^{19}	7.94n	— 377 ^{9}	7.59n	— 169 ^{4}	7.24n	— 75 ^{1}	5.9 n	— 3 ^{0}
28	820 ^{19}	93	368 ^{8}	58	165 ^{4}	23	74 ^{2}	8	3 ^{1}
27	801 ^{18}	92	360 ^{8}	57	161 ^{4}	22	72 ^{2}	7	2 ^{0}
26	783 ^{18}	91	352 ^{8}	56	157 ^{3}	21	70 ^{1}	6	2 ^{1}
25n	765	90n	344	55n	154	20n	69	5 n	1 ^{0}
								5.4 n	— 1 ^{0}
								3	1 ^{0}
								2	1 ^{1}
								1	0 ^{0}
								5.0 n	0

$\tang A_n = - \cotg \delta \sec \varphi \sin t \cdot \dfrac{1}{1-a}$

Wirtz, Astronomie.

23. Zur Berechnung des genauen Azimuts von Polaris.
(Schluß).

$a = \cotg \delta \, \tang \varphi \, \cos t \qquad \log \dfrac{1}{1-a}$ in Einheiten der V. Dezimale.

log a	log $\frac{1}{1-a}$	log a	log $\frac{1}{1-a}$	log a	log $\frac{1}{1-a}$	log a	log $\frac{1}{1-a}$	log a	log $\frac{1}{1-a}$
5.0	+ 0^v $_1$	7.20	+ 69^v $_1$	7.60	+ 173^v $_4$	8.00	+ 436^v $_{11}$	8.40	+ 1105^v $_{26}$
1	0 $_0$	21	70 $_2$	61	177 $_4$	01	447 $_{10}$	41	1131 $_{27}$
2	1 $_1$	22	72 $_2$	62	181 $_4$	02	457 $_{11}$	42	1158 $_{27}$
3	1 $_0$	23	74 $_1$	63	186 $_5$	03	468 $_{11}$	43	1185 $_{27}$
4	1 $_0$	24	75 $_2$	64	190 $_4$	04	479 $_{11}$	44	1213 $_{28}$
5.5	+ 1 $_1$	7.25	+ 77 $_2$	7.65	+ 194 $_5$	8.05	+ 490 $_{11}$	8.45	+ 1242 $_{29}$
6	2 $_0$	26	79 $_2$	66	199 $_5$	06	501 $_{12}$	46	1271 $_{29}$
7	2 $_1$	27	81 $_2$	67	204 $_5$	07	513 $_{12}$	47	1301 $_{30}$
8	3 $_0$	28	83 $_2$	68	208 $_4$	08	525 $_{13}$	48	1332 $_{31}$
5.9	3 $_1$	29	85 $_2$	69	213 $_5$	09	538 $_{12}$	49	1363 $_{31}$
6.0	+ 4 $_1$	7.30	+ 87 $_2$	7.70	+ 218 $_5$	8.10	+ 550 $_{13}$	8.50	+ 1396 $_{33}$
1	5 $_2$	31	89 $_2$	71	223 $_5$	11	563 $_{13}$	51	1429 $_{33}$
2	7 $_2$	32	91 $_2$	72	228 $_6$	12	576 $_{14}$	52	1462 $_{35}$
3	9 $_2$	33	93 $_2$	73	234 $_5$	13	590 $_{14}$	53	1497 $_{36}$
4	11 $_3$	34	95 $_2$	74	239 $_6$	14	604 $_{14}$	54	1533 $_{36}$
6.5	+ 14 $_3$	7.35	+ 97 $_3$	7.75	+ 245 $_6$	8.15	+ 618 $_{14}$	8.55	+ 1569 $_{37}$
6	17 $_5$	36	100 $_2$	76	251 $_5$	16	632 $_{15}$	56	1606 $_{38}$
7	22 $_5$	37	102 $_2$	77	256 $_6$	17	647 $_{15}$	57	1644 $_{39}$
8	27 $_7$	38	104 $_3$	78	262 $_7$	18	662 $_{16}$	58	1683 $_{40}$
6.9	34 $_9$	39	107 $_2$	79	269 $_6$	19	678 $_{16}$	59	1723 $_{41}$
7.00	+ 43 $_1$	7.40	+ 109 $_3$	7.80	+ 275 $_6$	8.20	+ 694 $_{16}$	8.60	+ 1764
01	44 $_1$	41	112 $_2$	81	281 $_7$	21	710 $_{17}$		
02	45 $_2$	42	114 $_3$	82	288 $_7$	22	727 $_{17}$		
03	47 $_1$	43	117 $_3$	83	295 $_7$	23	744 $_{17}$		
04	48 $_1$	44	120 $_3$	84	302 $_7$	24	761 $_{18}$		
7.05	+ 49 $_1$	7.45	+ 123 $_2$	7.85	+ 309 $_7$	8.25	+ 779 $_{19}$		
06	50 $_1$	46	125 $_3$	86	316 $_7$	26	798 $_{18}$		
07	51 $_1$	47	128 $_3$	87	323 $_8$	27	816 $_{19}$		
08	52 $_1$	48	131 $_3$	88	331 $_7$	28	835 $_{20}$		
09	53 $_2$	49	134 $_4$	89	338 $_8$	29	855 $_{20}$		
7.10	+ 55 $_1$	7.50	+ 138 $_3$	7.90	+ 346 $_8$	8.30	+ 875 $_{21}$		
11	56 $_1$	51	141 $_3$	91	354 $_9$	31	896 $_{21}$		
12	57 $_2$	52	144 $_3$	92	363 $_8$	32	917 $_{22}$		
13	59 $_1$	53	147 $_4$	93	371 $_9$	33	939 $_{22}$		
14	60 $_1$	54	151 $_3$	94	380 $_9$	34	961 $_{22}$		
7.15	+ 61 $_2$	7.55	+ 154 $_4$	7.95	+ 389 $_9$	8.35	+ 983 $_{23}$		
16	63 $_1$	56	158 $_4$	96	398 $_9$	36	1006 $_{24}$		
17	64 $_2$	57	162 $_3$	97	407 $_{10}$	37	1030 $_{24}$		
18	66 $_1$	58	165 $_4$	98	417 $_9$	38	1054 $_{25}$		
19	67 $_2$	59	169 $_4$	7.99	426 $_{10}$	39	1079 $_{26}$		
7.20	+ 69	7.60	+ 173	8.00	+ 436	8.40	+1105		

$$\tang A_n = -\cotg \delta \sec \varphi \sin t \cdot \dfrac{1}{1-a}$$

24. Zur Berechnung des Azimuts für ein beliebiges Gestirn.

a positiv.

log a	log $\frac{1}{a-1}$	log a	log $\frac{1}{a-1}$	log a	log $\frac{1}{a-1}$	log a	log $\frac{1}{a-1}$
7.0 − 10	0.000n	9.25 − 10	0.085n	9.65 − 10	0.257n	9.915 − 10	0.750n
2	001	26	087	66	265	916	755
4	001	27	089	67	274	917	760
6	002	28	092	68	283	918	764
7.8	003n	29	094n	69	292n	919	769n
8.0 − 10	0.004n	9.30 − 10	0.097n	9.70 − 10	0.302n	9.920 − 10	0.774n
1	005	31	099	71	312	921	779
2	007	32	102	72	323	922	784
3	009	33	104	73	334	923	789
4	011n	34	107n	74	346n	924	794n
8.5 − 10	0.014n	9.35 − 10	0.110n	9.75 − 10	0.359n	9.925 − 10	0.800n
6	018	36	113	76	372	926	805
7	022	37	116	77	386	927	810
8	028	38	119	78	401	928	816
8.9	036n	39	122n	79	416n	929	822n
9.00 − 10	0.046n	9.40 − 10	0.126n	9.80 − 10	0.433n	9.930 − 10	0.827n
01	047	41	129	81	451	931	833
02	048	42	133	82	469	932	839
03	049	43	136	83	490	933	845
04	050n	44	140n	84	511n	934	851n
9.05 − 10	0.052n	9.45 − 10	0.144n	9.85 − 10	0.535n	9.935 − 10	0.857n
06	053	46	148	86	560	936	863
07	054	47	152	87	587	937	870
08	056	48	156	88	617	938	876
09	057n	49	161n	89	650n	939	883n
9.10 − 10	0.058n	9.50 − 10	0.165n	9.900 − 10	0.687n	9.940 − 10	0.889n
11	060	51	170	901	691	941	896
12	061	52	175	902	695	942	903
13	063	53	180	903	699	943	910
14	065n	54	185n	904	703n	944	917n
9.15 − 10	0.066n	9.55 − 10	0.190n	9.905 − 10	0.707n	9.945 − 10	0.925n
16	068	56	196	906	711	946	932
17	070	57	202	907	715	947	940
18	071	58	208	908	719	948	948
19	073n	59	214n	909	723n	949	955n
9.20 − 10	0.075n	9.60 − 10	0.220n	9.910 − 10	0.728n	9.950 − 10	0.964n
21	077	61	227	911	732	951	972
22	079	62	234	912	737	952	980
23	081	63	242	913	741	953	989
24	083n	64	249n	914	746n	954	0.998n
9.25 − 10	0.085n	9.65 − 10	0.257n	9.915 − 10	0.750n	9.955 − 10	1.007n

$$a = \cotg \delta \; \tang \varphi \; \cos t \qquad \tang A = \cotg \delta \; \sec \varphi \; \sin t \cdot \frac{1}{a-1}$$

24. Zur Berechnung des Azimuts für ein beliebiges Gestirn.
(Fortsetzung).

a positiv.

log a	log $\frac{1}{a-1}$	log a	log $\frac{1}{a-1}$	log a	log $\frac{1}{a-1}$	log a	log $\frac{1}{a-1}$
9.955 — 10	1.007n	9.990 — 10	1.643n	0.025	1.227	0.060	0.829
956	016	991	688n	026	210	061	822
957	026	992	739n	027	193	062	814
958	035	993	796n	028	177	063	807
959	045n	994 — 10	863n	029	161	064	799
9.960 — 10	1.056n	9.995 — 10	1.941n	0.030	1.146	0.065	0.792
961	066	996	2.038n	031	131	066	785
962	077	997	2.162n	032	117	067	778
963	088	998	2.338n	033	103	068	771
964	099n	9.999 — 10	2.638n	034	089	069	764
9.965 — 10	1.111n	0.000	—	0.035	1.076	0.070	0.757
966	123	001	2.637	036	063	071	751
967	136	002	2.336	037	051	072	744
968	149	003	2.159	038	039	073	737
969	162n	004	2.034	039	027	074	731
9.970 — 10	1.176n	0.005	1.936	0.040	1.016	0.075	0.725
971	190	006	857	041	004	076	718
972	205	007	789	042	0.993	077	712
973	220	008	731	043	983	078	706
974	236n	009	679	044	972	079	700
9.975 — 10	1.252n	0.010	1.633	0.045	0.962	0.080	0.694
976	270	011	591	046	952	081	688
977	288	012	553	047	942	082	682
978	306	013	517	048	932	083	677
979	326n	014	485	049	923	084	671
9.980 — 10	1.347n	0.015	1.454	0.050	0.914	0.085	0.665
981	368	016	426	051	904	086	660
982	391	017	399	052	896	087	654
983	416	018	374	053	887	088	649
984	442n	019	350	054	878	089	643
9.985 — 10	1.469n	0.020	1.327	0.055	0.870	0.090	0.638
986	499	021	305	056	861	091	632
987	530	022	284	057	853	092	627
988	565	023	264	058	845	093	622
989	602n	024	245	059	837	094	617
9.990 — 10	1.643n	0.025	1.227	0.060	0.829	0.095	0.612

$$a = \cotg \delta \tang \varphi \cos t \qquad \tang A = \cotg \delta \sec \varphi \sin t \cdot \frac{1}{a-1}$$

24. Zur Berechnung des Azimuts für ein beliebiges Gestirn.
(Fortsetzung).

a positiv.

log a	$\log \frac{1}{a-1}$	log a	$\log \frac{1}{a-1}$	log a	$\log \frac{1}{a-1}$	log a	$\log \frac{1}{a-1}$
0.095	0.612	0.40	9.820	0.75	9.335	2.0	8.004
096	607	41	804 ¹⁶	76	323 ¹²	1	7.903 ¹⁰¹
097	602	42	788 ¹⁶	77	311 ¹²	2	803 ¹⁰⁰
098	597	43	772 ¹⁶	78	299 ¹²	3	702 ¹⁰¹
099	592	44	756 ¹⁶	79	287 ¹²	4	602 ¹⁰⁰
0.10	0.587	0.45	9.740 ¹⁶	0.80	9.275 ¹²	2.5	7.501 ¹⁰¹
11	540 ⁴⁷	46	725 ¹⁵	81	263 ¹²	6	401 ¹⁰⁰
12	497 ⁴³	47	710 ¹⁵	82	251 ¹²	7	301 ¹⁰⁰
13	457 ⁴⁰	48	695 ¹⁵	83	240 ¹¹	8	201 ¹⁰⁰
14	420 ³⁷	49	680 ¹⁵	84	228 ¹²	9	101 ¹⁰⁰
0.15	0.385 ³⁵	0.50	9.665 ¹⁵	0.85	9.216 ¹²	3.0	7.000 ¹⁰¹
16	351 ³⁴	51	651 ¹⁴	86	205 ¹¹	1	6.900 ¹⁰⁰
17	320 ³¹	52	636 ¹⁵	87	193 ¹²	2	800 ¹⁰⁰
18	289 ³¹	53	622 ¹⁴	88	181 ¹²	3	700 ¹⁰⁰
19	261 ²⁸	54	608 ¹⁴	89	170 ¹¹	4	600 ¹⁰⁰
0.20	0.233 ²⁸	0.55	9.594 ¹⁴	0.90	9.158 ¹²	3.5	6.500 ¹⁰⁰
21	206 ²⁷	56	580 ¹⁴	91	147 ¹¹	6	400 ¹⁰⁰
22	181 ²⁵	57	566 ¹⁴	92	136 ¹¹	7	300 ¹⁰⁰
23	156 ²⁵	58	553 ¹³	93	124 ¹²	8	200 ¹⁰⁰
24	132 ²⁴	59	539 ¹⁴	94	113 ¹¹	9	100 ¹⁰⁰
0.25	0.109 ²³	0.60	9.526 ¹³	0.95	9.102 ¹¹	4.0	6.000
26	086 ²³	61	512 ¹⁴	96	090 ¹²		
27	064 ²²	62	499 ¹³	97	079 ¹¹		
28	043 ²¹	63	486 ¹³	98	068 ¹¹		
29	022 ²¹	64	473 ¹³	0.99	057 ¹¹		
0.30	0.002 ²⁰	0.65	9.460 ¹³	1.0	9.046 ¹¹		
31	9.982 ²⁰	66	447 ¹³	1	8.936 ¹¹⁰		
32	963 ¹⁹	67	434 ¹³	2	828 ¹⁰⁸		
33	944 ¹⁹	68	422 ¹²	3	722 ¹⁰⁶		
34	925 ¹⁹	69	409 ¹³	4	618 ¹⁰⁴		
0.35	9.907 ¹⁸	0.70	9.397 ¹²	1.5	8.514 ¹⁰⁴		
36	889 ¹⁸	71	384 ¹³	6	411 ¹⁰³		
37	872 ¹⁷	72	372 ¹²	7	309 ¹⁰²		
38	854 ¹⁸	73	359 ¹³	8	207 ¹⁰²		
39	837 ¹⁷	74	347 ¹²	1.9	105 ¹⁰²		
0.40	9.820 ¹⁷	0.75	9.335 ¹²	2.0	8.004 ¹⁰¹		

$$a = \cotg \delta \, \tang \varphi \cos t \qquad \tang A = \cotg \delta \, \sec \varphi \, \sin t \cdot \frac{1}{a-1}$$

24. Zur Berechnung des Azimuts für ein beliebiges Gestirn.
(Fortsetzung).

a negativ.

log a	log $\frac{1}{a-1}$	log a	log $\frac{1}{a-1}$	log a	log $\frac{1}{a-1}$	log a	log $\frac{1}{a-1}$
7.0n − 10	0.000n ₁	9.20n − 10	9.936n ₁	9.55n − 10	9.868n ₃	9.90n − 10	9.746n ₄
2	9.999 ₀	21	935 ₂	56	865 ₂	91	742 ₅
4	999 ₁	22	933 ₁	57	863 ₃	92	737 ₄
6	998 ₁	23	932 ₂	58	860 ₃	93	733 ₅
7.8n	997n ₁	24n	930n ₁	59n	857n ₃	94n	728n ₅
8.0n − 10	9.996n ₁	9.25n − 10	9.929n ₂	9.60n − 10	9.854n ₂	9.95n − 10	9.723n ₄
1	995 ₂	26	927 ₁	61	852 ₃	96	719 ₅
2	993 ₂	27	926 ₂	62	849 ₃	97	714 ₅
3	991 ₂	28	924 ₁	63	846 ₃	98	709 ₅
4n	989n ₃	29n	923n ₂	64n	843n ₃	9.99n − 10	704n ₅
8.5n − 10	9.986n ₃	9.30n − 10	9.921n ₂	9.65n − 10	9.840n ₃	0.00n	9.699n ₅
6	983 ₄	31	919 ₁	66	837 ₄	01	694 ₅
7	979 ₆	32	918 ₂	67	833 ₃	02	689 ₅
8	973 ₆	33	916 ₂	68	830 ₃	03	684 ₅
8.9n	967n ₈	34n	914n ₂	69n	827n ₃	04n	679n ₆
9.00n − 10	9.959n ₁	9.35n − 10	9.912n ₂	9.70n − 10	9.824n ₄	0.05n	9.673n ₅
01	958 ₁	36	910 ₁	71	820 ₃	06	668 ₅
02	957 ₁	37	909 ₂	72	817 ₄	07	663 ₆
03	956 ₁	38	907 ₂	73	813 ₃	08	657 ₅
04n	955n ₁	39n	905n ₂	74n	810n ₄	09n	652n ₆
9.05n − 10	9.954n ₁	9.40n − 10	9.903n ₂	9.75n − 10	9.806n ₃	0.10n	9.646n ₆
06	953 ₁	41	901 ₂	76	803 ₄	11	640 ₅
07	952 ₁	42	899 ₃	77	799 ₄	12	635 ₆
08	951 ₁	43	896 ₂	78	795 ₄	13	629 ₆
09n	950n ₂	44n	894n ₂	79n	791n ₄	14n	623n ₅
9.10n − 10	9.948n ₁	9.45n − 10	9.892n ₂	9.80n − 10	9.788n ₄	0.15n	9.618n ₆
11	947 ₁	46	890 ₂	81	784 ₄	16	612 ₆
12	946 ₁	47	888 ₃	82	780 ₄	17	606 ₆
13	945 ₁	48	885 ₂	83	776 ₄	18	600 ₆
14n	944n ₁	49n	883n ₂	84n	772n ₄	19n	594n ₆
9.15n − 10	9.943n ₂	9.50n − 10	9.881n ₃	9.85n − 10	9.768n ₅	0.20n	9.588n ₇
16	941 ₁	51	878 ₂	86	763 ₄	21	581 ₆
17	940 ₁	52	876 ₃	87	759 ₄	22	575 ₆
18	939 ₂	53	873 ₂	88	755 ₄	23	569 ₆
19n	937n ₁	54n	871n ₃	89n	751n ₅	24n	563n ₇
9.20n − 10	9.936n	9.55n − 10	9.868n	9.90n − 10	9.746n	0.25n	9.556n

$$a = \operatorname{cotg} \delta \, \operatorname{tang} \varphi \, \cos t \qquad \operatorname{tang} A = \operatorname{cotg} \delta \, \sec \varphi \, \sin t \cdot \frac{1}{a-1}$$

24. Zur Berechnung des Azimuts für ein beliebiges Gestirn. (Schluß).

a negativ.

log a	log $\frac{1}{a-1}$	log a	log $\frac{1}{a-1}$	log a	log $\frac{1}{a-1}$	log a	log $\frac{1}{a-1}$
0.25n	9.556n	0.55n	9.342n	0.85n	9.093n	2.5n	7.499n
26	550	56	334	86	084	6	399
27	543	57	326	87	075	7	299
28	537	58	319	88	066	8	199
29n	530n	59n	311n	89n	057n	2.9n	099n
0.30n	9.524n	0.60n	9.303n	0.90n	9.049n	3.0n	7.000n
31	517	61	295	91	040	1	6.900
32	510	62	287	92	031	2	800
33	503	63	279	93	022	3	700
34n	497n	64n	270n	94n	013n	4n	600n
0.35n	9.490n	0.65n	9.262n	0.95n	9.004n	3.5n	6.500n
36	483	66	254	96	8.995	6	400
37	476	67	246	97	986	7	300
38	469	68	238	98	977	8	200
39n	462n	69n	229n	0.99n	968n	3.9n	100n
0.40n	9.454n	0.70n	9.221n	1.0n	8.959n	4.0n	6.000n
41	447	71	213	1	867		
42	440	72	204	2	773		
43	433	73	196	3	679		
44n	425n	74n	187n	4n	583n		
0.45n	9.418n	0.75n	9.179n	1.5n	8.486n		
46	411	76	170	6	389		
47	403	77	162	7	291		
48	396	78	153	8	193		
49n	388n	79n	145n	1.9n	8.095n		
0.50n	9.381n	0.80n	9.136n	2.0n	7.996n		
51	373	81	127	1	897		
52	365	82	119	2	797		
53	358	83	110	3	698		
54n	350n	84n	102n	4n	598n		
0.55n	9.342n	0.85n	9.093n	2.5n	7.499n		

$$a = \cotg \delta \, \tang \varphi \, \cos t \qquad \tang A = \cotg \delta \, \sec \varphi \, \sin t \cdot \frac{1}{a-1}$$

25. Parallaktische Vergrößerung des Mondradius.

ZD	Mondradius						
	14′ 40″	15′ 0″	15′ 20″	15′ 40″	16′ 0″	16′ 20″	16′ 40″
0°	14″	14″	15″	16″	16″	17″	18″
10	14	14	15	15	16	17	18
20	13	14	14	15	15	16	17
30	12	12	13	14	14	15	16
35	11	12	12	13	13	14	15
40	11	11	12	12	13	13	14
45	10	10	11	11	12	12	13
50	9	9	10	10	11	11	11
55	8	8	9	9	9	10	10
60	7	7	8	8	8	8	9
65	6	6	6	7	7	7	8
70	5	5	5	5	6	6	6
75	4	4	4	4	4	4	5
80	2	3	3	3	3	3	3
85	1	1	1	1	1	1	2
90	0	0	0	0	0	0	0

26a. Verkürzung des Sonnen- und Mondradius durch Refraktion.

Radius = 15' 40"

Scheinb. ZD des Mittelpunktes	Winkel q der Distanz mit dem Vertikalkreise															
	0° 180	10° 170	15° 165	20° 160	25° 155	30° 150	35° 145	40° 140	45° 135	50° 130	55° 125	60° 120	65° 115	70° 110	75° 105	80° 100	90° 90
50°	0"	0"	0"	0"	0"	0"	0"	0"	0"	0"	0"	0"	0"	0"	0"	0"	0"
60	1	1	1	1	1	1	1	1	1	0	0	0	0	0	0	0	0
70	2	2	2	2	2	2	1	1	1	1	1	1	0	0	0	0	0
75	4	4	3	3	3	3	2	2	2	2	1	1	1	0	0	0	0
80	8	7	7	7	6	6	5	5	4	3	3	2	1	1	1	0	0
81	9	9	9	8	8	7	6	5	5	4	3	2	2	1	1	0	0
82	11	11	11	10	9	8	7	7	6	5	4	3	2	1	1	0	0
83	14	14	13	12	12	11	9	8	7	6	5	4	3	2	1	0	0
84° 0'	18	17	17	16	15	13	12	11	9	7	6	5	3	2	1	1	0
20	20	19	18	17	16	15	13	12	10	8	6	5	4	2	1	1	0
40	22	21	20	19	18	16	14	13	11	9	7	5	4	3	1	1	0
85 0	24	23	22	21	19	18	16	14	12	10	8	6	4	3	2	1	0
20	27	26	25	24	22	20	18	16	13	11	9	7	5	3	2	1	0
40	29	28	27	25	24	22	19	17	14	12	9	7	5	3	2	1	0
86 0	31	30	29	27	25	23	21	18	15	13	10	8	6	4	2	1	0
10	33	32	31	29	27	24	22	19	16	14	11	8	6	4	2	1	0
20	35	33	32	30	28	26	23	20	17	14	11	9	6	4	2	1	0
30	37	36	34	32	30	27	25	22	18	15	12	9	7	4	2	1	0
40	39	38	37	35	32	30	26	23	20	16	13	10	7	5	3	1	0
50	42	41	40	37	35	32	28	25	21	18	14	11	8	5	3	1	0
87 0	46	44	43	40	37	34	31	27	23	19	15	11	8	5	3	1	0
10	49	47	46	43	40	37	33	29	24	20	16	12	9	6	3	1	0
20	52	51	49	46	43	39	35	31	26	22	17	13	9	6	3	2	0
30	55	54	52	49	45	41	37	32	28	23	18	14	10	6	4	2	0
40	58	56	54	51	48	44	39	34	29	24	19	15	10	7	4	2	0
50	62	60	57	54	50	46	41	36	31	25	20	15	11	7	4	2	0
88 0	66	64	61	58	54	49	44	39	33	27	22	16	12	8	4	2	0

26b. Korrektion der vorstehenden Tafel 26a, wenn der Radius ≷ 15' 40".

Radius	Verkürzung des Radius						
	0"	10"	20"	30"	40"	50"	60"	70"
14' 40"	0"	−1"	−1"	−2"	−3"	−3"	−4"	−5"
15 0	0	0	−1	−1	−2	−2	−3	−3
20	0	0	0	−1	−1	−1	−1	−2
40	0	0	0	0	0	0	0	0
16 0	0	0	0	+1	+1	+1	+1	+2
20	0	0	+1	+1	+2	+2	+3	+3
40	0	+1	+1	+2	+3	+3	+4	+5

27. Reduktion der Mondparallaxe.

$$d\Pi = +\Pi \frac{e^2 \sin^2\varphi}{2}$$

φ \ Π	53'	61'
0°	0"	0"
10	0	0
20	+1	+1
30	3	3
40	+4	+5
50	+6	+7
60	8	9
70	9	11
80	10	12
90	+11	+12

28a. Zur Berechnung der Refraktion in Distanz.

(Monddistanzen, III. Korrektion.)

Scheinbare ZD	4.1ϱ	Scheinbare ZD	4.1ϱ	Scheinbare ZD	4.1ϱ
2°	0."1	70°.0	10."7	82°.0	26."6
6	0.4 ³	70.5	11.0 ³	82.5	28.2 ¹⁶
10	0.7 ³	71.0	11.4 ⁴	83.0	30.0 ¹⁸
14	1.0 ³	71.5	11.7 ³	83.5	32.1 ²¹
18	1.3 ³				²³
22	1.6 ³	72.0	12.0 ³	84.0	34.4
26	1.9 ³	72.5	12.4 ⁴		
	⁴	73.0	12.8 ⁴		
30	2.3 ⁴	73.5	13.2 ⁴		
34	2.7 ⁴		⁴		
38	3.1 ⁴	74.0	13.6 ⁴		
42	3.5 ⁶	74.5	14.0 ⁴		
46	4.1 ⁶	75.0	14.5 ⁵	Z größere scheinbare ZD	
		75.5	15.0 ⁵	z kleinere „ „	
50	4.7 ³		⁵		
52	5.0 ⁴	76.0	15.5 ⁶	$\operatorname{tg} N = \dfrac{\cos(Z - 4.1\varrho)}{\cos(z - 4.1\varrho)}$	
54	5.4 ⁴	76.5	16.1 ⁶		
56	5.8 ⁵	77.0	16.7 ⁷		
58	6.3 ⁵	77.5	17.4 ⁷	Refr. = (A + B) cosec D	
60	6.8 ³	78.0	18.1 ⁸		
61	7.1 ³	78.5	18.9 ⁸		
62	7.4 ³	79.0	19.7 ⁹		
63	7.7 ³	79.5	20.6 ¹⁰		
64	8.0 ⁴				
65	8.4 ⁴	80.0	21.6 ¹¹		
66	8.8 ⁴	80.5	22.7 ¹²		
67	9.2 ⁵	81.0	23.9 ¹³		
68	9.7 ⁵	81.5	25.2 ¹⁴		
69	10.2 ⁵				
70	10.7	82.0	26.6		

28b. Zur Berechnung der Refraktion in Distanz.
(Monddistanzen, III. Korrektion.)

$$A = 115''59 \csc 2N$$

N	A	N	A	N	A	N	A	N	A
10°0	338″0 ³²	14°0	246″2 ₁₆	18°0	196″7 ₁₀	24°0	155″5 ₉	32°0	128″6 ₁₁
1	334.8 ³²	1	244.6 ₁₆	1	195.7 ₉	2	154.6 ₁₀	32.5	127.5 ₁₀
2	331.6 ³¹	2	243.0 ₁₅	2	194.8 ₉	4	153.6 ₉	33.0	126.5 ₉
3	328.5 ³⁰	3	241.5 ₁₆	3	193.9 ₉	6	152.7 ₉	33.5	125.6 ₉
4	325.5 ³⁰	4	239.9 ₁₅	4	193.0 ₉	8	151.8 ₉	34.0	124.7 ₉
10.5	322.5 ²⁹	14.5	238.4 ₁₅	18.5	192.1 ₉	25.0	150.9 ₉	34.5	123.8 ⁹
6	319.6 ²⁸	6	236.9 ₁₄	6	191.2 ₉	2	150.0 ₈	35.0	123.0 ⁸
7	316.8 ²⁸	7	235.5 ₁₅	7	190.3 ₉	4	149.2 ₉	35.5	122.3 ⁷
8	314.0 ²⁷	8	234.0 ₁₄	8	189.4 ₈	6	148.3 ₈	36.0	121.5 ⁸
9	311.3 ²⁷	9	232.6 ₁₄	9	188.6 ₉	8	147.5 ₈	36.5	120.9 ⁶
11.0	308.6 ²⁷	15.0	231.2 ₁₄	19.0	187.7 ₈	26.0	146.7 ₈	37.0	120.2 ⁷
1	305.9 ²⁶	1	229.8 ₁₄	1	186.9 ₈	2	145.9 ₈	37.5	119.7 ⁵
2	303.3 ²⁵	2	228.4 ₁₃	2	186.1 ₈	4	145.1 ₇	38.0	119.1 ⁶
3	300.8 ²⁵	3	227.1 ₁₄	3	185.3 ₈	6	144.4 ₈	38.5	118.6 ⁵
4	298.3 ²⁵	4	225.7 ₁₃	4	184.5 ₈	8	143.6 ₇	39.0	118.2 ⁴
11.5	295.8 ²⁴	15.5	224.4 ₁₃	19.5	183.7 ₈	27.0	142.9 ₇	39.5	117.8 ⁴
6	293.4 ²³	6	223.1 ₁₂	6	182.9 ₈	2	142.2 ₇	40.0	117.4 ⁴
7	291.1 ²⁴	7	221.9 ₁₃	7	182.1 ₈	4	141.5 ₇	40.5	117.0 ³
8	288.7 ²³	8	220.6 ₁₂	8	181.3 ₇	6	140.8 ₇	41.0	116.7 ²
9	286.4 ²²	9	219.4 ₁₃	9	180.6 ₈	8	140.1 ₇	41.5	116.5 ³
12.0	284.2 ²²	16.0	218.1 ₁₂	20.0	179.8 ₁₄	28.0	139.4 ₆	42.0	116.2 ²
1	282.0 ²²	1	216.9 ₁₂	2	178.4 ₁₅	2	138.8 ₇	42.5	116.0 ¹
2	279.8 ²¹	2	215.7 ₁₂	4	176.9 ₁₄	4	138.1 ₆	43.0	115.9 ¹
3	277.7 ²¹	3	214.5 ₁₁	6	175.5 ₁₄	6	137.5 ₆	43.5	115.8 ¹
4	275.6 ²¹	4	213.4 ₁₂	8	174.1 ₁₄	8	136.9 ₆	44.0	115.7 ¹
12.5	273.5 ²⁰	16.5	212.2 ₁₁	21.0	172.7 ₁₃	29.0	136.3 ₆	44.5	115.6 ¹
6	271.5 ²⁰	6	211.1 ₁₁	2	171.4 ₁₃	2	135.7 ₆	45.0	115.6 ⁰
7	269.5 ²⁰	7	210.0 ₁₁	4	170.1 ₁₂	4	135.1 ₅		
8	267.5 ¹⁹	8	208.9 ₁₁	6	168.9 ₁₃	6	134.6 ₆		
9	265.6 ¹⁹	9	207.8 ₁₁	8	167.6 ₁₂	8	134.0 ₅		
13.0	263.7 ¹⁹	17.0	206.7 ₁₁	22.0	166.4 ₁₂	30.0	133.5 ₁₃		
1	261.8 ¹⁸	1	205.6 ₁₀	2	165.2 ₁₂	30.5	132.2 ₁₃		
2	260.0 ¹⁸	2	204.6 ₁₀	4	164.0 ₁₁	31.0	130.9 ₁²		
3	258.2 ¹⁸	3	203.6 ₁₁	6	162.9 ₁₁	31.5	129.7 ₁₁		
4	256.4 ¹⁸	4	202.5 ₁₀	8	161.8 ₁₁	32.0	128.6		
13.5	254.6 ¹⁷	17.5	201.5 ₁₀	23.0	160.7 ₁¹				
6	252.9 ¹⁷	6	200.5 ₁₀	2	159.6 ₁₀				
7	251.2 ¹⁷	7	199.5 ₉	4	158.6 ₁₁	Z größere scheinbare ZD			
8	249.5 ¹⁷	8	198.6 ₁₀	6	157.5 ₁₀	z kleinere „ „			
9	247.8 ¹⁶	9	197.6 ⁹	8	156.5 ₁₀				
14.0	246.2	18.0	196.7	24.0	155.5	$\operatorname{tg} N = \dfrac{\cos(Z - 4.1\varrho)}{\cos(z - 4.1\varrho)}$			

Refr. in Distanz $= (A + B) \csc D$

28 c. Zur Berechnung der Refraktion in Distanz.
(Monddistanzen, III. Korrektion.)

$$B = -115\text{"}59 \cos D$$

D	B	D	B	D	B	D
10°	−113″8	40°	−88″5 +	140°	−39″5 +	110°
11	113.5 ₃	41	87.2 ₁₃	139	37.6 ₁₉	109
12	113.1 ₄	42	85.9 ₁₃	138	35.7 ₁₉	108
13	112.6 ₅	43	84.5 ₁₄	137	33.8 ₁₉	107
14	−112.2 ₄	44	−83.1 ₁₄ +	136	−31.9 ₁₉ +	106
	₅		₁₄		₂₀	
15	−111.7 ₆	45	−81.7 ₁₄ +	135	−29.9 ₁₉ +	105
16	111.1 ₆	46	80.3 ₁₅	134	28.0 ₂₀	104
17	110.5 ₆	47	78.8 ₁₅	133	26.0 ₂₀	103
18	109.9 ₆	48	77.3 ₁₅	132	24.0 ₂₀	102
19	−109.3	49	−75.8 ₁₅ +	131	−22.1 ₁₉ +	101
	₇		₁₅		₂₀	
20	−108.6 ₇	50	−74.3 ₁₆ +	130	−20.1 ₂₀ +	100
21	107.9 ₇	51	72.7 ₁₅	129	18.1 ₂₀	99
22	107.2 ₈	52	71.2 ₁₆	128	16.1 ₂₀	98
23	106.4 ₈	53	69.6 ₁₇	127	14.1 ₂₀	97
24	−105.6	54	−67.9 ₁₇ +	126	−12.1 ₂₀ +	96
	₈		₁₆		₂₀	
25	−104.8 ₉	55	−66.3 ₁₇ +	125	−10.1 ₂₀ +	95
26	103.9 ₉	56	64.6 ₁₆	124	8.1 ₂₁	94
27	103.0 ₉	57	63.0 ₁₇	123	6.0 ₂₀	93
28	102.1 ₉	58	61.3 ₁₈	122	4.0 ₂₀	92
29	−101.1 ₁₀	59	−59.5 +	121	− 2.0 +	91
	₁₀		₁₇		₂₀	
30	−100.1 ₁₀	60	−57.8 ₁₈ +	120	0.0	90
31	99.1 ₁₁	61	56.0 ₁₇	119		
32	98.0 ₁₁	62	54.3 ₁₈	118		
33	96.9 ₁₁	63	52.5 ₁₈	117		
34	− 95.8	64	−50.7 +	116		
	₁₁		₁₈			
35	− 94.7 ₁₂	65	−48.9 +	115		
36	93.5 ₁₂	66	47.0 ₁₉	114		
37	92.3 ₁₂	67	45.2 ₁₈	113		
38	91.1 ₁₂	68	43.3 ₁₉	112		
39	− 89.8 ₁₃	69	−41.4 ₁₉ +	111		
	₁₃		₁₉			
40	− 88.5	70	−39.5 +	110		

Z größere scheinbare ZD
z kleinere   „   „

$$\operatorname{tg} N = \frac{\cos(Z - 4.1\,\varrho)}{\cos(z - 4.1\,\varrho)}$$

Refr. in Distanz $= (A + B) \operatorname{cosec} D$

28 d. Verbesserung der Refraktion in Distanz wegen Lufttemperatur.

Temperatur C	Mittlere Refraktion								
	0′	1′	2′	3′	4′	5′	6′	7′	8′
−30°	0″	+10″	+19″	+29″	+40″	+50″	+61″	+72″	+84″
−25	0	8	17	25	34	43	52	62	72
−20	0	+7	+14	+21	+28	+36	+44	+52	+60
−18	0	+6	+13	+20	+26	+33	+40	+48	+56
−16	0	6	12	18	24	30	37	44	51
−14	0	5	11	16	22	28	34	40	47
−12	0	5	10	15	20	25	31	36	42
−10	0	+4	+9	+13	+18	+23	+28	+33	+38
−8	0	+4	+8	+12	+16	+20	+25	+29	+34
−6	0	3	7	10	14	18	22	26	30
−4	0	3	6	9	12	15	19	22	26
−2	0	+2	+5	+8	+10	+13	+16	+19	+22
0	0	+2	+4	+6	+8	+11	+13	+15	+18
+2	0	+2	+3	+5	+6	+8	+10	+12	+14
+4	0	1	2	4	5	6	7	9	10
+6	0	1	1	2	3	4	4	5	6
+8	0	+0	+1	+1	+1	+2	+2	+2	+3
+10	0	−0	−0	−0	−1	−1	−1	−1	−1
+12	0	1	1	2	2	3	3	4	5
+14	0	1	2	3	4	5	6	7	8
+16	0	1	3	4	6	7	9	10	12
+18	0	−2	−4	−5	−7	−9	−11	−13	−15
+20	0	−2	−4	−7	−9	−11	−14	−16	−19
+22	0	3	5	8	10	13	16	19	22
+24	0	3	6	9	12	15	19	22	25
+26	0	3	7	10	14	17	21	25	29
+28	0	−4	−7	−11	−15	−19	−23	−28	−32
+30	0	−4	−8	−12	−17	−21	−26	−30	−35
+32	0	4	9	13	18	23	28	33	38
+34	0	5	10	15	20	25	30	36	42
+36	0	5	10	16	21	27	32	38	45
+38	0	−6	−11	−17	−22	−28	−35	−41	−48
+40	0	−6	−12	−18	−24	−30	−37	−44	−51

28e. Verbesserung der Refraktion in Distanz wegen Luftdruck.

Luftdruck	Mittlere Refraktion + Verbesserung wegen Lufttemperatur								
	0′	1′	2′	3′	4′	5′	6′	7′	8′
mm									
400	0″	−27″	−56″	−83″	−112″	−141″	−168″	−196″	−225″
450	0	23	48	71	96	121	144	168	193
500	0	−20	−40	−60	−80	−101	−121	−141	−161
550	0	−16	−32	−48	−64	−81	−97	−113	−130
560	0	15	31	46	61	77	92	108	123
570	0	14	29	44	58	73	87	102	117
580	0	14	27	41	55	69	83	96	110
590	0	−13	−26	−39	−52	−65	−78	−91	−104
600	0	−12	−24	−36	−49	−61	−73	−85	−97
610	0	11	23	34	45	57	68	80	91
620	0	11	21	32	42	53	63	74	85
630	0	10	19	29	39	49	58	68	78
640	0	−9	−18	−27	−36	−45	−54	−63	−72
650	0	−8	−16	−24	−33	−41	−49	−57	−65
660	0	7	15	22	29	37	44	51	59
670	0	6	13	20	26	33	39	46	52
680	0	6	11	17	23	29	34	40	46
690	0	−5	−10	−15	−20	−25	−30	−35	−40
700	0	−4	−8	−12	−17	−21	−25	−29	−33
710	0	3	7	10	13	17	20	23	27
720	0	2	5	8	10	13	15	18	20
730	0	2	3	5	7	9	10	12	14
740	0	−1	−2	−3	−4	−5	−6	−6	−7
750	0	−0	−0	−0	−0	−1	−1	−1	−1
760	0	+1	+1	+2	+3	+3	+4	+5	+5
770	0	2	3	4	6	7	9	10	12
780	0	2	5	7	9	11	14	16	18
790	0	+3	+6	+9	+12	+15	+18	+22	+25
800	0	+4	+8	+12	+15	+19	+23	+27	+31

29. Höhenparallaxe des Mondes.

$$\Pi \sin z_{\mathrm{C}}$$

Π / Scheinb. z_{C}	53′	54′	55′	56′	57′	58′	59′	60′	61′
0°	0.0	0.0	0.0	0.0	0.0	0.0	0.0	0.0	0.0
2	1.8	1.9	1.9	2.0	2.0	2.0	2.0	2.1	2.1
4	3.7	3.8	3.8	3.9	4.0	4.0	4.1	4.2	4.2
6	5.5	5.6	5.7	5.8	5.9	6.1	6.2	6.3	6.4
8	7.4	7.5	7.6	7.8	7.9	8.1	8.2	8.3	8.5
10	9.2	9.4	9.5	9.7	9.9	10.1	10.2	10.4	10.6
12	11.0	11.2	11.4	11.6	11.8	12.1	12.3	12.5	12.7
14	12.8	13.1	13.3	13.5	13.8	14.0	14.3	14.5	14.7
16	14.6	14.9	15.2	15.4	15.7	16.0	16.3	16.5	16.8
18	16.4	16.7	17.0	17.3	17.6	17.9	18.2	18.5	18.8
20	18.1	18.5	18.8	19.2	19.5	19.8	20.2	20.5	20.8
22	19.9	20.2	20.6	21.0	21.3	21.7	22.1	22.5	22.8
24	21.5	22.0	22.4	22.8	23.2	23.6	24.0	24.4	24.8
26	23.2	23.7	24.1	24.6	25.0	25.4	25.9	26.3	26.7
28	24.9	25.3	25.8	26.3	26.8	27.2	27.7	28.2	28.6
30	26.5	27.0	27.5	28.0	28.5	29.0	29.5	30.0	30.5
32	28.1	28.6	29.2	29.7	30.2	30.7	31.3	31.8	32.3
34	29.6	30.2	30.7	31.3	31.9	32.4	33.0	33.6	34.1
36	31.1	31.7	32.3	32.9	33.5	34.1	34.7	35.3	35.8
38	32.6	33.3	33.9	34.5	35.1	35.7	36.3	36.9	37.5
40	34.1	34.7	35.4	36.0	36.6	37.3	37.9	38.6	39.2
42	35.5	36.1	36.8	37.5	38.1	38.8	39.5	40.1	40.8
44	36.8	37.5	38.2	38.9	39.6	40.3	41.0	41.7	42.4
46	38.1	38.8	39.6	40.3	41.0	41.7	42.4	43.2	43.9
48	39.4	40.1	40.9	41.6	42.3	43.1	43.8	44.6	45.3
50	40.6	41.4	42.1	42.9	43.7	44.4	45.2	46.0	46.7
52	41.8	42.5	43.3	44.1	44.9	45.7	46.5	47.3	48.1
54	42.9	43.7	44.5	45.3	46.1	46.9	47.7	48.5	49.3
56	43.9	44.8	45.6	46.4	47.2	48.1	48.9	49.8	50.6
58	45.0	45.8	46.6	47.5	48.3	49.2	50.0	50.9	51.7
60	45.9	46.8	47.6	48.5	49.4	50.2	51.1	52.0	52.8
62	46.8	47.7	48.6	49.5	50.3	51.2	52.1	53.0	53.9
64	47.6	48.5	49.4	50.3	51.2	52.1	53.0	53.9	54.8
66	48.4	49.3	50.2	51.2	52.1	53.0	53.9	54.8	55.7
68	49.1	50.1	51.0	51.9	52.8	53.8	54.7	55.6	56.5
70	49.8	50.8	51.7	52.6	53.6	54.5	55.4	56.4	57.3
72	50.4	51.4	52.3	53.2	54.2	55.2	56.1	57.1	58.0
74	51.0	51.9	52.9	53.8	54.8	55.8	56.7	57.7	58.6
76	51.4	52.4	53.4	54.3	55.3	56.3	57.2	58.2	59.2
78	51.8	52.8	53.8	54.8	55.7	56.7	57.7	58.7	59.7
80	52.2	53.2	54.2	55.2	56.1	57.1	58.1	59.1	60.1
82	52.5	53.5	54.5	55.5	56.4	57.4	58.4	59.4	60.4
84	52.7	53.7	54.7	55.7	56.7	57.7	58.7	59.7	60.7
86	52.9	53.9	54.9	55.9	56.9	57.9	58.9	59.8	60.8
88	53.0	54.0	55.0	56.0	57.0	58.0	59.0	60.0	61.0
90	53.0	54.0	55.0	56.0	57.0	58.0	59.0	60.0	61.0

30. Monddistanzen. IV. Korrektion.

$$(\Pi \sin z_{\mathbb{C}})^2 \cotg D \frac{\sin 1''}{2} - (\Pi \sin z_{\mathbb{C}} \cos q_{\mathbb{C}})^2 \cotg D \frac{\sin 1''}{2}.$$

$$\Pi \sin z_{\mathbb{C}} \cos q_{\mathbb{C}} = I + II$$

Man gehe nacheinander mit den Vertikalargumenten $\Pi \sin z_{\mathbb{C}}$ und $(I + II)$ ein und bilde die algebraische Differenz beider Tafelwerte.

Π	$\left(\frac{\Pi}{\Pi_0}\right)^2$
53'	0.85
54	0.88
55	0.91
56	0.95
57	0.98
58	1.02
59	1.05
60	1.09
61	1.13

$\Pi \sin z_{\mathbb{C}}$ oder $(I+II)$	\multicolumn{20}{c}{Scheinbare Distanz}
	20° +	22° +	24° +	26° +	28° +	30° +	32° +	34° +	36° +	38° +	40° +	45° +	50° +	55° +	60° +	65° +	70° +	75° +	80° +	85° +	90° +
5'	1"	1"	0"	0"	0"	0"	0"	0"	0"	0"	0"	0"	0"	0"	0"	0"	0"	0"	0"	0"	0"
8	2	1	1	1	1	1	1	1	1	1	1	1	0	0	0	0	0	0	0	0	0
10	2	2	2	2	2	2	1	1	1	1	1	1	1	1	0	0	0	0	0	0	0
11	3	3	2	2	2	2	2	2	1	1	1	1	1	1	1	0	0	0	0	0	0
12	3	3	3	2	2	2	2	2	2	1	1	1	1	1	1	0	0	0	0	0	0
13	4	4	3	3	3	3	2	2	2	2	2	1	1	1	1	1	0	0	0	0	0
14	5	4	4	4	3	3	3	2	2	2	2	2	1	1	1	1	1	0	0	0	0
15	5	5	4	4	4	3	3	3	3	2	2	2	1	1	1	1	1	0	0	0	0
16	6	6	5	5	4	4	3	3	3	2	2	2	2	1	1	1	1	0	0	0	0
17	7	6	6	5	5	4	4	3	3	3	3	2	2	1	1	1	1	0	0	0	0
18	8	7	6	6	5	5	4	4	3	3	3	2	2	2	1	1	1	0	0	0	0
19	9	8	7	6	6	5	5	5	4	4	3	3	2	2	1	1	1	1	0	0	0
20	10	9	8	7	7	6	5	5	5	4	4	3	3	2	2	1	1	1	0	0	0
21	11	10	9	8	7	7	6	6	5	5	4	3	3	2	2	1	1	1	0	0	0
22	12	10	9	9	8	7	7	6	6	5	5	4	3	3	2	2	1	1	0	0	0
23	13	11	10	9	9	8	7	7	6	6	5	4	4	3	2	2	1	1	0	0	0
24	14	12	11	10	9	9	8	7	7	6	6	5	4	4	3	2	2	1	1	0	0
25	15	13	12	11	10	9	8	8	7	7	6	5	4	4	3	3	2	1	1	0	0
26	16	15	13	12	11	10	9	9	8	7	7	6	5	4	3	3	2	1	1	0	0
27	17	16	14	13	12	11	10	9	9	8	7	6	6	4	4	3	2	2	1	1	0
28	19	17	15	14	13	12	11	10	9	8	8	7	6	5	4	3	2	2	1	1	0
29	20	18	16	15	14	13	11	11	10	9	9	7	6	5	4	3	3	2	1	1	0
30	22	19	18	16	15	14	12	12	11	10	9	8	6	5	5	4	3	2	1	1	0
31	23	21	19	17	16	15	13	13	11	11	10	8	7	6	5	4	3	2	1	1	0
32	25	22	20	18	17	15	14	14	12	11	10	9	7	6	5	4	3	2	2	1	0
33	26	24	21	19	18	16	15	14	13	12	10	10	8	7	5	4	3	3	2	1	0
34	28	25	23	21	19	17	16	15	14	13	11	10	8	7	6	4	4	3	2	1	0
35	29	26	24	22	20	19	17	16	14	13	12	11	9	7	6	5	4	3	2	1	0
36	31	28	25	23	21	20	18	17	15	14	13	11	9	8	7	5	4	3	2	1	0
37	33	30	27	24	22	21	19	18	16	15	13	12	10	8	7	6	4	3	2	1	0
38	35	31	28	26	24	22	20	19	17	16	14	13	11	9	7	6	5	3	2	1	0
39	36	33	30	27	25	23	21	20	18	17	15	13	11	9	8	6	5	4	2	1	0
40	38	35	31	29	26	24	22	21	19	18	16	14	12	10	8	7	5	4	2	1	0
41	40	36	33	30	28	25	23	22	20	19	17	15	12	10	8	7	5	4	3	1	0
42	42	38	35	32	29	27	25	23	21	20	18	15	13	11	9	7	6	4	3	1	0
43	44	40	36	33	30	28	26	24	22	21	18	16	13	11	9	8	6	4	3	1	0
44	46	42	38	35	32	29	27	25	23	22	19	17	14	12	10	8	6	5	3	1	0
45	49	44	40	36	33	31	28	26	24	23	20	18	15	12	10	8	6	5	3	2	0

$\Pi \sin z_{\mathbb{C}}$ oder $(I+II)$												130° —	125° —	120° —	115° —	110° —	105° —	100° —	95° —	90° —
	\multicolumn{20}{c}{Scheinbare Distanz}

30. Monddistanzen. IV. Korrektion (Schluß).

$$(\Pi \sin z_{\mathbb{C}})^2 \cotg D \frac{\sin 1''}{2} - (\Pi \sin z_{\mathbb{C}} \cos q_{\mathbb{C}})^2 \cotg D \frac{\sin 1''}{2}$$

$$\Pi \sin z_{\mathbb{C}} \cos q_{\mathbb{C}} = I + II$$

Man gehe nacheinander mit den Vertikalargumenten $\Pi \sin z_{\mathbb{C}}$ und $(I + II)$ ein und bilde die algebraische Differenz beider Tafelwerte.

$\Pi \sin z_{\mathbb{C}}$ oder $(I+II)$	\multicolumn{20}{c}{Scheinbare Distanz}
	20° +	22° +	24° +	26° +	28° +	30° +	32° +	34° +	36° +	38° +	40° +	45° +	50° +	55° +	60° +	65° +	70° +	75° +	80° +	85° +	90° +
45′	49″	44″	40″	36″	33″	31″	28″	26″	24″	23″	20″	18″	15″	12″	10″	8″	6″	5″	3″	2″	0″
46	51	46	41	38	35	32	29	27	25	24	21	18	15	13	11	9	7	5	3	2	0
47	53	48	43	40	36	33	30	29	26	25	22	19	16	13	11	.9	7	5	3	2	0
48	55	50	45	41	38	35	32	30	28	26	23	20	17	14	12	9	7	5	4	2	0
49	58	52	47	43	39	36	33	31	29	27	24	21	18	15	12	10	8	6	4	2	0
50	60	54	49	45	41	38	35	32	30	28	26	22	18	15	13	10	8	6	4	2	0
51	62	56	51	47	43	39	36	33	31	29	27	23	19	16	13	11	8	6	4	2	0
52	65	58	53	48	44	41	38	35	32	30	28	24	20	17	14	11	9	6	4	2	0
53	67	61	55	50	46	42	39	36	33	31	29	25	20	17	14	11	9	7	4	2	0
54	70	63	57	52	48	44	40	38	35	32	30	25	21	18	15	12	9	7	4	2	0
55	73	65	59	54	50	46	42	39	36	33	31	26	22	18	15	12	10	7	5	2	0
56	75	68	61	56	51	47	44	41	38	35	32	27	23	19	16	13	10	7	5	2	0
57	78	70	64	58	53	49	45	42	39	36	34	28	24	20	16	13	10	8	5	2	0
58	81	73	66	60	55	51	47	44	40	37	35	29	25	21	17	14	11	8	5	3	0
59	83	75	68	62	57	53	49	45	41	39	36	30	25	21	18	14	11	8	5	3	0
60	86	78	71	64	59	54	50	47	43	40	37	31	26	22	18	15	11	8	6	3	0
61	89	80	73	67	61	56	52	48	44	41	38	32	27	23	19	15	12	9	6	3	0
62	92	83	75	69	63	58	54	50	46	43	40	34	28	23	19	16	12	9	6	3	0
$\Pi \sin z_{\mathbb{C}}$ oder $(I+II)$													130°	125°	120°	115°	110°	105°	100°	95°	90°
\multicolumn{22}{c}{Scheinbare Distanz}

Π	$\left(\frac{\Pi}{\Pi_0}\right)^2$
53′	0.85
54	88
55	91
56	95
57	0.98
58	1.02
59	05
60	09
61	1.13

Wirtz, Astronomie.

31. Monddistanzen. V. Korrektion.

$$(\Pi \sin z_{\mathrm{C}} - \varrho_{\mathrm{C}}) \varrho_{\odot} \frac{\sin q_{\mathrm{C}} \sin q_{\odot}}{\sin D} \sin 1'' - (2\Pi \varrho_{\mathrm{C}} \sin z_{\mathrm{C}} - \varrho_{\mathrm{C}}^2) \sin^2 q_{\mathrm{C}} \cotg D \frac{\sin 1''}{2}$$

z_{C}	$z_{\odot}$	\multicolumn{11}{c}{Scheinbare Distanz}
		20°	30°	40°	50°	60°	70°	80°	90°	100°	110°	120°
30°	10°	0″	0″	0″								
	20	−1	0	0	0″							
	30	−1	0	0	0	0″						
	40	0	+1	0	0	0	0″					
	50	0	+1	+1	0	0	0	0″				
	60		0	+1	+1	0	0	0	0″			
	70			0	+1	+1	0	0	0	0″		
	80				0	+1	+1	+1	0	0	0″	
40°	20	0	0	0	0	0						
	30	−1	−2	−1	0	0	0					
	40	−1	−2	−1	0	0	0	0				
	50	0	−1	0	0	0	0	0	0			
	60	0	−1	0	+1	0	0	0	0	0		
	70		0	0	+1	+1	+1	+1	0	0	0	
	80			0	+1	+2	+2	+2	+1	+1	+1	0″
50°	30	0	0	0	0	0	0					
	40	0	−1	−1	−1	−1	0	0	0			
	50	+1	−1	−1	0	−1	0	0	0	0		
	60	+1	−1	0	0	−1	0	0	0	0	0	
	70	0	0	+1	+1	0	+1	+1	+1	+1	0	0
	80		0	+3	+3	+2	+3	+3	+3	+3	+3	+2
60°	30		0	0	0	0	0	0	0			
	40	0	0	0	0	−1	−1	0	0	0		
	50	0	0	0	0	0	0	0	0	0	0	
	60	0	0	0	0	0	0	+1	+1	0	0	0
	70	+2	+1	+1	+1	+1	+1	+2	+2	+2	+2	+2
	80	0	+3	+3	+3	+3	+3	+4	+4	+4	+4	+3
70°	30			0	0	0	0	0	0	0		
	40		0	−1	−1	−1	−1	0	0	0	0	
	50	0	−1	−1	−1	0	0	+1	+1	+1	+2	0
	60	−1	−1	−1	−1	0	0	+1	+1	+1	+2	+1
	70	+1	+1	+1	+1	+1	+1	+2	+2	+2	+3	+3
	80	+7	+5	+4	+4	+4	+4	+4	+4	+5	+5	+4
80°	20					0	0	0	0	0		
	30				0	−1	−1	0	0	0	0	
	40			0	−1	−1	−1	0	0	0	+1	0
	50		0	−1	−1	−1	−1	0	+1	+2	+2	+2
	60	0	−3	−2	−2	−1	−1	0	+1	+2	+3	+3
	70	−5	−2	−1	−1	−1	0	+1	+2	+3	+4	+5
	80	+1	+1	+1	+2	+2	+3	+4	+5	+6	+7	+7

32. Monddistanzen. Verbesserung wegen Erdfigur.
VI. Korrektion.

$$A = 23''2 \sin \delta_\odot \cosec D$$

$\delta_\odot$ \ D	20°	30°	40°	50°	60°	70°	80°	90°	100°	110°	120°	130°
0°	0″	0″	0″	0″	0″	0″	0″	0″	0″	0″	0″	0″
3	+ 3	+ 2	+ 2	+ 2	+ 1	+ 1	+ 1	+ 1	+ 1	+ 1	+ 1	+ 2
6	7	5	4	3	3	3	2	2	2	3	3	3
9	10	7	6	5	4	4	4	4	4	4	4	5
12	+14	+ 9	+ 7	+ 6	+ 5	+ 5	+ 5	+ 5	+ 5	+ 5	+ 5	+ 6
15	17	12	9	8	7	6	6	6	6	6	6	8
18	20	14	11	9	8	7	7	7	7	7	8	9
21	+24	+16	+13	+11	+ 9	+ 9	+ 8	+ 8	+ 8	+ 9	+ 9	+11
24	27	18	14	12	11	10	9	9	9	10	11	12
27	30	21	16	13	12	11	10	10	10	11	12	13
30	33	23	18	15	13	12	11	11	11	12	13	15

$$B = -23''2 \sin \delta_\mathbb{C} \cotg D$$

$\delta_\mathbb{C}$ \ D	20°	30°	40°	50°	60°	70°	80°	90°	100°	110°	120°	130°
0°	0″	0″	0″	0″	0″	0″	0″	0″	0″	0″	0″	0″
3	− 3	− 2	− 1	− 1	− 1	− 0	− 0	0	+ 0	+ 0	+ 1	+ 1
6	6	4	3	2	1	1	0	0	0	1	1	2
9	10	6	4	3	2	1	1	0	1	1	2	3
12	−13	− 8	− 6	− 4	− 3	− 2	− 1	0	+ 1	+ 2	+ 3	+ 4
15	16	10	7	5	3	2	1	0	1	2	3	5
18	19	12	8	6	4	3	1	0	1	3	4	6
21	−22	−14	−10	− 7	− 5	− 3	− 1	0	+ 1	+ 3	+ 5	+ 7
24	25	16	11	8	5	3	2	0	2	3	5	8
27	28	18	12	9	6	4	2	0	2	4	6	9
30	31	20	13	10	7	4	2	0	2	4	7	10

Die Vorzeichen gelten in der A- und B-Tafel für **nördliche** Deklinationen. Für **südliche** Deklinationen sind die Vorzeichen umzukehren.

$$K = A + B \qquad \text{Verbesserung} = K \cdot \sin \varphi$$

$K \cdot \sin \varphi$

K \ φ	0°	10°	20°	30°	40°	50°	60°	70°	80°	90°
0″	0″	0″	0″	0″	0″	0″	0″	0″	0″	0″
2	0	0	1	1	1	1	2	2	2	2
4	0	1	1	2	3	3	4	4	4	4
6	0	1	2	3	4	5	5	6	6	6
8	0	1	3	4	5	6	7	8	8	8
10	0	2	3	5	6	8	9	9	10	10
12	0	2	4	6	8	9	10	11	12	12
14	0	2	5	7	9	11	12	13	14	14
16	0	3	6	8	10	12	14	14	14	
18	0	3	6	9	12	14		15		
20	0	3	7	10	13					
22	0	4	8	11	14					

33. Monddistanzen. Verbesserung wegen Sonnenparallaxe.
VII. Korrektion.

$$A = -8''\!8 \cos z_{☾} \operatorname{cosec} D$$

$z_{☾}$ \ D	20°	30°	40°	50°	60°	70°	80°	90°	100°	110°	120°	$z_{☾}$
0°	−26″	−18″	−14″	−12″	−10″	−9″	−9″	−9″	−9″	−9″	−10″	0°
10	−25	−17	−13	−11	−10	−9	−9	−9	−9	−9	−10	10
20	−24	−17	−13	−11	−10	−9	−8	−8	−8	−8	−10	20
30	−22	−15	−12	−10	− 9	−8	−8	−8	−8	−8	− 9	30
40	−20	−14	−11	− 9	− 8	−7	−7	−7	−7	−7	− 8	40
50	−17	−12	− 9	− 7	− 7	−6	−6	−6	−6	−6	− 7	50
60	−13	− 9	− 7	− 6	− 5	−5	−4	−4	−4	−5	− 5	60
70	− 9	− 6	− 5	− 4	− 3	−3	−3	−3	−3	−3	− 3	70
80	− 4	− 3	− 2	− 2	− 2	−2	−2	−2	−2	−2	− 2	80
90	0	0	0	0	0	0	0	0	0	0	0	90

$$B = +8''\!8 \cos z_{☉} \operatorname{cotg} D$$

$z_{☉}$ \ D	20°	30°	40°	50°	60°	70°	80°	90°	100°	110°	120°	$z_{☉}$
0°	+24″	+15″	+11″	+7″	+5″	+3″	+2″	0″	−2″	−3″	−5″	0°
10	+24	+15	+10	+7	+5	+3	+1	0	−1	−3	−5	10
20	+23	+14	+10	+7	+5	+3	+1	0	−1	−3	−5	20
30	+21	+13	+ 9	+6	+4	+3	+1	0	−1	−3	−4	30
40	+19	+12	+ 8	+6	+4	+2	+1	0	−1	−2	−4	40
50	+16	+10	+ 7	+5	+3	+2	+1	0	−1	−2	−3	50
60	+12	+ 8	+ 5	+4	+3	+2	+1	0	−1	−2	−3	60
70	+ 8	+ 5	+ 4	+3	+2	+1	+1	0	−1	−1	−2	70
80	+ 4	+ 3	+ 2	+1	+1	+1	0	0	0	−1	−1	80
90	0	0	0	0	0	0	0	0	0	0	0	90

Verbesserung der Monddistanz $= A + B$

34. Genäherte Reduktion der scheinbaren auf wahre Monddistanz für $\Pi_0 = 57'$.

Scheinbare ZD		Scheinbare Distanz										
☉	☾	20°	30°	40°	50°	60°	70°	80°	90°	100°	110°	120°
0°	0°											
	10											
	20	−19′										
	30		−28′										
	40			−35′									
	50				−42′								
	60					−47′							
	70						−51′						
	80							−51′					
	85											
10	0											
	10	−10										
	20	−17	−19									
	30	−28	−26	−28								
	40		−35	−34	−35							
	50		−43	−41	−42							
	60			−48	−46	−47						
	70				−51	−49	−51					
	80					−51	−49	−51′				
	85						−46	−45				
20	0	0										
	10	−2	−10									
	20	−9	−14	−19								
	30	−20	−20	−24	−28							
	40	−35	−31	−30	−32	−35						
	50		−43	−39	−38	−39	−42					
	60			−48	−44	−44	−45	−47				
	70				−51	−48	−47	−48	−51			
	80					−51	−48	−47	−48	−51′		
	85						−45	−44	−43	−45		
30	0		+1									
	10	+10	−1	−10								
	20	+3	−5	−12	−18							
	30	−9	−13	−17	−23	−27						
	40	−24	−23	−24	−27	−30	−35					
	50	−43	−34	−32	−32	−34	−38	−42				
	60		−48	−42	−39	−39	−40	−43	−47			
	70			−52	−46	−43	−43	−44	−46	−51		
	80				−51	−46	−44	−43	−44	−46	−49′	
	85					−44	−42	−40	−40	−41	−44	
40	0			+1								
	10		+11	0	−9							
	20	+21	+6	−3	−11	−18						
	30	+9	−1	−9	−14	−20	−27					
	40	−6	−11	−15	−19	−24	−29	−35				
	50	−26	−23	−24	−25	−28	−31	−35	−42			
	60	−48	−37	−32	−31	−32	−34	−38	−42	−46		
	70		−52	−43	−39	−38	−39	−41	−45	−49		
	80			−52	−44	−41	−39	−39	−39	−41	−44	−49′
	85				−44	−39	−37	−35	−35	−37	−39	−43

Π	$\dfrac{\Pi}{\Pi_0}$
53′	0.93
54	95
55	96
56	0.98
57	1.00
58	02
59	04
60	05
61	1.07

34. Genäherte Reduktion der scheinbaren auf wahre Monddistanz für $\Pi_0 = 57'$ (Schluß).

Π	$\dfrac{\Pi}{\Pi_0}$
53'	0.93
54	95
55	96
56	0.98
57	1.00
58	02
59	04
60	05
61	1.07

Scheinbare ZD		Scheinbare Distanz											
☉	☾	20°	30°	40°	50°	60°	70°	80°	90°	100°	110°	120°	130°
50°	0°												
	10				+1'	0	−9'						
	20		+20'	+8	−2	−10	−18'						
	30	+29'	+13	+2	−5	−13	−19	−27'					
	40	+14	+3	−4	−10	−16	−21	−28	−34'				
	50	−5	−9	−13	−16	−20	−24	−29	−34	−41'			
	60	−27	−23	−21	−23	−25	−27	−30	−34	−40	−46'		
	70	−52	−38	−32	−30	−29	−30	−31	−34	−38	−43	−49'	
	80		−52	−41	−35	−33	−32	−32	−32	−34	−38	−42	−49'
	85			−42	−37	−32	−30	−29	−30	−31	−32	−35	−41
60°	0					+2							
	10				+12	+1	−8						
	20			+21	+10	0	−9	−17					
	30		+29	+16	+5	−3	−11	−18	−26				
	40	+38	+19	+9	+1	−6	−13	−19	−26	−34			
	50	+18	+8	0	−5	−11	−15	−20	−26	−33	−41		
	60	−4	−6	−10	−12	−15	−18	−22	−26	−31	−38	−46	
	70	−28	−21	−19	−19	−20	−21	−24	−26	−30	−34	−41	−49
	80	−53	−37	−30	−26	−25	−24	−24	−25	−27	−30	−33	−40
	85		−41	−32	−27	−25	−24	−23	−23	−24	−26	−28	−32
70°	0						+3						
	10					+13	+2	−6					
	20				+21	+11	+1	−8	−16				
	30			+30	+18	+9	0	−9	−16	−25			
	40		+39	+24	+13	+4	−2	−10	−17	−25	−32		
	50	+45	+26	+15	+6	0	−5	−11	−17	−24	−31	−40	
	60	+23	+12	+5	0	−4	−9	−13	−17	−22	−28	−35	−45
	70	−2	−4	−6	−8	−10	−12	−14	−17	−20	−25	−30	−38
	80	−28	−20	−17	−15	−15	−15	−16	−17	−18	−22	−25	−29
	85	−37	−26	−20	−17	−16	−15	−15	−16	−16	−18	−20	−23
80°	0						+5						
	10					+15	+5	−4					
	20				+25	+14	+4	−4	−14				
	30			+33	+21	+12	+3	−4	−13	−23			
	40		+40	+28	+18	+10	+2	−5	−13	−21	−30		
	50	+48	+32	+21	+13	+7	0	−6	−12	−19	−27	−37	
	60	+54	+32	+22	+14	+8	+3	−2	−7	−12	−17	−25	−31
	70	+27	+16	+10	+5	+2	−2	−4	−8	−11	−14	−19	−25
	80	+1	0	−2	−3	−4	−5	−6	−8	−10	−12	−14	−17
	85	−13	−10	−8	−7	−6	−6	−7	−8	−9	−10	−11	−13
85°	10						+15	+5	−4				
	20					+24	+14	+5	−4				
	30				+32	+21	+13	+4	−4	−13			
	40			+40	+28	+18	+11	+3	−4	−12	−20		
	50		+47	+33	+23	+15	+9	+2	−4	−11	−18	−27	
	60		+47	+33	+24	+16	+11	+5	+1	−4	−10	−15	−22
	70	+46	+29	+20	+14	+10	+5	+2	−1	−4	−8	−12	−16
	80	+16	+10	+6	+3	+2	0	0	−2	−4	−6	−8	−10
	85	+1	0	−1	−1	−1	−2	−2	−3	−3	−4	−5	−6

35. Zur Berechnung der Distanz naher Sterne.

$\Delta \alpha$	a	$\Delta \delta$	b	log sin ½ s	b
0^s	5.560 636 [0]	0″	5.615 455 [0]	6.50	5.615 455 [0]
40	560 636 [0]	500	615 455 [0]	7.00	615 455 [0]
80	560 635 [1]	1000	615 456 [1]	7.50	615 456 [1]
120	560 634 [1]	1500	615 456 [0]	7.60	615 456 [0]
160	560 633 [1]	2000	615 457 [1]	7.70	615 457 [1]
200	5.560 632 [1]	2500	5.615 458 [1]	7.80	5.615 458 [1]
240	560 630 [2]	3000	615 459 [1]	7.90	615 460 [2]
280	560 628 [2]	3500	615 460 [1]	8.00	615 462 [2]
320	560 626 [2]	4000	615 462 [2]	8.05	615 464 [2]
360	560 623 [3]	4500	615 464 [2]	8.10	615 467 [3]
400	5.560 621 [2]	5000	5.615 466 [2]	8.15	5 615 469 [2]
440	560 617 [4]	5500	615 468 [2]	8.20	615 473 [4]
		6000	615 470 [2]		
		6500	615 473 [3]		

$\log \operatorname{tg} N = \log \Delta \alpha^{(s)} - \log \Delta \delta^{(″)} + \log \sqrt{\cos \delta_1 \cos \delta_2} + a + b$

$\log \sin \tfrac{1}{2} s = \log \Delta \delta^{(″)} - b - \log \cos N$

$\log s^{(″)} = \log \sin \tfrac{1}{2} s + b$

36a. Präzession in Rektaszension p_α.

δ \ α	+60°	+50°	+40°	+30°	+20°	+10°	0°	−10°	−20°	−30°	−40°	−50°	−60°	δ \ α
0^h	3^{s}07	3^{s}07	3^{s}07	3^{s}07	3^{s}07	3^{s}07	3^{s}07	3^{s}07	3^{s}07	3^{s}07	3^{s}07	3^{s}07	3^{s}07	0^h
1	3.67	3.48	3.36	3.27	3.20	3.13	3.07	3.01	2.95	2.87	2.78	2.66	2.47	1
2	4.23	3.87	3.63	3.46	3.32	3.19	3.07	2.95	2.83	2.69	2.51	2.28	1.92	2
3	4.71	4.20	3.87	3.62	3.42	3.24	3.07	2.91	2.73	2.53	2.28	1.95	1.44	3
4	5.08	4.45	4.04	3.74	3.49	3.28	3.07	2.87	2.65	2.41	2.10	1.69	1.07	4
5	5.31	4.61	4.16	3.82	3.54	3.30	3.07	2.84	2.60	2.33	1.99	1.53	0.84	5
6	5.39	4.67	4.19	3.84	3.56	3.31	3.07	2.84	2.59	2.30	1.95	1.48	0.76	6
7	5.31	4.61	4.16	3.82	3.54	3.30	3.07	2.84	2.60	2.33	1.99	1.53	0.84	7
8	5.08	4.45	4.04	3.74	3.49	3.28	3.07	2.87	2.65	2.41	2.10	1.69	1.07	8
9	4.71	4.20	3.87	3.62	3.42	3.24	3.07	2.91	2.73	2.53	2.28	1.95	1.44	9
10	4.23	3.87	3.63	3.46	3.32	3.19	3.07	2.95	2.83	2.69	2.51	2.28	1.92	10
11	3.67	3.48	3.36	3.27	3.20	3.13	3.07	3.01	2.95	2.87	2.78	2.66	2.47	11
12	3.07	3.07	3.07	3.07	3.07	3.07	3.07	3.07	3.07	3.07	3.07	3.07	3.07	12
13	2.47	2.66	2.78	2.87	2.95	3.01	3.07	3.13	3.20	3.27	3.36	3.48	3.67	13
14	1.92	2.28	2.51	2.69	2.83	2.95	3.07	3.19	3.32	3.46	3.63	3.87	4.23	14
15	1.44	1.95	2.28	2.53	2.73	2.91	3.07	3.24	3.42	3.62	3.87	4.20	4.71	15
16	1.07	1.69	2.10	2.41	2.65	2.87	3.07	3.28	3.49	3.74	4.04	4.45	5.08	16
17	0.84	1.53	1.99	2.33	2.60	2.84	3.07	3.30	3.54	3.82	4.16	4.61	5.31	17
18	0.76	1.48	1.95	2.30	2.59	2.84	3.07	3.31	3.56	3.84	4.19	4.67	5.39	18
19	0.84	1.53	1.99	2.33	2.60	2.84	3.07	3.30	3.54	3.82	4.16	4.61	5.31	19
20	1.07	1.69	2.10	2.41	2.65	2.87	3.07	3.28	3.49	3.74	4.04	4.45	5.08	20
21	1.44	1.95	2.28	2.53	2.73	2.91	3.07	3.24	3.42	3.62	3.87	4.20	4.71	21
22	1.92	2.28	2.51	2.69	2.83	2.95	3.07	3.19	3.32	3.46	3.63	3.87	4.23	22
23	2.47	2.66	2.78	2.87	2.95	3.01	3.07	3.13	3.20	3.27	3.36	3.48	3.67	23
24	3.07	3.07	3.07	3.07	3.07	3.07	3.07	3.07	3.07	3.07	3.07	3.07	3.07	24

36b. Präzession in Deklination p_δ.

α		P_δ	α	
+	−		−	+
$0^h\ 0^m$	$12^h\ 0^m$	$20''0$	$12^h\ 0^m$	$24^h\ 0^m$
10	10	20,0 $_0$	11 50	23 50
20	20	20,0 $_0$	40	40
30	30	19,9 $_1$	30	30
40	40	19,7 $_2$	20	20
50	50	19,6 $_1$	11 10	23 10
		$_2$		
1 0	13 0	19,4 $_3$	11 0	23 0
10	10	19,1 $_3$	10 50	22 50
20	20	18,8 $_3$	40	40
30	30	18,5 $_3$	30	30
40	40	18,2 $_3$	20	20
50	50	17,8 $_4$	10 10	22 10
		$_4$		
2 0	14 0	17,4 $_5$	10 0	22 0
10	10	16,9 $_5$	9 50	21 50
20	20	16,4 $_5$	40	40
30	30	15,9 $_5$	30	30
40	40	15,4 $_6$	20	20
50	50	14,8 $_6$	9 10	21 10
3 0	15 0	14,2 $_7$	9 0	21 0
10	10	13,5 $_6$	8 50	20 50
20	20	12,9 $_7$	40	40
30	30	12,2 $_7$	30	30
40	40	11,5 $_7$	20	20
50	50	10,8 $_8$	8 10	20 10
4 0	16 0	10,0 $_7$	8 0	20 0
10	10	9,3 $_8$	7 50	19 50
20	20	8,5 $_8$	40	40
30	30	7,7 $_8$	30	30
40	40	6,9 $_9$	20	20
50	50	6,0 $_8$	7 10	19 10
5 0	17 0	5,2 $_9$	7 0	19 0
10	10	4,3 $_8$	6 50	18 50
20	20	3,5 $_9$	40	40
30	30	2,6 $_9$	30	30
40	40	1,7 $_8$	20	20
50	50	0,9 $_9$	6 10	18 10
6 0	18 0	0,0	6 0	18 0
+	−		−	+

37. Zur Berechnung der Präzession in Rektaszension und Deklination und in den Bahnelementen.

Trop. Jahr	$m^{(s)}$	$\log m^{(s)}$	$\log n^{(s)}$	$n^{('')}$	$\log n^{('')}$	p	$\log \pi$	Π	ε
1750	3ˢ.0695	0.48707	0.12623	20″.060	1.30232	50″.223	9.6740	172° 34′.9	23° 28′ 18″.5
1760	0697	48710	12621	059	30230	225	6740	172 40.4	28 13.8
1770	0699	48713	12620	058	30229	227	6739	172 45.9	28 9.2
1780	0701	48715	12618	057	30227	230	6738	172 51.4	28 4.5
1790	0703	48718	12616	056	30225	232	6738	172 56.8	27 59.8
1800	3.0705	0.48721	0.12614	20.055	1.30223	50.234	9.6737	173 2.3	23 27 55.1
1810	0707	48723	12612	054	30221	236	6736	173 7.8	27 50.4
1820	0708	48726	12610	054	30219	238	6736	173 13.3	27 45.7
1830	0710	48728	12608	053	30218	241	6735	173 18.7	27 41.0
1840	0712	48731	12607	052	30216	243	6735	173 24.2	27 36.4
1850	3.0714	0.48734	0.12605	20.051	1.30214	50.245	9.6734	173 29.7	23 27 31.7
1860	0716	48736	12603	050	30212	247	6733	173 35.2	27 27.0
1870	0718	48739	12601	049	30210	250	6733	173 40.6	27 22.3
1880	0720	48742	12599	049	30208	252	6732	173 46.1	27 17.6
1890	0722	48744	12597	048	30206	254	6732	173 51.6	27 12.9
1900	3.0723	0.48747	0.12596	20.047	1.30205	50.256	9.6731	173 57.1	23 27 8.3
1910	0725	48749	12594	046	30203	259	6730	174 2.5	27 3.6
1920	0727	48752	12592	045	30201	261	6730	174 8.0	26 58.9
1930	0729	48755	12590	044	30199	263	6729	174 13.5	26 54.2
1940	0731	48757	12588	043	30197	265	6728	174 19.0	26 49.5
1950	3.0733	0.48760	0.12586	20.043	1.30195	50.268	9.6728	174 24.4	23 26 44.8

$$p_\alpha = m^{(s)} + n^{(s)} \sin \alpha \, \text{tg} \, \delta$$
$$p_\delta = n^{('')} \cos \alpha$$

System der Ekliptik.

$$\Omega_1 = \Omega_0 + \{p - \pi \cot g \, i_m \sin(\Pi - \Omega_m)\} (t_1 - t_0)$$
$$i_1 = i_0 - \{\pi \cos(\Pi - \Omega_m)\} (t_1 - t_0)$$
$$\omega_1 = \omega_0 + \{\pi \csc i_m \sin(\Pi - \Omega_m)\} (t_1 - t_0)$$

System des Äquators.

$$\Omega'_1 = \Omega'_0 + \{m - n \cot g \, i'_m \cos \Omega'_m\} (t_1 - t_0)$$
$$i'_1 = i'_0 - n \sin \Omega'_m (t_1 - t_0)$$
$$\omega'_1 = \omega'_0 + n \cos \Omega'_m \csc i'_m (t_1 - t_0)$$

38 a. Differenzielle Präzession in Rektaszension und Deklination.

1) $A = 10 \, n \sin 1' \cos \alpha \, \tan \delta$

α	α	0°	8°	16°	24°	32°	40°	48°	δ	α
+	**+**								**—**	**—**
24ʰ 0ᵐ	0ʰ 0ᵐ	0ˢ000	0ˢ008 ₀	0ˢ017 ₀	0ˢ026 ₀	0ˢ036 ₀	0ˢ049 ₀	0ˢ065 ₀	12ʰ 0ᵐ	12ʰ 0ᵐ
23 50	10	000	008 ₀	017 ₀	026 ₀	036 ₀	049 ₀	065 ₀	11 50	10
40	20	000	008 ₀	017 ₀	026 ₀	036 ₀	049 ₁	065 ₁	40	20
30	30	000	008 ₀	017 ₀	026 ₀	036 ₀	048 ₁	064 ₁	30	30
20	40	000	008 ₀	016 ₁	026 ₀	036 ₀	048 ₀	064 ₀	20	40
23 10	50	000	008 ₀	016 ₀	025 ₁	036 ₀	048 ₀	063 ₁	11 10	50
23 0	1 0	0,000	0,008 ₀	0,016 ₀	0,025 ₀	0,035 ₁	0,047 ₁	0,063 ₀	11 0	13 0
22 50	10	000	008 ₀	016 ₀	025 ₀	035 ₀	047 ₀	062 ₁	10 50	10
40	20	000	008 ₀	016 ₁	024 ₀	034 ₀	046 ₁	061 ₁	40	20
30	30	000	008 ₀	015 ₀	024 ₀	034 ₁	045 ₁	060 ₁	30	30
20	40	000	007 ₁	015 ₀	024 ₀	033 ₁	044 ₁	059 ₁	20	40
22 10	50	000	007 ₀	015 ₁	023 ₁	032 ₀	043 ₁	057 ₂	10 10	50
22 0	2 0	0,000	0,007 ₀	0,014 ₀	0,022 ₀	0,032 ₁	0,042 ₁	0,056 ₁	10 0	14 0
21 50	10	000	007 ₀	014 ₀	022 ₀	031 ₁	041 ₁	055 ₁	9 50	10
40	20	000	007 ₀	014 ₀	021 ₁	030 ₁	040 ₁	053 ₂	40	20
30	30	000	006 ₁	013 ₁	021 ₀	029 ₁	039 ₁	051 ₂	30	30
20	40	000	006 ₀	013 ₀	020 ₁	028 ₁	037 ₂	050 ₁	20	40
21 10	50	000	006 ₀	012 ₁	019 ₁	027 ₁	036 ₁	048 ₂	9 10	50
21 0	3 0	0,000	0,006 ₀	0,012 ₀	0,018 ₀	0,026 ₁	0,035 ₁	0,046 ₂	9 0	15 0
20 50	10	000	006 ₀	011 ₁	018 ₀	025 ₁	033 ₂	044 ₂	8 50	10
40	20	000	005 ₁	011 ₁	017 ₁	023 ₁	031 ₁	042 ₂	40	20
30	30	000	005 ₀	010 ₁	016 ₁	022 ₁	030 ₁	039 ₃	30	30
20	40	000	005 ₀	010 ₀	015 ₁	021 ₁	028 ₂	037 ₂	20	40
20 10	50	000	004 ₁	009 ₁	014 ₁	020 ₁	026 ₂	035 ₂	8 10	50
20 0	4 0	0,000	0,004 ₀	0,008 ₀	0,013 ₁	0,018 ₁	0,024 ₁	0,032 ₂	8 0	16 0
19 50	10	000	004 ₀	008 ₀	012 ₁	017 ₁	023 ₂	030 ₂	7 50	10
40	20	000	003 ₁	007 ₁	011 ₁	015 ₁	021 ₂	027 ₃	40	20
30	30	000	003 ₀	006 ₁	010 ₁	014 ₁	019 ₂	025 ₂	30	30
20	40	000	003 ₀	006 ₁	009 ₁	012 ₁	017 ₂	022 ₃	20	40
19 10	50	000	002 ₁	005 ₁	008 ₁	011 ₂	015 ₂	019 ₃	7 10	50
19 0	5 0	0,000	0,002 ₀	0,004 ₀	0,007 ₁	0,009 ₁	0,013 ₂	0,017 ₂	7 0	17 0
18 50	10	000	002 ₀	004 ₁	006 ₁	008 ₂	011 ₃	014 ₃	6 50	10
40	20	000	001 ₁	003 ₁	005 ₂	006 ₁	008 ₂	011 ₃	40	20
30	30	000	001 ₀	002 ₁	003 ₂	005 ₂	006 ₂	009 ₂	30	30
20	40	000	001 ₀	001 ₁	002 ₁	003 ₂	004 ₂	006 ₃	20	40
18 10	50	000	000 ₁	001 ₀	001 ₁	002 ₂	002 ₂	003 ₃	6 10	50
18 0	6 0	0,000	0,000	0,000	0,000	0,000	0,000	0,000	6 0	18 0
+	**+**								**—**	**—**

Die Vorzeichen gelten für nördliche Deklination; für südliche Deklinationen sind die Vorzeichen umzukehren.

$$10 \cdot P'(\alpha) = A \cdot \Delta \alpha^m + B \cdot \Delta \delta'$$

38a. Differenzielle Präzession in Rektaszension und Deklination.

1) $A = 10\,n \sin 1' \cos \alpha \tan \delta$ (Fortsetzung)

α	α	48°	56°	60°	64°	68°	70°	δ	α
+	+							−	−
24ʰ 0ᵐ	0ʰ 0ᵐ	0ˢ065₀	0ˢ086₀	0ˢ101₀	0ˢ120₁	0ˢ144₀	0ˢ160₀	12 0ᵐ	12ʰ 0ᵐ
23 50	10	065₀	086₀	101₀	119₀	144₁	160₀	11 50	10
40	20	065₁	086₀	101₀	119₁	143₁	159₁	40	20
30	30	064₀	086₀	100₁	118₀	142₁	158₁	30	30
20	40	064₁	085₁	099₀	118₁	141₁	156₂	20	40
23 10	50	063₀	084₁	099₁	117₂			11 10	50
23 0	1 0	0.063₁	0.083₁	0.098₂	0.115₁	0.139₂	0.155₂	11 0	13 0
22 50	10	062₁	082₁	096₁	114₂	138₂	153₂	10 50	10
40	20	061₁	081₁	095₂	112₂	136₃	151₃	40	20
30	30	060₁	080₂	093₁	110₂	133₂	148₃	30	30
20	40	059₂	078₁	092₂	108₂	131₃	145₃	20	40
22 10	50	057₁	077₂	090₃	106₂	128₃	142₃	10 10	50
22 0	2 0	0.056₁	0.075₂	0.087₂	0.104₃	0.125₃	0.139₄	10 0	14 0
21 50	10	055₂	073₂	085₂	101₃	122₃	135₄	9 50	10
40	20	053₂	071₃	083₃	098₃	118₄	131₄	40	20
30	30	051₁	068₂	080₃	095₃	114₃	127₄	30	30
20	40	050₂	066₂	077₃	092₄	111₅	123₅	20	40
21 10	50	048₂	064₃	074₃	088₄	106₅	118₅	9 10	50
21 0	3 0	0.046₂	0.061₃	0.071₃	0.085₄	0.102₅	0.113₅	9 0	15 0
20 50	10	044₂	058₂	068₃	081₄	097₄	108₅	8 50	10
40	20	042₃	056₃	065₄	077₄	093₄	103₆	40	20
30	30	039₂	053₃	061₃	073₄	088₅	097₅	30	30
20	40	037₂	050₃	058₄	069₅	083₅	092₆	20	40
20 10	50	035₃	046₃	054₄	064₄	078₆	086₆	8 10	50
20 0	4 0	0.032₂	0.043₃	0.050₃	0.060₅	0.072₅	0.080₆	8 0	16 0
19 50	10	030₃	040₃	047₄	055₄	067₆	074₆	7 50	10
40	20	027₂	037₄	043₄	051₅	061₆	068₇	40	20
30	30	025₃	033₃	039₄	046₅	055₆	061₆	30	30
20	40	022₃	030₄	035₅	041₅	049₆	055₇	20	40
19 10	50	019₂	026₄	030₄	036₅	043₆	048₇	7 10	50
19 0	5 0	0.017₃	0.022₃	0.026₅	0.031₅	0.037₆	0.041₆	7 0	17 0
18 50	10	014₃	019₃	022₄	026₅	031₆	035₆	6 50	10
40	20	011₂	015₄	018₅	021₅	025₆	028₇	40	20
30	30	009₃	011₃	013₄	016₆	019₆	021₇	30	30
20	40	006₃	008₄	009₅	010₅	013₆	014₇	20	40
18 10	50	003₃	004₄	004₄	005₅	006₇	007₇	6 10	50
18 0	6 0	0.000	0.000	0.000	0.000	0.000	0.000	6 0	18 0
+	+							−	−

Die Vorzeichen gelten für nördliche Deklination; für südliche Deklinationen sind die Vorzeichen umzukehren.

$$10 \cdot P'(\alpha) = A \cdot \Delta \alpha^m + B \cdot \Delta \delta'$$

38 a. Differenzielle Präzession in Rektaszension und Deklination.

1) $A = 10 n \sin 1' \cos \alpha \tan \delta$ (Schluß)

α	δ	70°	72°	74°	76°	78°	80°	δ	α
+	+							−	−
24^h 0^m	0^h 0^m	0^{s}160	0^{s}179	0^{s}203	0^{s}234	0^{s}274	0^{s}331	12^h 0^m	12 0^m
23 50	10	160 $_0$	179 $_0$	203 $_0$	233 $_0$	274 $_1$	330 $_1$	11 50	10
40	20	160 $_0$	179 $_0$	203 $_0$	233 $_0$	273 $_1$	329 $_1$	40	20
30	30	159 $_1$	178 $_1$	201 $_2$	232 $_1$	272 $_1$	328 $_1$	30	30
20	40	158 $_1$	177 $_1$	200 $_1$	230 $_2$	270 $_2$	326 $_2$	20	40
23 10	50	156 $_2$	175 $_2$	198 $_2$	228 $_2$	268 $_2$	323 $_3$	11 10	50
		$_1$	$_2$	$_2$	$_2$	$_3$	$_4$		
23 0	1 0	0.155	0.173	0.196	0.226	0.265	0.319	11 0	13 0
22 50	10	153 $_2$	171 $_2$	194 $_2$	223 $_3$	261 $_4$	315 $_4$	10 50	10
40	20	151 $_2$	169 $_2$	191 $_3$	220 $_3$	258 $_3$	311 $_4$	40	20
30	30	148 $_3$	166 $_3$	188 $_3$	216 $_4$	253 $_5$	305 $_6$	30	30
20	40	145 $_3$	163 $_3$	184 $_4$	212 $_4$	249 $_4$	300 $_5$	20	40
22 10	50	142 $_3$	159 $_4$	180 $_4$	207 $_5$	243 $_6$	293 $_7$	10 10	50
		$_3$	$_4$	$_4$	$_4$	$_5$	$_7$		
22 0	2 0	0.139	0.155	0.176	0.203	0.238	0.286	10 0	14 0
21 50	10	135 $_4$	151 $_4$	171 $_5$	197 $_6$	231 $_7$	279 $_7$	9 50	10
40	20	131 $_4$	147 $_4$	167 $_4$	192 $_5$	225 $_6$	271 $_8$	40	20
30	30	127 $_4$	142 $_5$	161 $_6$	185 $_7$	217 $_8$	262 $_9$	30	30
20	40	123 $_4$	137 $_5$	156 $_5$	179 $_6$	210 $_7$	253 $_9$	20	40
21 10	50	118 $_5$	132 $_5$	150 $_6$	172 $_7$	202 $_8$	244 $_9$	9 10	50
		$_5$	$_5$	$_6$	$_7$	$_8$	$_{10}$		
21 0	3 0	0.113	0.127	0.144	0.165	0.194	0.234	9 0	15 0
20 50	10	108 $_5$	121 $_6$	137 $_7$	158 $_7$	185 $_9$	223 $_{11}$	8 50	10
40	20	103 $_5$	115 $_6$	131 $_6$	150 $_8$	176 $_9$	213 $_{10}$	40	20
30	30	097 $_6$	109 $_6$	124 $_7$	142 $_8$	167 $_9$	201 $_{12}$	30	30
20	40	092 $_6$	103 $_7$	117 $_7$	134 $_8$	157 $_{10}$	190 $_{11}$	20	40
20 10	50	086 $_6$	096 $_7$	109 $_8$	126 $_8$	147 $_{10}$	178 $_{12}$	8 10	50
		$_6$	$_6$	$_7$	$_9$	$_{10}$	$_{13}$		
20 0	4 0	0.080	0.090	0.102	0.117	0.137	0.165	8 0	16 0
19 50	10	074 $_6$	083 $_7$	094 $_8$	108 $_9$	127 $_{10}$	153 $_{12}$	7 50	10
40	20	068 $_6$	076 $_7$	086 $_8$	099 $_9$	116 $_{11}$	140 $_{13}$	40	20
30	30	061 $_7$	069 $_7$	078 $_8$	089 $_{10}$	105 $_{11}$	126 $_{14}$	30	30
20	40	055 $_6$	061 $_7$	070 $_8$	080 $_9$	094 $_{11}$	113 $_{13}$	20	40
19 10	50	048 $_7$	054 $_7$	061 $_9$	070 $_{10}$	082 $_{12}$	099 $_{14}$	7 10	50
		$_7$	$_8$	$_8$	$_9$	$_{11}$	$_{13}$		
19 0	5 0	0.041	0.046	0.053	0.061	0.071	0.086	7 0	17 0
18 50	10	035 $_6$	039 $_7$	044 $_9$	051 $_{10}$	059 $_{12}$	072 $_{14}$	6 50	10
40	20	028 $_7$	031 $_8$	035 $_9$	041 $_{10}$	048 $_{11}$	057 $_{15}$	40	20
30	30	021 $_7$	023 $_8$	026 $_9$	031 $_{10}$	036 $_{12}$	043 $_{14}$	30	30
20	40	014 $_7$	016 $_7$	018 $_8$	020 $_{11}$	024 $_{12}$	029 $_{14}$	20	40
18 10	50	007 $_7$	008 $_8$	009 $_9$	010 $_{10}$	012 $_{12}$	014 $_{15}$	6 10	50
		$_7$	$_8$	$_9$	$_{10}$	$_{12}$	$_{14}$		
18 0	6 0	0.000	0.000	0.000	0.000	0.000	0.000	6 0	18 0
+	+							−	−

Die Vorzeichen gelten für nördliche Deklination; für südliche Deklinationen sind die Vorzeichen umzukehren.

$$10 \cdot P'(\alpha) = A \cdot \Delta \alpha^m + B \cdot \Delta \delta'$$

38a. Differenzielle Präzession in Rektaszension und Deklination.

2) $B = 10 \cdot \frac{1}{15} n \sin 1' \sin a \sec^2 \delta$

α	α	δ = 0°	8°	16°	24°	32°	40°	48°	δ	α
+	+									
$12^h\,0^m$	$0^h\,0^m$	0.000	0.000	0.000	0.000	0.000	0.000	0.000	$12^h\,0^m$	$24^h\,0^m$
11 50	10	000	000	000	000	000	000	000	10	23 50
40	20	000	000	000	000	000	001	001	20	40
30	30	000	000	001	001	001	001	001	30	30
20	40	001	001	001	001	001	001	002	40	20
11 10	50	001	001	001	001	001	001	002	50	23 10
11 0	1 0	0.001	0.001	0.001	0.001	0.001	0.002	0.002	13 0	23 0
10 50	10	001	001	001	001	002	002	003	10	22 50
40	20	001	001	001	002	002	002	003	20	40
30	30	001	001	002	002	002	003	003	30	30
20	40	002	002	002	002	002	003	004	40	20
10 10	50	002	002	002	002	002	003	004	50	22 10
10 0	2 0	0.002	0.002	0.002	0.002	0.003	0.003	0.004	14 0	22 0
9 50	10	002	002	002	002	003	004	005	10	21 50
40	20	002	002	002	003	003	004	005	20	40
30	30	002	002	003	003	003	004	005	30	30
20	40	002	003	003	003	003	004	006	40	20
9 10	50	003	003	003	003	004	004	006	50	21 10
9 0	3 0	0.003	0.003	0.003	0.003	0.004	0.005	0.006	15 0	21 0
8 50	10	003	003	003	003	004	005	006	10	20 50
40	20	003	003	003	004	004	005	007	20	40
30	30	003	003	003	004	004	005	007	30	30
20	40	003	003	003	004	004	005	007	40	20
8 10	50	003	003	004	004	005	006	007	50	20 10
8 0	4 0	0.003	0.003	0.004	0.004	0.005	0.006	0.008	16 0	20 0
7 50	10	003	003	004	004	005	006	008	10	19 50
40	20	004	004	004	004	005	006	008	20	40
30	30	004	004	004	004	005	006	008	30	30
20	40	004	004	004	004	005	006	008	40	20
7 10	50	004	004	004	004	005	006	008	50	19 10
7 0	5 0	0.004	0.004	0.004	0.004	0.005	0.006	0.008	17 0	19 0
6 50	10	004	004	004	005	005	007	008	10	18 50
40	20	004	004	004	005	005	007	009	20	40
30	30	004	004	004	005	005	007	009	30	30
20	40	004	004	004	005	005	007	009	40	20
6 10	50	004	004	004	005	005	007	009	50	18 10
6 0	6 0	0.004	0.004	0.004	0.005	0.005	0.007	0.009	18 0	18 0
+	+								—	—

$$10 \cdot P'(a) = A \cdot \Delta a^m + B \cdot \Delta \delta'$$

38 a. Differenzielle Präzession in Rektaszension und Deklination.

2) $B = 10 \cdot \frac{1}{15} n \sin 1' \sin \alpha \sec^2 \delta$ (Fortsetzung)

α	α	48°	56°	60°	64°	68°	70°	δ	α
+	+							−	−
12ʰ 0ᵐ	0ʰ 0ᵐ	0ˢ000	0ˢ000	0ˢ000	0ˢ000	0ˢ000	0ˢ000	12ʰ 0ᵐ	24ʰ 0ᵐ
11 50	10	000 ₀	001 ₁	001 ₀	001 ₁	001 ₁	001 ₁	10	23 50
40	20	001 ₁	001 ₀	001 ₁	001 ₁	002 ₁	002 ₂	20	40
30	30	001 ₀	002 ₁	002 ₁	003 ₁	003 ₁	003 ₂	30	30
20	40	002 ₁	002 ₀	003 ₁	004 ₁	005 ₁	006 ₂	40	20
11 10	50	002 ₀	003 ₁	003 ₀	004 ₀	006 ₁	007 ₁	50	23 10
11 0	1 0	0,002 ₁	0,003 ₁	0,004 ₁	0,005 ₁	0,007 ₁	0,009 ₂	13 0	23 0
10 50	10	003 ₁	004 ₁	005 ₀	006 ₁	008 ₁	010 ₁	10	22 50
40	20	003 ₀	004 ₁	005 ₁	007 ₁	009 ₁	011 ₂	20	40
30	30	003 ₁	005 ₀	006 ₁	008 ₁	011 ₂	013 ₂	30	30
20	40	004 ₀	005 ₁	007 ₀	009 ₀	012 ₁	014 ₁	40	20
10 10	50	004 ₀	006 ₁	007 ₁	009 ₁	013 ₁	015 ₂	50	22 10
10 0	2 0	0,004 ₁	0,006 ₁	0,008 ₀	0,010 ₁	0,014 ₁	0,017 ₁	14 0	22 0
9 50	10	005 ₀	007 ₀	008 ₁	011 ₁	015 ₁	018 ₁	10	21 50
40	20	005 ₀	007 ₁	009 ₀	012 ₀	016 ₁	019 ₁	20	40
30	30	005 ₁	008 ₁	009 ₀	012 ₀	017 ₀	020 ₁	30	30
20	40	006 ₀	008 ₀	010 ₁	013 ₁	018 ₁	021 ₁	40	20
9 10	50	006 ₀	008 ₁	010 ₁	014 ₀	019 ₁	022 ₁	50	21 10
9 0	3 0	0,006 ₀	0,009 ₀	0,011 ₀	0,014 ₁	0,020 ₀	0,023 ₁	15 0	21 0
8 50	10	006 ₁	009 ₁	011 ₁	015 ₀	020 ₁	024 ₁	10	20 50
40	20	007 ₀	010 ₀	012 ₀	015 ₁	021 ₁	025 ₁	20	40
30	30	007 ₀	010 ₀	012 ₁	016 ₁	022 ₁	026 ₁	30	30
20	40	007 ₀	010 ₁	013 ₀	017 ₀	023 ₀	027 ₁	40	20
8 10	50	007 ₁	011 ₀	013 ₀	017 ₁	023 ₁	028 ₁	50	20 10
8 0	4 0	0,008 ₀	0,011 ₀	0,013 ₁	0,018 ₁	0,024 ₁	0,029 ₀	16 0	20 0
7 50	10	008 ₀	011 ₀	014 ₀	018 ₀	025 ₀	029 ₁	10	19 50
40	20	008 ₀	011 ₀	014 ₀	018 ₁	025 ₀	030 ₁	20	40
30	30	008 ₀	011 ₁	014 ₁	019 ₁	026 ₁	031 ₀	30	30
20	40	008 ₀	012 ₀	015 ₀	019 ₀	026 ₀	031 ₁	40	20
7 10	50	008 ₀	012 ₀	015 ₀	019 ₁	026 ₁	032 ₀	50	19 10
7 0	5 0	0,008 ₀	0,012 ₀	0,015 ₀	0,020 ₀	0,027 ₀	0,032 ₀	17 0	19 0
6 50	10	008 ₁	012 ₀	015 ₀	020 ₀	027 ₀	032 ₁	10	18 50
40	20	009 ₀	012 ₀	015 ₀	020 ₀	027 ₀	033 ₀	20	40
30	30	009 ₀	012 ₀	015 ₀	020 ₀	027 ₁	033 ₀	30	30
20	40	009 ₀	012 ₀	015 ₀	020 ₀	028 ₀	033 ₀	40	20
6 10	50	009 ₀	012 ₀	015 ₀	020 ₀	028 ₀	033 ₀	50	18 10
6 0	6 0	0,009	0,012	0,015	0,020	0,028	0,033	18 0	18 0
+	+							−	−

$$10 \cdot P'(\alpha) = A \cdot \varDelta a^m + B \cdot \varDelta \delta'$$

38a. Differenzielle Präzession in Rektaszension und Deklination.

2) $B = 10 \cdot \frac{1}{15} n \sin 1' \sin \alpha \sec^2 \delta$ (Schluß)

α	δ	70°	72°	74°	76°	78°	80°	δ	α
+	+							—	—
12ʰ 0ᵐ	0ʰ 0ᵐ	0ˢ.000	0ˢ.000	0ˢ.000	0ˢ.000	0ˢ.000	0ˢ.000	12ʰ 0ᵐ	24ʰ 0ᵐ
11 50	10	001 ₁	002 ₂	002 ₂	003 ₃	004 ₄	006 ₆	10	23 50
40	20	003 ₁	004 ₁	004 ₂	006 ₃	008 ₄	011 ₅	20	40
30	30	004 ₂	005 ₁	007 ₃	009 ₃	012 ₄	017 ₆	30	30
20	40	006 ₂	007 ₂	009 ₂	012 ₃	016 ₄	022 ₅	40	20
11 10	50	007 ₁	009 ₂	011 ₂	014 ₂	019 ₃	028 ₆	50	23 10
11 0	1 0	0.009 ₂	0.011 ₂	0.013 ₂	0.017 ₃	0.023 ₄	0.033 ₆	13 0	23 0
10 50	10	010 ₁	012 ₁	015 ₂	020 ₃	027 ₄	039 ₅	10	22 50
40	20	011 ₁	014 ₂	017 ₂	023 ₃	031 ₄	044 ₅	20	40
30	30	013 ₂	016 ₂	020 ₃	025 ₂	034 ₃	049 ₅	30	30
20	40	014 ₁	017 ₁	022 ₂	028 ₃	038 ₄	054 ₅	40	20
10 10	50	015 ₂	019 .₁	024 ₂	031 ₃	042 ₄	059 ₅	50	22 10
10 0	2 0	0.017 ₁	0.020 ₂	0.026 ₂	0.033 ₃	0.045 ₃	0.064 ₅	14 0	22 0
9 50	10	018 ₁	022 ₁	027 ₂	036 ₂	048 ₄	069 ₅	10	21 50
40	20	019 ₁	023 ₂	029 ₂	038 ₂	052 ₄	074 ₅	20	40
30	30	020 ₁	025 ₁	031 ₂	040 ₃	055 ₃	078 ₄	30	30
20	40	021 ₁	026 ₁	033 ₂	043 ₂	058 ₃	083 ₅	40	20
9 10	50	022 ₁	027 ₂	035 ₁	045 ₂	061 ₃	087 ₄	50	21 10
9 0	3 0	0.023 ₁	0.029 ₁	0.036 ₂	0.047 ₂	0.064 ₂	0.091 ₄	15 0	21 0
8 50	10	024 ₁	030 ₁	038 ₁	049 ₂	066 ₃	095 ₄	10	20 50
40	20	025 ₁	031 ₁	039 ₂	051 ₂	069 ₂	099 ₃	20	40
30	30	026 ₁	032 ₁	041 ₂	053 ₁	071 ₃	102 ₄	30	30
20	40	027 ₁	033 ₁	042 ₁	054 ₂	074 ₂	106 ₃	40	20
8 10	50	028 ₁	034 ₁	043 ₁	056 ₂	076 ₂	109 ₃	50	20 10
8 0	4 0	0.029 ₀	0.035 ₁	0.044 ₁	0.058 ₁	0.078 ₂	0.112 ₂	16 0	20 0
7 50	10	029 ₁	036 ₁	045 ₁	059 ₁	080 ₂	114 ₃	10	19 50
40	20	030 ₁	037 ₁	046 ₁	060 ₁	082 ₁	117 ₂	20	40
30	30	031 ₀	038 ₀	047 ₁	061 ₁	083 ₂	119 ₂	30	30
20	40	031 ₁	038 ₁	048 ₁	062 ₁	085 ₁	121 ₂	40	20
7 10	50	032 ₀	039 ₀	049 ₀	063 ₁	086 ₁	123 ₂	50	19 10
7 0	5 0	0.032 ₀	0.039 ₁	0.049 ₁	0.064 ₁	0.087 ₁	0.125 ₁	17 0	19 0
6 50	10	032 ₁	040 ₀	050 ₀	065 ₀	088 ₁	126 ₁	10	18 50
40	20	033 ₀	040 ₀	050 ₁	065 ₁	089 ₀	127 ₁	20	40
30	30	033 ₀	040 ₁	051 ₀	066 ₀	089 ₁	128 ₀	30	30
20	40	033 ₀	041 ₀	051 ₀	066 ₀	090 ₀	128 ₁	40	20
6 10	50	033 ₀	041 ₀	051 ₀	066 ₀	090 ₀	129 ₀	50	18 10
6 0	6 0	0.033	0.041	0.051	0.066	0.090	0.129	18 0	18 0
+	+							—	—

$$10 \cdot P'(\alpha) = A \cdot \Delta \alpha^m + B \cdot \Delta \delta'$$

38 a. Differenzielle Präzession in Rektaszension und Deklination.

3) $C = -10 \cdot 15 \, n \sin 1' \sin \alpha$

α		C	α	
$12^h\ 0^m$	$0^h\ 0^m$	$-0''000\ +$	$12^h\ 0^m$	$24^h\ 0^m$
11 50	10	038 ^{38}	10	23 50
40	20	076 ^{38}	20	40
30	30	114 ^{38}	30	30
20	40	152 ^{38}	40	20
11 10	50	189 ^{37}	50	23 10
11 0	1 0	$-0.226\ +$ ^{37}	13 0	23 0
10 50	10	263 ^{37}	10	22 50
40	20	299 ^{36}	20	40
30	30	335 ^{36}	30	30
20	40	370 ^{35}	40	20
10 10	50	404 ^{34}	50	22 10
10 0	2 0	$-0.437\ +$ ^{33}	14 0	22 0
9 50	10	470 ^{33}	10	21 50
40	20	502 ^{32}	20	40
30	30	533 ^{31}	30	30
20	40	562 ^{29}	40	20
9 10	50	591 ^{29}	50	21 10
9 0	3 0	$-0.618\ +$ ^{27}	15 0	21 0
8 50	10	645 ^{27}	10	20 50
40	20	670 ^{25}	20	40
30	30	694 ^{24}	30	30
20	40	716 ^{22}	40	20
8 10	50	737 ^{21}	50	20 10
8 0	4 0	$-0.757\ +$ ^{20}	16 0	20 0
7 50	10	776 ^{19}	10	19 50
40	20	793 ^{17}	20	40
30	30	808 ^{15}	30	30
20	40	822 ^{14}	40	20
7 10	50	834 ^{12}	50	19 10
7 0	5 0	$-0.845\ +$ ^{11}	17 0	19 0
6 50	10	854 ^{9}	10	18 50
40	20	861 ^{7}	20	40
30	30	867 ^{6}	30	30
20	40	871 ^{4}	40	20
6 10	50	874 ^{3}	50	18 10
6 0	6 0	$-0.875\ +$ ^{1}	18 0	18 0

$$10 \cdot P'(\delta) = C \cdot \Delta \alpha^m$$

38b. Zehnjährige Präzession in Positionswinkel.

$$10 \cdot P'(p) = 10n \sin \alpha \sec \delta$$

α	α	0°	8°	16°	24°	32°	40°	48°	δ	α	α
+	+								—	—	
$12^h\ 0^m$	$0^h\ 0^m$	0˝00	0˝00	0˝00	0˝00	0˝00	0˝00	0˝00	$12^h\ 0^m$	$24^h\ 0^m$	
11 50	10	0.15 ^{15}	0.15 ^{15}	0.15 ^{15}	0.16 ^{16}	0.17 ^{17}	0.19 ^{19}	0.22 ^{22}	10	23 50	
40	20	0.29 ^{14}	0.29 ^{14}	0.30 ^{15}	0.32 ^{16}	0.34 ^{17}	0.38 ^{19}	0.44 ^{22}	20	40	
30	30	0.44 ^{15}	0.44 ^{15}	0.45 ^{15}	0.48 ^{16}	0.51 ^{17}	0.57 ^{19}	0.66 ^{22}	30	30	
20	40	0.58 ^{14}	0.59 ^{14}	0.60 ^{15}	0.64 ^{16}	0.68 ^{17}	0.76 ^{19}	0.87 ^{21}	40	20	
11 10	50	0.73 ^{15}	0.73 ^{15}	0.75 ^{15}	0.80 ^{16}	0.85 ^{17}	0.95 ^{19}	1.08 ^{21}	50	23 10	
11 0	1 0	0.87 ^{14}	0.87 ^{14}	0.90 ^{15}	0.95 ^{15}	1.02 ^{17}	1.13 ^{18}	1.29 ^{21}	13 0	23 0	
10 50	10	1.01 ^{14}	1.01 ^{14}	1.05 ^{15}	1.10 ^{15}	1.19 ^{16}	1.31 ^{18}	1.50 ^{21}	10	22 50	
40	20	1.14 ^{13}	1.15 ^{14}	1.19 ^{14}	1.25 ^{15}	1.35 ^{16}	1.49 ^{18}	1.71 ^{20}	20	40	
30	30	1.28 ^{14}	1.29 ^{14}	1.33 ^{14}	1.40 ^{15}	1.51 ^{16}	1.67 ^{18}	1.91 ^{20}	30	30	
20	40	1.41 ^{13}	1.43 ^{14}	1.47 ^{14}	1.55 ^{14}	1.66 ^{15}	1.84 ^{17}	2.11 ^{20}	40	20	
10 10	50	1.54 ^{13}	1.56 ^{13}	1.61 ^{14}	1.69 ^{14}	1.82 ^{16}	2.01 ^{17}	2.31 ^{20}	50	22 10	
10 0	2 0	1.67 ^{13}	1.69 ^{13}	1.74 ^{13}	1.83 ^{14}	1.97 ^{15}	2.18 ^{16}	2.50 ^{18}	14 0	22 0	
9 50	10	1.80 ^{13}	1.82 ^{13}	1.87 ^{13}	1.97 ^{13}	2.12 ^{14}	2.34 ^{16}	2.68 ^{18}	10	21 50	
40	20	1.92 ^{12}	1.94 ^{12}	1.99 ^{12}	2.10 ^{13}	2.26 ^{14}	2.50 ^{15}	2.86 ^{18}	20	40	
30	30	2.04 ^{12}	2.06 ^{12}	2.11 ^{12}	2.23 ^{12}	2.40 ^{13}	2.65 ^{15}	3.04 ^{17}	30	30	
20	40	2.15 ^{11}	2.17 ^{11}	2.23 ^{12}	2.35 ^{12}	2.53 ^{13}	2.80 ^{14}	3.21 ^{16}	40	20	
9 10	50	2.26 ^{11}	2.28 ^{11}	2.35 ^{11}	2.47 ^{12}	2.66 ^{13}	2.94 ^{14}	3.37 ^{16}	50	21 10	
9 0	3 0	2.36 ^{10}	2.39 ^{10}	2.46 ^{10}	2.59 ^{11}	2.79 ^{12}	3.08 ^{13}	3.53 ^{15}	15 0	21 0	
8 50	10	2.46 ^{10}	2.49 ^{9}	2.56 ^{10}	2.70 ^{10}	2.91 ^{11}	3.21 ^{13}	3.68 ^{14}	10	20 50	
40	20	2.56 ^{9}	2.58 ^{9}	2.66 ^{10}	2.80 ^{10}	3.02 ^{11}	3.34 ^{12}	3.82 ^{14}	20	40	
30	30	2.65 ^{9}	2.67 ^{9}	2.76 ^{9}	2.90 ^{10}	3.13 ^{10}	3.46 ^{11}	3.96 ^{13}	30	30	
20	40	2.74 ^{8}	2.76 ^{8}	2.85 ^{8}	3.00 ^{9}	3.23 ^{9}	3.57 ^{11}	4.09 ^{12}	40	20	
8 10	50	2.82 ^{7}	2.84 ^{8}	2.93 ^{8}	3.09 ^{8}	3.32 ^{9}	3.68 ^{10}	4.21 ^{11}	50	20 10	
8 0	4 0	2.89 ^{7}	2.92 ^{7}	3.01 ^{7}	3.17 ^{7}	3.41 ^{8}	3.78 ^{9}	4.32 ^{10}	16 0	20 0	
7 50	10	2.96 ^{7}	2.99 ^{7}	3.08 ^{7}	3.24 ^{7}	3.49 ^{8}	3.87 ^{8}	4.42 ^{10}	10	19 50	
40	20	3.03 ^{6}	3.06 ^{6}	3.15 ^{6}	3.31 ^{7}	3.57 ^{7}	3.95 ^{8}	4.52 ^{9}	20	40	
30	30	3.09 ^{5}	3.12 ^{5}	3.21 ^{6}	3.38 ^{6}	3.64 ^{6}	4.03 ^{7}	4.61 ^{8}	30	30	
20	40	3.14 ^{5}	3.17 ^{5}	3.27 ^{5}	3.44 ^{5}	3.70 ^{6}	4.10 ^{6}	4.69 ^{7}	40	20	
7 10	50	3.19 ^{4}	3.22 ^{4}	3.32 ^{4}	3.49 ^{4}	3.76 ^{5}	4.16 ^{5}	4.76 ^{6}	50	19 10	
7 0	5 0	3.23 ^{3}	3.26 ^{3}	3.36 ^{3}	3.53 ^{4}	3.81 ^{4}	4.21 ^{4}	4.82 ^{5}	17 0	19 0	
6 50	10	3.26 ^{3}	3.29 ^{3}	3.39 ^{3}	3.57 ^{3}	3.85 ^{3}	4.25 ^{4}	4.87 ^{5}	10	18 50	
40	20	3.29 ^{2}	3.32 ^{2}	3.42 ^{2}	3.60 ^{2}	3.88 ^{2}	4.29 ^{3}	4.92 ^{3}	20	40	
30	30	3.31 ^{2}	3.34 ^{2}	3.44 ^{2}	3.62 ^{2}	3.90 ^{2}	4.32 ^{2}	4.95 ^{2}	30	30	
20	40	3.33 ^{1}	3.36 ^{1}	3.46 ^{1}	3.64 ^{1}	3.92 ^{2}	4.34 ^{1}	4.97 ^{1}	40	20	
6 10	50	3.34 ^{0}	3.37 ^{0}	3.47 ^{1}	3.65 ^{1}	3.93 ^{1}	4.35 ^{1}	4.98 ^{1}	50	18 10	
6 0	6 0	3.34	3.37	3.48	3.66	3.94	4.36	4.99	18 0	18 0	
+	+								—	—	

38b. Zehnjährige Präzession in Positionswinkel (Fortsetzung).

$$10 \cdot P'(p) = 10 n \sin \alpha \sec \delta$$

α		δ 48°	56°	60°	64°	68°	70°	δ	α
+	+							—	—
12ʰ 0ᵐ	0ʰ 0ᵐ	0.00	0.00	0.00	0.00	0.00	0.00	12ʰ 0ᵐ	24ʰ 0ᵐ
11 50	10	0.22 ²²	0.26 ²⁶	0.29 ²⁹	0.33 ³³	0.39 ³⁹	0.43 ⁴³	10	23 50
40	20	0.44 ²²	0.52 ²⁶	0.58 ²⁹	0.66 ³³	0.78 ³⁹	0.85 ⁴²	20	40
30	30	0.66 ²²	0.78 ²⁶	0.87 ²⁹	0.99 ³³	1.17 ³⁹	1.28 ⁴³	30	30
20	40	0.87 ²¹	1.04 ²⁶	1.16 ²⁹	1.32 ³³	1.55 ³⁸	1.70 ⁴²	40	20
11 10	50	1.08 ²¹	1.30 ²⁶	1.45 ²⁹	1.65 ³³	1.93 ³⁸	2.12 ⁴²	50	23 10
		²¹	²⁵	²⁸	³²	³⁸	⁴¹		
11 0	1 0	1.29 ²¹	1.55 ²⁵	1.73 ²⁸	1.97 ³²	2.31 ³⁸	2.53 ⁴¹	13 0	23 0
10 50	10	1.50 ²¹	1.80 ²⁵	2.01 ²⁸	2.29 ³²	2.68 ³⁷	2.94 ⁴¹	10	22 50
40	20	1.71 ²¹	2.04 ²⁴	2.29 ²⁸	2.61 ³²	3.05 ³⁷	3.34 ⁴⁰	20	40
30	30	1.91 ²⁰	2.28 ²⁴	2.56 ²⁷	2.92 ³¹	3.41 ³⁶	3.74 ⁴⁰	30	30
20	40	2.11 ²⁰	2.52 ²⁴	2.82 ²⁶	3.22 ³⁰	3.77 ³⁶	4.13 ³⁹	40	20
10 10	50	2.31 ²⁰	2.76 ²⁴	3.08 ²⁶	3.52 ³⁰	4.12 ³⁵	4.51 ³⁸	50	22 10
		¹⁹	²³	²⁶	²⁹	³⁴	³⁷		
10 0	2 0	2.50 ¹⁸	2.99 ²²	3.34 ²⁵	3.81 ²⁸	4.46 ³⁴	4.88 ³⁷	14 0	22 0
9 50	10	2.68 ¹⁸	3.21 ²²	3.59 ²⁴	4.09 ²⁸	4.80 ³⁴	5.25 ³⁷	10	21 50
40	20	2.86 ¹⁸	3.43 ²²	3.83 ²⁴	4.37 ²⁸	5.12 ³²	5.60 ³⁵	20	40
30	30	3.04 ¹⁷	3.64 ²¹	4.06 ²³	4.64 ²⁷	5.43 ³¹	5.95 ³⁵	30	30
20	40	3.21 ¹⁶	3.84 ²⁰	4.29 ²³	4.90 ²⁶	5.73 ³⁰	6.28 ³³	40	20
9 10	50	3.37	4.03 ¹⁹	4.51 ²²	5.15 ²⁵	6.03 ³⁰	6.60 ³²	50	21 10
		¹⁶	¹⁹	²¹	²⁴	²⁸	³¹		
9 0	3 0	3.53 ¹⁵	4.22 ¹⁸	4.72 ²⁰	5.39 ²³	6.31 ²⁷	6.91 ²⁹	15 0	21 0
8 50	10	3.68 ¹⁴	4.40 ¹⁸	4.92 ²⁰	5.62 ²³	6.58 ²⁷	7.20 ²⁹	10	20 50
40	20	3.82 ¹⁴	4.58 ¹⁶	5.12 ¹⁸	5.84 ²¹	6.83 ²⁵	7.48 ²⁸	20	40
30	30	3.96 ¹⁴	4.74 ¹⁵	5.30 ¹⁷	6.05 ¹⁹	7.08 ²⁵	7.75 ²⁷	30	30
20	40	4.09 ¹³	4.89 ¹⁴	5.47 ¹⁶	6.24 ¹⁹	7.31 ²³	8.00 ²⁵	40	20
8 10	50	4.21 ¹²	5.03 ¹⁴	5.63 ¹⁶	6.43 ¹⁹	7.52 ²¹	8.24 ²⁴	50	20 10
		¹¹	¹⁴	¹⁶	¹⁷	²⁰	²²		
8 0	4 0	4.32 ¹⁰	5.17 ¹²	5.79 ¹⁴	6.60 ¹⁶	7.72 ¹⁹	8.46 ²⁰	16 0	20 0
7 50	10	4.42 ¹⁰	5.29 ¹²	5.93 ¹³	6.76 ¹⁶	7.91 ¹⁹	8.66 ²⁰	10	19 50
40	20	4.52 ⁹	5.41 ¹²	6.06 ¹³	6.91 ¹⁵	8.08 ¹⁷	8.85 ¹⁹	20	40
30	30	4.61 ⁹	5.51 ¹⁰	6.18 ¹²	7.04 ¹³	8.24 ¹⁶	9.02 ¹⁷	30	30
20	40	4.69 ⁸	5.61 ¹⁰	6.28 ¹⁰	7 16 ¹²	8.38 ¹⁴	9.18 ¹⁶	40	20
7 10	50	4.76 ⁷	5.69 ⁸	6.37 ⁹	7.27 ¹¹	8.50 ¹²	9.31 ¹³	50	19 10
		⁶	⁸	⁸	⁹	¹¹	¹²		
7 0	5 0	4.82 ⁵	5.77 ⁶	6.45 ⁷	7.36 ⁸	8.61 ⁹	9.43 ¹⁰	17 0	19 0
6 50	10	4.87 ⁵	5.83 ⁵	6.52 ⁶	7.44 ⁷	8.70 ⁸	9.53 ⁹	10	18 50
40	20	4.92 ³	5.88 ⁴	6.58 ⁵	7.51 ⁵	8.78 ⁶	9.62 ⁶	20	40
30	30	4.95 ²	5.92 ³	6.63 ³	7.56 ³	8.84 ⁴	9.68 ⁵	30	30
20	40	4.97 ¹	5.95 ¹	6.66 ²	7.59 ²	8.88 ³	9.73 ³	40	20
6 10	50	4.98 ¹	5.96 ¹	6.68 ⁰	7.61 ¹	8.91 ¹	9.76 ¹	50	18 10
6 0	6 0	4.99	5.97	6.68	7.62	8.92	9.77	18 0	18 0
+	+							—	—

38b. Zehnjährige Präzession in Positionswinkel (Schluß).

$$10 \cdot P'(p) = 10 n \sin \alpha \sec \delta$$

α	α	δ 70°	72°	74°	76°	78°	80°	δ	α	α
+	+								—	—
12ʰ 0ᵐ	0ʰ 0ᵐ	0.00	0.00	0.00	0.00	0.00	0.00	12ʰ 0ᵐ	24 0ᵐ
11 50	10	0.43 ⁴³	0.47 ⁴⁷	0.53 ⁵³	0.60 ⁶⁰	0.70 ⁷⁰	0.84 ⁸⁴	10	23 50
40	20	0.85 ⁴²	0.94 ⁴⁷	1.06 ⁵³	1.20 ⁶⁰	1.40 ⁷⁰	1.68 ⁸⁴	20	40
30	30	1.28 ⁴³	1.41 ⁴⁷	1.58 ⁵²	1.80 ⁶⁰	2.10 ⁷⁰	2.51 ⁸³	30	30
20	40	1.70 ⁴²	1.88 ⁴⁷	2.10 ⁵²	2.40 ⁶⁰	2.79 ⁶⁹	3.34 ⁸³	40	20
11 10	50	2.12 ⁴²	2.34 ⁴⁶	2.62 ⁵²	2.99 ⁵⁹	3.48 ⁶⁹	4.16 ⁸²	50	23 10
		⁴¹	⁴⁶	⁵²	⁵⁸	⁶⁸	⁸²		
11 0	1 0	2.53 ⁴¹	2.80 ⁴⁵	3.14 ⁵¹	3.57 ⁵⁸	4.16 ⁶⁸	4.98 ⁸¹	13 0	23 0
10 50	10	2.94 ⁴¹	3.25 ⁴⁵	3.65 ⁵¹	4.15 ⁵⁷	4.84 ⁶⁶	5.79 ⁷⁹	10	22 50
40	20	3.34 ⁴⁰	3.70 ⁴⁵	4.15 ⁵⁰	4.72 ⁵⁷	5.50 ⁶⁶	6.58 ⁷⁹	20	40
30	30	3.74 ⁴⁰	4.14 ⁴⁴	4.64 ⁴⁹	5.28 ⁵⁶	6.15 ⁶⁵	7.36 ⁷⁸	30	30
20	40	4.13 ³⁹	4.57 ⁴³	5.12 ⁴⁸	5.84 ⁵⁶	6.79 ⁶⁴	8.13 ⁷⁷	40	20
10 10	50	4.51 ³⁸	5.00 ⁴³	5.59 ⁴⁷	6.38 ⁵⁴	7.42 ⁶³	8.88 ⁷⁵	50	22 10
		³⁷	⁴¹	⁴⁷	⁵²	⁶¹	⁷⁴		
10 0	2 0	4.88	5.41	6.06	6.90	8.03	9.62	14 0	22 0
9 50	10	5.25 ³⁷	5.81 ⁴⁰	6.51 ⁴⁵	7.42 ⁵²	8.63 ⁶⁰	10.33 ⁷¹	10	21 50
40	20	5.60 ³⁵	6.20 ³⁹	6.95 ⁴⁴	7.92 ⁵⁰	9.22 ⁵⁹	11.03 ⁷⁰	20	40
30	30	5.95 ³⁵	6.58 ³⁸	7.38 ⁴³	8.41 ⁴⁹	9.78 ⁵⁶	11.71 ⁶⁸	30	30
20	40	6.28 ³³	6.95 ³⁷	7.79 ⁴¹	8.88 ⁴⁷	10.33 ⁵⁵	12.37 ⁶⁶	40	20
9 10	50	6.60 ³²	7.30 ³⁵	8.19 ⁴⁰	9.33 ⁴⁵	10.85 ⁵²	13.00 ⁶³	50	21 10
		³¹	³⁴	³⁸	⁴³	⁵¹	⁶⁰		
9 0	3 0	6.91	7.64	8.57	9.76	11.36	13.60	15 0	21 0
8 50	10	7.20 ²⁹	7.97 ³³	8.93 ³⁶	10.18 ⁴²	11.85 ⁴⁹	14.18 ⁵⁸	10	20 50
40	20	7.48 ²⁸	8.28 ³¹	9.28 ³⁵	10.58 ⁴⁰	12.31 ⁴⁶	14.74 ⁵⁶	20	40
30	30	7.75 ²⁷	8.58 ³⁰	9.61 ³³	10.96 ³⁸	12.75 ⁴⁴	15.27 ⁵³	30	30
20	40	8.00 ²⁵	8.86 ²⁸	9.93 ³²	11.31 ³⁵	13.16 ⁴¹	15.76 ⁴⁹	40	20
8 10	50	8.24 ²⁴	9.12 ²⁶	10.23 ³⁰	11.65 ³⁴	13.55 ³⁹	16.23 ⁴⁷	50	20 10
		²²	²⁴	²⁷	³¹	³⁷	⁴³		
8 0	4 0	8.46	9.36	10.50	11.96	13.92	16.66	16 0	20 0
7 50	10	8.66 ²⁰	9.59 ²³	10.75 ²⁵	12.25 ²⁹	14.25 ³³	17.07 ⁴¹	10	19 50
40	20	8.85 ¹⁹	9.80 ²¹	10.98 ²³	12.52 ²⁷	14.56 ³¹	17.44 ³⁷	20	40
30	30	9.02 ¹⁷	9.99 ¹⁹	11.20 ²²	12.76 ²⁴	14.84 ²⁸	17.78 ³⁴	30	30
20	40	9.18 ¹⁶	10.16 ¹⁷	11.39 ¹⁹	12.98 ²²	15.10 ²⁶	18.08 ³⁰	40	20
7 10	50	9.31 ¹³	10.31 ¹⁵	11.56 ¹⁷	13.17 ¹⁹	15.32 ²²	18.35 ²⁷	50	19 10
		¹²	¹³	¹⁵	¹⁷	²⁰	²³		
7 0	5 0	9.43	10.44	11.71	13.34	15.52	18.58	17 0	19 0
6 50	10	9.53 ¹⁰	10.55 ¹¹	11.84 ¹³	13.48 ¹⁴	15.68 ¹⁶	18.78 ²⁰	10	18 50
40	20	9.62 ⁹	10.65 ¹⁰	11.94 ¹⁰	13.60 ¹²	15.82 ¹⁴	18.94 ¹⁶	20	40
30	30	9.68 ⁶	10.72 ⁷	12.02 ⁸	13.69 ⁹	15.93 ¹¹	19.07 ¹³	30	30
20	40	9.73 ⁵	10.77 ⁵	12.08 ⁶	13.76 ⁷	16.01 ⁸	19.17 ¹⁰	40	20
6 10	50	9.76 ³	10.80 ³	12.11 ³	13.80 ⁴	16.06 ⁵	19.22 ⁵	50	18 10
		¹	¹	¹	¹	¹	²		
6 0	6 0	9.77	10.81	12.12	13.81	16.07	19.24	18 0	18 0
+	+							—	—

39. Aberration in Positionswinkel.

Tafelgröße K   Einheit 0ʺ01

Datum / AR	Jan. 1	Febr 1	März 1	Apr. 1	Mai 1	Juni 1	Juli 1	Datum / AR
0^h	+ 6	+ 21	+ 30	+ 31	+ 24	+ 11	− 5	12^h
1	− 3	+ 13	+ 26	+ 31	+ 29	+ 19	+ 4	13
2	− 12	+ 5	+ 20	+ 30	+ 32	+ 25	+ 13	14
3	− 20	− 3	+ 13	+ 26	+ 32	+ 30	+ 20	15
4	− 26	− 11	+ 5	+ 21	+ 31	+ 33	+ 27	16
5	− 31	− 19	− 3	+ 14	+ 28	+ 34	+ 31	17
6	− 33	− 25	− 11	+ 6	+ 22	+ 32	+ 34	18
7	− 34	− 30	− 19	− 2	+ 15	+ 28	+ 34	19
8	− 32	− 32	− 25	− 10	+ 7	+ 23	+ 32	20
9	− 28	− 32	− 29	− 17	− 1	+ 15	+ 27	21
10	− 22	− 31	− 31	− 23	− 10	+ 7	+ 21	22
11	− 14	− 27	− 31	− 28	− 17	− 2	+ 13	23
12	− 6	− 21	− 30	− 31	− 24	− 11	+ 5	24

Datum / AR	Juli 1	Aug. 1	Sept. 1	Okt. 1	Nov. 1	Dez. 1	Dez. 32	Datum / AR
0^h	− 5	− 20	− 29	− 31	− 24	− 11	+ 5	12^h
1	+ 4	− 12	− 25	− 31	− 29	− 19	− 3	13
2	+ 13	− 3	− 19	− 29	− 32	− 26	− 12	14
3	+ 20	+ 5	− 11	− 25	− 32	− 30	− 20	15
4	+ 27	+ 13	− 3	− 19	− 31	− 33	− 26	16
5	+ 31	+ 21	+ 5	− 12	− 27	− 34	− 31	17
6	+ 34	+ 27	+ 13	− 4	− 21	− 32	− 34	18
7	+ 34	+ 31	+ 20	+ 4	− 14	− 28	− 34	19
8	+ 32	+ 33	+ 25	+ 12	− 6	− 22	− 32	20
9	+ 27	+ 33	+ 30	+ 19	+ 2	− 14	− 28	21
10	+ 21	+ 30	+ 32	+ 25	+ 11	− 6	− 22	22
11	+ 13	+ 26	+ 31	+ 29	+ 18	+ 3	− 14	23
12	+ 5	+ 20	+ 29	+ 31	+ 24	+ 11	− 5	24

δ	tang δ
0°	0.00
± 4	± 0.07
8	0.14
12	0.21
16	0.29
± 20	± 0.36
24	0.45
28	0.53
32	0.62
36	0.73
± 40	± 0.84
44	0.97
48	1.11
52	1.28
56	1.48
± 60	± 1.73
64	2.05
68	2.48
72	3.08
76	4.01
± 80	± 5.67

Mit dem rechts stehenden Argument AR von 12^h—24^h sind die Vorzeichen der Tafel umzukehren.

Aberration in PW = K · tang δ

39. Aberration in Distanz.

Tafelgröße L   Einheit $0''01$

AR / Datum	0^h	2^h	4^h	6^h	8^h	10^h	12^h	14^h	16^h	18^h	20^h	22^h	24^h	AR / Datum
						$\delta = 0°$								
Jan. 1	−10	−9	−6	−2	+3	+8	+10	+9	+6	+2	−3	−8	−10	Jan. 1
Febr. 1	−7	−9	−9	−6	−2	+3	+7	+9	+9	+9	+6	+2	−3	Febr. 1
März 1	−3	−7	−9	−9	−6	−1	+3	+7	+9	+9	+9	+6	+1	März 1
Apr. 1	+2	−3	−7	−9	−9	−6	−2	+3	+7	+9	+9	+6	+2	Apr. 1
Mai 1	+6	+2	−3	−7	−9	−9	−6	−2	+3	+7	+9	+9	+6	Mai 1
Juni 1	+9	+7	+2	−3	−7	−10	−9	−7	−2	+3	+7	+10	+9	Juni 1
Juli 1	+10	+9	+6	+1	−4	−8	−10	−9	−6	−1	+4	+8	+10	Juli 1
Aug. 1	+8	+9	+9	+6	+1	−4	−8	−9	−9	−6	−1	+4	+8	Aug. 1
Sept. 1	+4	+7	+9	+8	+5	+1	−4	−7	−9	−8	−5	−1	+4	Sept. 1
Okt. 1	−1	+3	+7	+9	+8	+6	+1	−3	−7	−9	−8	−6	−1	Okt. 1
Nov. 1	−6	−2	+3	+7	+9	+9	+6	+2	−3	−7	−9	−9	−6	Nov. 1
Dez. 1	−9	−6	−2	+3	+7	+10	+9	+6	+2	−3	−7	−10	−9	Dez. 1
„ 32	−10	−9	−6	−2	+3	+8	+10	+9	+6	+2	−3	−8	−10	„ 32
						$\delta = +20°$								
Jan. 1	−9	−9	−6	−2	+3	+7	+9	+8	+6	+1	−3	−8	−9	Jan. 1
Febr. 1	−8	−10	−9	−7	−2	+2	+6	+7	+7	+5	0	−5	−8	Febr. 1
März 1	−4	−8	−10	−9	−7	−3	+2	+5	+7	+7	+4	−1	−4	März 1
Apr. 1	0	−4	−8	−10	−9	−7	−3	0	+5	+7	+7	+4	0	Apr. 1
Mai 1	+5	+1	−4	−7	−10	−9	−7	−4	+2	+5	+8	+7	+5	Mai 1
Juni 1	+8	+6	+1	−3	−7	−9	−9	−7	−2	+3	+6	+8	+8	Juni 1
Juli 1	+9	+9	+6	+2	−3	−7	−9	−8	−5	−1	+4	+8	+9	Juli 1
Aug. 1	+8	+10	+9	+6	+2	−3	−6	−8	−7	−4	0	+5	+8	Aug. 1
Sept. 1	+5	+8	+10	+9	+6	+2	−2	−5	−7	−7	−4	+1	+5	Sept. 1
Okt. 1	0	+4	+8	+10	+9	+7	+2	−1	−5	−7	−7	−3	0	Okt. 1
Nov. 1	−5	−1	+4	+8	+10	+9	+7	+3	−2	−6	−8	−7	−5	Nov. 1
Dez. 1	−8	−5	−1	+4	+8	+10	+9	+7	+2	−3	−6	−8	−8	Dez. 1
„ 32	−9	−9	−6	−2	+3	+7	+9	+8	+6	+1	−3	−8	−9	„ 32
						$\delta = +40°$								
Jan. 1	−8	−8	−5	−2	+2	+5	+7	+7	+4	+1	−3	−6	−8	Jan. 1
Febr. 1	−7	−9	−8	−6	−3	+1	+4	+5	+5	+3	0	−4	−7	Febr. 1
März 1	−5	−8	−9	−9	−7	−3	0	+3	+5	+4	+2	−1	−5	März 1
Apr. 1	−1	−5	−8	−9	−9	−7	−4	0	+3	+4	+4	+2	−1	Apr. 1
Mai 1	+3	0	−4	−7	−9	−9	−7	−4	0	+3	+5	+5	+3	Mai 1
Juni 1	+6	+4	+1	−3	−6	−8	−8	−6	−2	+1	+5	+6	+6	Juni 1
Juli 1	+8	+7	+5	+2	−2	−6	−7	−7	−4	−1	+3	+6	+8	Juli 1
Aug. 1	+7	+9	+8	+6	+2	−2	−4	−6	−5	−3	+1	+5	+7	Aug. 1
Sept. 1	+5	+8	+9	+9	+6	+3	0	−3	−5	−4	−2	+2	+5	Sept. 1
Okt. 1	+2	+5	+8	+9	+9	+7	+4	0	−3	−4	−4	−2	+2	Okt. 1
Nov. 1	−3	+1	+4	+7	+9	+9	+7	+3	0	−3	−5	−5	−3	Nov. 1
Dez. 1	−6	−4	0	+3	+7	+8	+8	+6	+2	−2	−5	−6	−6	Dez. 1
„ 32	−8	−8	−5	−2	+2	+5	+7	+7	+4	+1	−3	−6	−8	„ 32

Für südliche Deklinationen geht man mit AR $+ 12^h$ in die Tafel ein und kehrt das Vorzeichen um.

$$\text{Aberration in Distanz} = \frac{s}{1000} \cdot L$$

39. Aberration in Distanz (Schluß).

Tafelgröße L

Einheit 0″.01

AR Datum	0ʰ	2ʰ	4ʰ	6ʰ	8ʰ	10ʰ	12ʰ	14ʰ	16ʰ	18ʰ	20ʰ	22ʰ	24ʰ	AR Datum
\multicolumn{14}{c}{$\delta = +60°$}	
Jan. 1	−5	−5	−4	−1	+1	+3	+4	+4	+2	0	−2	−4	−5	Jan. 1
Febr. 1	−6	−7	−7	−5	−3	−1	+1	+2	+2	+1	−1	−4	−6	Febr. 1
März 1	−5	−7	−8	−7	−6	−4	−2	0	+1	+1	0	−2	−5	März 1
Apr. 1	−2	−5	−7	−8	−8	−6	−4	−2	0	+1	+1	0	−2	Apr. 1
Mai 1	+1	−2	−4	−6	−7	−7	−6	−4	−1	+1	+2	+2	+1	Mai 1
Juni 1	+3	+2	0	−3	−5	−6	−6	−4	−2	0	+2	+4	+3	Juni 1
Juli 1	+5	+5	+3	+1	−1	−3	−4	−4	−2	0	+2	+4	+5	Juli 1
Aug. 1	+6	+7	+6	+5	+3	0	−2	−3	−2	−1	+2	+4	+6	Aug. 1
Sept. 1	+5	+7	+8	+7	+6	+4	+1	−1	−1	−1	0	+3	+5	Sept. 1
Okt. 1	+3	+5	+7	+8	+8	+6	+4	+2	0	−1	−1	0	+3	Okt. 1
Nov. 1	0	+2	+4	+6	+7	+7	+6	+4	+1	−1	−2	−2	0	Nov. 1
Dez. 1	−3	−2	0	+3	+5	+6	+6	+4	+2	0	−2	−4	−3	Dez. 1
„ 32	−5	−5	−4	−1	+1	+3	+4	+4	+2	0	−2	−4	−5	„ 32
\multicolumn{14}{c}{$\delta = +80°$}	
Jan. 1	−2	−2	−2	−1	0	+1	+1	+1	0	0	−1	−2	−2	Jan. 1
Febr. 1	−4	−4	−4	−4	−3	−2	−1	−1	−1	−1	−2	−3	−4	Febr. 1
März 1	−4	−5	−5	−5	−5	−4	−3	−2	−2	−2	−3	−3	−4	März 1
Apr. 1	−3	−4	−5	−5	−5	−5	−4	−3	−3	−2	−2	−3	−3	Apr. 1
Mai 1	−2	−3	−3	−4	−5	−5	−4	−3	−2	−2	−1	−1	−2	Mai 1
Juni 1	0	0	−1	−2	−3	−3	−3	−2	−2	−1	0	0	0	Juni 1
Juli 1	+2	+2	+2	+1	0	−1	−1	−1	−1	0	+1	+2	+2	Juli 1
Aug. 1	+4	+4	+4	+3	+3	+2	+1	+1	+1	+1	+2	+3	+4	Aug. 1
Sept. 1	+4	+5	+5	+5	+5	+4	+3	+2	+2	+2	+3	+4	+4	Sept. 1
Okt. 1	+4	+4	+5	+5	+5	+5	+4	+3	+3	+2	+2	+3	+4	Okt. 1
Nov. 1	+2	+3	+4	+4	+4	+5	+4	+3	+2	+2	+1	+2	+2	Nov. 1
Dez. 1	0	0	+1	+2	+3	+3	+3	+2	+2	+1	0	0	0	Dez. 1
„ 32	−2	−2	−2	−1	0	+1	+1	+1	0	0	−1	−2	−2	„ 32

$\delta = +90°$

Datum		Datum
Jan. 1	−1	Jan. 1
Febr. 1	−3	Febr. 1
März 1	−4	März 1
Apr. 1	−4	Apr. 1
Mai 1	−3	Mai 1
Juni 1	−1	Juni 1
Juli 1	+1	Juli 1
Aug. 1	+2	Aug. 1
Sept. 1	+4	Sept. 1
Okt. 1	+4	Okt. 1
Nov. 1	+3	Nov. 1
Dez. 1	+2	Dez. 1
„ 32	−1	„ 32

Für südliche Deklinationen geht man mit AR + 12ʰ in die Tafel ein und kehrt das Vorzeichen um.

$$\text{Aberration in Distanz} = \frac{s}{1000} \cdot L$$

40. Ellipsoidische Erdfigur.

φ	$\varphi - \varphi'$	$\log \varrho$	Länge eines Grades im Meridian	Länge eines Grades im Parallel	$\log S$	$\log C$
0°	0′ 0″0	0.000 000	110 572^m	111 321^m	9.997 070	0.000 000
1	0 24.2 24.2	9.999 999 1	110 573	111 304	071 1	000 0
2	0 48.4 24.2	998 1	110 574	111 253	072 1	002 2
3	1 12.5 24.1	996 2	110 575	111 169	074 2	004 2
4	1 36.5 24.0	993 3	110 578	111 051	078 4	007 3
	23.9	4			4	4
5	2 0.4 23.8	9.999 989 5	110 581	110 900	9.997 082 5	0.000 011 5
6	2 24.2 23.5	984 5	110 584	110 715	087 5	016 6
7	2 47.7 23.5	978 6	110 589	110 496	092 7	022 6
8	3 11.1 23.4	972 6	110 594	110 244	099 7	028 8
9	3 34.3 23.2	965 7	110 599	109 959	106 7	036 8
	22.9	9			8	8
10	3 57.2 22.6	9.999 956 9	110 606	109 640	9.997 114 10	0.000 044 9
11	4 19.8 22.3	947 9	110 613	109 289	124 10	053 10
12	4 42.1 21.9	937 10	110 620	108 904	134 10	063 11
13	5 4.0 21.6	927 10	110 629	108 486	144 12	074 12
14	5 25.6 21.2	915 12	110 638	108 035	156 12	086 12
	21.2	12			12	12
15	5 46.8 20.8	9.999 903 13	110 647	107 552	9.997 168 13	0.000 098 13
16	6 7.6 20.3	890 13	110 657	107 036	181 14	111 14
17	6 27.9 19.9	876 14	110 668	106 487	195 15	125 14
18	6 47.8 19.4	861 15	110 679	105 906	210 15	139 16
19	7 7.2 18.8	846 15	110 690	105 293	225 16	155 16
	18.8	16			16	16
20	7 26.0 18.3	9.999 830 17	110 703	104 648	9.997 241 17	0.000 171 17
21	7 44.3 17.8	813 17	110 716	103 972	258 18	188 17
22	8 2.1 17.1	796 17	110 729	103 263	276 18	205 18
23	8 19.2 16.6	778 18	110 743	102 524	294 18	223 19
24	8 35.8 16.0	760 18	110 757	101 753	312 19	242 19
	16.0	19			19	19
25	8 51.8 15.2	9.999 741 20	110 772	100 951	9.997 331 20	0.000 261 20
26	9 7.0 14.7	721 20	110 787	100 119	351 21	281 20
27	9 21.7 13.9	701 20	110 802	99 256	372 21	301 21
28	9 35.6 13.3	680 21	110 818	98 363	393 21	322 21
29	9 48.9 12.5	658 22	110 835	97 440	414 22	343 22
	12.5	21			22	22
30	10 1.4 11.9	9.999 637 23	110 852	96 488	9.997 436 22	0.000 365 23
31	10 13.3 11.0	614 23	110 869	95 506	458 23	388 22
32	10 24.3 10.3	592 22	110 886	94 494	481 23	410 23
33	10 34.6 9.6	569 23	110 904	93 454	504 24	433 24
34	10 44.2 8.7	545 24	110 922	92 386	528 23	457 24
	8.7	24			23	24
35	10 52.9 8.0	9.999 521 24	110 940	91 289	9.997 551 24	0.000 481 24
36	11 0.9 7.2	497 24	110 959	90 165	575 25	505 24
37	11 8.1 6.3	473 25	110 977	89 013	600 24	529 25
38	11 14.4 5.6	448 25	110 996	87 834	624 25	554 25
39	11 20.0 4.7	423 25	111 015	86 628	649 26	579 25
	4.7	25			26	25
40	11 24.7 3.9	9.999 398 25	111 034	85 395	9.997 675 25	0.000 604 25
41	11 28.6 3.0	373 25	111 054	84 136	700 25	629 26
42	11 31.6 2.2	348 26	111 073	82 852	725 26	655 25
43	11 33.8 1.4	322 25	111 093	81 542	751 25	680 26
44	11 35.2 0.5	297 26	111 112	80 207	776 26	706 25
	0.5	26			26	25
45	11 35.7	9.999 271	111 132	78 848	9.997 802	0.000 731

$$\varrho \sin \varphi' = S \cdot \sin \varphi \qquad \varrho \cos \varphi' = C \cdot \cos \varphi$$

40. Ellipsoidische Erdfigur (Schluß).

φ	$\varphi - \varphi'$	$\log \varrho$	Länge eines Grades im Meridian	Länge eines Grades im Parallel	$\log S$	$\log C$
45°	11' 35″7	9.999 271	111 132^m	78 848^m	9.997 802	0.000 731
46	11 35.3 0.4	246 $_{25}$	111 152	77 465	827 $_{25}$	757 $_{26}$
47	11 34.1 1.2	220 $_{26}$	111 171	76 057	853 $_{26}$	782 $_{25}$
48	11 32.1 2.0	195 $_{25}$	111 191	74 627	878 $_{25}$	808 $_{26}$
49	11 29.2 2.9	169 $_{26}$	111 210	73 173	904 $_{26}$	833 $_{25}$
	3.7	$_{25}$			$_{25}$	$_{25}$
50	11 25.5 4.6	9.999 144 $_{25}$	111 230	71 697	9.997 929 $_{25}$	0.000 858 $_{25}$
51	11 20.9 5.3	119 $_{25}$	111 249	70 199	954 $_{25}$	883 $_{25}$
52	11 15.6 6.3	094 $_{25}$	111 268	68 679	9.997 979 $_{25}$	908 $_{25}$
53	11 9.3 7.0	069 $_{25}$	111 287	67 138	9.998 004 $_{25}$	933 $_{25}$
54	11 2.3 7.8	045 $_{24}$	111 306	65 577	028 $_{24}$	958 $_{25}$
	8.7	$_{25}$			$_{24}$	$_{24}$
55	10 54.5 8.7	9.999 020 $_{24}$	111 325	63 995	9.998 052 $_{24}$	0.000 982 $_{24}$
56	10 45.8 9.4	9.998 996 $_{23}$	111 343	62 394	076 $_{24}$	0.001 006 $_{23}$
57	10 36.4 10.2	973 $_{23}$	111 361	60 773	100 $_{23}$	029 $_{23}$
58	10 26.2 11.0	950 $_{23}$	111 379	59 134	123 $_{23}$	052 $_{23}$
59	10 15.2 11.7	927 $_{23}$	111 397	57 476	146 $_{23}$	075 $_{23}$
	12.5	$_{22}$			$_{22}$	$_{23}$
60	10 3.5 13.2	9.998 904 $_{22}$	111 414	55 801	9.998 168 $_{22}$	0.001 098 $_{22}$
61	9 51.0 13.9	882 $_{21}$	111 431	54 109	190 $_{22}$	120 $_{22}$
62	9 37.8 14.6	861 $_{21}$	111 447	52 399	212 $_{21}$	141 $_{21}$
63	9 23.9 15.2	840 $_{21}$	111 463	50 674	233 $_{20}$	162 $_{21}$
64	9 9.3	819 $_{20}$	111 479	48 933	253 $_{20}$	182 $_{20}$
	15.9					$_{20}$
65	8 54.1 16.6	9.998 799 $_{19}$	111 494	47 177	9.998 273 $_{19}$	0.001 202 $_{20}$
66	8 38.2 17.2	780 $_{19}$	111 509	45 406	292 $_{19}$	222 $_{19}$
67	8 21.6 17.7	761 $_{18}$	111 524	43 621	311 $_{19}$	241 $_{18}$
68	8 4.4	743 $_{18}$	111 538	41 822	329 $_{18}$	259 $_{17}$
69	7 46.7 18.4	725 $_{17}$	111 551	40 011	347 $_{16}$	276 $_{17}$
	18.9					
70	7 28.3 19.4	9.998 708 $_{16}$	111 564	38 187	9.998 363 $_{16}$	0.001 293 $_{16}$
71	7 9.4 19.9	692 $_{16}$	111 577	36 352	379 $_{16}$	309 $_{15}$
72	6 50.0 20.4	676 $_{14}$	111 588	34 505	395 $_{15}$	324 $_{15}$
73	6 30.1	662 $_{14}$	111 600	32 647	410 $_{14}$	339 $_{14}$
74	6 9.7 20.9	648 $_{14}$	111 611	30 780	424 $_{13}$	353 $_{13}$
	21.2					
75	5 48.8 21.7	9.998 634 $_{12}$	111 621	28 903	9.998 437 $_{12}$	0.001 366 $_{13}$
76	5 27.6 22.1	622 $_{12}$	111 630	27 016	449 $_{12}$	379 $_{11}$
77	5 5.9 22.4	610 $_{11}$	111 639	25 122	461 $_{11}$	390 $_{11}$
78	4 43.8	599 $_{10}$	111 648	23 220	472 $_{10}$	401 $_{10}$
79	4 21.4 22.7	589 $_{9}$	111 655	21 310	482 $_{9}$	411 $_{9}$
	23.0					
80	3 58.7 23.3	9.998 580 $_{8}$	111 662	19 394	9.998 491 $_{8}$	0.001 420 $_{9}$
81	3 35.7 23.6	572 $_{8}$	111 669	17 472	499 $_{8}$	429 $_{7}$
82	3 12.4 23.7	564 $_{7}$	111 675	15 544	507 $_{6}$	436 $_{7}$
83	2 48.8	557 $_{6}$	111 680	13 670	513 $_{6}$	443 $_{6}$
84	2 25.1 23.9	551 $_{5}$	111 684	11 675	519 $_{5}$	449 $_{5}$
	24.1					
85	2 1.2 24.1	9.998 546 $_{4}$	111 688	9 735	9.998 524 $_{4}$	0.001 454 $_{4}$
86	1 37.1 24.3	542 $_{3}$	111 691	7 791	528 $_{3}$	458 $_{3}$
87	1 13.0 24.3	539 $_{2}$	111 694	5 846	531 $_{2}$	461 $_{2}$
88	0 48.7	537 $_{1}$	111 695	3 898	533 $_{2}$	463 $_{1}$
89	0 24.4 24.4	536 $_{1}$	111 696	1 949	535 $_{0}$	464 $_{1}$
90	0 0.0	9.998 535	111 697	0	9.998 535	0.001 465

$\varrho \sin \varphi' = S \cdot \sin \varphi \qquad \varrho \cos \varphi' = C \cdot \cos \varphi$

41. Tafeln zur sphäroidischen Übertragung.
1. Tafel für log i und log k.

φ	log i	log k	φ	log i	log k	φ	log i	log k
40° 0′	1.3284	1.6277	47° 0′	1.4342	1.7339	54° 0′	1.5420	1.8420
10	3310 $_{26}$	6303 $_{26}$	10	4368 $_{26}$	7364 $_{25}$	10	5446 $_{26}$	8446 $_{26}$
20	3335 $_{25}$	6328 $_{25}$	20	4393 $_{25}$	7390 $_{26}$	20	5472 $_{26}$	8473 $_{27}$
30	3361 $_{26}$	6354 $_{26}$	30	4418 $_{25}$	7415 $_{25}$	30	5499 $_{27}$	8500 $_{27}$
40	3386 $_{25}$	6380 $_{26}$	40	4443 $_{25}$	7440 $_{26}$	40	5526 $_{27}$	8526 $_{26}$
50	3411 $_{25}$	6405 $_{25}$	50	4468 $_{25}$	7466 $_{26}$	50	5552 $_{26}$	8553 $_{27}$
	$_{26}$	$_{25}$		$_{26}$	$_{25}$		$_{27}$	$_{27}$
41 0	1.3437	1.6430	48 0	1.4494	1.7491	55 0	1.5579	1.8580
10	3462 $_{25}$	6456 $_{26}$	10	4519 $_{25}$	7516 $_{25}$	10	5606 $_{27}$	8606 $_{26}$
20	3487 $_{25}$	6481 $_{25}$	20	4544 $_{25}$	7542 $_{26}$	20	5632 $_{26}$	8633 $_{27}$
30	3513 $_{26}$	6507 $_{26}$	30	4570 $_{26}$	7567 $_{25}$	30	5659 $_{27}$	8660 $_{27}$
40	3538 $_{25}$	6532 $_{25}$	40	4595 $_{25}$	7592 $_{25}$	40	5686 $_{27}$	8687 $_{27}$
50	3563 $_{25}$	6557 $_{25}$	50	4620 $_{25}$	7618 $_{26}$	50	5713 $_{27}$	8714 $_{27}$
	$_{25}$	$_{26}$		$_{25}$	$_{25}$		$_{27}$	$_{28}$
42 0	1.3588	1.6583	49 0	1.4645	1.7643	56 0	1.5740	1.8742
10	3614 $_{26}$	6608 $_{25}$	10	4671 $_{26}$	7668 $_{25}$	10	5768 $_{28}$	8769 $_{27}$
20	3639 $_{25}$	6633 $_{25}$	20	4696 $_{25}$	7694 $_{26}$	20	5795 $_{27}$	8796 $_{27}$
30	3664 $_{25}$	6659 $_{26}$	30	4722 $_{26}$	7720 $_{25}$	30	5822 $_{27}$	8823 $_{27}$
40	3689 $_{25}$	6684 $_{25}$	40	4747 $_{25}$	7745 $_{25}$	40	5849 $_{27}$	8851 $_{28}$
50	3714 $_{25}$	6709 $_{25}$	50	4772 $_{25}$	7771 $_{25}$	50	5877 $_{28}$	8878 $_{27}$
	$_{26}$			$_{26}$	$_{25}$		$_{27}$	$_{28}$
43 0	1.3740	1.6734	50 0	1.4798	1.7796	57 0	1.5904	1.8906
10	3765 $_{25}$	6760 $_{26}$	10	4823 $_{25}$	7822 $_{26}$	10	5932 $_{28}$	8933 $_{27}$
20	3790 $_{25}$	6785 $_{25}$	20	4849 $_{25}$	7847 $_{25}$	20	5959 $_{27}$	8961 $_{28}$
30	3815 $_{25}$	6810 $_{25}$	30	4874 $_{25}$	7873 $_{26}$	30	5987 $_{28}$	8989 $_{28}$
40	3840 $_{25}$	6835 $_{25}$	40	4900 $_{26}$	7899 $_{26}$	40	6015 $_{28}$	9017 $_{28}$
50	3865 $_{25}$	6860 $_{25}$	50	4926 $_{26}$	7924 $_{25}$	50	6043 $_{28}$	9045 $_{28}$
	$_{25}$	$_{26}$		$_{25}$	$_{26}$		$_{27}$	$_{28}$
44 0	1.3890	1.6886	51 0	1.4951	1.7950	58 0	1.6070	1.9073
10	3916 $_{26}$	6911 $_{25}$	10	4977 $_{26}$	7976 $_{26}$	10	6098 $_{28}$	9101 $_{28}$
20	3941 $_{25}$	6936 $_{25}$	20	5003 $_{26}$	8002 $_{26}$	20	6126 $_{28}$	9129 $_{28}$
30	3966 $_{25}$	6961 $_{25}$	30	5028 $_{25}$	8027 $_{25}$	30	6155 $_{29}$	9157 $_{28}$
40	3991 $_{25}$	6986 $_{25}$	40	5054 $_{26}$	8053 $_{26}$	40	6183 $_{28}$	9185 $_{28}$
50	4016 $_{25}$	7012 $_{26}$	50	5080 $_{26}$	8079 $_{26}$	50	6211 $_{28}$	9214 $_{29}$
	$_{25}$	$_{25}$		$_{26}$			$_{29}$	$_{28}$
45 0	1.4041	1.7037	52 0	1.5106	1.8105	59 0	1.6240	1.9242
10	4066 $_{25}$	7062 $_{25}$	10	5132 $_{26}$	8131 $_{26}$	10	6268 $_{28}$	9271 $_{29}$
20	4091 $_{25}$	7087 $_{25}$	20	5158 $_{26}$	8157 $_{26}$	20	6297 $_{29}$	9300 $_{29}$
30	4116 $_{25}$	7112 $_{26}$	30	5184 $_{26}$	8183 $_{26}$	30	6326 $_{29}$	9328 $_{28}$
40	4142 $_{26}$	7138 $_{25}$	40	5210 $_{26}$	8209 $_{26}$	40	6354 $_{28}$	9357 $_{29}$
50	4167 $_{25}$	7163 $_{25}$	50	5236 $_{26}$	8236 $_{27}$	50	6383 $_{29}$	9386 $_{29}$
	$_{25}$	$_{25}$		$_{26}$	$_{26}$		$_{29}$	$_{29}$
46 0	1.4192	1.7188	53 0	1.5262	1.8262	60 0	1.6412	1.9415
10	4217 $_{25}$	7213 $_{25}$	10	5288 $_{26}$	8288 $_{26}$			
20	4242 $_{25}$	7238 $_{25}$	20	5314 $_{26}$	8314 $_{26}$			
30	4267 $_{25}$	7264 $_{26}$	30	5340 $_{26}$	8340 $_{26}$			
40	4292 $_{25}$	7289 $_{25}$	40	5367 $_{27}$	8367 $_{27}$			
50	4317 $_{25}$	7314 $_{25}$	50	5393 $_{26}$	8393 $_{26}$			
	$_{25}$	$_{25}$		$_{27}$	$_{27}$			
47 0	1.4342	1.7339	54 0	1.5420	1.8420			

$$u = s \cos A \qquad v = s \sin A$$
$$\varphi' - \varphi = u\,(1) - v^2\,i + \beta_1 + \beta_2$$
$$\varphi_m = \varphi + \frac{\varphi' - \varphi}{2}$$

$$l \cos \varphi = v\,(2) + v\,u\,k + \mu_1 + \mu_2$$
$$A' - A = 180° + l \sin \varphi_m$$

Glied $(-v^2 i)$ ist stets negativ

41. Tafeln zur sphäroidischen Übertragung (Fortsetzung)
2. Tafel für β_1.

log v²u	φ											log v²u
	40°	42°	44°	46°	48°	50°	52°	54°	56°	58°	60°	
11.5	0″000	0″000	0″000	0″000	0″000	0″000	0″000	0″000	0″000	0″000	0″000	11.5
11.6	000	000	000	000	000	000	000	000	000	000	001	11.6
11.7	000	000	000	000	000	000	000	000	000	001	001	11.7
11.8	000	000	000	000	000	000	000	001	001	001	001	11.8
11.9	000	000	000	000	000	001	001	001	001	001	001	11.9
12.0	0.000	0.000	0.001	0.001	0.001	0.001	0.001	0.001	0.001	0.001	0.001	12.0
12.1	001	001	001	001	001	001	001	001	001	001	002	12.1
12.2	001	001	001	001	001	001	001	001	002	002	002	12.2
12.3	001	001	001	001	001	001	002	002	002	002	003	12.3
12.4	001	001	001	001	002	002	002	002	003	003	003	12.4
12.5	0.001	0.001	0.002	0.002	0.002	0.002	0.003	0.003	0.003	0.004	0.004	12.5
12.6	002	002	002	002	002	003	003	004	004	005	005	12.6
12.7	002	002	003	003	003	004	004	005	005	006	007	12.7
12.8	003	003	003	004	004	005	006	006	007	008	008	12.8
12.9	003	004	004	005	005	006	006	007	008	009	010	12.9
13.0	0.004	0.005	0.005	0.006	0.006	0.007	0.008	0.009	0.100	0.011	0.013	13.0
13.1	005	006	006	007	008	009	010	011	013	014	017	13.1
13.2	007	007	008	009	010	011	012	014	016	018	021	13.2

β_1 ist positiv für $90° < A < 270°$, negativ für $270° < A < 90°$

$$\varphi' - \varphi = u(1) - v^2 i + \beta_1 + \beta_2$$

3. Tafel für β_2.

log u²	φ											log u²
	40°	42°	44°	46°	48°	50°	52°	54°	56°	58°	60°	
7.0	0″000	0″000	0″000	0″000	0″000	0″000	0″000	0″000	0″000	0″000	0″000	7.0
7.2	000	000	000	000	000	000	000	000	000	000	000	7.2
7.4	001	001	001	001	001	001	001	001	001	001	001	7.4
7.6	001	001	001	001	001	001	001	001	001	001	001	7.6
7.8	002	002	002	002	002	002	002	002	001	001	001	7.8
8.0	0.003	0.003	0.003	0.003	0.003	0.003	0.003	0.003	0.003	0.002	0.002	8.0
8.1	003	003	003	003	003	003	003	003	003	003	003	8.1
8.2	004	004	004	004	004	004	004	004	004	004	003	8.2
8.3	005	005	005	005	005	005	005	005	005	005	004	8.3
8.4	006	006	006	006	006	006	006	006	006	006	006	8.4
8.50	0.008	0.008	0.008	0.008	0.008	0.008	0.008	0.008	0.008	0.007	0.007	8.50
8.55	009	009	009	009	009	009	009	009	009	008	008	8.55
8.60	010	010	010	010	010	010	010	010	009	009	009	8.60
8.65	011	011	011	011	011	011	011	011	011	010	010	8.65
8.70	013	013	013	013	013	013	012	012	012	011	011	8.70
8.75	0.014	0.014	0.014	0.014	0.014	0.014	0.014	0.014	0.013	0.013	0.012	8.75
8.80	016	016	016	016	016	016	016	015	015	014	014	8.80
8.85	018	018	018	018	018	018	018	017	017	016	016	8.85
8.90	020	020	020	020	020	020	019	019	019	018	018	8.90
8.95	022	023	023	023	023	023	022	022	021	021	020	8.95
9.00	0.025	0.025	0.026	0.026	0.025	0.025	0.025	0.024	0.024	0.023	0.022	9.00

β_2 ist stets negativ $\qquad \varphi' - \varphi = u(1) - v^2 i + \beta_1 + \beta_2$

41. Tafeln zur sphäroidischen Übertragung (Schluß).

4. Tafel für μ_1.

$\log s^2 v$	\multicolumn{11}{c	}{φ}	$\log s^2 v$
	40°	42°	44°	46°	48°	50°	52°	54°	56°	58°	60°	
11.0	0″000	0″000	0″000	0″000	0″000	0″000	0″000	0″000	0″000	0″000	0″000	11.0
11.2	000	000	000	000	000	000	000	000	000	000	000	11.2
11.4	000	000	000	000	000	000	000	000	001	001	001	11.4
11.6	000	000	000	000	000	001	001	001	001	001	001	11.6
11.8	001	001	001	001	001	001	001	001	001	002	002	11.8
12.0	0.001	0.001	0.001	0.001	0.001	0.001	0.002	0.002	0.002	0.002	0.003	12.0
12.1	001	001	001	001	002	002	002	002	003	003	003	12.1
12.2	001	001	002	002	002	002	003	003	003	004	004	12.2
12.3	002	002	002	002	003	003	003	003	004	005	005	12.3
12.4	002	002	003	003	003	003	004	004	005	006	007	12.4
12.5	0.003	0.003	0.003	0.004	0.004	0.004	0.005	0.006	0.006	0.007	0.008	12.5
12.6	003	004	004	004	005	006	006	007	008	009	010	12.6
12.7	004	005	005	006	006	007	008	009	010	011	013	12.7
12.8	005	006	006	007	008	009	010	011	013	014	017	12.8
12.9	007	007	008	009	010	011	012	014	016	018	021	12.9
13.0	0.008	0.009	0.010	0.011	0.012	0.014	0.016	0.018	0.020	0.023	0.026	13.0
13.1	010	011	013	014	016	018	020	022	025	029	033	13.1
13.2	013	014	016	018	020	022	025	028	032	036	042	13.2
13.3	016	018	020	022	025	028	032	035	040	046	052	13.3
13.4	021	023	025	028	031	035	040	045	050	057	066	13.4
13.5	0.026	0.029	0.032	0.035	0.039	0.044	0.050	0.056	0.063	0.072	0.083	13.5

μ_1 ist positiv für 0° < A < 180°, negativ für 180° < A < 360°

$$l \cos \varphi = v(2) + v u k + \mu_1 + \mu_2$$

5. Tafel für μ_2.

$\log v^3$	\multicolumn{11}{c	}{φ}	$\log v^3$
	40°	42°	44°	46°	48°	50°	52°	54°	56°	58°	60°	
11.0	0″000	0″000	0″000	0″000	0″000	0″000	0″000	0″000	0″000	0″000	0″000	11.0
11.2	000	000	000	000	000	000	000	000	000	000	001	11.2
11.4	000	000	000	000	000	001	001	001	001	001	001	11.4
11.6	000	000	000	001	001	001	001	001	001	001	001	11.6
11.8	001	001	001	001	001	001	001	002	002	002	002	11.8
12.0	0.001	0.001	0.001	0.001	0.002	0.002	0.002	0.002	0.003	0.003	0.003	12.0
12.1	001	001	002	002	002	002	003	003	003	004	004	12.1
12.2	002	002	002	002	002	003	003	003	004	005	005	12.2
12.3	002	002	003	003	003	004	004	005	005	006	007	12.3
12.4	003	003	003	003	004	004	005	006	006	007	009	12.4
12.5	0.003	0.004	0.004	0.004	0.005	0.006	0.006	0.007	0.008	0.009	0.011	12.5
12.6	004	004	005	006	006	007	008	009	010	012	014	12.6
12.7	005	006	006	007	008	009	010	011	013	015	017	12.7
12.8	006	007	008	009	010	011	013	014	016	019	022	12.8
12.9	008	009	010	011	012	014	016	018	020	024	027	12.9
13.0	0.010	0.011	0.012	0.014	0.016	0.018	0.020	0.023	0.026	0.030	0.034	13.0
13.1	013	014	016	018	020	022	025	029	032	037	043	13.1
13.2	016	018	020	022	026	028	032	036	041	047	054	13.2
13.3	020	022	025	028	031	035	040	045	051	059	068	13.3
13.4	025	028	031	035	039	044	050	057	065	074	086	13.4
13.5	0.032	0.035	0.039	0.044	0.049	0.056	0.064	0.072	0.082	0.094	0.108	13.5

μ_2 hat entgegengesetztes Vorzeichen von μ_1

$$l \cos \varphi = v(2) + v u k + \mu_1 + \mu_2$$

42a. Meridianbogen M vom Äquator bis zur Breite φ.

φ	M	I.D.	log Δ (1″)	II.D.	φ	M	I.D.	log Δ (1″)	II.D.
	m					m			
0°	0.00			0.00	45°	4 984 439.27			+19.47
		110 563.79	1.487 3104				111 129.19	1.489 5256	
1	110 563.79			+0.67	46	5 095 568.46			19.47
		110 564.46	1.487 3130				111 148.66	1.489 6018	
2	221 128.25			1.35	47	5 206 717.12			19.45
		110 565.81	1.487 3183				111 168.11	1.489 6777	
3	331 694.06			2.02	48	5 317 885.23			19.39
		110 567.83	1.487 3263				111 187.50	1.489 7534	
4	442 261.89			2.69	49	5 429 072.73			19.31
		110 570.52	1.487 3368				111 206.81	1.489 8289	
5	552 832.41			3.36	50	5 540 279.54			19.21
		110 573.88	1.487 3500				111 226.02	1.489 9039	
6	663 406.29			4.01	51	5 651 505.56			19.09
		110 577.89	1.487 3658				111 245.11	1.489 9784	
7	773 984.18			4.67	52	5 762 750.67			18.94
		110 582.56	1.487 3842				111 264.05	1.490 0524	
8	884 566.74			5.33	53	5 874 014.72			18.77
		110 587.89	1.487 4051				111 282.82	1.490 1256	
9	995 154.63			5.98	54	5 985 297.54			18.57
		110 593.87	1.487 4286				111 301.39	1.490 1981	
10	1 105 748.50			6.60	55	6 096 598.93			18.36
		110 600.47	1.487 4544				111 319.75	1.490 2697	
11	1 216 348.97			7.24	56	6 207 918.68			18.11
		110 607.71	1.487 4829				111 337.86	1.490 3404	
12	1 326 956.68			7.87	57	6 319 256.54			17.87
		110 615.58	1.487 5138				111 355.73	1.490 4100	
13	1 437 572.26			8.47	58	6 430 612.27			17.56
		110 624.05	1.487 5471				111 373.29	1.490 4785	
14	1 548 196.31			9.08	59	6 541 985.56			17.27
		110 633.13	1.487 5827				111 390.56	1.490 5459	
15	1 658 829.44			9.67	60	6 653 376.12			16.95
		110 642.80	1.487 6207				111 407.51	1.490 6120	
16	1 769 472.24			10.25	61	6 764 783.63			16.58
		110 653.05	1.487 6609				111 424.09	1.490 6766	
17	1 880 125.29			10.82	62	6 876 207.72			16.23
		110 663.87	1.487 7034				111 440.32	1.490 7398	
18	1 990 789.16			11.37	63	6 987 648.04			15.83
		110 675.24	1.487 7480				111 456.15	1.490 8015	
19	2 101 464.40			11.91	64	7 099 104.19			15.44
		110 687.15	1.487 7947				111 471.59	1.490 8617	
20	2 212 151.55			12.44	65	7 210 575.78			15.00
		110 699.59	1.487 8435				111 486.59	1.490 9201	
21	2 322 851.14			12.96	66	7 322 062.37			14.56
		110 712.55	1.487 8944				111 501.15	1.490 9769	
22	2 433 563.69			13.45	67	7 433 563.52			14.09
		110 726.00	1.487 9471				111 515.24	1.491 0317	
23	2 544 289.69			13.93	68	7 545 078.76			13.61
		110 739.93	1.488 0017				111 528.85	1.491 0847	
24	2 655 029.62			14.40	69	7 656 607.61			13.12
		110 754.33	1.488 0582				111 541.97	1.491 1358	
25	2 765 783.95			14.84	70	7 768 149.58			12.60
		110 769.17	1.488 1164				111 554.57	1.491 1849	
26	2 876 553.12			15.26	71	7 879 704.15			12.07
		110 784.43	1.488 1763				111 566.64	1.491 2318	
27	2 987 337.55			15.69	72	7 991 270.79			11.54
		110 800.12	1.488 2378				111 578.18	1.491 2768	
28	3 098 137.67			16.08	73	8 102 848.97			10.96
		110 816.20	1.488 3007				111 589.14	1.491 3195	
29	3 208 953.87			16.44	74	8 214 438.11			10.39
		110 832.64	1.488 3651				111 599.53	1.491 3599	
30	3 319 786.51			16.80	75	8 326 037.64			9.82
		110 849.44	1.488 4310				111 609.35	1.491 3981	
31	3 430 635.95			17.13	76	8 437 646.99			9.21
		110 866.57	1.488 4981				111 618.56	1.491 4339	
32	3 541 502.52			17.45	77	8 549 265.55			8.60
		110 884.02	1.488 5665				111 627.16	1.491 4674	
33	3 652 386.54			17.73	78	8 660 892.71			7.99
		110 901.75	1.488 6359				111 635.15	1.491 4984	
34	3 763 288.29			18.01	79	8 772 527.86			7.35
		110 919.76	1.488 7065				111 642.50	1.491 5270	
35	3 874 208.05			18.24	80	8 884 170.36			6.72
		110 938.00	1.488 7779				111 649.22	1.491 5532	
36	3 985 146.05			18.49	81	8 995 819.58			6.06
		110 956.49	1.488 8502				111 655.28	1.491 5767	
37	4 096 102.54			18.68	82	9 107 474.86			5.42
		110 975.17	1.488 9233				111 660.70	1.491 5978	
38	4 207 077.71			18.86	83	9 219 135.56			4.75
		110 994.03	1.488 9972				111 665.45	1.491 6163	
39	4 318 071.74			19.02	84	9 330 801.01			4.08
		111 013.05	1.489 0715				111 669.53	1.491 6322	
40	4 429 084.79			19.16	85	9 442 470.54			3.41
		111 032.21	1.489 1465				111 672.94	1.491 6454	
41	4 540 117.00			19.26	86	9 554 143.48			2.73
		111 051.47	1.489 2218				111 675.67	1.491 6561	
42	4 651 168.47			19.36	87	9 665 819.15			2.06
		111 070.83	1.489 2975				111 677.73	1.491 6641	
43	4 762 239.30			19.42	88	9 777 496.88			1.37
		111 090.25	1.489 3735				111 679.10	1.491 6694	
44	4 873 329.55			19.47	89	9 889 175.98			+0.68
		111 109.72	1.489 4495				111 679.78	1.491 6720	
45	4 984 439.27			+19.47	90	10 000 855.76			0.00

42b. Interpolationsfaktoren der zweiten Differenzen für Minutenteilung.

n	$\dfrac{n(n-1)}{1.2}$	n
0'	— 0.0000	60'
1	0082 82	59
2	0161 79	58
3	0237 76	57
4	0311 74	56
	71	
5	— 0.0382	55
6	0450 68	54
7	0515 65	53
8	0578 63	52
9	0637 59	51
	57	
10	— 0.0694	50
11	0748 54	49
12	0800 52	48
13	0849 49	47
14	0895 46	46
	43	
15	— 0.0938	45
16	0978 40	44
17	1015 37	43
18	1050 35	42
19	1082 32	41
	29	
20	— 0.1111	40
21	1137 26	39
22	1161 24	38
23	1182 21	37
24	1200 18	36
	15	
25	— 0.1215	35
26	1228 13	34
27	1237 9	33
28	1244 7	32
29	1248 4	31
	2	
30	— 0.1250	30

43. Zur Berechnung der parallaktischen Faktoren.

φ	tg φ'	log $(\pi\varrho\cos\varphi')^s$	$(\pi\varrho\sin\varphi')''$	φ	log tg φ'	log $(\pi\varrho\cos\varphi')^s$	log $(\pi\varrho\sin\varphi')''$
0°	0.000	9.768	0.000	40°	9.921	9.653	0.750
1	017 ¹⁷	768 ⁰	0.152 ¹⁵²	41	936 ¹⁵	647 ⁶	759 ⁹
2	035 ¹⁸	768 ⁰	0.305 ¹⁵³	42	952 ¹⁶	640 ⁷	768 ⁹
3	052 ¹⁷	768 ⁰	0.458 ¹⁵³	43	967 ¹⁵	633 ⁷	776 ⁸
4	069 ¹⁷	767 ¹	0.610 ¹⁵²	44	982 ¹⁵	626 ⁷	784 ⁸
5	0.087 ¹⁸	9.767 ⁰	0.762 ¹⁵²	45	9.997 ¹⁵	9.619 ⁷	0.792 ⁸
6	104 ¹⁷	766 ¹	0.914 ¹⁵²	46	0.012 ¹⁵	611 ⁸	799 ⁷
7	122 ¹⁸	765 ¹	1.065 ¹⁵¹	47	027 ¹⁶	603 ⁸	806 ⁷
8	140 ¹⁸	764 ¹	1.217 ¹⁵²	48	043 ¹⁵	595 ⁸	813 ⁷
9	157 ¹⁷	763 ¹	1.367 ¹⁵⁰	49	058 ¹⁵	586 ⁹	820 ⁷
10	0.175 ¹⁸	9.762 ²	1.518 ¹⁵¹	50	0.073 ¹⁵	9.577 ⁹	0.827 ⁷
11	193 ¹⁸	760 ¹	1.668 ¹⁵⁰	51	089 ¹⁶	568 ⁹	833 ⁶
12	211 ¹⁸	759 ²	1.818 ¹⁵⁰	52	104 ¹⁵	559 ⁹	839 ⁶
13	229 ¹⁸	757 ²	1.967 ¹⁴⁹	53	120 ¹⁶	549 ¹⁰	845 ⁶
14	248 ¹⁹	755 ²	2.115 ¹⁴⁸	54	136 ¹⁶	539 ¹⁰	850 ⁵
15	0.266 ¹⁸	9.753 ²	2.263 ¹⁴⁸	55	0.152 ¹⁶	9.528 ¹¹	0.856 ⁶
16	285 ¹⁹	751 ²	2.410 ¹⁴⁷	56	168 ¹⁶	517 ¹¹	861 ⁵
17	304 ¹⁹	749 ²	2.556 ¹⁴⁶	57	185 ¹⁷	506 ¹²	866 ⁵
18	323 ¹⁹	747 ²	2.702 ¹⁴⁶	58	201 ¹⁶	494 ¹³	871 ⁵
19	342 ¹⁹	744 ³	2.847 ¹⁴⁵	59	218 ¹⁷	481 ¹³	876 ⁵
20	0.362 ²⁰	9.742 ²	2.991 ¹⁴⁴	60	0.236 ¹⁸	9.468 ¹³	0.880 ⁴
				61	253 ¹⁷	455 ¹⁴	884 ⁴
				62	271 ¹⁸	441 ¹⁴	889 ⁵
				63	290 ¹⁹	427 ¹⁴	893 ⁴
				64	309 ¹⁹	411 ¹⁶	896 ³

φ	log tg φ'	log $(\pi\varrho\cos\varphi')^s$	log $(\pi\varrho\sin\varphi')''$
20°	9.558 ²³	9.742 ³	0.476 ²⁰
21	581 ²²	739 ³	496 ¹⁹
22	603 ²²	736 ³	515 ¹⁹
23	625 ²²	733 ³	534 ¹⁹
24	646 ²¹	729 ⁴	551 ¹⁷
25	9.666 ²⁰	9.726 ³	0.568 ¹⁷
26	685 ¹⁹	722 ⁴	584 ¹⁶
27	704 ¹⁹	719 ³	599 ¹⁵
28	723 ¹⁹	715 ⁴	613 ¹⁴
29	741 ¹⁸	711 ⁴	627 ¹⁴
30	9.759 ¹⁸	9.706 ⁵	0.641 ¹⁴
31	776 ¹⁷	702 ⁴	654 ¹³
32	793 ¹⁷	697 ⁵	666 ¹²
33	810 ¹⁷	692 ⁵	678 ¹²
34	826 ¹⁶	687 ⁵	690 ¹²
35	9.842 ¹⁶	9.682 ⁵	0.701 ¹¹
36	858 ¹⁶	677 ⁵	711 ¹⁰
37	874 ¹⁶	671 ⁶	722 ¹¹
38	890 ¹⁶	665 ⁶	731 ⁹
39	905 ¹⁵	659 ⁶	741 ¹⁰
40	9.921 ¹⁶	9.653 ⁶	0.750 ⁹

φ	log tg φ'	log $(\pi\varrho\cos\varphi')^s$	log $(\pi\varrho\sin\varphi')''$
65	0.328 ²⁰	9.396 ¹⁷	0.900 ³
66	348 ²¹	379 ¹⁷	903 ⁴
67	369 ²²	362 ¹⁷	907 ³
68	391 ²²	343 ¹⁹	910 ³
69	413 ²³	324 ¹⁹	913 ³
70	0.436	9.304	0.916

t Stundenwinkel Δ Erdabstand

α, δ geozentrischer Ort

α', δ' topozentrischer Ort

$$\text{tg}\,\gamma = \text{tg}\,\varphi'\sec t \qquad \gamma < 180°$$

$$(\alpha - \alpha')^s = \frac{1}{\Delta}(\pi\varrho\cos\varphi')^s \sin t \sec\delta$$

$$(\delta - \delta')'' = \frac{1}{\Delta}(\pi\varrho\sin\varphi')'' \sin(\gamma - \delta)\,\text{cosec}\,\gamma$$

44. Dimensionen der Erde nach Helmert-Hayford.

Bezeichnungen: a Halbe große Achse
b Halbe kleine Achse } der Meridianellipse
e Exzentrizität
α Abplattung

Hilfsgrößen: $\qquad n = \dfrac{a-b}{a+b} \qquad \delta = \dfrac{a^2-b^2}{b^2} \qquad m = \dfrac{a^2-b^2}{a^2+b^2}$

		log
a	6 378 200.000 m	6.804 698 13
b	6 356 724.579 m	6.803 233 40
α	$\dfrac{1}{297.0}$	
e	0.081 991 89 1	8.913 770 90 — 10
e^2	0.006 722 67 01	7.827 541 80 — 10
α	0.003 367 00 33	7.527 243 55 — 10
n	0.001 686 34 06	7.226 945 30 — 10
δ	0.006 768 17 00	7.830 471 26 — 10
m	0.003 372 67 16	7.527 974 06 — 10

Meridianquadrant Q der Erde:

$\qquad$ Q $\qquad$ 10 001 993.32 m $\qquad$ 7.000 086 56

Radius r_f der Kugel von gleicher Oberfläche mit der Erde:

$\qquad r_f \qquad$ 6 371 039.94 m $\qquad$ 6.804 210 33

Radius r_v der Kugel von gleichem Volumen mit der Erde:

$\qquad r_v \qquad$ 6 371 033.48 m $\qquad$ 6.804 209 89

Radius r_u der Kugel von gleichem Meridianumfang mit der Erde:

$\qquad r_u \qquad$ 6 367 466.72 m $\qquad$ 6.803 966 68

Oberfläche F der Erde:

$\qquad$ F $\qquad$ 510 070 868.5 qkm $\qquad$ 8.707 630 52

Volumen V der Erde:

$\qquad$ V $\qquad$ 1 083 223 990 000 ckm $\qquad$ 12.034 718 27

45. Normalzeiten der wichtigeren Länder.

Normalzeit	Bezeichnung	Staaten
a) An den Meridian von Greenwich angeschlossen		
$11^h\ 30^m$ O.	—	Neuseeland
10 0 O.	Ostaustralische Z.	Victoria, Neu Süd-Wales, Queensland, Tasmanien
9 30 O.	—	Südaustralien
9 0 O.	—	Japan, Korea
8 0 O.	Ostchinesische Küsten-Z.	Ostküste von China, West-Australien, Philippinen, Britisch Nord-Borneo
7 0 O.	Südchinesische Küsten-Z.	Südküste von China, Französ. Indochina, Straits settlements
6 30 O.	—	Birma
5 30 O.	—	Ostindien
4 0 O.	—	Mauritius, Seychellen
2 30 O.	—	Deutsch-Ostafrika
2 0 O.	Osteuropäische Z.	Bulgarien, Rumänien, Türkei, Ägypten, Südafrika, Portug. Ostafrika
1 0 O.	Mitteleuropäische Z. (M. E. Z.)	Dänemark, Deutschland, Italien, Luxemburg, Malta, Norwegen, Österreich-Ungarn, Schweden, Schweiz, Serbien, Deutsch-Südwestafrika
0 0	Westeuropäische Z. (Greenwich-Z.)	Belgien, Färöer, Frankreich, Großbritannien, Portugal, Spanien, Gibraltar, Algerien
$1^h\ 0^m$ W.	—	Island, Madeira, Portug. Guinea, Sierra Leone
2 0 W.	—	Azoren, Capverden
3 0 W.	—	Ost-Brasilien
4 0 W.	Atlantic Standard Time	Mittel-Brasilien, Kanada (Küste)
5 0 W.	Eastern St. Time	Kanada (Québec, Ontario bis 82° 30′ westl., Neubraunschweig), Vereinigte Staaten (Ostzone), Chile, Panama, Peru, West-Brasilien
6 0 W.	Central St. Time	Zentralzone von Kanada und den Vereinigten Staaten
7 0 W.	Mountain St. Time	Gebirgszone von Kanada und den Vereinigten Staaten
8 0 W.	Pacific St. Time	Pazifische Küste der Vereinigten Staaten, Britisch-Kolumbien
9 0 W.	—	Yukon, Alaska
10 30 W.	—	Hawaii
11 30 W.	—	Samoa

b) Nicht an den Meridian von Greenwich angeschlossen

Staaten	Meridian	Längendifferenz gegen Greenwich	Staaten	Meridian	Längendifferenz gegen Greenwich
Argentinien .	Cordoba	$4^h\ 16^m\ 48.2^s$ W.	Mexico . .	Mexico	$6^h\ 36^m\ 26.7^s$ W.
Columbien .	Bogota	4 56 54.2 W.	Niederlande	Amsterdam	0 19 32.1 O.
Ecuador . . .	Quito	5 14 6.7 W.	Rußland .	Pulkowa	2 1 18.6 O.
Griechenland	Athen	1 34 52.9 O.	Uruguay .	Montevideo	3 44 48.9 W.
Irland	Dublin	0 25 21.1 W.	Venezuela	Caracas	4 27 43.6 W.

Wirtz, Astronomie.

46a. Maßvergleichungen.

		log
1 Toise	1.949 03631 Meter	0.289 81993
1 Pariser Fuß	0.324 83938 Meter	9.511 66868 − 10
1 Pariser Zoll	0.027 06995 Meter	8.432 48743 − 10
1 Pariser Linie	0.002 25583 Meter	7.353 30619 − 10
1 Meter	0.513 07407 Toisen	9.710 18007 − 10
1 Meter	3.078 44444 Pariser Fuß	0.488 33132
1 Centimeter	0.369 41333 Pariser Zoll	9.567 51257 − 10
1 Centimeter	4.432 96000 Pariser Linien	0.646 69381
1 Millimeter	0.443 29600 Pariser Linien	9.646 69381 − 10
1 Englischer Yard (von Standard O1) . .	0.914 39283 Meter	9.961 13281 − 10
1 Englischer Fuß . . .	0.304 79761 Meter	9.484 01156 − 10
1 Englischer Zoll . . .	0.025 39980 Meter	8.404 83031 − 10
1 Meter	1.093 62187 Englische Yard	0.038 86719
1 Meter	3.280 86560 Englische Fuß	0.515 98844
1 Centimeter	0.393 70387 Englische Zoll	9.595 16969 − 10
1 geographische Meile . .	7420.439 Meter	3.870 42957
1 „ „ . .	3807.235 Toisen	3.580 60964
1 „ „ . .	22843.408 Pariser Fuß	4.358 76089
1 „ „ . .	8115.154 Englische Yard	3.909 29676
1 „ „ . .	24345.462 Englische Fuß	4.386 41801
1 Englische Meile (statute mile) = 1760 Yards . .	1609.33137 Meter	3.206 64548
1 Russische Werst = 500 Sashen	1066.79042 Meter	3.028 07911
Die Russische Landesaufnahme benutzt den Sashenwert:		
1 Sashen	2.133 468 Meter	0.329 08611
Im Russischen Nivellement wird das internationale Sashenmaß verwendet:		
1 Sashen	2.133 58087 Meter	0.329 10911
1 geograph. Quadratmeile .	55.0629 qkm	1.740 859

46b. Lineare Ausdehnungskoeffizienten für 1° C innerhalb der gewöhnlichen Gebrauchstemperaturen.

		log			log
Aluminium . . .	0.0000 232	5.365 − 10	Magnalium . . .	0.0000 240	5.380 − 10
Blei	288	5.459 − 10	Messing	187	5.272 − 10
Bronze (8 Kupfer			Neusilber	184	5.265 − 10
+ 1 Zinn) . .	183	5.262 − 10	Nickel	130	5.114 − 10
Eisen	114	5.057 − 10	Platin	090	4.954 − 10
Glas	085	4.929 − 10	Platin-Iridium		
Gold	145	5.161 − 10	(10 % Iridium)	087	4.940 − 10
Granit	087	4.940 − 10	Silber	197	5.294 − 10
Holz (Eiche) . .	062	4.792 − 10	Stahl, weich . .	111	5.045 − 10
Invar (64 Eisen			„ gehärtet . .	125	5.097 − 10
+ 36 Nickel)	009	3.954 − 10	Zink	298	5.474 − 10
Kupfer	172	5.236 − 10	Zinn	225	5.352 − 10

47. Barometrische Höhenmessung.

Ia. Schwerekorrektion für die geographische Breite (nur für Quecksilberbarometer): Korr. $= -0.00259 \cdot p \cdot \cos 2\varphi$

Geographische Breite φ		Luftdruck p						
		500^{mm}	550^{mm}	600^{mm}	650^{mm}	700^{mm}	750^{mm}	800^{mm}
45°		mm 0.00	mm 0.00	mm 0.00	mm 0.00	mm 0.00	mm 0.00	mm 0.00
40°	50°	0.22	0.25	0.27	0.29	0.31	0.34	0.36
35	55	0.44	0.49	0.53	0.58	0.62	0.66	0.71
30	60	0.65	0.71	0.78	0.84	0.91	0.97	1.04
25	65	0.83	0.92	1.00	1.08	1.16	1.25	1.33
20	70	0.99	1.09	1.19	1.29	1.39	1.49	1.59
15	75	1.12	1.23	1.35	1.46	1.57	1.68	1.79
10	80	1.22	1.34	1.46	1.58	1.70	1.83	1.95
5	85	1.28	1.40	1.53	1.66	1.78	1.91	2.04
0	90	1.30	1.42	1.55	1.68	1.81	1.94	2.07
—	+							

Die Verbesserung ist für $\varphi < 45°$ negativ, für $\varphi > 45°$ positiv.

Ib. Schwerekorrektion für Seehöhe (nur für Quecksilberbarometer):

$$\text{Korr.} = -\frac{k z p}{R}$$

Luftdruck p	Hochebenen	Freie Atmosphäre	Luftdruck p	Hochebenen	Freie Atmosphäre
mm	mm	mm	mm	mm	mm
760	0.00	0.00	550	— 0.28	— 0.45
750	— 0.02	— 0.03	500	— 0.33	— 0.53
700	— 0.09	— 0.15	450	— 0.37	— 0.59
650	— 0.16	— 0.26	400	— 0.39	— 0.63
600	— 0.23	— 0.36	350	— 0.41	— 0.66

IIa. Korrektion der Temperatur für Änderung der Schwere mit der Breite: Korr. $= +0°71 \cdot \cos 2\varphi$

φ	Korr.	φ	Korr.	φ	Korr.	φ	Korr.
0°	+ 0°71	30°	+ 0°36	50°	— 0°12	70°	— 0°54
5	70	32	31	52	17	72	57
10	67	34	27	54	22	74	60
12	65	36	22	56	27	76	63
14	63	38	+ 0.17	58	— 0.31	78	— 0.65
16	60						
18	+ 0.57	40	+ 0.12	60	— 0.36	80	— 0.67
		42	+ 0.07	62	40	82	68
20	+ 0.54	44	+ 0.02	64	44	84	69
22	51	46	— 0.02	66	48	86	70
24	48	48	— 0.07	68	— 0.51	88	— 0.71
26	44						
28	+ 0.40	50	— 0.12	70	— 0.54	90	— 0.71
30	+ 0.36						

47. Barometrische Höhenmessung.

II b. Korrektion der Temperatur für Feuchtigkeit: Korr. $= + 51°36 \dfrac{f}{p}$

Luftdruck p	Dampfspannung f											
	1^{mm}	2^{mm}	3^{mm}	4^{mm}	5^{mm}	6^{mm}	7^{mm}	8^{mm}	9^{mm}	10^{mm}	20^{mm}	30^{mm}
780^{mm}	0°07	0°13	0°20	0°26	0°33	0°40	0°46	0°53	0°59	0°66	1°32	1°98
760	07	14	20	27	34	41	47	54	61	68	1.35	2.03
740	07	14	21	28	35	42	49	56	62	69	1.39	2.08
720	07	14	21	29	36	43	50	57	64	71	1.43	2.14
700	07	15	22	29	37	44	51	59	66	73	1.47	2.20
680	0.08	0.15	0.23	0.30	0.38	0.45	0.53	0.60	0.68	0.76	1.51	
660	08	16	23	31	39	47	54	62	70	78	1.56	
640	08	16	24	32	40	48	56	64	72	80	1.61	
620	08	17	25	33	41	50	58	66	75	83	1.66	
600	09	17	26	34	43	51	60	68	77	86	1.71	
580	0.09	0.18	0.27	0.35	0.44	0.53	0.62	0.71	0.80	0.89		
560	09	18	28	37	46	55	64	73	83	92		
540	10	19	29	38	48	57	67	76	86	95		
520	10	20	30	40	49	59	69	79	89			
500	10	21	31	41	51	62	72	82	92			
480	0.11	0.21	0.32	0.43	0.54	0.64	0.75					
460	11	22	33	45	56	67	78					
440	12	23	35	47	58	70						
420	12	24	37	49	61	73						
400	13	26	39	51	64							

Die Verbesserung ist stets positiv.

II c. Zur genäherten Berechnung des Dampfdruckes f im oberen Niveau Z_1, wenn der Dampfdruck f_0 im unteren Niveau gegeben ist.

$$f = f_0 \times \text{Faktor}$$

Z_1	0^m	100^m	200^m	300^m	400^m	500^m	600^m	700^m	800^m	900^m
0^m	1.000	0.965	0.932	0.900	0.868	0.838	0.809	0.781	0.754	0.728
1000	0.703	678	654	632	610	589	568	549	530	511
2000	493	476	460	440	428	414	399	385	372	359
3000	347	335	323	312	301	291	280	270	261	252
4000	243	235	227	219	211	204	197	190	184	177
5000	0.171	0.165	0.159	0.154	0.148	0.143	0.138	0.134	0.129	0.124
6000	120	116	112	108	104	101	097	094	091	087
7000	084	082	079	076	073	071	068	066	063	061

47. Barometrische Höhenmessung.

$$\text{III. } 18400 \cdot \log \frac{760}{p}$$

p	$18400 \cdot \log \frac{760}{p}$		p	$18400 \cdot \log \frac{760}{p}$		p	$18400 \cdot \log \frac{760}{p}$		p	$18400 \cdot \log \frac{760}{p}$	
mm	m		mm	m		mm	m		mm	m	
400	5129.1		480	3672.1		560	2440.3		640	1373.3	
402	5089.2	39.9	482	3638.9	33.2	562	2411.9	28.4	642	1348.3	25.0
404	5049.6	39.6	484	3605.9	33.0	564	2383.5	28.4	644	1323.5	24.8
406	5010.1	39.5	486	3572.9	33.0	566	2355.2	28.3	646	1298.7	24.8
408	4970.9	39.2	488	3540.1	32.8	568	2327.0	28.2	648	1274.0	24.7
		39.1			32.7			28.1			24.6
410	4931.8		490	3507.4		570	2298.9		650	1249.4	
412	4892.9	38.9	492	3474.8	32.6	572	2270.9	28.0	652	1224.8	24.6
414	4854.2	38.7	494	3442.4	32.4	574	2243.0	27.9	654	1200.4	24.4
416	4815.7	38.5	496	3410.1	32.3	576	2215.2	27.8	656	1176.0	24.4
418	4777.4	38.3	498	3378.0	32.1	578	2187.5	27.7	658	1151.6	24.4
		38.2			32.0			27.6			24.2
420	4739.2		500	3346.0		580	2159.9		660	1127.4	
422	4701.2	38.0	502	3314.0	32.0	582	2132.4	27.5	662	1103.2	24.2
424	4663.5	37.7	504	3282.2	31.8	584	2105.0	27.4	664	1079.1	24.1
426	4625.9	37.6	506	3250.6	31.6	586	2077.7	27.3	666	1055.1	24.0
428	4588.4	37.5	508	3219.1	31.5	588	2050.5	27.2	668	1031.1	24.0
		37.2			31.4			27.2			23.9
430	4551.2		510	3187.7		590	2013.3		670	1007.2	
432	4514.1	37.1	512	3156.4	31.3	592	1996.3	27.0	672	983.4	23.8
434	4477.2	36.9	514	3125.3	31.1	594	1969.3	27.0	674	959.6	23.8
436	4440.5	36.7	516	3094.3	31.0	596	1932.5	26.8	676	936.0	23.6
438	4403.9	36.6	518	3063.3	31.0	598	1915.7	26.8	678	912.4	23.6
		36.4			30.8			26.7			23.6
440	4367.5		520	3032.5		600	1889.0		680	888.8	
442	4331.2	36.3	522	3001.9	30.6	602	1862.4	26.6	682	865.4	23.4
444	4295.2	36.0	524	2971.3	30.6	604	1835.9	26.5	684	842.0	23.4
446	4259.2	36.0	526	2940.9	30.4	606	1809.5	26.4	686	818.6	23.4
448	4223.5	35.7	528	2910.5	30.4	608	1783.1	26.4	688	795.4	23.2
		35.6			30.2			26.2			23.2
450	4187.9		530	2880.3		610	1756.9		690	772.2	
452	4152.5	35.4	532	2850.2	30.1	612	1730.7	26.2	692	749.0	23.2
454	4117.2	35.3	534	2820.2	30.0	614	1704.7	26.0	694	726.0	23.0
456	4082.0	35.2	536	2790.4	29.8	616	1678.7	26.0	696	703.0	23.0
458	4047.1	34.9	538	2760.6	29.8	618	1652.8	25.9	698	680.1	22.9
		34.8			29.6			25.8			22.9
460	4012.3		540	2731.0		620	1627.0		700	657.2	
462	3977.6	34.7	542	2701.4	29.6	622	1601.2	25.8	702	634.4	22.8
464	3943.1	34.5	544	2672.0	29.4	624	1575.6	25.6	704	611.6	22.8
466	3908.7	34.4	546	2642.6	29.4	626	1550.0	25.6	706	589.0	22.6
468	3874.5	34.2	548	2613.4	29.2	628	1524.5	25.5	708	566.4	22.6
		34.1			29.1			25.4			22.5
470	3840.4		550	2584.3		630	1499.1		710	543.9	
472	3806.5	33.9	552	2555.3	29.0	632	1473.8	25.3	712	521.3	22.6
474	3772.7	33.8	554	2526.4	28.9	634	1448.6	25.2	714	499.0	22.3
476	3739.0	33.7	556	2497.6	28.8	636	1423.4	25.2	716	476.6	22.4
478	3705.5	33.5	558	2468.9	28.7	638	1398.3	25.1	718	454.3	22.3
		33.4			28.6			25.0			22.2
480	3672.1		560	2440.3		640	1373.3		720	432.1	

47. Barometrische Höhenmessung.

III. $18400 \cdot \log \frac{760}{p}$ (Schluß).

p	$18400 \cdot \log \frac{760}{p}$	p	$18400 \cdot \log \frac{760}{p}$	p	$18400 \cdot \log \frac{760}{p}$	p	$18400 \cdot \log \frac{760}{p}$
mm	m	mm	m	mm	m	mm	m
720	432.1 22.2	740	213.1 21.5	760	0.0 21.0	780	—207.5 20.5
722	409.9 22.1	742	191.6 21.5	762	— 21.0 20.9	782	—228.0 20.4
724	387.8 22.0	744	170.1 21.5	764	— 41.9 20.9	784	—248.4 20.4
726	365.8 22.0	746	148.6 21.4	766	— 62.8 20.8	786	—268.8 20.3
728	343.8 21.9	748	127.2 21.3	768	— 83.6 20.8	788	—289.1 20.2
730	321.9 21.9	750	105.9 21.3	770	—104.4 20.8	790	—309.3 20.2
732	300.0 21.8	752	84.6 21.2	772	—125.2 20.6	792	—329.5 20.2
734	278.2 21.8	754	63.4 21.2	774	—145.8 20.7	794	—349.7 20.1
736	256.4 21.6	756	42.2 21.1	776	—166.5 20.5	796	—369.8 20.1
738	234.8 21.7	758	21.1 21.1	778	—187.0 20.5	798	—389.9 20.0
740	213.1	760	0.0	780	—207.5	800	—409.9

IV. Temperaturkorrektion: Korr. $= +\alpha \Theta Z_1$.

Höhe Z_1	Korrigierte Mitteltemperatur Θ										
	1°	2°	3°	4°	5°	6°	7°	8°	9°	10°	20°	30°
	m	m	m	m	m	m	m	m	m	m	m	m
10ᵐ	0.0	0.1	0.1	0.1	0.2	0.2	0.3	0.3	0.3	0.4	0.7	1.1
20	0.1	0.1	0.2	0.3	0.4	0.4	0.5	0.6	0.7	0.7	1.5	2.2
30	0.1	0.2	0.3	0.4	0.6	0.7	0.8	0.9	1.0	1.1	2.2	3.3
40	0.1	0.3	0.4	0.6	0.7	0.9	1.0	1.2	1.3	1.5	2.9	4.4
50	0.2	0.4	0.6	0.7	0.9	1.1	1.3	1.5	1.7	1.8	3.7	5.5
60	0.2	0.4	0.7	0.9	1.1	1.3	1.5	1.8	2.0	2.2	4.4	6.6
70	0.3	0.5	0.8	1.0	1.3	1.5	1.8	2.1	2.3	2.6	5.1	7.7
80	0.3	0.6	0.9	1.2	1.5	1.8	2.1	2.3	2.6	2.9	5.9	8.8
90	0.3	0.6	1.0	1.3	1.7	2.0	2.3	2.6	3.0	3.3	6.6	9.9
100	0.4	0.7	1.1	1.5	1.8	2.2	2.6	2.9	3.3	3.7	7.3	11.0
200	0.7	1.5	2.2	2.9	3.7	4.4	5.1	5.9	6.6	7.3	14.7	22.0
300	1.1	2.2	3.3	4.4	5.5	6.6	7.7	8.8	9.9	11.0	22.0	33.0
400	1.5	2.9	4.4	5.9	7.3	8.8	10.3	11.7	13.2	14.7	29.4	44.0
500	1.8	3.7	5.5	7.3	9.2	11.0	12.9	14.7	16.5	18.4	36.7	55.1
600	2.2	4.4	6.6	8.8	11.0	13.2	15.4	17.6	19.8	22.0	44.0	66.1
700	2.6	5.1	7.7	10.3	12.9	15.4	18.0	20.6	23.1	25.7	51.4	77.1
800	2.9	5.9	8.8	11.7	14.7	17.6	20.6	23.5	26.4	29.4	58.7	88.1
900	3.3	6.6	9.9	13.2	16.5	19.8	23.1	26.4	29.7	33.0	66.1	99.1
1000	3.7	7.3	11.0	14.7	18.4	22.0	25.7	29.4	33.0	36.7	73.4	110.1
2000	7.3	14.7	22.0	29.4	36.7	44.0	51.4	58.7	66.1	73.4	146.8	220.2
3000	11.0	22.0	33.0	44.0	55.1	66.1	77.1	88.1	99.1	110.1	220.2	330.3
4000	14.7	29.4	44.0	58.7	73.4	88.1	102.8	117.4	132.1	146.8	293.6	440.4
5000	18.4	36.7	55.1	73.4	91.8	110.1	128.5	146.8	165.2	183.5	367.0	550.5
6000	22.0	44.0	66.1	88.1	110.1	132.1	154.1	176.2	198.2	220.2	440.4	660.6
7000	25.7	51.4	77.1	102.8	128.5	154.1	179.8	205.5	231.2	256.9	513.8	770.7

Diese Verbesserung ist { zu Z_1 zu addieren, wenn Θ positiv / von Z_1 zu subtrahieren, wenn Θ negativ } ist.

47. Barometrische Höhenmessung.

V. Korrektion wegen Abnahme der Schwere mit der Höhe:

$$\text{Korr.} = +\frac{kZ_2(Z_2 + 2z_0)}{2R}$$

Unteres Niveau z_0	Höhendifferenz des oberen Niveaus Z_2						
	1000^m	2000^m	3000^m	4000^m	5000^m	6000^m	7000^m
	m	m	m	m	m	m	m
0^m	0.2	0.6	1.4	2.5	3.9	5.7	7.7
100	0.2	0.7	1.5	2.6	4.1	5.8	7.9
200	0.2	0.8	1.6	2.8	4.2	6.0	8.1
300	0.3	0.8	1.7	2.9	4.4	6.2	8.4
400	0.3	0.9	1.8	3.0	4.6	6.4	8.6
500	0.3	0.9	1.9	3.1	4.7	6.6	8.8
600	0.3	1.0	2.0	3.3	4.4	6.8	9.0
700	0.4	1.1	2.1	3.4	5.0	7.0	9.2
800	0.4	1.1	2.2	3.5	5.2	7.2	9.5
900	0.4	1.2	2.3	3.6	5.3	7.3	9.7
1000	0.5	1.3	2.4	3.8	5.5	7.5	9.9
1500		1.6	2.8	4.4	6.3	8.5	11.0
2000		1.9	3.3	5.0	7.1	9.4	12.1
2500			3.8	5.7	7.9	10.4	13.2
3000			4.2	6.3	8.6	11.3	14.3

Diese Verbesserung ist stets positiv.

VI. Korrektionsfaktor zum Übergang auf linear mit der Höhe abnehmende Lufttemperatur.

Differenz der Temperaturen $t_0 - t$	Mitteltemperaturen $\theta = \dfrac{t_0 + t}{2}$						
	$-30°$	$-20°$	$-10°$	$0°$	$+10°$	$+20°$	$+30°$
10°	0,0001	0,0001	0,0001	0,0001	0,0001	0,0001	0,0001
20	0006	0005	0005	0005	0004	0004	0004
30	0013	0012	0011	0010	0009	0009	0008
40	0023	0021	0019	0018	0017	0016	0015
50	0036	0033	0030	0028	0026	0025	0023

Von der berechneten Höhe ist der dieser Tafel entsprechende Bruchteil abzuziehen.

47. Barometrische Höhenmessung.

VII. Zur genäherten Berechnung der Höhe.

n	Z_1	n	Z_1	n	Z_1	n	Z_1
1.00	0^m	1.25	1783^m 64	1.50	3240^m 53	1.75	4472^m 45
01	79 79	26	1847 63	51	3293 53	76	4517 46
02	158 79	27	1910 63	52	3346 53	77	4563 45
03	236 78	28	1973 62	53	3398 52	78	4608 45
04	313 77	29	2035 62	54	3450 52	79	4653 45
	77		62		52		44
1.05	390 76	1.30	2097 61	1.55	3502 51	1.80	4697 44
06	466 75	31	2158 61	56	3553 51	81	4741 44
07	541 74	32	2219 60	57	3604 51	82	4785 44
08	615 74	33	2279 60	58	3655 51	83	4829 44
09	689	34	2339	59	3706	84	4873
	73		59		50		43
1.10	762 72	1.35	2398 59	1.60	3756 50	1.85	4916 43
11	834 72	36	2457 59	61	3806 49	86	4959 43
12	906 71	37	2516 58	62	3855 49	87	5002 43
13	977 70	38	2574 58	63	3904 49	88	5045 42
14	1047	39	2632	64	3953	89	5087
	70		57		49		42
1.15	1117 69	1.40	2689 57	1.65	4002 48	1.90	5129 42
16	1186 69	41	2746 56	66	4050 48	91	5171 42
17	1255 68	42	2802 56	67	4098 48	92	5213 41
18	1323 67	43	2858 56	68	4146 47	93	5254 42
19	1390	44	2914	69	4193	94	5296
	67		55		47		41
1.20	1457 66	1.45	2969 55	1.70	4240 47	1.95	5337 41
21	1523 66	46	3024 55	71	4287 47	96	5378 40
22	1589 65	47	3079 54	72	4334 46	97	5418 41
23	1654 65	48	3133 54	73	4380 46	98	5459 40
24	1719	49	3187	74	4426	99	5499
	64		53		46		40
1.25	1783	1.50	3240	1.75	4472	2.00	5539

$$n = \frac{p_0}{p}$$

47. Barometrische Höhenmessung.

VIII. Logarithmische Höhentafeln.

VIIIa) $A = 18400 \left(1 + \alpha \cdot \dfrac{t_0 + t}{2}\right)$

$\dfrac{t_0+t}{2}$	log A	$\dfrac{t_0+t}{2}$	log A	$\dfrac{t_0+t}{2}$	log A
−30°	4.2142 ₁₈	−10°	4.2486 ₁₇	+10°	4.2804 ₁₆
29	2160 ₁₈	9	2503 ₁₆	11	2820 ₁₅
28	2178 ₁₈	8	2519 ₁₆	12	2835 ₁₅
27	2196 ₁₇	7	2535 ₁₇	13	2850 ₁₅
−26	2213 ₁₈	−6	2552 ₁₆	+14	2865 ₁₆
−25	4.2231 ₁₇	−5	4.2568 ₁₆	+15	4.2881 ₁₅
24	2248 ₁₈	4	2584 ₁₆	16	2896 ₁₅
23	2266 ₁₇	3	2600 ₁₆	17	2911 ₁₅
22	2283 ₁₇	2	2616 ₁₆	18	2926 ₁₅
−21	2300 ₁₈	−1	2632 ₁₆	+19	2941 ₁₄
−20	4.2318 ₁₇	0	4.2648 ₁₆	+20	4.2955 ₁₅
19	2335 ₁₇	+1	2664 ₁₆	21	2970 ₁₅
18	2352 ₁₇	2	2680 ₁₆	22	2985 ₁₅
17	2369 ₁₇	3	2696 ₁₅	23	3000 ₁₄
−16	2386 ₁₇	+4	2711 ₁₆	+24	3014 ₁₅
−15	4.2403 ₁₆	+5	4.2727 ₁₆	+25	4.3029 ₁₄
14	2419 ₁₇	6	2743 ₁₅	26	3043 ₁₅
13	2436 ₁₇	7	2758 ₁₆	27	3058 ₁₄
12	2453 ₁₆	8	2774 ₁₅	28	3072 ₁₅
−11	2479 ₁₇	+9	2789 ₁₅	+29	3087 ₁₄
−10	4.2486	+10	4.2804	+30	4.3101

$\log Z = \log(\log p_0 - \log p) + \log A + \log B + \log C + \log D$

47. Barometrische Höhenmessung.

VIII. Logarithmische Höhentafeln.

$$\text{VIII b)}\quad B = 1 + 0.377\frac{f_0 + f}{p_0 + p}$$

log B

$\dfrac{f_0 + f}{2}$	($p_0 + p$) in Millimeter							$\dfrac{t_0 + t}{2}$
	1000	1100	1200	1300	1400	1500	1600	
2^{mm}	7^{IV}	6^{IV}	5^{IV}	5^{IV}	5^{IV}	4^{IV}	4^{IV}	$-10°2$
3	10	9	8	8	7	7	6	-5.0
4	13	12	11	10	9	9	8	-0.5
5	16	15	14	13	12	11	10	$+3.2$
6	20	18	16	15	14	13	12	$+6.2$
7	23	21	19	18	16	15	14	$+9.0$
8	26	24	22	20	19	17	16	$+11.6$
9	29	27	25	23	21	20	18	$+14.3$
10	33	30	27	25	23	22	20	$+17.0$
11	36	33	30	28	26	24	22	$+19.6$

Stets positiv.

VIII c) $C = 1 + 0.00265 \cos 2\varphi$

φ	log C	φ
0°	$+11^{IV}\ -$	90°
5	11	85
10	11	80
15	$+10\ -$	75
20	$+9\ -$	70
25	7	65
30	6	60
35	4	55
40	$+2\ -$	50
45	0	45

VIII d) $D = 1 + \dfrac{Z + 2z_0}{R}$

$Z + 2z_0$	log D
0^m	0^{IV}
733	$+1$
2200	$+2$
3668	$+3$
5135	$+4$
6604	$+5$
8072	$+6$
9541	

$$\log Z = \log(\log p_0 - \log p) + \log A + \log B + \log C + \log D$$

48. Sättigungsdrucke des Wasserdampfes.

In Millimetern Quecksilber von 0° und normaler Schwere.

T	p		Z_0		T	p		Z_0		T	p		Z_0	
°	mm		m		°	mm		m		°	mm		m	
83.0	400.90	3.19	5111	63	89.0	506.36	3.88	3245	61	95.0	634.01	4.68	1448	59
2	404.09	3.22	5048	64	2	510.24	3.90	3184	61	2	638.69	4.70	1389	58
4	407.31	3.23	4984	63	4	514.14	3.93	3123	61	4	643.39	4.74	1331	59
6	410.54	3.26	4921	63	6	518.07	3.95	3062	61	6	648.13	4.76	1272	59
8	413.80	3.28	4858	63	8	522.02	3.98	3001	60	8	652.89	4.80	1213	58
84.0	417.08	3.30	4795	63	90.0	526.00	4.00	2941	61	96.0	657.69	4.82	1155	58
2	420.38	3.32	4732	63	2	530.00	4.03	2880	60	2	662.51	4.86	1097	58
4	423.70	3.34	4669	63	4	534.03	4.05	2820	61	4	667.37	4.88	1039	59
6	427.04	3.37	4606	62	6	538.08	4.08	2759	60	6	672.25	4.92	980	58
8	430.41	3.38	4544	63	8	542.16	4.11	2699	60	8	677.17	4.94	922	58
85.0	433.79	3.41	4481	62	91.0	546.27	4.13	2639	61	97.0	682.11	4.97	864	58
2	437.20	3.44	4419	63	2	550.40	4.16	2578	60	2	687.08	5.01	806	58
4	440.64	3.45	4356	62	4	554.56	4.18	2518	60	4	692.09	5.03	748	58
6	444.09	3.48	4294	63	6	558.74	4.21	2458	60	6	697.12	5.07	690	58
8	447.57	3.50	4231	62	8	562.95	4.24	2398	60	8	702.19	5.10	632	58
86.0	451.07	3.52	4169	62	92.0	567.19	4.26	2338	60	98.0	707.29	5.13	574	58
2	454.59	3.54	4107	62	2	571.45	4.29	2278	59	2	712.42	5.16	516	57
4	458.13	3.57	4045	62	4	575.74	4.32	2219	60	4	717.58	5.19	459	58
6	461.70	3.59	3983	62	6	580.06	4.34	2159	60	6	722.77	5.22	401	58
8	465.29	3.62	3921	62	8	584.40	4.37	2099	59	8	727.99	5.25	343	57
87.0	468.91	3.63	3859	62	93.0	588.77	4.40	2040	60	99.0	733.24	5.29	286	57
2	472.54	3.67	3797	62	2	593.17	4.43	1980	59	2	738.53	5.32	229	57
4	476.21	3.68	3735	62	4	597.60	4.45	1921	60	4	743.85	5.35	172	58
6	479.89	3.71	3673	61	6	602.05	4.48	1861	59	6	749.20	5.38	114	57
8	483.60	3.73	3612	61	8	606.53	4.51	1802	59	8	754.58	5.42	57	57
88.0	487.33	3.76	3551	62	94.0	611.04	4.54	1743	59	100.0	760.00	5.45	0	57
2	491.09	3.78	3489	61	2	615.58	4.56	1684	59	2	765.45	5.48	— 57	57
4	494.87	3.80	3428	61	4	620.14	4.59	1625	59	4	770.93	5.51	— 114	57
6	498.67	3.83	3367	61	6	624.73	4.63	1566	59	6	776.44	5.55	— 171	57
8	502.50	3.86	3306	61	8	629.36	4.65	1507	59	8	781.99	5.58	— 228	57
89.0	506.36		3245		95.0	634.01		1448		101.0	787.57		— 285	

49. Julianische Periode.

a) Anzahl der am 0. Januar seit Anfang der Periode verflossenen Tage.

Jahr n. Chr.	0	100	200	300	400	500	600	700	800	900
	17	17	17	18	18	19	19	19	20	20
0	21057	57582	94107	30632	67157	03682	40207	76732	13257	49782
4	22518	59043	95568	32093	68618	05143	41668	78193	14718	51243
8	23979	60504	97029	33554	70079	06604	43129	79654	16179	52704
12	25440	61965	98490	35015	71540	08065	44590	81115	17640	54165
16	26901	63426	99951	36476	73001	09526	46051	82576	19101	55626
20	28362	64887	01412	37937	74462	10987	47512	84037	20562	57087
24	29823	66348	02873	39398	75923	12448	48973	85498	22023	58548
28	31284	67809	04334	40859	77384	13909	50434	86959	23484	60009
32	32745	69270	05795	42320	78845	15370	51895	88420	24945	61470
36	34206	70731	07256	43781	80306	16831	53356	89881	26406	62931
40	35667	72192	08717	45242	81767	18292	54817	91342	27867	64392
44	37128	73653	10178	46703	83228	19753	56278	92803	29328	65853
48	38589	75114	11639	48164	84689	21214	57739	94264	30789	67314
52	40050	76575	13100	49625	86150	22675	59200	95725	32250	68775
56	41511	78036	14561	51086	87611	24136	60661	97186	33711	70236
60	42972	79497	16022	52547	89072	25597	62122	98647	35172	71697
64	44433	80958	17483	54008	90533	27058	63583	00108	36633	73158
68	45894	82419	18944	55469	91994	28519	65044	01569	38094	74619
72	47355	83880	20405	56930	93455	29980	66505	03030	39555	76080
76	48816	85341	21866	58391	94916	31441	67966	04491	41016	77541
80	50277	86802	23327	59852	96377	32902	69427	05952	42477	79002
84	51738	88263	24788	61313	97838	34363	70888	07413	43938	80463
88	53199	89724	26249	62774	99299	35824	72349	08874	45399	81924
92	54660	91185	27710	64235	00760	37285	73810	10335	46860	83385
96	56121	92646	29171	65696	02221	38746	75271	11796	48321	84846
100	57582	94107	30632	67157	03682	40207	76732	13257	49782	86307
	17	17	18	18	19	19	19	20	20	20

b) Anzahl der am 0. jeden Monats seit Beginn der Schaltperiode verflossenen Tage.

Jahr	Jan. 0	Febr. 0	März 0	April 0	Mai 0	Juni 0	Juli 0	Aug. 0	Sept. 0	Okt. 0	Nov. 0	Dez. 0
0	0	31	60	91	121	152	182	213	244	274	305	335
1	366	397	425	456	486	517	547	578	609	639	670	700
2	731	762	790	821	851	882	912	943	974	1004	1035	1065
3	1096	1127	1155	1186	1216	1247	1277	1308	1339	1369	1400	1430

49. Julianische Periode (Schluß).

a) Anzahl der am 0. Januar seit Anfang der Periode verflossenen Tage.

Jahr n. Chr.	1000	1100	1200	1300	1400	1500	1600	1700	1800	1900
	20	21	21	21	22	22	23	23	23	24
0	86307	22832	59357	95882	32407	68932	05447	41971[1]	78495[1]	15019[1]
4	87768	24293	60818	97343	33868	70393	06908	43432	79956	16480
8	89229	25754	62279	98804	35329	71854	08369	44893	81417	17941
12	90690	27215	63740	00265	36790	73315	09830	46354	82878	19402
16	92151	28676	65201	01726	38251	74776	11291	47815	84339	20863
20	93612	30137	66662	03187	39712	76237	12752	49276	85800	22324
24	95073	31598	68123	04648	41173	77698	14213	50737	87261	23785
28	96534	33059	69584	06109	42634	79159	15674	52198	88722	25246
32	97995	34520	71045	07570	44095	80620	17135	53659	90183	26707
36	99456	35981	72506	09031	45556	82081	18596	55120	91644	28168
40	00917	37442	73967	10492	47017	83542	20057	56581	93105	29629
44	02378	38903	75428	11953	48478	85003	21518	58042	94566	31090
48	03839	40364	76889	13414	49939	86464	22979	59503	96027	32551
52	05300	41825	78350	14875	51400	87925	24440	60964	97488	34012
56	06761	43286	79811	16336	52861	89386	25901	62425	98949	35473
60	08222	44747	81272	17797	54322	90847	27362	63886	00410	36934
64	09683	46208	82733	19258	55783	92308	28823	65347	01871	38395
68	11144	47669	84194	20719	57244	93769	30284	66808	03332	39856
72	12605	49130	85655	22180	58705	95230	31745	68269	04793	41317
76	14066	50591	87116	23641	60166	96691	33206	69730	06254	42778
80	15527	52052	88577	25102	61627	98152	34667	71191	07715	44239
84	16988	53513	90038	26563	63088	99603	36128	72652	09176	45700
88	18449	54974	91499	28024	64549	01064	37589	74113	10637	47161
92	19910	56435	92960	29485	66010	02525	39050	75574	12098	48622
96	21371	57896	94421	30946	67471	03986	40511	77035	13559	50083
100	22832	59357	95882	32407	68932	05447	41971[1]	78495[1]	15019[1]	51544
	21	21	21	22	22	23	23	23	24	24

[1]) Die Zahlen geben die am — 1. Jan. seit Anfang der Periode verflossenen Tage.

b) Anzahl der am 0. jedes Monats seit Beginn der Schaltperiode verflossenen Tage.

Jahr	Jan. 0	Febr. 0	März 0	April 0	Mai 0	Juni 0	Juli 0	Aug. 0	Sept. 0	Okt. 0	Nov. 0	Dez. 0
0	0[2])	31[2])	60	91	121	152	182	213	244	274	305	335
1	366	397	425	456	486	517	547	578	609	639	670	700
2	731	762	790	821	851	882	912	943	974	1004	1035	1065
3	1096	1127	1155	1186	1216	1247	1277	1308	1339	1369	1400	1430

Von 1582 Okt. 15 bis 1583 Dez. 31 sind die Zahlen der Tafel a um 10 zu verkleinern.

[2]) In den Jahren 1700, 1800, 1900 um 1 zu vergrößern.

50a. Wahre Anomalie in der parabolischen Bewegung.

M	v	log A	log M	v	log A	log M	v	log A
0,0	0° 0′ 0″	3.7005	1,40	33° 3′ 51″	5.3894	1,80	67° 29′ 33″	5.5422
1,0	1 23 37	7004 ₁	41	33 45 2	3963 ₆₉	81	68 27 38	5423 ₁
2,0	2 47 12	7000 ₄	42	34 26 52	4030 ₆₇	82	69 25 44	5422 ₁
3,0	4 10 40	6994 ₆	43	35 9 20	4097 ₆₇	83	70 23 48	5420 ₂
4,0	5 34 0	6985 ₉	44	35 52 28	4162 ₆₅	84	71 21 50	5415 ₅
		₁₂			₆₄			₆
5,0	6 57 8	3.6973 ₁₄	1,45	36 36 15	5.4226 ₆₂	1,85	72 19 47	5.5409 ₈
6,0	8 20 1	6959 ₁₆	46	37 20 40	4288 ₆₁	86	73 17 39	5401 ₉
7,0	9 42 37	6943 ₁₉	47	38 5 43	4349 ₆₀	87	74 15 23	5392 ₁₁
8,0	11 4 53	6924 ₂₁	48	38 51 24	4409 ₅₈	88	75 13 0	5381 ₁₃
9,0	12 26 46	6903 ₂₄	49	39 37 43	4467 ₅₇	89	76 10 27	5368 ₁₄
10,0	13 48 13	3.6879 ₂₆	1,50	40 24 38	5.4524 ₅₅	1,90	77 7 43	5.5354 ₁₆
11,0	15 9 13	6853 ₂₈	51	41 12 11	4579 ₅₄	91	78 4 48	5338 ₁₈
12,0	16 29 42	6825 ₃₁	52	42 0 19	4633 ₅₂	92	79 1 39	5320 ₁₉
13,0	17 49 39	6794 ₃₃	53	42 49 3	4685 ₅₁	93	79 58 16	5301 ₂₀
14,0	19 9 1	6761 ₃₄	54	43 38 21	4736 ₄₉	94	80 54 37	5281 ₂₂
15,0	20 27 47	3.6727 ₃₇	1,55	44 28 14	5.4785 ₄₇	1,95	81 50 43	5.5259 ₂₃
16,0	21 45 53	6690 ₃₉	56	45 18 40	4832 ₄₆	96	82 46 30	5236 ₂₅
17,0	23 3 19	6651 ₄₀	57	46 9 39	4878 ₄₄	97	83 42 0	5211 ₂₆
18,0	24 20 3	6611 ₄₃	58	47 1 9	4922 ₄₂	98	84 37 10	5185 ₂₇
19,0	25 36 3	6568 ₄₄	59	47 53 10	4964 ₄₁	99	85 32 0	5158 ₂₈
20,0	26 51 17	3.6524	1,60	48 45 42	5.5005 ₃₈	2,00	86 26 29	5.5130 ₃₀
			61	49 38 42	5043 ₃₇	01	87 20 36	5100 ₃₀
			62	50 32 9	5080 ₃₅	02	88 14 21	5070 ₃₂
			63	51 26 4	5115 ₃₄	03	89 7 42	5038 ₃₃
			64	52 20 24	5149 ₃₁	04	90 0 40	5005 ₃₄
log M	v	log A						
1,20	21° 34′ 8″	5.2318 ₈₆	1,65	53 15 8	5.5180 ₂₉	2,05	90 53 14	5.4971 ₃₅
21	22 2 50	2404 ₈₆	66	54 10 15	5209 ₂₈	06	91 45 23	4936 ₃₅
22	22 32 7	2490 ₈₅	67	55 5 44	5237 ₂₆	07	92 37 7	4901 ₃₇
23	23 1 58	2575 ₈₄	68	56 1 34	5263 ₂₃	08	93 28 24	4864 ₃₈
24	23 32 25	2659 ₈₃	69	56 57 43	5286 ₂₂	09	94 19 16	4826 ₃₈
1,25	24 3 27	5.2742 ₈₃	1,70	57 54 9	5.5308 ₂₀	2,10	95 9 41	5.4788 ₃₉
26	24 35 5	2825 ₈₂	71	58 50 52	5328 ₁₈	11	95 59 39	4749 ₄₀
27	25 7 19	2907 ₈₁	72	59 47 50	5346 ₁₆	12	96 49 10	4709 ₄₀
28	25 40 10	2988 ₈₀	73	60 45 1	5362 ₁₅	13	97 38 13	4668 ₄₁
29	26 13 38	3068 ₈₀	74	61 42 25	5377 ₁₂	14	98 26 49	4627 ₄₁
1,30	26 47 44	5.3148 ₇₉	1,75	62 39 58	5.5389 ₁₀	2,15	99 14 57	5.4585 ₄₃
31	27 22 28	3227 ₇₈	76	63 37 41	5399 ₉	16	100 2 37	4542 ₄₃
32	27 57 49	3305 ₇₇	77	64 35 31	5408 ₆	17	100 49 49	4499 ₄₄
33	28 33 48	3382 ₇₆	78	65 33 28	5414 ₅	18	101 36 32	4455 ₄₄
34	29 10 26	3458 ₇₅	79	66 31 29	5419 ₃	19	102 22 48	4411 ₄₅
1,35	29 47 43	5.3533 ₇₅	1,80	67 29 33	5.5422	2,20	103 8 35	5.4366
36	30 25 39	3608 ₇₃						
37	31 4 13	3681 ₇₂						
38	31 43 26	3753 ₇₁						
39	32 23 19	3824 ₇₀						
1,40	33 3 51	5.3894						

$$M = \frac{t}{q^{\frac{3}{2}}} \qquad r = q \sec^2 \frac{v}{2}$$

50a. Wahre Anomalie in der parabolischen Bewegung.
(Fortsetzung).

log M	v	log A	log M	v	log A	log M	v	log A
2.20	103° 8' 35"	5.4366	2.60	127° 39' 13"	5.2408	3.00	143° 18' 57"	5.0543
21	103 53 53	4321 [45]	61	128 8 5	2359 [49]	01	143 37 45	0499 [44]
22	104 38 44	4275 [46]	62	128 36 37	2310 [49]	02	143 56 21	0455 [44]
23	105 23 6	4229 [46]	63	129 4 49	2261 [49]	03	144 14 46	0411 [44]
24	106 6 59	4182 [47]	64	129 32 43	2212 [49]	04	144 32 59	0368 [43]
2.25	106 50 25	5.4136 [46]	2.65	130 0 18	5.2164 [48]	3.05	144 51 2	5.0325 [43]
26	107 33 22	4088 [48]	66	130 27 35	2115 [49]	06	145 8 55	0281 [44]
27	108 15 52	4041 [47]	67	130 54 33	2067 [48]	07	145 26 36	0238 [43]
28	108 57 54	3993 [48]	68	131 21 13	2018 [49]	08	145 44 8	0195 [43]
29	109 39 28	3945 [48]	69	131 47 36	1970 [48]	09	146 1 29	0153 [42]
2.30	110 20 34	5.3897 [48]	2.70	132 13 42	5.1922 [48]	3.10	146 18 39	5.0110 [43]
31	111 1 13	3848 [49]	71	132 39 30	1874 [48]	11	146 35 40	0067 [43]
32	111 41 25	3799 [49]	72	133 5 1	1826 [48]	12	146 52 30	5.0025 [42]
33	112 21 10	3750 [49]	73	133 30 15	1778 [47]	13	147 9 11	4.9982 [43]
34	113 0 28	3701 [49]	74	133 55 13	1731 [48]	14	147 25 42	4.9940 [42]
2.35	113 39 20	5.3652 [50]	2.75	134 19 55	5.1683 [47]	3.15	147 42 4	4.9898 [42]
36	114 17 45	3602 [49]	76	134 44 20	1636 [47]	16	147 58 16	9856 [42]
37	114 55 44	3553 [50]	77	135 8 30	1589 [47]	17	148 14 19	9814 [42]
38	115 33 18	3503 [49]	78	135 32 24	1542 [47]	18	148 30 12	9772 [41]
39	116 10 25	3454 [50]	79	135 56 2	1495 [47]	19	148 45 57	9731 [42]
2.40	116 47 8	5.3404 [50]	2.80	136 19 26	5.1448 [46]	3.20	149 1 32	4.9689 [41]
41	117 23 25	3354 [50]	81	136 42 34	1402 [47]	21	149 16 59	9648 [41]
42	117 59 17	3304 [50]	82	137 5 28	1355 [46]	22	149 32 17	9607 [42]
43	118 34 45	3254 [50]	83	137 28 7	1309 [46]	23	149 47 26	9565 [41]
44	119 9 48	3204 [50]	84	137 50 31	1263 [46]	24	150 2 26	9524 [41]
2.45	119 44 27	5.3154 [50]	2.85	138 12 42	5.1217 [46]	3.25	150 17 18	4.9483 [41]
46	120 18 43	3104 [50]	86	138 34 38	1171 [46]	26	150 32 2	9442 [40]
47	120 52 35	3054 [50]	87	138 56 21	1125 [46]	27	150 46 37	9402 [41]
48	121 26 3	3004 [50]	88	139 17 50	1079 [45]	28	151 1 4	9361 [41]
49	121 59 9	2954 [50]	89	139 39 5	1034 [45]	29	151 15 24	9320 [40]
2.50	122 31 52	5.2904 [50]	2.90	140 0 7	5.0989 [46]	3.30	151 29 35	4.9280 [41]
51	123 4 12	2854 [50]	91	140 20 56	0943 [45]	31	151 43 38	9239 [40]
52	123 36 11	2804 [49]	92	140 41 33	0898 [45]	32	151 57 33	9199 [40]
53	124 7 47	2755 [50]	93	141 1 56	0853 [44]	33	152 11 21	9159 [40]
54	124 39 2	2705 [50]	94	141 22 7	0809 [45]	34	152 25 1	9119 [40]
2.55	125 9 56	5.2655 [49]	2.95	141 42 5	5.0764 [45]	3.35	152 38 34	4.9079 [40]
56	125 40 28	2606 [50]	96	142 1 52	0719 [44]	36	152 51 59	9039 [40]
57	126 10 40	2556 [49]	97	142 21 26	0675 [44]	37	153 5 17	8999 [40]
58	126 40 31	2507 [49]	98	142 40 48	0631 [44]	38	153 18 27	8959 [39]
59	127 10 2	2458 [50]	99	142 59 58	0587 [44]	39	153 31 31	8920 [40]
2.60	127 39 13	5.2408	3.00	143 18 57	5.0543	3.40	153 44 27	4.8880

$$M = \frac{t}{q^{\frac{3}{2}}} \qquad r = q \sec^2 \frac{v}{2}$$

50a. Wahre Anomalie in der parabolischen Bewegung.
(Schluß).

log M	v	log A	log M	v	log A	log M	v	log A
3.40	153° 44′ 27″	4.8880	3.80	160° 58′ 10″	4.7360	4.20	166° 6′ 49″	4.5922
41	153 57 16	8841 $_{39}$	81	161 7 12	7323 $_{37}$	21	166 13 18	5887 $_{35}$
42	154 9 59	8801 $_{40}$	82	161 16 9	7286 $_{37}$	22	166 19 45	5852 $_{35}$
43	154 22 34	8762 $_{39}$	83	161 25 3	7249 $_{37}$	23	166 26 8	5817 $_{35}$
44	154 35 2	8723 $_{39}$	84	161 33 51	7213 $_{36}$	24	166 32 28	5782 $_{35}$
		$_{39}$			$_{37}$			$_{35}$
3.45	154 47 24	4.8684	3.85	161 42 35	4.7176	4.25	166 38 45	4.5747
46	154 59 40	8645 $_{39}$	86	161 51 15	7140 $_{36}$	26	166 44 59	5712 $_{35}$
47	155 11 48	8606 $_{39}$	87	161 59 50	7103 $_{37}$	27	166 51 10	5677 $_{35}$
48	155 23 50	8567 $_{39}$	88	162 8 21	7067 $_{36}$	28	166 57 18	5641 $_{36}$
49	155 35 46	8528 $_{39}$	89	162 16 48	7030 $_{37}$	29	167 3 23	5606 $_{35}$
		$_{39}$			$_{36}$			$_{35}$
3.50	155 47 36	4.8489	3.90	162 25 11	4.6994	4.30	167 9 25	4.5571
51	155 59 19	8451 $_{38}$	91	162 33 29	6958 $_{36}$	31	167 15 25	5537 $_{34}$
52	156 10 55	8412 $_{39}$	92	162 41 44	6922 $_{36}$	32	167 21 21	5502 $_{35}$
53	156 22 26	8374 $_{38}$	93	162 49 54	6885 $_{37}$	33	167 27 14	5467 $_{35}$
54	156 33 51	8335 $_{39}$	94	162 58 0	6849 $_{36}$	34	167 33 5	5432 $_{35}$
		$_{38}$			$_{36}$			$_{35}$
3.55	156 45 9	4.8297	3.95	163 6 2	4.6813	4.35	167 38 53	4.5397
56	156 56 22	8259 $_{38}$	96	163 14 0	6777 $_{36}$	36	167 44 38	5362 $_{35}$
57	157 7 29	8220 $_{39}$	97	163 21 54	6741 $_{36}$	37	167 50 21	5327 $_{35}$
58	157 18 30	8182 $_{38}$	98	163 29 44	6705 $_{36}$	38	167 56 0	5293 $_{34}$
59	157 29 25	8144 $_{38}$	99	163 37 31	6669 $_{36}$	39	168 1 37	5258 $_{35}$
		$_{38}$			$_{36}$			$_{35}$
3.60	157 40 14	4.8106	4.00	163 45 13	4.6633	4.40	168 7 11	4.5223
61	157 50 58	8068 $_{38}$	01	163 52 52	6597 $_{36}$	41	168 12 43	5188 $_{35}$
62	158 1 36	8030 $_{38}$	02	164 0 27	6562 $_{35}$	42	168 18 12	5154 $_{34}$
63	158 12 9	7993 $_{37}$	03	164 7 58	6526 $_{36}$	43	168 23 38	5119 $_{35}$
64	158 22 36	7955 $_{38}$	04	164 15 26	6490 $_{36}$	44	168 29 2	5084 $_{35}$
		$_{38}$			$_{36}$			$_{34}$
3.65	158 32 58	4.7917	4.05	164 22 49	4.6454	4.45	168 34 23	4.5050
66	158 43 14	7880 $_{37}$	06	164 30 10	6418 $_{36}$	46	168 39 42	5015 $_{35}$
67	158 53 25	7842 $_{38}$	07	164 37 26	6383 $_{35}$	47	168 44 58	4980 $_{35}$
68	159 3 31	7805 $_{37}$	08	164 44 39	6347 $_{35}$	48	168 50 11	4946 $_{34}$
69	159 13 32	7767 $_{38}$	09	164 51 49	6312 $_{35}$	49	168 55 22	4911 $_{35}$
		$_{37}$			$_{36}$			$_{34}$
3.70	159 23 27	4.7730	4.10	164 58 55	4.6276	4.50	169 0 31	4.4877
71	159 33 17	7693 $_{37}$	11	165 5 57	6241 $_{35}$	51	169 5 37	4842 $_{35}$
72	159 43 3	7655 $_{38}$	12	165 12 56	6205 $_{36}$	52	169 10 41	4808 $_{34}$
73	159 52 43	7618 $_{37}$	13	165 19 52	6170 $_{35}$	53	169 15 42	4773 $_{35}$
74	160 2 19	7581 $_{37}$	14	165 26 44	6134 $_{36}$	54	169 20 41	4739 $_{34}$
		$_{37}$			$_{35}$			$_{35}$
3.75	160 11 49	4.7544	4.15	165 33 33	4.6099	4.55	169 25 38	4.4704
76	160 21 15	7507 $_{37}$	16	165 40 19	6064 $_{35}$	56	169 30 32	4669 $_{35}$
77	160 30 36	7470 $_{37}$	17	165 47 1	6028 $_{36}$	57	169 35 24	4635 $_{34}$
78	160 39 52	7433 $_{37}$	18	165 53 40	5993 $_{35}$	58	169 40 13	4601 $_{34}$
79	160 49 3	7396 $_{37}$	19	166 0 16	5958 $_{35}$	59	169 45 1	4567 $_{34}$
		$_{36}$			$_{36}$			$_{35}$
3.80	160 58 10	4.7360	4.20	166 6 49	4.5922	4.60	169 49 46	4.4532

$$M = \frac{t}{q^{\frac{3}{2}}} \qquad r = q \sec^2 \frac{v}{2}$$

50b. Wahre Anomalie in der Parabel für große v (nahe 180°).

w	δ	w	δ	w	δ
155° 0′	3′ 23″	159° 0′	1′ 25″	166° 0′	0′ 11″
10	3 16	10	22	20	10
20	3 10	20	19	40	9
30	3 4	30	15	167 0	8
40	2 57	40	12	20	7
50	52	50	1 10	40	0 6
156 0	2 46	160 0	1 7	168 0	0 5
10	40	20	1 1	20	5
20	35	40	0 56	40	4
30	29	161 0	52	169 0	3
40	24	20	47	20	3
50	2 19	40	0 43	40	0 2
157 0	2 14	162 0	0 39	170 0	0 2
10	9	20	36	20	2
20	5	40	33	40	1
30	2 0	163 0	30	171 0	1
40	1 56	20	27	20	1
50	1 51	40	0 24	40	0 1
158 0	1 47	164 0	0 22	172 0	0 1
10	43	20	20	20	1
20	39	40	18	40	0
30	36	165 0	16	173 0	0
40	32	20	14		
50	1 29	40	0 13	180 0	0
159 0	1 25	166 0	0 11		

$$\frac{1}{M} = \frac{q^{\frac{3}{2}}}{t}$$

$$\sin w = \sqrt{[2.34\,090]\frac{1}{M}}$$

w im II. Quadranten

$v = w + \delta$

51a. Wahre Anomalie in parabelnahen Bahnen.

ε	log f	log E	ε	log f	log E
−0.30	0.04 625 ₁₃₈	0.00 317 ₉	0.00	0.00 000 ₁₇₄	0.00 000 ₁₂
29	04 487 ₁₃₉	00 308 ₉	+0.01	9.99 826 ₁₇₇	9.99 988 ₁₃
28	04 348 ₁₄₀	00 299 ₉	02	99 649 ₁₇₇	99 975 ₁₃
27	04 208 ₁₄₁	00 290 ₉	03	99 472 ₁₇₉	99 962 ₁₃
26	04 067 ₁₄₂	00 280 ₁₀	04	99 293 ₁₈₁	99 949 ₁₃
−0.25	0.03 925 ₁₄₃	0.00 271 ₁₀	+0.05	9.99 112 ₁₈₃	9.99 936 ₁₃
24	03 782 ₁₄₄	00 261 ₉	06	98 929 ₁₈₄	99 923 ₁₄
23	03 638 ₁₄₅	00 252 ₁₀	07	98 745 ₁₈₇	99 909 ₁₃
22	03 493 ₁₄₆	00 242 ₁₀	08	98 558 ₁₈₇	99 896 ₁₄
21	03 347 ₁₄₇	00 232 ₁₀	09	98 371 ₁₉₀	99 882 ₁₄
−0.20	0.03 200 ₁₄₈	0.00 222 ₁₀	+0.10	9.98 181 ₁₉₂	9.99 868 ₁₄
19	03 052 ₁₅₀	00 212 ₁₀	11	97 989 ₁₉₃	99 854 ₁₄
18	02 902 ₁₅₀	00 202 ₁₀	12	97 796 ₁₉₆	99 840 ₁₅
17	02 752 ₁₅₂	00 192 ₁₀	13	97 600 ₁₉₇	99 825 ₁₅
16	02 600 ₁₅₃	00 182 ₁₁	14	97 403 ₂₀₀	99 810 ₁₅
−0.15	0.02 447 ₁₅₄	0.00 171 ₁₀	+0.15	9.97 203 ₂₀₁	9.99 795 ₁₅
14	02 293 ₁₅₅	00 161 ₁₁	16	97 002 ₂₀₄	99 780 ₁₅
13	02 138 ₁₅₇	00 150 ₁₁	17	96 798 ₂₀₆	99 765 ₁₆
12	01 981 ₁₅₇	00 139 ₁₁	18	96 592 ₂₀₈	99 749 ₁₅
11	01 824 ₁₅₉	00 128 ₁₁	19	96 384 ₂₁₀	99 734 ₁₆
−0.10	0.01 665 ₁₆₁	0.00 117 ₁₁	+0.20	9.96 174 ₂₁₃	9.99 718 ₁₆
09	01 504 ₁₆₁	00 106 ₁₁	21	95 961 ₂₁₅	99 702 ₁₇
08	01 343 ₁₆₃	00 095 ₁₂	22	95 746 ₂₁₇	99 685 ₁₇
07	01 180 ₁₆₄	00 083 ₁₁	23	95 529 ₂₂₀	99 668 ₁₇
06	01 016 ₁₆₆	00 072 ₁₂	24	95 309 ₂₂₃	99 651 ₁₇
−0.05	0.00 850 ₁₆₇	0.00 060 ₁₂	+0.25	9.95 086 ₂₂₅	9.99 634 ₁₇
04	00 683 ₁₆₉	00 048 ₁₁	26	94 861 ₂₂₈	99 617 ₁₈
03	00 514 ₁₇₀	00 037 ₁₂	27	94 633 ₂₃₀	99 599 ₁₈
02	00 344 ₁₇₁	00 025 ₁₃	28	94 403 ₂₃₄	99 581 ₁₈
−0.01	00 173 ₁₇₃	00 012 ₁₂	29	94 169 ₂₃₆	99 563 ₁₉
0.00	0.00 000	0.00 000	+0.30	9.93 933	9.99 544

Konstanten für die Bahn:

$$\varepsilon = \frac{1-e}{1+e} \qquad a = \frac{f}{q^{\frac{3}{2}}}\sqrt{\frac{1+e}{2}} \qquad \beta = \varepsilon E$$

Für jeden Ort:

$$M = at \qquad x = \frac{\mathrm{tg}\,\tfrac{1}{2}w}{f} \qquad n = \beta x^2$$

$$\mathrm{tg}\,\tfrac{1}{2}v = x\,G\,H$$

$$\theta = \varepsilon\,\mathrm{tg}^2\frac{v}{2}$$

$$r = \frac{q\left(1 + \mathrm{tg}^2\frac{v}{2}\right)}{1 + \theta}$$

Mit Arg. M entnehme man w aus Taf. 50

51b. Wahre Anomalie in parabelnahen Bahnen.

n	log G	n	log G	n	log G	n	log G
−0.30	9.95 247 ¹⁴⁵	−0.15	9.97 515 ¹⁵⁹	0.00	0.00 000 ¹⁷⁴	+0.15	0.02 743 ¹⁹³
29	95 392 ¹⁴⁶	14	97 674 ¹⁵⁹	+0.01	00 174 ¹⁷⁶	16	02 936 ¹⁹⁵
28	95 538 ¹⁴⁷	13	97 833 ¹⁶¹	02	00 350 ¹⁷⁶	17	03 131 ¹⁹⁶
27	95 685 ¹⁴⁷	12	97 994 ¹⁶¹	03	00 526 ¹⁷⁸	18	03 327 ¹⁹⁷
26	95 832 ¹⁴⁹	11	98 155 ¹⁶³	04	00 704 ¹⁷⁹	19	03 524 ¹⁹⁹
−0.25	9.95 981 ¹⁴⁹	−0.10	9.98 318 ¹⁶³	+0.05	0.00 883 ¹⁸⁰	+0.20	0.03 723 ²⁰¹
24	96 130 ¹⁵¹	09	98 481 ¹⁶⁵	06	01 063 ¹⁸²	21	03 924 ²⁰²
23	96 281 ¹⁵¹	08	98 646 ¹⁶⁵	07	01 245 ¹⁸³	22	04 126 ²⁰³
22	96 432 ¹⁵²	07	98 811 ¹⁶⁷	08	01 428 ¹⁸³	23	04 329 ²⁰⁵
21	96 584 ¹⁵³	06	98 978 ¹⁶⁷	09	01 611 ¹⁸⁶	24	04 534 ²⁰⁷
−0.20	9.96 737 ¹⁵⁴	−0.05	9.99 145 ¹⁶⁹	+0.10	0.01 797 ¹⁸⁶	+0.25	0.04 741 ²⁰⁸
19	96 891 ¹⁵⁴	04	99 314 ¹⁷⁰	11	01 983 ¹⁸⁸	26	04 949 ²¹⁰
18	97 045 ¹⁵⁶	03	99 484 ¹⁷¹	12	02 171 ¹⁸⁹	27	05 159 ²¹¹
17	97 201 ¹⁵⁷	02	99 655 ¹⁷²	13	02 360 ¹⁹¹	28	05 370 ²¹³
16	97 358 ¹⁵⁷	−0.01	99 827 ¹⁷³	14	02 551 ¹⁹²	29	05 583 ²¹⁵
−0.15	9.97 515	0.00	0.00 000	+0.15	0.02 743	+0.30	0.05 798

Konstanten für die Bahn:

$$\varepsilon = \frac{1-e}{1+e} \qquad a = \frac{f}{q^{\frac{3}{2}}}\sqrt{\frac{1+e}{2}} \qquad \beta = \varepsilon E$$

Für jeden Ort:

$$M = at \qquad x = \frac{\operatorname{tg}\tfrac{1}{2}w}{f} \qquad n = \beta x^2$$

$$\operatorname{tg}\tfrac{1}{2}v = xGH$$

$$\theta = \varepsilon \operatorname{tg}^2 \frac{v}{2}$$

$$r = \frac{q\left(1 + \operatorname{tg}^2 \frac{v}{2}\right)}{1 + \theta}$$

Mit Arg. M entnehme man w aus Taf. 50

51c. Wahre Anomalie in parabelnahen Bahnen.

log H in Einheiten der 5. Dezimale.

n \ ε	Hyperbel						
	0,00	— 0,05	— 0,10	— 0,15	— 0,20	— 0,25	— 0,30
0,00	0ᵛ	0ᵛ	0ᵛ	0ᵛ	0ᵛ	0ᵛ	0ᵛ
— 0,05	0	0	0	0	0	0	+ 1
— 0,10	0	0	0	0	+ 1	+ 1	+ 1
— 0,15	0	0	0	0	+ 1	+ 1	+ 2
— 0,20	0	0	0	+ 1	+ 1	+ 2	+ 2
— 0,25	0	0	0	+ 1	+ 1	+ 2	+ 3
— 0,30	0	0	0	+ 1	+ 2	+ 2	+ 3

n \ ε	Ellipse						
	0,00	+ 0,05	+ 0,10	+ 0,15	+ 0,20	+ 0,25	+ 0,30
0,00	0ᵛ	0ᵛ	0ᵛ	0ᵛ	0ᵛ	0ᵛ	0ᵛ
+ 0,05	0	0	0	0	0	— 1	— 1
+ 0,10	0	0	0	— 1	— 1	— 2	— 2
+ 0,15	0	0	0	— 1	— 1	— 2	— 4
+ 0,20	0	0	0	— 1	— 2	— 3	— 5
+ 0,25	0	0	— 1	— 1	— 3	— 4	— 6
+ 0,30	0	0	— 1	— 2	— 3	— 5	— 8

Konstanten für die Bahn:

$$\varepsilon = \frac{1-e}{1+e} \qquad \alpha = \frac{f}{q^{3/2}}\sqrt{\frac{1+e}{2}} \qquad \beta = \varepsilon E$$

Für jeden Ort:

$$M = \alpha t \qquad x = \frac{\operatorname{tg}\tfrac{1}{2}w}{f} \qquad n = \beta x^2$$

$$\operatorname{tg}\tfrac{1}{2}v = xGH$$

$$\theta = \varepsilon \operatorname{tg}^2 \frac{v}{2}$$

$$r = \frac{q\left(1 + \operatorname{tg}^2\frac{v}{2}\right)}{1 + \theta}$$

Mit Arg. M entnehme man w aus Taf. 50

52. Perihelzeit in parabelnahen Bahnen.

θ	log P₁	log P₃	θ	log P₁	log P₃
− 0.30	2.17 124 ₄₃₁	1.77 233 ₇₂₄	0.00	2.06 545 ₂₈₈	1.58 833 ₅₁₉
29	16 693 ₄₂₄	76 509 ₇₁₅	+ 0.01	06 257 ₂₈₅	58 314 ₅₁₄
28	16 269 ₄₁₇	75 794 ₇₀₆	02	05 972 ₂₈₁	57 800 ₅₀₉
27	15 852 ₄₁₀	75 088 ₆₉₇	03	05 691 ₂₇₉	57 291 ₅₀₅
26	15 442 ₄₀₅	74 391 ₆₈₈	04	05 412 ₂₇₅	56 786 ₅₀₀
− 0.25	2.15 037 ₃₉₈	1.73 703 ₆₇₉	+ 0.05	2.05 137 ₂₇₃	1.56 286 ₄₉₅
24	14 639 ₃₉₂	73 024 ₆₇₁	06	04 864 ₂₆₉	55 791 ₄₉₁
23	14 247 ₃₈₇	72 353 ₆₆₃	07	04 595 ₂₆₇	55 300 ₄₈₇
22	13 860 ₃₈₁	71 690 ₆₅₅	08	04 328 ₂₆₄	54 813 ₄₈₃
21	13 479 ₃₇₆	71 035 ₆₄₇	09	04 064 ₂₆₁	54 330 ₄₇₈
− 0.20	2.13 103 ₃₇₀	1.70 388 ₆₃₉	+ 0.10	2.03 803 ₂₅₉	1.53 852 ₄₇₄
19	12 733 ₃₆₅	69 749 ₆₃₂	11	03 544 ₂₅₆	53 378 ₄₇₁
18	12 368 ₃₆₀	69 117 ₆₂₅	12	03 288 ₂₅₃	52 907 ₄₆₆
17	12 008 ₃₅₆	68 492 ₆₁₈	13	03 035 ₂₅₁	52 441 ₄₆₂
16	11 652 ₃₅₀	67 874 ₆₁₁	14	02 784 ₂₄₈	51 979 ₄₅₉
− 0.15	2.11 302 ₃₄₆	1.67 263 ₆₀₄	+ 0.15	2.02 536 ₂₄₆	1.51 520 ₄₅₅
14	10 956 ₃₄₁	66 659 ₅₉₇	16	02 290 ₂₄₄	51 065 ₄₅₁
13	10 615 ₃₃₇	66 062 ₅₉₁	17	02 046 ₂₄₁	50 614 ₄₄₈
12	10 278 ₃₃₃	65 471 ₅₈₅	18	01 805 ₂₃₉	50 166 ₄₄₄
11	09 945 ₃₂₈	64 886 ₅₇₉	19	01 566 ₂₃₇	49 722 ₄₄₁
− 0.10	2.09 617 ₃₂₄	1.64 307 ₅₇₂	+ 0.20	2.01 329 ₂₃₄	1.49 281 ₄₃₇
09	09 293 ₃₂₀	63 735 ₅₆₇	21	01 095 ₂₃₂	48 844 ₄₃₄
08	08 973 ₃₁₇	63 168 ₅₆₁	22	00 863 ₂₃₁	48 410 ₄₃₀
07	08 656 ₃₁₂	62 607 ₅₅₅	23	00 632 ₂₂₈	47 980 ₄₂₇
06	08 344 ₃₀₉	62 052 ₅₅₀	24	00 404 ₂₂₅	47 553 ₄₂₄
− 0.05	2.08 035 ₃₀₅	1.61 502 ₅₄₄	+ 0.25	2.00 179 ₂₂₄	1.47 129 ₄₂₁
04	07 730 ₃₀₁	60 958 ₅₃₉	26	1.99 955 ₂₂₂	46 708 ₄₁₇
03	07 429 ₂₉₈	60 419 ₅₃₄	27	99 733 ₂₂₀	46 291 ₄₁₅
02	07 131 ₂₉₅	59 885 ₅₂₉	28	99 513 ₂₁₈	45 876 ₄₁₁
− 0.01	06 836 ₂₉₁	59 356 ₅₂₃	29	99 295 ₂₁₆	45 465 ₄₀₈
− 0.00	2.06 545	1.58 833	+ 0.30	1.99 079	1.45 057

v_1 zugehörig zur Zeit t_1

$$\theta = \frac{1-e}{1+e}\,\text{tg}^2\,\frac{v_1}{2}$$

$$T = t_1 - \frac{q^{\frac{3}{2}}}{\sqrt{1+e}}\left(P_1\,\text{tg}\,\frac{v_1}{2} + P_3\,\text{tg}^3\,\frac{v_1}{2}\right)$$

53. Auflösung der Keplerschen Gleichung für e < 0.25.

x_0	σ	x_0	σ
0° 0′	0″	9° 0′	130″
1 0	0 ₀	10	137 ₇
	₁	20	144 ₇
2 0	1 ₁	30	152 ₈
20	2 ₁	40	160 ₈
40	3 ₁	50	168 ₈
	₂		₉
3 0	5 ₂	10 0	177 ₉
20	7 ₂	10	186 ₉
40	9 ₂	20	195 ₉
	₃	30	204 ₁₀
4 0	12 ₃	40	214 ₁₀
20	15 ₃	50	224 ₁₀
40	18 ₃		₁₀
	₅	11 0	234 ₁₀
5 0	23 ₂	10	244 ₁₁
10	25 ₂	20	255 ₁₁
20	27 ₃	30	266 ₁₂
30	30 ₃	40	278 ₁₁
40	33 ₃	50	289 ₁₂
50	36 ₃		₁₂
	₃	12 0	301 ₁₃
6 0	39 ₃	10	314 ₁₂
10	42 ₄	20	326 ₁₃
20	46 ₄	30	339 ₁₄
30	50 ₃	40	353 ₁₃
40	53 ₄	50	366 ₁₄
50	57 ₅		₁₄
7 0	62 ₄	13 0	380 ₁₄
10	66 ₅	10	394 ₁₅
20	71 ₅	20	409 ₁₅
30	76 ₅	30	424 ₁₅
40	81 ₅	40	439 ₁₆
50	86 ₆	50	455 ₁₆
8 0	92 ₅	14 0	471 ₁₆
10	97 ₆	10	487 ₁₇
20	103 ₇	20	504 ₁₇
30	110 ₆	30	521 ₁₇
40	116 ₇	40	538 ₁₈
50	123 ₇	50	556 ₁₈
9 0	130	15 0	574

$$\text{tg}\, x_0 = \frac{e \sin M}{1 - e \cos M}$$

$$E = M + x_0 - \frac{\sigma}{1 - e \cos M}$$

σ hat das Vorzeichen von x_0.

54. Auflösung der Keplerschen Gleichung für e < 0.6.

x_0	log C	x_0	log C
0°	4.53 627 ₀	20° 0′	4.53 318 ₁₂
1	53 627 ₂	20	53 306 ₁₂
2	53 625 ₄	40	53 294 ₁₃
3	53 621 ₄	21 0	53 281 ₁₃
4	53 617 ₆	20	53 268 ₁₃
		40	53 255 ₁₄
5	4.53 611 ₈	22 0	4.53 241 ₁₄
6	53 603 ₉	20	53 227 ₁₄
7	53 594 ₁₀	40	53 213 ₁₄
8	53 584 ₁₂	23 0	53 198 ₁₅
9	53 572 ₁₃	20	53 183 ₁₅
		40	53 168 ₁₅
10	4.53 559 ₁₆		₁₆
11	53 543 ₁₇	24 0	4.53 152 ₁₆
12	53 526 ₁₈	20	53 136 ₁₇
13	53 508 ₂₁	40	53 119 ₁₇
14	53 487 ₂₂	25 0	53 102 ₁₇
15	53 465 ₂₅	20	53 085 ₁₈
		40	53 067 ₁₈
16 0′	4.53 440 ₉	26 0	4.53 049 ₁₉
20	53 431 ₉	20	53 030 ₁₉
40	53 422 ₉	40	53 011 ₂₀
17 0	53 413 ₉	27 0	52 991 ₂₀
20	53 404 ₁₀	20	52 971 ₂₀
40	53 394 ₁₀	40	52 951 ₂₁
18 0	4.53 384 ₁₀	28 0	4.52 930 ₂₁
20	53 374 ₁₁	20	52 909 ₂₂
40	53 363 ₁₁	40	52 887 ₂₃
19 0	53 352 ₁₁	29 0	52 864 ₂₃
20	53 341 ₁₁	20	52 841 ₂₃
40	53 330 ₁₂	40	52 818 ₂₄
20 0	4.53 318	30 0	4.52 794

$$\text{tg}\, x_0 = \frac{e \sin M}{1 - e \cos M}$$

$$A = \frac{\cos x_0}{1 - e \cos M}$$

$$\Delta x = - A C \sin^3 x_0$$

$$\delta x = \frac{\Delta x}{\cos x_0 \left(1 + 2 A \sin^2 \tfrac{1}{2}(x_0 + \tfrac{1}{2}\Delta x)\right)}$$

$$E = M + x_0 + \delta x$$

log C stets positiv

Δx und δx in Bogensekunden

55. Zur Ermittelung der Sehne in der parabolischen Bewegung (Eulersche Gleichung).

η	log μ	η	log μ	η	log μ
0.00	0.00 000	0.35	0.00 230	0.65	0.00 885
01	000 ⁰	36	244 ¹⁴	66	918 ³³
02	001 ¹	37	258 ¹⁴	67	951 ³³
03	002 ¹	38	273 ¹⁵	68	0.00 985 ³⁴
04	003 ¹	39	288 ¹⁵	69	0.01 021 ³⁶
	²		¹⁶		³⁶
0.05	0.00 005	0.40	0.00 304	0.70	0.01 057
06	007 ²	41	320 ¹⁶	71	095 ³⁸
07	009 ²	42	337 ¹⁷	72	133 ³⁸
08	012 ³	43	354 ¹⁷	73	173 ⁴⁰
09	015 ³	44	372 ¹⁸	74	214 ⁴¹
	³		¹⁸		⁴³
0.10	0.00 018	0.45	0.00 390	0.75	0.01 257
11	022 ⁴	46	409 ¹⁹	76	300 ⁴³
12	026 ⁴	47	429 ²⁰	77	345 ⁴⁵
13	031 ⁵	48	449 ²⁰	78	392 ⁴⁷
14	036 ⁵	49	469 ²⁰	79	440 ⁴⁸
	⁵		²¹		⁵⁰
0.15	0.00 041	0.50	0.00 490	0.80	0.01 490
16	047 ⁶	51	512 ²²	81	542 ⁵²
17	053 ⁶	52	534 ²²	82	596 ⁵⁴
18	059 ⁶	53	557 ²³	83	652 ⁵⁶
19	066 ⁷	54	580 ²³	84	710 ⁵⁸
	⁷		²⁴		⁶¹
0.20	0.00 073	0.55	0.00 604	0.85	0.01 771
21	081 ⁸	56	629 ²⁵	86	835 ⁶⁴
22	089 ⁸	57	655 ²⁶	87	902 ⁶⁷
23	097 ⁸	58	681 ²⁶	88	0.01 972 ⁷⁰
24	106 ⁹	59	708 ²⁷	89	0.02 046 ⁷⁴
	⁹		²⁷		⁷⁹
0.25	0.00 115	0.60	0.00 735	0.90	0.02 125
26	125 ¹⁰	61	764 ²⁹	91	210 ⁸⁵
27	135 ¹⁰	62	793 ²⁹	92	302 ⁹²
28	145 ¹⁰	63	823 ³⁰		
29	156 ¹¹	64	853 ³⁰		
	¹¹		³²		
0.30	0.00 167	0.65	0.00 885		
31	179 ¹²				
32	191 ¹²				
33	204 ¹³				
34	217 ¹³				
	¹³				
0.35	0.00 230				

$$\eta = \frac{2k(t_2 - t_1)}{(r_1 + r_2)^{\frac{3}{2}}} \qquad \log 2k = 8.53\,661$$

$$s = (r_1 + r_2)\,\eta\mu$$

$$\sin\gamma = \eta\mu \qquad y = \frac{1 + 2\sec\gamma}{3}$$

56. Verhältnis $\dfrac{\text{Sektor}}{\text{Dreieck}} = y$ in der Parabel.

η	log y
0.00	0.00 000
01	001 ¹
02	006 ⁵
03	013 ⁷
04	023 ¹⁰
	¹³
0.05	0.00 036
06	052 ¹⁶
07	071 ¹⁹
08	093 ²²
09	118 ²⁵
	²⁸
0.10	0.00 146
11	177 ³¹
12	210 ³³
13	247 ³⁷
14	288 ⁴¹
	⁴³
0.15	0.00 331
16	377 ⁴⁶
17	427 ⁵⁰
18	479 ⁵²
19	536 ⁵⁷
	⁵⁹
0.20	0.00 595
21	658 ⁶³
22	724 ⁶⁶
23	794 ⁷⁰
24	867 ⁷³
	⁷⁷
0.25	0.00 944
26	0.01 025 ⁸¹
27	110 ⁸⁵
28	198 ⁸⁸
29	291 ⁹³
	⁹⁶
0.30	0.01 387
31	488 ¹⁰¹
32	593 ¹⁰⁵
33	702 ¹⁰⁹
34	816 ¹¹⁴
	¹¹⁸
0.35	0.01 934
36	02 057 ¹²³
37	185 ¹²⁸
38	318 ¹³³
39	457 ¹³⁹
	¹⁴³
0.40	0.02 600

$$\eta = \frac{2k(t_2 - t_1)}{(r_1 + r_2)^{\frac{3}{2}}}$$

$$\log 2k = 8.53\,661$$

57a. Verhältnis $\dfrac{\text{Sektor}}{\text{Dreieck}} = y$ in Ellipse und Hyperbel.

h	log y²	h	log y²	h	log y²	h	log y²
0.000	0.00 000 ₉₆	0.035	0.03 185 ₈₆	0.070	0.06 044 ₇₈	0.105	0.08 642 ₇₁
001	00 096 ₉₆	036	03 271 ₈₆	071	06 122 ₇₈	106	08 713 ₇₁
002	00 192 ₉₆	037	03 357 ₈₅	072	06 199 ₇₇	107	08 784 ₇₁
003	00 288 ₉₆	038	03 442 ₈₅	073	06 276 ₇₇	108	08 855 ₇₁
004	00 383 ₉₅	039	03 527 ₈₅	074	06 353 ₇₇	109	08 925 ₇₀
0.005	0.00 478 ₉₅	0.040	0.03 612 ₈₄	0.075	0.06 430 ₇₆	0.110	0.08 995 ₇₀
006	00 573 ₉₅	041	03 696 ₈₅	076	06 506 ₇₇	111	09 065 ₇₀
007	00 667 ₉₄	042	03 781 ₈₅	077	06 583 ₇₆	112	09 135 ₇₀
008	00 761 ₉₄	043	03 865 ₈₄	078	06 659 ₇₆	113	09 205 ₇₀
009	00 855 ₉₄	044	03 949 ₈₃	079	06 735 ₇₆	114	09 275 ₆₉
0.010	0.00 948 ₉₃	0.045	0.04 032 ₈₃	0.080	0.06 811 ₇₅	0.115	0.09 344 ₆₉
011	01 041 ₉₃	046	04 115 ₈₃	081	06 886 ₇₅	116	09 413 ₆₉
012	01 134 ₉₃	047	04 198 ₈₃	082	06 961 ₇₆	117	09 482 ₆₉
013	01 227 ₉₂	048	04 281 ₈₃	083	07 037 ₇₅	118	09 551 ₆₉
014	01 319 ₉₂	049	04 364 ₈₂	084	07 112 ₇₄	119	09 620 ₆₈
0.015	0.01 411 ₉₁	0.050	0.04 446 ₈₂	0.085	0.07 186 ₇₅	0.120	0.09 688 ₆₉
016	01 502 ₉₁	051	04 528 ₈₂	086	07 261 ₇₄	121	09 757 ₆₈
017	01 593 ₉₁	052	04 610 ₈₂	087	07 335 ₇₄	122	09 825 ₆₈
018	01 684 ₉₁	053	04 692 ₈₁	088	07 409 ₇₄	123	09 893 ₆₈
019	01 775 ₉₀	054	04 773 ₈₁	089	07 483 ₇₄	124	09 961 ₆₈
0.020	0.01 865 ₉₀	0.055	0.04 854 ₈₁	0.090	0.07 557 ₇₄	0.125	0.10 029 ₆₈
021	01 955 ₉₀	056	04 935 ₈₁	091	07 631 ₇₃	126	10 097 ₆₇
022	02 045 ₈₉	057	05 016 ₈₀	092	07 704 ₇₄	127	10 164 ₆₈
023	02 134 ₈₉	058	05 096 ₈₀	093	07 778 ₇₃	128	10 232 ₆₇
024	02 223 ₈₉	059	05 176 ₈₀	094	07 851 ₇₂	129	10 299 ₆₇
0.025	0.02 312 ₈₉	0.060	0.05 256 ₈₀	0.095	0.07 923 ₇₃	0.130	0.10 366 ₆₇
026	02 401 ₈₈	061	05 336 ₈₀	096	07 996 ₇₃	131	10 433 ₆₆
027	02 489 ₈₈	062	05 416 ₇₉	097	08 069 ₇₂	132	10 499 ₆₇
028	02 577 ₈₈	063	05 495 ₇₉	098	08 141 ₇₂	133	10 566 ₆₆
029	02 665 ₈₇	064	05 574 ₇₉	099	08 213 ₇₂	134	10 632 ₆₇
0.030	0.02 752 ₈₇	0.065	0.05 653 ₇₉	0.100	0.08 285 ₇₂	0.135	0.10 699 ₆₆
031	02 839 ₈₇	066	05 732 ₇₈	101	08 357 ₇₂	136	10 765 ₆₆
032	02 926 ₈₇	067	05 810 ₇₈	102	08 429 ₇₁	137	10 831 ₆₆
033	03 013 ₈₆	068	05 888 ₇₈	103	08 500 ₇₁	138	10 897 ₆₅
034	03 099 ₈₆	069	05 966 ₇₈	104	08 571 ₇₁	139	10 962 ₆₆
0.035	0.03 185	0.070	0.06 044	0.105	0.08 642	0.140	0.11 028

$$m = \frac{k^2 (t_2 - t_1)^2}{(2 \cos f \sqrt{r_1 r_2})^3} \qquad \text{tg}(45° + \omega) = \sqrt[4]{\frac{r_2}{r_1}}$$

$$l = \frac{\sin^2 \tfrac{1}{2} f + \text{tg}^2 2\omega}{\cos f} \qquad \xi \text{ mit Arg. } x = \frac{m}{y^2} - 1 \text{ aus Tafel 57b}$$

$$h = \frac{m}{\tfrac{5}{6} + 1 + \xi}$$

$\log k = 8.23\,558$

$\tfrac{5}{6} = 0.83\,333$

$\log \tfrac{5}{6} = 9.92\,082$

57a. Verhältnis $\frac{\text{Sektor}}{\text{Dreieck}} = y$ in Ellipse und Hyperbel (Schluß).

h	log y²	h	log y²	h	log y²	h	log y²
0.140	0.11 028 ₆₅	0.180	0.13 538 ₆₀	0.215	0.15 575 ₅₆	0.25	0.17 485 ₅₂₄
141	11 093 ₆₅	181	13 598 ₆₀	216	15 631 ₅₆	26	18 009 ₅₁₆
142	11 158 ₆₆	182	13 658 ₆₀	217	15 687 ₅₆	27	18 525 ₅₀₇
143	11 224 ₆₅	183	13 718 ₆₀	218	15 743 ₅₆	28	19 032 ₄₉₉
144	11 289 ₆₄	184	13 778 ₆₀	219	15 799 ₅₆	29	19 531 ₄₉₂
0.145	0.11 353 ₆₅	0.185	0.13 838 ₅₉	0.220	0.15 855 ₅₆	0.30	0.20 023 ₄₈₄
146	11 418 ₆₅	186	13 897 ₆₀	221	15 911 ₅₆	31	20 507 ₄₇₆
147	11 483 ₆₄	187	13 957 ₅₉	222	15 967 ₅₅	32	20 983 ₄₇₀
148	11 547 ₆₄	188	14 016 ₅₉	223	16 022 ₅₅	33	21 453 ₄₆₂
149	11 611 ₆₄	189	14 075 ₅₉	224	16 077 ₅₆	34	21 915 ₄₅₆
0.150	0.11 675 ₆₄	0.190	0.14 134 ₅₉	0.225	0.16 133 ₅₅	0.35	0.22 371 ₄₄₉
151	11 739 ₆₄	191	14 193 ₅₉	226	16 188 ₅₅	36	22 820 ₄₄₃
152	11 803 ₆₄	192	14 252 ₅₉	227	16 243 ₅₅	37	23 263 ₄₃₈
153	11 867 ₆₄	193	14 311 ₅₈	228	16 298 ₅₅	38	23 701 ₄₃₁
154	11 931 ₆₃	194	14 369 ₅₉	229	16 353 ₅₅	39	24 132 ₄₂₅
0.155	0.11 994 ₆₃	0.195	0.14 428 ₅₈	0.230	0.16 408 ₅₅	0.40	0.24 557 ₄₂₀
156	12 057 ₆₄	196	14 486 ₅₈	231	16 463 ₅₄	41	24 977 ₄₁₅
157	12 121 ₆₃	197	14 544 ₅₉	232	16 517 ₅₅	42	25 392 ₄₀₉
158	12 184 ₆₂	198	14 603 ₅₈	233	16 572 ₅₄	43	25 801 ₄₀₄
159	12 246 ₆₃	199	14 661 ₅₈	234	16 626 ₅₅	44	26 205 ₃₉₉
0.160	0.12 309 ₆₃	0.200	0.14 719 ₅₈	0.235	0.16 681 ₅₄	0.45	0.26 604 ₃₉₄
161	12 372 ₆₂	201	14 777 ₅₇	236	16 735 ₅₄	46	26 998 ₃₉₀
162	12 434 ₆₃	202	14 834 ₅₈	237	16 789 ₅₄	47	27 388 ₃₈₅
163	12 497 ₆₂	203	14 892 ₅₇	238	16 843 ₅₄	48	27 773 ₃₈₀
164	12 559 ₆₂	204	14 949 ₅₈	339	16 897 ₅₄	49	28 153 ₃₇₆
0.165	0.12 621 ₆₂	0.205	0.15 007 ₅₇	0.240	0.16 951 ₅₄	0.50	0.28 529 ₃₇₂
166	12 683 ₆₂	206	15 064 ₅₇	241	17 005 ₅₃	51	28 901 ₃₆₈
167	12 745 ₆₂	207	15 121 ₅₇	242	17 058 ₅₄	52	29 269 ₃₆₃
168	12 807 ₆₁	208	15 178 ₅₇	243	17 112 ₅₃	53	29 632 ₃₆₀
169	12 868 ₆₂	209	15 235 ₅₇	244	17 165 ₅₄	54	29 992 ₃₅₅
0.170	0.12 930 ₆₁	0.210	0.15 292 ₅₇	0.245	0.17 219 ₅₃	0.55	0.30 347 ₃₅₂
171	12 991 ₆₂	211	15 349 ₅₇	246	17 272 ₅₃	56	30 699 ₃₄₉
172	13 053 ₆₁	212	15 406 ₅₆	247	17 325 ₅₄	57	31 048 ₃₄₄
173	13 114 ₆₁	213	15 462 ₅₇	248	17 379 ₅₃	58	31 392 ₃₄₁
174	13 175 ₆₁	214	15 519 ₅₆	249	17 432 ₅₃	59	31 733 ₃₃₈
0.175	0.13 236 ₆₀	0.215	0.15 575	0.250	0.17 485	0.60	0.32 071
176	13 296 ₆₁						
177	13 357 ₆₀						
178	13 417 ₆₁						
179	13 478 ₆₀						
0.180	0.13 538						

$$m = \frac{k^2 (t_2 - t_1)^2}{(2 \cos f \sqrt{r_1 r_2})^3} \qquad \text{tg}(45° + \omega) = \sqrt[4]{\frac{r_2}{r_1}}$$

$$l = \frac{\sin^2 \tfrac{1}{2} f + \text{tg}^2 2\omega}{\cos f} \qquad \xi \text{ mit Arg. } x = \frac{m}{y^2} - 1 \text{ aus Tafel 57 b}$$

$$h = \frac{m}{\tfrac{5}{6} + 1 + \xi}$$

$\log k = 8.23558$

$\tfrac{5}{6} = 0.83333$

$\log \tfrac{5}{6} = 9.92082$

57b. Zur Ermittelung von $\frac{\text{Sektor}}{\text{Dreieck}} = y$ in Ellipse und Hyperbel.

x	ξ Ellipse	ξ Hyperbel	x	ξ Ellipse	ξ Hyperbel
0,00	0,00 000	0,00 000	0,15	0,00 141	0,00 118
01	001 $_1$	001 $_1$	16	161 $_{20}$	134 $_{16}$
02	002 $_1$	002 $_1$	17	183 $_{22}$	150 $_{16}$
03	005 $_3$	005 $_3$	18	207 $_{24}$	168 $_{18}$
04	009 $_4$	009 $_4$	19	232 $_{25}$	186 $_{18}$
	$_6$	$_5$		$_{27}$	$_{19}$
0,05	0,00 015	0,00 014	0,20	0,00 259	0,00 205
06	021 $_6$	020 $_6$	21	287 $_{28}$	225 $_{20}$
07	029 $_8$	027 $_7$	22	317 $_{30}$	246 $_{21}$
08	038 $_9$	035 $_8$	23	349 $_{32}$	267 $_{21}$
09	049 $_{11}$	044 $_9$	24	383 $_{34}$	289 $_{22}$
	$_{12}$	$_{10}$		$_{35}$	$_{23}$
0,10	0,00 061	0,00 054	0,25	0,00 418	0,00 312
11	074 $_{13}$	065 $_{11}$	26	456 $_{38}$	336 $_{24}$
12	088 $_{14}$	077 $_{12}$	27	495 $_{39}$	361 $_{25}$
13	104 $_{16}$	090 $_{13}$	28	536 $_{41}$	386 $_{25}$
14	122 $_{18}$	104 $_{14}$	29	579 $_{43}$	412 $_{26}$
	$_{19}$	$_{14}$		$_{45}$	$_{27}$
0,15	0,00 141	0,00 118	0,30	0,00 624	0,00 439

$$m = \frac{k^2 (t_2 - t_1)^2}{(2 \cos f \sqrt{r_1 r_2})^3} \qquad \text{tg}(45° + \omega) = \sqrt[4]{\frac{r_2}{r_1}}$$

$$l = \frac{\sin^2 \tfrac{1}{2} f + \text{tg}^2 2\omega}{\cos f}$$

ξ mit Arg. $x = \dfrac{m}{y^2} - 1$ aus Tafel 57b

$$h = \frac{m}{\tfrac{5}{6} + l + \xi}$$

$\log k = 8{,}23\,558$

$\tfrac{5}{6} = 0{,}83\,333$

$\log \tfrac{5}{6} = 9{,}92\,082$

58. Enckes f-Tafel.

q	log f	q	log f
— 0,030	0,51 080	0,000	0,47 712
029	50 964 116	+ 0,001	47 604 108
028	50 848 116	002	47 495 109
027	50 733 115	003	47 387 108
026	50 618 115	004	47 280 107
	115		108
— 0,025	0,50 503	+ 0,005	0,47 172
024	50 388 115	006	47 065 107
023	50 274 114	007	46 958 107
022	50 159 115	008	46 851 107
021	50 046 113	009	46 744 107
	114		106
— 0,020	0,49 932	+ 0,010	0,46 638
019	49 819 113	011	46 532 106
018	49 706 113	012	46 426 106
017	49 593 113	013	46 320 106
016	49 480 113	014	46 215 105
	112		106
— 0,015	0 49 368	+ 0,015	0,46 109
014	49 256 112	016	46 004 105
013	49 144 112	017	45 900 104
012	49 032 112	018	45 795 105
011	48 921 111	019	45 691 104
	111		105
— 0,010	0,48 810	+ 0,020	0,45 586
009	48 699 111	021	45 482 104
008	48 588 111	022	45 379 103
007	48 478 110	023	45 275 104
006	48 368 110	024	45 172 103
	110		103
— 0,005	0,48 258	+ 0,025	0,45 069
004	48 148 110	026	44 966 103
003	48 039 109	027	44 863 103
002	47 930 109	028	44 761 102
— 0,001	47 821 109	029	44 659 102
	109		102
0,000	0,47 712	+ 0,030	0,44 557

$$q = \frac{x_0 + \frac{1}{2}\xi}{r_0^2}\xi + \frac{y_0 + \frac{1}{2}\eta}{r_0^2}\eta + \frac{z_0 + \frac{1}{2}\zeta}{r_0^2}\zeta$$

$$1 - \frac{r_0^3}{r^3} = fq$$

59. Zur Berechnung der Differentialquotienten in der Parabel.

v	H	log h_I	J	log j	v	H	log h_I	J	log j
0°	— 0° 0′	0,0000	— 0° 0′	0,0000	40	— 2° 20′ ₁₀	9.9273 ₃₃	—12° 44′ ₂	0.0751 ₂₆
1	0 0 ₀	9.9999 ₁	0 30 ₃₀	0001 ₁	41	2 30 ₁₁	9240 ₃₃	12 46 ₁	0777 ₂₆
2	0 0 ₀	9998 ₁	1 0 ₃₀	0003 ₂	42	2 41 ₁₁	9207 ₃₃	12 47 ₁	0803 ₂₆
3	0 0 ₀	9995 ₃	1 30 ₃₀	0006 ₃	43	2 52 ₁₁	9173 ₃₄	12 48 ₁	0829 ₂₆
4	0 0 ₀	9992 ₃	1 59 ₂₉	0010 ₄	44	3 3 ₁₂	9139 ₃₄	12 47 ₁	0855 ₂₆
5	— 0 0 ₀	9.9988 ₄	— 2 29 ₃₀	0.0016 ₆	45	— 3 15 ₁₃	9.9105 ₃₄	—12° 46′ ₂	0.0881 ₂₆
6	0 0 ₁	9982 ₆	2 58 ₂₉	0024 ₈	46	3 28 ₁₂	9070 ₃₅	12 44 ₃	0906 ₂₅
7	0 1 ₀	9976 ₆	3 27 ₂₉	0032 ₈	47	3 40 ₁₄	9035 ₃₅	12 41 ₄	0930 ₂₄
8	0 1 ₁	9968 ₈	3 55 ₂₈	0042 ₁₀	48	3 54 ₁₃	9000 ₃₅	12 37 ₄	0955 ₂₅
9	0 2 ₀	9960 ₈	4 23 ₂₈	0052 ₁₂	49	4 7 ₁₄	8964 ₃₆	12 33 ₆	0979 ₂₄
10	— 0 2 ₁	9.9951 ₉	— 4 51 ₂₇	0.0064 ₁₄	50	— 4 21 ₁₅	9.8929 ₃₅	—12 27 ₆	0.1003 ₂₃
11	0 3 ₁	9940 ₁₁	5 18 ₂₇	0078 ₁₄	51	4 36 ₁₄	8893 ₃₆	12 21 ₇	1026 ₂₃
12	0 4 ₁	9929 ₁₁	5 45 ₂₆	0092 ₁₄	52	4 50 ₁₅	8857 ₃₆	12 14 ₇	1049 ₂₃
13	0 5 ₁	9917 ₁₂	6 11 ₂₅	0107 ₁₅	53	5 5 ₁₆	8821 ₃₆	12 7 ₇	1071 ₂₂
14	0 6 ₂	9904 ₁₃	6 36 ₂₅	0123 ₁₆	54	5 21 ₁₅	8786 ₃₅	11 58 ₉	1093 ₂₂
15	— 0 8 ₁	9.9890 ₁₄	— 7 1 ₂₄	0.0141 ₁₈	55	— 5 36 ₁₆	9.8750 ₃₆	—11 49 ₉	0.1115 ₂₁
16	0 9 ₂	9875 ₁₅	7 25 ₂₄	0159 ₁₉	56	5 52 ₁₇	8714 ₃₆	11 40 ₁₁	1136 ₂₁
17	0 11 ₂	9859 ₁₆	7 48 ₂₃	0178 ₂₀	57	6 9 ₁₆	8678 ₃₅	11 29 ₁₁	1157 ₂₀
18	0 13 ₃	9842 ₁₇	8 10 ₂₂	0198 ₂₁	58	6 25 ₁₇	8643 ₃₆	11 18 ₁₂	1177 ₁₉
19	0 16 ₂	9824 ₁₈	8 32 ₂₁	0219 ₂₁	59	6 42 ₁₇	8607 ₃₅	11 6 ₁₂	1196 ₁₉
20	— 0 18 ₃	9.9806 ₂₀	— 8 53 ₂₀	0.0240 ₂₂	60	— 6 59 ₁₇	9.8572 ₃₅	—10 54 ₁₄	0.1215 ₁₉
21	0 21 ₃	9786 ₂₀	9 13 ₁₉	0262 ₂₃	61	7 16 ₁₇	8537 ₃₅	10 40 ₁₃	1234 ₁₈
22	0 24 ₄	9766 ₂₁	9 32 ₁₉	0285 ₂₃	62	7 33 ₁₈	8502 ₃₄	10 27 ₁₅	1252 ₁₇
23	0 28 ₃	9745 ₂₂	9 51 ₁₇	0308 ₂₄	63	7 51 ₁₇	8468 ₃₅	10 12 ₁₅	1269 ₁₇
24	0 31 ₄	9723 ₂₃	10 8 ₁₇	0332 ₂₅	64	8 8 ₁₈	8433 ₃₄	9 57 ₁₆	1286 ₁₆
25	— 0 35 ₅	9.9700 ₂₄	—10 25 ₁₅	0.0357 ₂₅	65	— 8 26 ₁₇	9.8399 ₃₃	— 9 41 ₁₆	0.1302 ₁₆
26	0 40 ₄	9676 ₂₄	10 40 ₁₅	0382 ₂₅	66	8 43 ₁₈	8366 ₃₄	9 25 ₁₇	1318 ₁₅
27	0 44 ₅	9652 ₂₅	10 55 ₁₄	0407 ₂₅	67	9 1 ₁₇	8332 ₃₃	9 8 ₁₈	1333 ₁₄
28	0 49 ₆	9627 ₂₆	11 9 ₁₃	0432 ₂₆	68	9 18 ₁₇	8299 ₃₃	8 50 ₁₈	1347 ₁₄
29	0 55 ₅	9601 ₂₇	11 22 ₁₂	0458 ₂₇	69	9 35 ₁₇	8266 ₃₂	8 32 ₁₉	1361 ₁₃
30	— 1 0 ₇	9.9574 ₂₇	—11 34 ₁₁	0.0485 ₂₆	70	— 9 52 ₁₇	9.8234 ₃₂	— 8 13 ₁₉	0.1374 ₁₃
31	1 7 ₆	9547 ₂₈	11 45 ₁₀	0511 ₂₆	71	10 9 ₁₇	8202 ₃₁	7 54 ₂₀	1387 ₁₂
32	1 13 ₇	9519 ₂₉	11 55 ₉	0537 ₂₇	72	10 26 ₁₇	8171 ₃₁	7 34 ₂₁	1399 ₁₁
33	1 20 ₇	9490 ₂₉	12 4 ₉	0564 ₂₇	73	10 43 ₁₆	8140 ₃₁	7 13 ₂₁	1410 ₁₁
34	1 27 ₈	9461 ₃₀	12 13 ₇	0591 ₂₇	74	10 59 ₁₆	8109 ₃₁	6 52 ₂₂	1421 ₁₀
35	— 1 35 ₈	9.9431 ₃₁	—12 20 ₇	0.0618 ₂₆	75	—11 15 ₁₅	9.8078 ₃₀	— 6 30 ₂₂	0.1431 ₁₀
36	1 43 ₉	9400 ₃₁	12 27 ₅	0644 ₂₇	76	11 30 ₁₅	8048 ₃₀	6 8 ₂₃	1441 ₉
37	1 52 ₉	9369 ₃₁	12 32 ₅	0671 ₂₇	77	11 45 ₁₅	8018 ₂₉	5 45 ₂₃	1450 ₈
38	2 1 ₉	9338 ₃₂	12 37 ₄	0698 ₂₆	78	12 0 ₁₄	7989 ₂₉	5 22 ₂₄	1458 ₇
39	2 10 ₁₀	9306 ₃₃	12 41 ₃	0724 ₂₇	79	12 14 ₁₃	7960 ₂₉	4 58 ₂₄	1465 ₇
40	— 2 20	9.9273	—12 44	0.0751	80	—12 27	9.7931	— 4 34	0.1472

h_I und j durchweg positiv. Die Vorzeichen der Winkel H und J gelten für positive v; für negative v kehren sie das Vorzeichen um.

59. Zur Berechnung der Differentialquotienten in der Parabel (Fortsetzung).

v	H	log h_I	J	log j	v	H	log h_I	J	log j
80	−12° 27′ ₁₃	9.7931 ₂₈	− 4° 34′ ₂₅	0.1472 ₆	120	− 8° 0′ ₃₃	9.6694 ₄₄	+19° 6′ ₄₈	0.1215 ₁₉
81	12 40 ₁₂	7903 ₂₈	4 9 ₂₆	1478 ₆	121	7 27 ₃₄	6650 ₄₄	19 54 ₄₈	1196 ₁₉
82	12 52 ₁₂	7875 ₂₈	3 43 ₂₆	1484 ₅	122	6 53 ₃₅	6606 ₄₆	20 42 ₄₉	1177 ₂₀
83	13 4 ₁₀	7847 ₂₈	3 17 ₂₆	1489 ₄	123	6 18 ₃₇	6560 ₄₇	21 31 ₄₉	1157 ₂₁
84	13 14 ₁₀	7819 ₂₇	2 51 ₂₈	1493 ₄	124	5 41 ₃₈	6513 ₄₇	22 20 ₅₁	1136 ₂₁
85	−13 24 ₁₀	9.7792 ₂₇	− 2 23 ₂₇	0.1497 ₃	125	− 5 3 ₄₀	9.6466 ₄₉	+23 11 ₅₁	0.1115 ₂₂
86	13 34 ₈	7765 ₂₇	1 56 ₂₈	1500 ₂	126	4 23 ₄₂	6417 ₅₀	24 2 ₅₁	1093 ₂₂
87	13 42 ₈	7738 ₂₇	1 28 ₂₉	1502 ₂	127	3 41 ₄₂	6367 ₅₁	24 53 ₅₃	1071 ₂₂
88	13 50 ₆	7711 ₂₇	0 59 ₂₉	1504 ₁	128	2 59 ₄₅	6316 ₅₃	25 46 ₅₃	1049 ₂₃
89	13 56 ₆	7684 ₂₇	− 0 30 ₃₀	1505 ₀	129	2 14 ₄₆	6263 ₅₄	26 39 ₅₃	1026 ₂₃
90	−14 2 ₅	9.7657 ₂₆	0 0 ₃₀	0.1505 ₀	130	− 1 28 ₄₈	9.6209 ₅₄	+27 33 ₅₄	0.1003 ₂₄
91	14 7 ₄	7631 ₂₇	+ 0 30 ₃₁	1505 ₁	131	− 0 40 ₅₀	6155 ₅₆	28 27 ₅₆	0979 ₂₄
92	14 11 ₃	7604 ₂₇	1 1 ₃₁	1504 ₂	132	+ 0 10 ₅₁	6099 ₅₈	29 23 ₅₆	0955 ₂₅
93	14 14 ₁	7577 ₂₇	1 32 ₃₁	1502 ₂	133	1 1 ₅₃	6041 ₅₈	30 19 ₅₇	0930 ₂₄
94	14 15 ₁	7550 ₂₇	2 4 ₃₂	1500 ₃	134	1 54 ₅₄	5982 ₅₉	31 16 ₅₈	0906 ₂₅
95	−14 16 ₀	9.7523 ₂₇	+ 2 37 ₃₂	0.1497 ₄	135	+ 2 48 ₅₇	9.5923 ₆₁	+32 14 ₅₉	0.0881 ₂₆
96	14 16 ₂	7496 ₂₇	3 9 ₃₄	1493 ₄	136	3 45 ₅₈	5862 ₆₃	33 13 ₅₉	0855 ₂₆
97	14 14 ₂	7469 ₂₈	3 43 ₃₄	1489 ₅	137	4 43 ₆₀	5799 ₆₄	34 12 ₆₁	0829 ₂₆
98	14 12 ₄	7441 ₂₈	4 17 ₃₄	1484 ₆	138	5 43 ₆₂	5735 ₆₅	35 13 ₆₁	0803 ₂₆
99	14 8 ₅	7413 ₂₈	4 51 ₃₅	1478 ₆	139	6 45 ₆₄	5670 ₆₆	36 14 ₆₂	0777 ₂₆
100	−14 3 ₆	9.7385 ₂₉	+ 5 26 ₃₆	0.1472 ₇	140	+ 7 49 ₆₇	9.5604 ₆₈	+37 16 ₆₃	0.0751 ₂₇
101	13 57 ₇	7356 ₂₉	6 2 ₃₆	1465 ₇	141	8 56 ₆₈	5536 ₆₈	38 19 ₆₄	0724 ₂₇
102	13 50 ₉	7327 ₃₀	6 38 ₃₇	1458 ₈	142	10 4 ₇₀	5468 ₇₀	39 23 ₆₅	0698 ₂₆
103	13 41 ₉	7297 ₃₀	7 15 ₃₇	1450 ₉	143	11 14 ₇₃	5398 ₇₂	40 28 ₆₅	0671 ₂₇
104	13 32 ₁₁	7267 ₃₀	7 52 ₃₈	1441 ₁₀	144	12 27 ₇₅	5326 ₇₂	41 33 ₆₇	0644 ₂₆
105	−13 21 ₁₂	9.7237 ₃₁	+ 8 30 ₃₈	0.1431 ₁₀	145	+13 42 ₇₇	9.5254 ₇₄	+42 40 ₆₇	0.0618 ₂₇
106	13 9 ₁₄	7206 ₃₁	9 8 ₃₉	1421 ₁₁	146	14 59 ₇₇	5180 ₇₅	43 47 ₆₉	0591 ₂₇
107	12 55 ₁₅	7174 ₃₂	9 47 ₃₉	1410 ₁₁	147	16 18 ₈₂	5105 ₇₆	44 56 ₆₉	0564 ₂₇
108	12 40 ₁₆	7142 ₃₂	10 26 ₄₀	1399 ₁₂	148	17 40 ₈₅	5029 ₇₆	46 5 ₇₀	0537 ₂₆
109	12 24 ₁₇	7109 ₃₃	11 6 ₄₁	1387 ₁₃	149	19 5 ₈₇	4953 ₇₈	47 15 ₇₁	0511 ₂₆
110	−12 7 ₁₈	9.7076 ₃₅	+11 47 ₄₁	0.1374 ₁₃	150	+20 32 ₉₀	9.4875 ₇₉	+48 26 ₇₂	0.0485 ₂₇
111	11 49 ₂₀	7041 ₃₅	12 28 ₄₂	1361 ₁₄	151	22 2 ₉₃	4796 ₈₀	49 38 ₇₃	0458 ₂₆
112	11 29 ₂₂	7006 ₃₆	13 10 ₄₂	1347 ₁₄	152	23 35 ₉₆	4716 ₈₀	50 51 ₇₄	0432 ₂₅
113	11 7 ₂₂	6970 ₃₇	13 52 ₄₃	1333 ₁₅	153	25 11 ₉₉	4636 ₈₁	52 5 ₇₅	0407 ₂₅
114	10 45 ₂₄	6933 ₃₇	14 35 ₄₃	1318 ₁₆	154	26 50 ₁₀₂	4555 ₈₁	53 20 ₇₅	0382 ₂₅
115	−10 21 ₂₆	9.6896 ₃₉	+15 19 ₄₄	0.1302 ₁₆	155	+28 32 ₁₀₅	9.4474 ₈₂	+54 35 ₇₇	0.0357 ₂₅
116	9 55 ₂₇	6857 ₃₉	16 3 ₄₄	1286 ₁₇	156	30 17 ₁₀₉	4392 ₈₂	55 52 ₇₇	0332 ₂₅
117	9 28 ₂₈	6818 ₃₉	16 48 ₄₅	1269 ₁₇	157	32 6 ₁₁₁	4310 ₈₃	57 9 ₇₈	0308 ₂₄
118	9 0 ₂₉	6777 ₄₁	17 33 ₄₅	1252 ₁₇	158	33 57 ₁₁₆	4227 ₈₂	58 28 ₇₉	0285 ₂₃
119	8 31 ₃₁	6736 ₄₁	18 20 ₄₇	1234 ₁₈	159	35 53 ₁₁₉	4145 ₈₁	59 47 ₇₉	0262 ₂₃
120	− 8 0	9.6694	+19 6	0.1215	160	+37 52	9.4064	+61 7	0.0240

h_I und durchweg positiv. Die Vorzeichen der Winkel H und J gelten für positive v; für negative v kehren sie das Vorzeichen um.

59. Zur Berechnung der Differentialquotienten in der Parabel (Schluß).

v	H	$\log h_I$	J	$\log j$	v	H	$\log h_I$	J	$\log j$
160°	+37° 52′	9.4064	+61° 7′	0,0240	170°	+61° 13′	9.3331	+75° 9′	0,0065
161	39 55 ¹²³	3983 ⁸¹	62 28 ⁸¹	0219 ²¹	171	63 54 ¹⁶¹	3274 ⁵⁷	76 37 ⁸⁸	0053 ¹²
162	42 1 ¹²⁶	3903 ⁸⁰	63 50 ⁸²	0198 ²¹	172	66 39 ¹⁶⁵	3221 ⁵³	78 5 ⁸⁸	0042 ¹¹
163	44 11 ¹³⁰	3824 ⁷⁹	65 12 ⁸²	0178 ²⁰	173	69 26 ¹⁶⁷	3174 ⁴⁷	79 33 ⁸⁸	0032 ¹⁰
164	46 26 ¹³⁵	3746 ⁷⁸	66 35 ⁸³	0159 ¹⁹	174	72 17 ¹⁷¹	3132 ⁴²	81 2 ⁸⁹	0024 ⁸
	¹³⁸	⁷⁶		⁸⁴ ¹⁸		¹⁷³	³⁷		⁸⁹ ⁸
165	+48 44 ¹⁴²	9.3670 ⁷⁴	+67 59 ⁸⁵	0,0141 ¹⁷	175	+75 10 ¹⁷⁵	9.3095 ³⁰	+82 31 ⁹⁰	0,0016 ⁶
166	51 6 ¹⁴⁶	3596 ⁷¹	69 24 ⁸⁵	0124 ¹⁷	176	78 5 ¹⁷⁷	3065 ²⁴	84 1 ⁸⁹	0010 ⁶
167	53 32 ¹⁵⁰	3525 ⁶⁸	70 49 ⁸⁶	0107 ¹⁵	177	81 2 ¹⁷⁹	3041 ¹⁷	85 30 ⁹⁰	0006 ³
168	56 2 ¹⁵⁴	3457 ⁶⁵	72 15 ⁸⁷	0092 ¹⁴	178	84 1 ¹⁷⁹	3024 ¹⁰	87 0 ⁹⁰	0003 ²
169	58 36 ¹⁵⁷	3392 ⁶¹	73 42 ⁸⁷	0078 ¹³	179	87 0 ¹⁷⁹	3014 ⁴	88 30 ⁹⁰	0001 ¹
170	+61 13	9.3331	+75 9	0,0065	180	+90 0	9.3010	+90 0	0,0000

h_I und j durchweg positiv. Die Vorzeichen der Winkel H und J gelten für positive v; für negative v kehren sie das Vorzeichen um.

$$d\alpha \cos\delta = -\frac{\sin b}{\varrho} \cos(B + \omega + \tfrac{1}{2}v) \frac{k''\sqrt{2}}{\sqrt{r}} dT$$

$$+ \frac{\sin b}{\varrho} \frac{1}{\cos \tfrac{1}{2}v} j \sin(B + \omega + J)\, dq$$

$$+ \frac{\sin b}{\varrho} \frac{r \operatorname{tg} \tfrac{1}{2}v}{\cos \tfrac{1}{2}v} h_I \cos(B + \omega + H)\, \tfrac{1}{2} de$$

$$+ \frac{r}{\varrho} \sin b \cos(B + \omega + v)\, ds$$

$$+ \frac{r}{\varrho} \cos b \sin v\, dp$$

$$- \frac{r}{\varrho} \cos b \cos v\, dq$$

$$d\delta = -\frac{\sin c}{\varrho} \cos(C + \omega + \tfrac{1}{2}v) \frac{k''\sqrt{2}}{\sqrt{r}} dT$$

$$+ \frac{\sin c}{\varrho} \frac{1}{\cos \tfrac{1}{2}v} j \sin(C + \omega + J)\, dq$$

$$+ \frac{\sin c}{\varrho} \frac{r \operatorname{tg} \tfrac{1}{2}v}{\cos \tfrac{1}{2}v} h_I \cos(C + \omega + H)\, \tfrac{1}{2} de$$

$$+ \frac{r}{\varrho} \sin c \cos(C + \omega + v)\, ds$$

$$+ \frac{r}{\varrho} \cos c \sin v\, dp$$

$$- \frac{r}{\varrho} \cos c \cos v\, dq$$

$$\log k''\sqrt{2} = 3.7005$$

60. Bahnverbesserung für große Exzentrizitäten.

θ	$\log E_2^v$	$\log E_4^v$	E_0^r	$\log E_4^r$
−0.40	9.8187n 60	9.9311n 8	+1.5609 121	9.3885 26
39	8247n 59	9303n 8	5730 121	3859 26
38	8306n 57	9295n 8	5851 120	3833 25
37	8363n 57	9287n 8	5971 119	3808 25
36	8420n 56	9279n 7	6090 119	3783 25
−0.35	9.8476n 55	9.9272n 8	+1.6209 118	9.3758 25
34	8531n 54	9264n 8	6327 117	3733 24
33	8585n 53	9256n 7	6444 117	3709 24
32	8638n 52	9249n 8	6561 116	3685 24
31	8690n 52	9241n 7	6677 115	3661 24
−0.30	9.8742n 51	9.9234n 8	+1.6792 115	9.3637 24
29	8793n 50	9226n 7	6907 114	3613 23
28	8843n 49	9219n 7	7021 113	3590 23
27	8892n 48	9212n 7	7134 113	3567 23
26	8940n 48	9205n 8	7247 112	3544 23
−0.25	9.8988n 47	9.9197n 7	+1.7359 112	9.3521 22
24	9035n 47	9190n 7	7471 111	3499 22
23	9082n 46	9183n 7	7582 111	3477 22
22	9128n 45	9176n 7	7693 110	3455 22
21	9173n 44	9169n 7	7803 109	3433 22
−0.20	9.9217n 44	9.9162n 7	+1.7912 109	9.3411 22
19	9261n 44	9155n 7	8021 109	3389 21
18	9305n 43	9148n 7	8130 108	3368 21
17	9348n 42	9141n 6	8238 107	3347 21
16	9390n 41	9135n 7	8345 107	3326 21
−0.15	9.9431n 42	9.9128n 7	+1.8452 106	9.3305 21
14	9473n 40	9121n 7	8558 106	3284 20
13	9513n 40	9114n 6	8664 106	3264 21
12	9553n 40	9108n 7	8770 105	3243 20
11	9593n 39	9101n 6	8875 104	3223 20
−0.10	9.9632n 39	9.9095n 7	+1.8979 104	9.3203 20
09	9671n 38	9088n 6	9083 104	3183 20
08	9709n 38	9082n 7	9187 103	3163 19
07	9747n 37	9075n 6	9290 103	3144 20
06	9784n 37	9069n 7	9393 102	3124 19
−0.05	9.9821n 37	9.9062n 6	+1.9495 102	9.3105 19
04	9858n 36	9056n 6	9597 101	3086 19
03	9894n 36	9050n 7	9698 101	3067 19
02	9930n 35	9043n 6	9799 101	3048 19
−0.01	9.9965n 35	9.9037n 6	+1.9900 100	9.3029 19
0.00	0.0000n	9.9031n	2.0000	9.3010

60. Bahnverbesserung für große Exzentrizitäten
(Schluß).

θ	$\log E_2^v$	$\log E_4^v$	E_0^r	$\log E_4^r$
0.00	0.0000n	9.9031n	+2.0000	9.3010
	35	6	100	18
+0.01	0035n	9025n	0100	2992
	34	6	99	19
02	0069n	9019n	0199	2973
	34	7	99	18
03	0103n	9012n	0298	2955
	33	6	99	18
04	0136n	9006n	0397	2937
	33	6	98	18
+0.05	0.0169n	9.9000n	+2.0495	9.2919
	33	6	98	18
06	0202n	8994n	0593	2901
	32	6	98	18
07	0234n	8988n	0691	2883
	32	6	97	18
08	0266n	8982n	0788	2865
	32	6	96	17
09	0298n	8976n	0884	2848
	32	6	97	18
+0.10	0.0330n	9.8970n	+2.0981	9.2830
	31	6	96	17
11	0361n	8964n	1077	2813
	31	5	96	17
12	0392n	8959n	1173	2796
	30	6	95	18
13	0422n	8953n	1268	2778
	31	6	95	17
14	0453n	8947n	1363	2761
	30	6	95	17
+0.15	0.0483n	9.8941n	+2.1458	9.2744
	29	5	94	16
16	0512n	8936n	1552	2728
	30	6	94	17
17	0542n	8930n	1646	2711
	29	6	94	17
18	0571n	8924n	1740	2694
	29	6	93	16
19	0600n	8918n	1833	2678
	29	5	93	17
+0.20	0.0629n	9.8913n	+2.1926	9.2661
	28	6	93	16
21	0657n	8907n	2019	2645
	28	5	92	17
22	0685n	8902n	2111	2628
	28	6	92	16
23	0713n	8896n	2203	2612
	27	6	92	16
24	0740n	8890n	2295	2596
	28	5	92	16
+0.25	0.0768n	9.8885n	+2.2387	9.2580
	27	6	91	16
26	0795n	8879n	2478	2564
	27	5	91	16
27	0822n	8874n	2569	2548
	27	5	91	15
28	0849n	8869n	2660	2533
	26	6	90	16
29	0875n	8863n	2750	2517
	26	5	90	15
+0.30	0.0901n	9.8858n	+2.2840	9.2502
	26	6	90	16
31	0927n	8852n	2930	2486
	26	5	89	15
32	0953n	8847n	3019	2471
	26	5	89	16
33	0979n	8842n	3108	2455
	25	6	89	15
34	1004n	8836n	3197	2440
	25	5	89	15
+0.35	0.1029n	9.8831n	+2.3286	9.2425
	25	5	88	15
36	1054n	8826n	3374	2410
	25	5	88	15
37	1079n	8821n	3462	2395
	25	6	88	15
38	1104n	8815n	3550	2380
	24	5	88	15
39	1128n	8810n	3638	2365
	24	5	87	15
+0.40	0.1152n	9.8805n	+2.3725	9.2350

61a. Interpolation nach der Besselschen Formel.

n	(II)	(III)	(IV)	(V)	n
0.00	− 0.00 000 495	+ 0.0000 8 —	+ 0.0000 8 +	− 0.0000 1 +	1.00
01	00 495 485	0008 8	0008 8	0001 1	0.99
02	00 980 475	0016 7	0016 9	0002 0	98
03	01 455 465	0023 6	0025 8	0002 1	97
04	− 0.01 920 455	+ 0.0029 7 —	+ 0.0033 8 +	− 0.0003 1 +	96
0.05	− 0.02 375 445	+ 0.0036 5 —	+ 0.0041 7 +	− 0.0004 0 +	0.95
06	02 820 435	0041 6	0048 8	0004 1	94
07	03 255 425	0047 5	0056 8	0005 0	93
08	03 680 415	0052 4	0064 7	0005 1	92
09	− 0.04 095 405	+ 0.0056 4 —	+ 0.0071 7 +	− 0.0006 0 +	91
0.10	− 0.04 500 395	+ 0.0060 4 —	+ 0.0078 8 +	− 0.0006 1 +	0.90
11	04 895 385	0064 3	0086 7	0007 0	89
12	05 280 375	0067 3	0093 7	0007 0	88
13	05 655 365	0070 2	0100 6	0007 1	87
14	− 0.06 020 355	+ 0.0072 2 —	+ 0.0106 7 +	− 0.0008 0 +	86
0.15	− 0.06 375 345	+ 0.0074 2 —	+ 0.0113 7 +	− 0.0008 0 +	0.85
16	06 720 335	0076 2	0120 6	0008 0	84
17	07 055 325	0078 1	0126 6	0008 0	83
18	07 380 315	0079 1	0132 6	0008 1	82
19	− 0.07 695 305	+ 0.0080 0 —	+ 0.0138 6 +	− 0.0009 0 +	81
0.20	− 0.08 000 295	+ 0.0080 0 —	+ 0.0144 6 +	− 0.0009 0 +	0.80
21	08 295 285	0080 0	0150 5	0009 0	79
22	08 580 275	0080 0	0155 6	0009 0	78
23	08 855 265	0080 1	0161 5	0009 0	77
24	− 0.09 120 255	+ 0.0079 1 —	+ 0.0166 5 +	− 0.0009 0 +	76
0.25	− 0.09 375 245	+ 0.0078 1 —	+ 0.0171 5 +	− 0.0009 1 +	0.75
26	09 620 235	0077 1	0176 4	0008 0	74
27	09 855 225	0076 2	0180 5	0008 0	73
28	10 080 215	0074 2	0185 4	0008 0	72
29	− 0.10 295 205	+ 0.0072 2 —	+ 0.0189 4 +	− 0.0008 0 +	71
0.30	− 0.10 500 195	+ 0.0070 2 —	+ 0.0193 4 +	− 0.0008 1 +	0.70
31	10 695 185	0068 3	0197 4	0007 0	69
32	10 880 175	0065 2	0201 4	0007 0	68
33	11 055 165	0063 3	0205 3	0007 0	67
34	− 0.11 220 155	+ 0.0060 3 —	+ 0.0208 3 +	− 0.0007 1 +	66
0.35	− 0.11 375 145	+ 0.0057 3 —	+ 0.0211 3 +	− 0.0006 0 +	0.65
36	11 520 135	0054 4	0214 3	0006 0	64
37	11 655 125	0050 3	0217 2	0006 1	63
38	11 780 115	0047 3	0219 3	0005 0	62
39	− 0.11 895 105	+ 0.0044 4 —	+ 0.0222 2 +	− 0.0005 1 +	61
0.40	− 0.12 000 95	+ 0.0040 4 —	+ 0.0224 2 +	− 0.0004 0 +	0.60
41	12 095 85	0036 4	0226 2	0004 0	59
42	12 180 75	0032 3	0228 1	0004 1	58
43	12 255 65	0029 4	0229 2	0003 0	57
44	− 0.12 320 55	+ 0.0025 4 —	+ 0.0231 1 +	− 0.0003 1 +	56
0.45	− 0.12 375 45	+ 0.0021 4 —	+ 0.0232 1 +	− 0.0002 0 +	0.55
46	12 420 35	0017 5	0233 0	0002 1	54
47	12 455 25	0012 4	0233 1	0001 0	53
48	12 480 15	0008 4	0234 0	0001 1	52
49	− 0.12 495 5	+ 0.0004 4 —	+ 0.0234 0 +	− 0.0000 0 +	51
0.50	− 0.12 500	+ 0.0000	+ 0.0234 +	− 0.0000 +	0.50

Wirtz, Astronomie.

61b. Interpolation nach der Newtonschen Formel.

n	(II)	(III)	(IV)	(V)
0,00	— 0,00 000 $_{495}$	+ 0,0000 $_{33}$	— 0,0000 $_{24}$	+ 0,0000 $_{20}$
01	00 495 $_{485}$	0033 $_{32}$	0024 $_{24}$	0020 $_{18}$
02	00 980 $_{475}$	0065 $_{30}$	0048 $_{23}$	0038 $_{18}$
03	01 455 $_{465}$	0095 $_{30}$	0071 $_{22}$	0056 $_{17}$
04	01 920 $_{455}$	0125 $_{29}$	0093 $_{21}$	0073 $_{17}$
0,05	— 0,02 375 $_{445}$	+ 0,0154 $_{28}$	— 0,0114 $_{20}$	+ 0,0090 $_{16}$
06	02 820 $_{435}$	0182 $_{27}$	0134 $_{19}$	0106 $_{15}$
07	03 255 $_{425}$	0209 $_{26}$	0153 $_{19}$	0121 $_{14}$
08	03 680 $_{415}$	0235 $_{26}$	0172 $_{18}$	0135 $_{13}$
09	04 095 $_{405}$	0261 $_{24}$	0190 $_{17}$	0148 $_{13}$
0,10	— 0,04 500 $_{395}$	+ 0,0285 $_{23}$	— 0,0207 $_{16}$	+ 0,0161 $_{12}$
11	04 895 $_{385}$	0308 $_{23}$	0223 $_{15}$	0173 $_{12}$
12	05 280 $_{375}$	0331 $_{21}$	0238 $_{15}$	0185 $_{11}$
13	05 655 $_{365}$	0352 $_{21}$	0253 $_{14}$	0196 $_{10}$
14	06 020 $_{355}$	0373 $_{20}$	0267 $_{13}$	0206 $_{10}$
0,15	— 0,06 375 $_{345}$	+ 0,0393 $_{19}$	— 0,0280 $_{13}$	+ 0,0216 $_{9}$
16	06 720 $_{335}$	0412 $_{18}$	0293 $_{11}$	0225 $_{8}$
17	07 055 $_{325}$	0430 $_{18}$	0304 $_{12}$	0233 $_{8}$
18	07 380 $_{315}$	0448 $_{16}$	0316 $_{10}$	0241 $_{7}$
19	07 695 $_{305}$	0464 $_{16}$	0326 $_{10}$	0248 $_{7}$
0,20	— 0,08 000 $_{295}$	+ 0,0480 $_{15}$	— 0,0336 $_{9}$	+ 0,0255 $_{7}$
21	08 295 $_{285}$	0495 $_{14}$	0345 $_{9}$	0262 $_{6}$
22	08 580 $_{275}$	0509 $_{13}$	0354 $_{8}$	0268 $_{5}$
23	08 855 $_{265}$	0522 $_{13}$	0362 $_{7}$	0273 $_{5}$
24	09 120 $_{255}$	0535 $_{12}$	0369 $_{7}$	0278 $_{4}$
0,25	— 0,09 375 $_{245}$	+ 0,0547 $_{11}$	— 0,0376 $_{6}$	+ 0,0282 $_{4}$
26	09 620 $_{235}$	0558 $_{10}$	0382 $_{6}$	0286 $_{3}$
27	09 855 $_{225}$	0568 $_{10}$	0388 $_{5}$	0289 $_{3}$
28	10 080 $_{215}$	0578 $_{9}$	0393 $_{5}$	0292 $_{3}$
29	10 295 $_{205}$	0587 $_{8}$	0398 $_{4}$	0295 $_{2}$
0,30	— 0,10 500 $_{195}$	+ 0,0595 $_{7}$	— 0,0402 $_{3}$	+ 0,0297 $_{2}$
31	10 695 $_{185}$	0602 $_{7}$	0405 $_{3}$	0299 $_{1}$
32	10 880 $_{175}$	0609 $_{6}$	0408 $_{3}$	0300 $_{1}$
33	11 055 $_{165}$	0615 $_{6}$	0411 $_{2}$	0301 $_{1}$
34	11 220 $_{155}$	0621 $_{5}$	0413 $_{2}$	0302 $_{1}$
0,35	— 0,11 375 $_{145}$	+ 0,0626 $_{4}$	— 0,0415 $_{1}$	+ 0,0303 $_{0}$
36	11 520 $_{135}$	0630 $_{3}$	0416 $_{0}$	0303 $_{1}$
37	11 655 $_{125}$	0633 $_{3}$	0416 $_{1}$	0302 $_{0}$
38	11 780 $_{115}$	0636 $_{2}$	0417 $_{1}$	0302 $_{1}$
39	11 895 $_{105}$	0638 $_{2}$	0416 $_{0}$	0301 $_{1}$
0,40	— 0,12 000 $_{95}$	+ 0,0640 $_{1}$	— 0,0416 $_{1}$	+ 0,0300 $_{2}$
41	12 095 $_{85}$	0641 $_{0}$	0415 $_{1}$	0298 $_{2}$
42	12 180 $_{75}$	0641 $_{0}$	0414 $_{2}$	0296 $_{2}$
43	12 255 $_{65}$	0641 $_{0}$	0412 $_{2}$	0294 $_{2}$
44	12 320 $_{55}$	0641 $_{2}$	0410 $_{2}$	0292 $_{3}$
0,45	— 0,12 375 $_{45}$	+ 0,0639 $_{1}$	— 0,0408 $_{3}$	+ 0,0289 $_{2}$
46	12 420 $_{35}$	0638 $_{3}$	0405 $_{3}$	0287 $_{3}$
47	12 455 $_{25}$	0635 $_{3}$	0402 $_{4}$	0284 $_{4}$
48	12 480 $_{15}$	0632 $_{3}$	0398 $_{3}$	0280 $_{3}$
49	12 495 $_{5}$	0629 $_{4}$	0395 $_{4}$	0277 $_{4}$
0,50	— 0,12 500	+ 0,0625	— 0,0391	+ 0,0273

61b. Interpolation nach der Newtonschen Formel (Schluß).

n	(II)	(III)	(IV)	(V)
0.50	− 0.12 500	+ 0.0625	− 0.0391	+ 0.0273
51	12 495 ⁵	0621 ⁴	0386 ⁵	0270 ³
52	12 480 ¹⁵	0616 ⁵	0382 ⁴	0266 ⁴
53	12 455 ²⁵	0610 ⁶	0377 ⁵	0262 ⁴
54	12 420 ³⁵	0604 ⁶	0372 ⁵	0257 ⁵
	⁴⁵	⁶	⁶	⁴
0.55	− 0.12 375	+ 0.0598	− 0.0366	+ 0.0253
56	12 320 ⁵⁵	0591 ⁷	0361 ⁵	0248 ⁵
57	12 255 ⁶⁵	0584 ⁷	0355 ⁶	0243 ⁵
58	12 180 ⁷⁵	0576 ⁸	0349 ⁶	0239 ⁴
59	12 095 ⁸⁵	0568 ⁸	0342 ⁷	0234 ⁵
	⁹⁵	⁸	⁶	⁶
0.60	− 0.12 000	+ 0.0560	− 0.0336	+ 0.0228
61	11 895 ¹⁰⁵	0551 ⁹	0329 ⁷	0223 ⁵
62	11 780 ¹¹⁵	0542 ⁹	0322 ⁷	0218 ⁵
63	11 655 ¹²⁵	0532 ¹⁰	0315 ⁷	0212 ⁶
64	11 520 ¹³⁵	0522 ¹⁰	0308 ⁷	0207 ⁵
	¹⁴⁵	¹⁰	⁷	⁵
0.65	− 0.11 375	+ 0.0512	− 0.0301	+ 0.0202
66	11 220 ¹⁵⁵	0501 ¹¹	0293 ⁸	0196 ⁶
67	11 055 ¹⁶⁵	0490 ¹¹	0285 ⁸	0190 ⁶
68	10 880 ¹⁷⁵	0479 ¹¹	0278 ⁷	0184 ⁶
69	10 695 ¹⁸⁵	0467 ¹²	0270 ⁸	0178 ⁶
	¹⁹⁵	¹²	⁸	⁵
0.70	− 0.10 500	+ 0.0455	− 0.0262	+ 0.0173
71	10 295 ²⁰⁵	0443 ¹²	0253 ⁹	0167 ⁶
72	10 080 ²¹⁵	0430 ¹³	0245 ⁸	0161 ⁶
73	09 855 ²²⁵	0417 ¹³	0237 ⁸	0155 ⁶
74	09 620 ²³⁵	0404 ¹³	0228 ⁹	0149 ⁶
	²⁴⁵	¹³	⁸	⁶
0.75	− 0.09 375	+ 0.0391	− 0.0220	+ 0.0143
76	09 120 ²⁵⁵	0377 ¹⁴	0211 ⁹	0137 ⁶
77	08 855 ²⁶⁵	0363 ¹⁴	0202 ⁹	0131 ⁶
78	08 580 ²⁷⁵	0349 ¹⁴	0194 ⁸	0125 ⁶
79	08 295 ²⁸⁵	0335 ¹⁴	0185 ⁹	0119 ⁶
	²⁹⁵	¹⁵	⁹	⁶
0.80	− 0.08 000	+ 0.0320	− 0.0176	+ 0.0113
81	07 695 ³⁰⁵	0305 ¹⁵	0167 ⁹	0107 ⁶
82	07 380 ³¹⁵	0290 ¹⁵	0158 ⁹	0101 ⁶
83	07 055 ³²⁵	0275 ¹⁵	0149 ⁹	0095 ⁶
84	06 720 ³³⁵	0260 ¹⁵	0140 ⁹	0089 ⁶
	³⁴⁵	¹⁶	⁹	⁶
0.85	− 0.06 375	+ 0.0244	− 0.0131	+ 0.0083
86	06 020 ³⁵⁵	0229 ¹⁵	0122 ⁹	0077 ⁶
87	05 655 ³⁶⁵	0213 ¹⁶	0113 ⁹	0071 ⁶
88	05 280 ³⁷⁵	0197 ¹⁶	0104 ⁹	0065 ⁶
89	04 895 ³⁸⁵	0181 ¹⁶	0095 ⁹	0059 ⁶
	³⁹⁵	¹⁶	⁸	⁵
0.90	− 0.04 500	+ 0.0165	− 0.0087	+ 0.0054
91	04 095 ⁴⁰⁵	0149 ¹⁶	0078 ⁹	0048 ⁶
92	03 680 ⁴¹⁵	0132 ¹⁷	0069 ⁹	0042 ⁶
93	03 255 ⁴²⁵	0116 ¹⁶	0060 ⁹	0037 ⁵
94	02 820 ⁴³⁵	0100 ¹⁶	0051 ⁹	0031 ⁶
	⁴⁴⁵	¹⁷	⁸	⁵
0.95	− 0.02 375	+ 0.0083	− 0.0043	+ 0.0026
96	01 920 ⁴⁵⁵	0067 ¹⁶	0034 ⁹	0021 ⁵
97	01 455 ⁴⁶⁵	0050 ¹⁷	0025 ⁹	0015 ⁶
98	00 980 ⁴⁷⁵	0033 ¹⁷	0017 ⁸	0010 ⁵
0.99	00 495 ⁴⁸⁵	0017 ¹⁶	0008 ⁹	0005 ⁵
	⁴⁹⁵	¹⁷	⁸	
1.00	− 0.00 000	+ 0.0000	− 0.0000	+ 0.0000

62. Astronomische Konstanten.

		log
Allgemeine Präzession . . .	1850 50″2453	1.70 1095
	1900 .2564	1.70 1191
	1950 .2675	1.70 1287
Konstante der Nutation . .	9″21	0.96 426
Konstante der Aberration .	20″47	1.31 112
Lichtzeit in Zeitsekunden. .	498^{s}5	2.69 767
Lichtzeit in Tagen	0^{d}005770	7.76 118 − 10
Sonnenparallaxe	8″80	0.94 448
Mittlere Entfernung der Erde von der Sonne, entsprechend der Parallaxe 8″80 und dem Helmertschen Äquatorradius a = 6378.200 km .	149 499 793 km	8.17 4640 59
Anziehungskraft der Sonne k² (Gaußsche Konstante):		
{ k (in Teilen des Radius)	0.017 20209 895	8.23 5581 44 − 10
{ k (in Sekunden) . . .	3548″18761	3.55 0006 57
Dauer des julianischen Jahres	365.25 mittlere Tage	2.56 2590 22
Dauer des siderischen Jahres	365.256 360 42 ,, ,,	2.56 2597 78
Dauer des tropischen Jahres	365.242 198 79 ,, ,,	2.56 2580 94
1 mittlerer Sonnentag . . .	1.002 737 91 Sterntage	0.00 1187 43
1 Sterntag	0.997 269 57 mittl. Sonnentage	9.99 8812 56 − 10
Anzahl der Sekunden in einem Tag	86 400^s	4.93 6513 74
Anzahl der Sekunden in einem siderischen Jahr	31 558 149^{s}54	7.49 9111 53
Geschwindigkeit des Lichtes .	299 860 km	5.47 6918 54
Lichtjahr	9 463 026 000 000 km	12.97 6030 0
	63 297.91 astron. Einh.	4.80 1389 4
Entfernung für eine Sternparallaxe $\Pi = 1''$ . . .	3.2586 Lichtjahre	0.51 304

63. Mathematische Konstanten.

		log
Basis der natürlichen Logarithmen .	e = 2.71 828 183	0.43 429 45
Modul der briggischen Logarithmen .	M = 0.43 429 448	9.63 7778 43 − 10
Radius des Kreises in Graden . .	$\varrho°$ = 57°29 578	1.75 812 26
,, ,, ,, ,, Minuten . . .	ϱ' = 3437′7468	3.53 627 39
,, ,, ,, ,, Sekunden . .	ϱ'' = 206 264″806	5.31 442 51
Umfang des Kreises in Graden . . .	360°	2.55 630 25
,, ,, ,, ,, Minuten . .	21 600	4.33 445 38
,, ,, ,, ,, Sekunden . .	1 296 000″	6.11 260 50
sin 1°	0.01 745 240 6	8.24 185 53 − 10
sin 1′	0.00 029 088 820	6.46 372 61 − 10
sin 1″	0.00 000 484 813 68	4.68 557 49 − 10
π	3.14 159 265	0.49 714 99
2π	6.28 318 531	0.79 817 99
$\frac{1}{2}\pi$	1.57 079 633	0.19 611 99
π^2	9.86 960 440	0.99 429 97
$\dfrac{2}{\sqrt{\pi}}$	1.12 837 917	0.05 245 51
$\sqrt[3]{\dfrac{\pi}{6}}$	0.80 599 598	9.90 633 29 − 10
Wert von h·r, für den das Wahrscheinlichkeitsintegral $\dfrac{2}{\sqrt{\pi}}\displaystyle\int_0^{hr} e^{-t^2}\,dt = \tfrac{1}{2}$ wird	0.47 693 628	9.67 846 04 − 10

64. Berechnung der Beobachtungsfehler.

Einfache Beobachtungsreihen.

Beobachtungen von gleicher Genauigkeit: Einzelwerte $w_1, w_2, \ldots w_n$.

Resultat: $W = \dfrac{[w]}{n}$

	1. Potenz	*2. Potenz*
Durchschnittl. Fehler einer Beobachtung	$d = \dfrac{[[v]]}{\sqrt{n(n-1)}}$	
Mittlerer Fehler einer Beobachtung	$\varepsilon = 1{,}2533 \dfrac{[[v]]}{\sqrt{n(n-1)}}$	$\sqrt{\dfrac{[vv]}{n-1}}$
Wahrscheinl. Fehler einer Beobachtung	$r = 0{,}8453 \dfrac{[[v]]}{\sqrt{n(n-1)}}$	$0{,}6745 \sqrt{\dfrac{[vv]}{n-1}}$
Mittlerer Fehler des Resultats $\varepsilon(W) = \dfrac{\varepsilon}{\sqrt{n}} =$	$1{,}2533 \dfrac{[[v]]}{n\sqrt{n-1}}$	$\sqrt{\dfrac{[vv]}{n(n-1)}}$
Wahrsch. Fehler des Resultats $r(W) = \dfrac{r}{\sqrt{n}} =$	$0{,}8453 \dfrac{[[v]]}{n\sqrt{n-1}}$	$0{,}6745 \sqrt{\dfrac{[vv]}{n(n-1)}}$

Beobachtungen von ungleicher Genauigkeit.

Einzelwerte $w_1, w_2, \ldots w_n$; Gewichte $p_1, p_2, \ldots p_n$.

Resultat: $W = \dfrac{[pw]}{[p]}$

Mittlerer Fehler der Gewichtseinheit: $\varepsilon = \sqrt{\dfrac{[pvv]}{n-1}}$

Wahrscheinl. Fehler der Gewichtseinheit: $r = 0{,}6745 \sqrt{\dfrac{[pvv]}{n-1}}$

Mittl. Fehler einer Beobachtung vom Gewichte p_0: $\varepsilon_0 = \dfrac{\varepsilon}{\sqrt{p_0}} = \sqrt{\dfrac{[pvv]}{p_0(n-1)}}$

Wahrsch. Fehler einer Beobacht. vom Gew. p_0: $r_0 = \dfrac{r}{\sqrt{p_0}} = 0{,}6745 \sqrt{\dfrac{[pvv]}{p_0(n-1)}}$

Mittlerer Fehler des Resultats: $\varepsilon(W) = \dfrac{\varepsilon}{\sqrt{[p]}} = \sqrt{\dfrac{[pvv]}{[p](n-1)}}$

Wahrscheinl. Fehler des Resultats: $r(W) = \dfrac{r}{\sqrt{[p]}} = 0{,}6745 \sqrt{\dfrac{[pvv]}{[p](n-1)}}$

Gewicht des Resultats: $p(W) = [p]$

Beziehungen zwischen Gewicht, mittlerem und wahrscheinlichem Fehler:

$$p_1 : p_2 = \dfrac{1}{\varepsilon_1^2} : \dfrac{1}{\varepsilon_2^2} = \dfrac{1}{r_1^2} : \dfrac{1}{r_2^2}$$

$r = 0{,}674\,4897\,\varepsilon$	log 9,828 9753	$\varepsilon = 1{,}482\,6024\,r$	log 0,171 0247
$r = 0{,}845\,3476\,d$	„ 9,927 0353	$\varepsilon = 1{,}253\,3143\,d$	„ 0,098 0600

65. Auflösung von Gleichungen mit drei Unbekannten nach der Methode der kleinsten Quadrate.

Bedingungsgleichungen:
$$a_1 x + b_1 y + c_1 z = n_1$$
$$a_2 x + b_2 y + c_2 z = n_2$$
$$a_3 x + b_3 y + c_3 z = n_3$$
$$\vdots$$
$$a_n x + b_n y + c_n z = n_n$$

Die Gleichungen sind durch Multiplikation mit $\sqrt{p}$, der Quadratwurzel ihres Gewichtes p, gleichwertig zu machen.

Normalgleichungen:
$$[aa]x + [ab]y + [ac]z = [an]$$
$$[ab]x + [bb]y + [bc]z = [bn]$$
$$[ac]x + [bc]y + [cc]z = [cn]$$

Abkürzende Bezeichnungen:
$a_1 a_1 + a_2 a_2 + a_3 a_3 \ldots + a_n a_n = [aa]$
$b_1 c_1 + b_2 c_2 + b_3 c_3 \ldots + b_n c_n = [bc]$
usw.

Dann bildet man:

$$[bb\,1] = [bb] - \frac{[ab]}{[aa]}[ab] \qquad [cc\,1] = [cc] - \frac{[ac]}{[aa]}[ac]$$

$$[bc\,1] = [bc] - \frac{[ab]}{[aa]}[ac] \qquad [cn\,1] = [cn] - \frac{[ac]}{[aa]}[an]$$

$$[bn\,1] = [bn] - \frac{[ab]}{[aa]}[an] \qquad [cc\,2] = [cc\,1] - \frac{[bc\,1]}{[bb\,1]}[bc\,1]$$

$$[cn\,2] = [cn\,1] - \frac{[bc\,1]}{[bb\,1]}[bn\,1]$$

und erhält die Eliminationsgleichungen:
$$[aa]x + [ab]y + [ac]z = [an]$$
$$[bb\,1]y + [bc\,1]z = [bn\,1]$$
$$[cc\,2]z = [cn\,2]$$

Rechnet man noch:
$$[cc\,1]_a = [cc] - \frac{[bc]}{[bb]}[bc]$$

so bekommt man die Gewichte der Unbekannten:
$$p_z = [cc\,2] \qquad p_y = [bb\,1]\frac{[cc\,2]}{[cc\,1]} \qquad p_x = [aa]\frac{[bb\,1]}{[bb]} \cdot \frac{[cc\,2]}{[cc\,1]_a}$$

Sind v die nach Einsetzung der Unbekannten in die Bedingungsgleichungen übrigbleibendem Reste im Sinne (Beobachtung — Rechnung), so wird

Mittlerer Fehler der Gewichtseinheit $\varepsilon = \sqrt{\dfrac{[pvv]}{n-\mu}}$

n Anzahl der Fehlergleichungen und Beobachtungen
μ Anzahl der Unbekannten, hier $= 3$

Mittlerer Fehler der Unbekannten:
$$\varepsilon_z = \frac{\varepsilon}{\sqrt{p_z}} \qquad \varepsilon_y = \frac{\varepsilon}{\sqrt{p_y}} \qquad \varepsilon_x = \frac{\varepsilon}{\sqrt{p_x}}$$

Kontrolle: $[vv] = [nn\,3] = [nn] - [an]x - [bn]y - [cn]z$

66. Formeln zur Ortsbestimmung.

Bezeichnungen: α Rektaszension
δ Deklination
t Stundenwinkel
z Zenitdistanz
A_s Azimut, vom Südpunkt über W, N, O gezählt
A_n Azimut, vom Nordpunkt über O, S, W gezählt
φ Geographische Breite
q Parallaktischer Winkel am Stern
Θ Sternzeit
$t = \Theta - \alpha$

Zeitbestimmung aus einer Zenitdistanz.

$$\cos t = \frac{\cos z - \sin\varphi \sin\delta}{\cos\varphi \cos\delta} = \frac{\cos z}{\cos\varphi \cos\delta} - \tan\varphi \tan\delta$$

$$\tan\tfrac{1}{2}t = \sqrt{\frac{\sin(s-\varphi)\sin(s-\delta)}{\cos s \cos(s-z)}} \qquad s = \frac{\varphi + \delta + z}{2}$$

Differentialausdruck:

$$dt = \frac{1}{\cos\varphi \sin A_s} dz - \frac{1}{\cos\varphi \tan A_s} d\varphi + \frac{1}{\cos\delta \tan q} d\delta$$

Breitenbestimmung aus einer Zenitdistanz.

$$\cos(\varphi - M) = \frac{\cos z}{\sin\delta}\sin M \qquad \tan M = \frac{\tan\delta}{\cos t}$$

Differentialausdruck:

$$d\varphi = \frac{1}{\cos A_s} dz - \cos\varphi \tan A_s\, dt + \frac{\cos q}{\cos A_s} d\delta$$

Berechnung der Zenitdistanz (zur Standlinienmethode).

$\cos z = \sin\varphi \sin\delta + \cos\varphi \cos\delta \cos t$

$\cos z = \sin\varphi \sin(N+\delta)\sec N \qquad \tan N = \cot\varphi \cos t$
    oder
$\cos z = \cos\varphi \sin(N+\delta)\csc N \cos t \qquad$ für kleine φ

$\sin\tfrac{1}{2}z = \sin\tfrac{1}{2}(\varphi-\delta)\sec M$, wo
$\qquad \tan M = \csc\tfrac{1}{2}(\varphi-\delta)\sin\tfrac{1}{2}t \sqrt{\cos\varphi \cos\delta}$

Differentialausdruck:

$$dz = \cos A_s\, d\varphi + \cos\varphi \sin A_s\, dt - \cos q\, d\delta$$

66. Formeln zur Ortsbestimmung (Fortsetzung).

Berechnung des Azimuts.

$$\left.\begin{array}{l} \sin A_s = -\sin A_n = \dfrac{\cos\delta \sin t}{\sin z} \\[4pt] \cos A_s = -\cos A_n = \dfrac{\sin\varphi \cos z - \sin\delta}{\cos\varphi \sin z} \\[4pt] = \mathrm{tang}\,\varphi\,\mathrm{cotg}\,z - \dfrac{\sin\delta}{\cos\varphi \sin z} \\[4pt] \mathrm{tang}\,\tfrac{1}{2}A_s = -\mathrm{cotg}\,\tfrac{1}{2}A_n = \sqrt{\dfrac{\sin(s-\varphi)\cos(s-z)}{\cos s\,\sin(s-\delta)}} \\[4pt] s = \dfrac{\varphi+\delta+z}{2} \end{array}\right\} \text{Höhen-azimut}$$

$$\left.\begin{array}{l} \mathrm{tang}\,A_s = \mathrm{tang}\,A_n = \dfrac{\sin t}{\sin\varphi \cos t - \cos\varphi\,\mathrm{tang}\,\delta} \\[4pt] \mathrm{tang}\,A_s = \mathrm{tang}\,A_n = -\dfrac{\mathrm{cotg}\,\delta\,\sec\varphi\,\sin t}{1-\mathrm{cotg}\,\delta\,\mathrm{tang}\,\varphi\,\cos t} \\[4pt] \mathrm{tang}\,A_s = \mathrm{tang}\,A_n = \dfrac{\cos M\,\mathrm{tang}\,t}{\sin(\varphi-M)} \qquad \mathrm{tang}\,M = \dfrac{\mathrm{tang}\,\delta}{\cos t} \end{array}\right\} \text{Zeit-azimut}$$

Differentialausdrücke:

$$dA = -\frac{\mathrm{cotg}\,t}{\cos\varphi}\,d\varphi + \frac{1}{\cos\varphi \sin t}\,d\delta + \frac{1}{\sin z\,\mathrm{tang}\,q}\,dz$$

$$dA = -\frac{\sin A_s}{\mathrm{tang}\,z}\,d\varphi + \frac{\sin q}{\sin z}\,d\delta + \frac{\cos\delta\,\cos q}{\sin z}\,dt$$

Azimut und Zeit aus einer Distanzmessung.

Da die beiden zu verbindenden Objekte, der irdische Gegenstand sowohl als auch das Gestirn, bei der Beobachtung nur eine geringe Erhebung über dem Horizont haben sollen, führen wir hier statt der Zenitdistanzen die (kleinen) Höhen ein und bezeichnen mit

a, h Azimut und Höhe des Gestirns,
A, H Azimut und Höhe des terrestrischen Objekts,
  D die gemessene Distanz, die ebensowenig wie die gemessene
     Höhe H wegen Refraktion zu verbessern ist,
$\alpha = A - a$ die Azimutdifferenz Objekt — Gestirn.

66. Formeln zur Ortsbestimmung (Fortsetzung).

Azimut und Zeit (Fortsetzung).

Man erhält:

$$\cos \alpha = \frac{\cos D - \sin h \sin H}{\cos h \cos H}$$

oder:

$$\tan \frac{\alpha}{2} = \sqrt{\frac{\sin(s-H)\sin(s-h)}{\cos s \cos(s-D)}} \qquad s = \tfrac{1}{2}(D+H+h)$$

und berechnet a, h durch:

$$\tan a_s = \tan a_n = -\frac{\cot \delta \sec \varphi \sin t}{1 - \cot \delta \tan \varphi \cos t} \qquad \cos h = \frac{\cos \delta \sin t}{\sin a_s}$$

oder durch:

$$\tan M = \tan \delta \sec t$$

$$\tan a_s = \tan a_n = \frac{\cos M \tan t}{\sin(\varphi - M)} \qquad \tan h = \cot(\varphi - M) \cos a_s$$

Die Differentialausdrücke für die Abhängigkeit zwischen α und D, h, H

$$d\alpha = \frac{\sin D}{\cos h \cos H \sin \alpha} \cdot dD \qquad d\alpha = \frac{1}{\cos h \tan \sigma} \cdot dh$$

$$d\alpha = \frac{1}{\cos H \tan \mu} \cdot dH$$

zeigen, daß man h und H möglichst klein und einander gleich halten soll. σ und μ bedeuten im Dreieck Zenit - Stern - Mire die Winkel am Stern und an der terrestrischen Mire. Für das Gestirnazimut a macht ein Zeitfehler dt

$$da = \frac{\cos \delta \cos q}{\cos h} dt \qquad \begin{array}{l} q = \text{parallaktischer Winkel am} \\ \text{Gestirn} \end{array}$$

dann am wenigsten aus, wenn wieder h klein ist und der Stern im Ersten Vertikal oder in der Digression steht.

Die lineare Exzentrizität eines Sextanten beträgt höchstens 5 cm; für einen Spiegelkreis ist sie noch kleiner. Die Sextantenparallaxe sinkt also unter 10″ für Objekte mit einem Abstand von mehr als 1000 m.

66. Formeln zur Ortsbestimmung (Fortsetzung).

Azimut und Zeit (Fortsetzung).

Hat man einmal A und H für eine irdische Mire bestimmt, so kann man umgekehrt leicht aus einer Distanzmessung die Zeit ableiten. Diese Methode ist besonders bequem und empfehlenswert, wenn man in hohen Breiten längere Zeit an derselben Station liegen bleibt. Man berechnet zunächst aus A, H die ebenfalls konstanten äquatorealen Koordinaten Stundenwinkel τ und Deklination Δ des irdischen Objektes durch:

$$\tang N = \cotg H \cos A$$

$$\tang \tau = \frac{\tang A \sin N}{\cos(\varphi - N)} \qquad \tang \Delta = \tang(\varphi - N)\cos \tau$$

Die Differentialausdrücke:

$$d\tau = \frac{\cos H \cos Q}{\cos \Delta} \cdot dA - \frac{\sin Q}{\cos \Delta} \cdot dH$$

$$d\Delta = \cos H \sin Q \cdot dA + \cos Q \cdot dH$$

Q = parallaktischer Winkel am Objekt

$$\sin Q = \frac{\cos \varphi \sin A_s}{\cos \Delta}$$
$$= \frac{\cos \varphi \sin \tau}{\cos H}$$

entbehren hier der praktischen Bedeutung, da man über die Stücke nicht verfügen kann.

Aus dem sphärischen Dreieck Pol – Objekt – Gestirn geht der Winkel χ am Pol hervor durch:

$$\cos \chi = \frac{\cos D - \sin \Delta \sin \delta}{\cos \Delta \cos \delta}$$

oder durch:

$$\tang \frac{\chi}{2} = \sqrt{\frac{\sin(s-\Delta)\sin(s-\delta)}{\cos s \cos(s-D)}} \qquad s = \tfrac{1}{2}(D + \Delta + \delta)$$

und der Stundenwinkel t des Gestirns und damit die Zeit:

$$t = \tau + \chi$$

Das Vorzeichen von χ stellt man durch den Anblick am Himmel fest.

Differentialausdruck:

$$dt = d\chi = \frac{\sin D}{\cos \Delta \cos \delta \sin \chi} \cdot dD$$

Δ und δ sollen demnach möglichst klein sein, dann wird in hohen Breiten nahe $\frac{\sin D}{\sin \chi} = 1$, alles Dinge, die man räumlich sofort erkennt.

66. Formeln zur Ortsbestimmung (Fortsetzung).

Azimut und Zeit (Schluß).

Beispiel. Distanz Sonne – Kirchturm $D = 28°\ 9'\ 19''2$, $H = 6°\ 18'\ 49''6$, Kirchturm links.

$\varphi = +48°\ 35'\ 0''2 \qquad \delta_\odot = +22°\ 22'\ 31''2 \qquad t_\odot = +6^h\ 28^m\ 25^s7$

I. Azimutbestimmung.

			tg δ	9.61 455	cos M 9.45 912ₙ
			sec t	0.90 755ₙ	tg t 0.90 419ₙ
D	28° 9′ 19″2		tg M	0.52 210ₙ	cosec(φ−M) 0 07 090ₙ
H	6 18 49.6		M 106° 43′ 39″1		tg aₛ 0.43 421ₙ
h	12 6 38.4		φ−M −58 8 38.9		aₛ 110° 12′ 4″6
s	23 17 23.6	sec 0.03 691			
s−H	16 58 34.0	sin 9 46 534			cotg(φ−M) 9.79 336ₙ
s−h	11 10 45.2	sin 9.28 753			cos aₛ 9.53 822ₙ
s−D	−4 51 55.6	sec 0.00 157			tg h 9.33 158
		8.79 135			h 12° 6′ 38″4

$$\text{tg}\frac{\alpha}{2}\ 9.39\,567$$

α 27° 55′ 56″6
a 110 12 46
A 82 16 8.0

II. Verwandlung von A und H in τ und Δ.

cotg H 0.95 607	tg A 0.86 724	tg(φ−N) 8.53 858ₙ
cos A 9.12 880	sin N 9.88 780	cos τ 9.23 810
tg N 0.08 487	sec(φ−N) 0.00 026	tg Δ 7.77 668ₙ
N 50° 33′ 46″0	tg τ 0.75 530	Δ −0° 20′ 33″4
φ−N −1 58 45.8	τ +80° 2′ 11″4	

III. Zeitbestimmung.

D	28° 9′ 19″2			sin D 9.6738
Δ	− 0 20 33 4			sec Δ 0 0000
δ	+22 22 31.2			sec δ 0.0340
s	25 5 38.5	sec 0.04 306		cosec χ 0.5323
s−Δ	25 26 11.9	sin 9.63 297		0 2401
s−δ	2 43 7.3	sin 8.67 608		
s−D	−3 3 40.7	sec 0.00 062		dt = 1.738 · dD
		8.35 273		

$$\text{tg}\frac{\chi}{2}\ 9.17\,636$$

χ + 17° 4′ 20″2
τ +80 2 11.4
t_⊙ +97 6 31.6 = $+6^h\ 28^m\ 26^s1$

Der Widerspruch 0ˢ4 gegen den Ausgangsstundenwinkel liegt innerhalb der Unsicherheiten 5stelliger Rechnung.

66. Formeln zur Ortsbestimmung (Fortsetzung).

Längenbestimmung aus einer Sternbedeckung.

α_*, δ_* Rektaszension und Deklination des bedeckten Sterns,

T_0 Mittlere Greenwicher Zeit, zu der Mond und Stern gleiche geozentrische Rektaszension haben (geozentrische Konjunktion in Rektaszension),

$\delta_{\mathbb{C}}, \Pi$ Deklination und Äquatoreal-Horizontalparallaxe des Mondes zur Zeit T_0,

$d\alpha, d\delta$ Stündliche Änderungen der Rektaszension und Deklination des Mondes zur Zeit T_0,

T Mittlere Ortszeit des beobachteten Momentes (Eintritt oder Austritt),

Θ Ortssternzeit des beobachteten Momentes,

λ' Angenommene Länge des Beobachtungsortes (westlich $+$, östlich $-$).

Genäherte Rechnung.

$q = \dfrac{\delta_{\mathbb{C}} - \delta_*}{\Pi}$ $\operatorname{tg} N = \dfrac{p'}{q'}$ $\delta_{\mathbb{C}} - \delta_*, \Pi, d\delta, d\alpha$ in Bogensekunden auszudrücken.

$q' = \dfrac{d\delta}{\Pi}$

$0° < N < 180°$

$n = \dfrac{p'}{\sin N} = \dfrac{q'}{\cos N}$ n stets positiv.

$p' = \dfrac{d\alpha \cos \delta_{\mathbb{C}}}{\Pi}$

$t_* = \Theta - \alpha_*$

$x = \varrho \cos \varphi' \sin t_*$

$y = \varrho \sin \varphi' \cos \delta_* - \varrho \cos \varphi' \sin \delta_* \cos t_*$

Zur Berechnung von $\varrho \cos \varphi'$ und $\varrho \sin \varphi'$ siehe Taf. 40 (S. 28 u. 152).

$\tau = T_0 - (T + \lambda')$ $\operatorname{tg} M = \dfrac{\mathfrak{P} - x}{\mathfrak{Q} - y}$ $\tau, \mathfrak{P}, \mathfrak{Q}$ in Stunden auszudrücken.

$\mathfrak{P} = -p'\tau$

$\mathfrak{Q} = q - q'\tau$

$m = \dfrac{\mathfrak{P} - x}{\sin M} = \dfrac{\mathfrak{Q} - y}{\cos M}$ sin M gleiches Vorzeichen mit $\mathfrak{P} - x$, cos M gleiches Vorzeichen mit $\mathfrak{Q} - y$.

$\cos \psi = \dfrac{m}{k} \sin(M - N)$ m stets positiv.

$0° < \psi < 180°$
$k = 0.272\,550$
$\log k = 9.435\,446$

66. Formeln zur Ortsbestimmung (Fortsetzung).

Längenbestimmung (Fortsetzung).

An λ' anzubringende Korrektion $d\lambda$ in Stunden:

$$d\lambda^{(h)} = -\frac{m}{n} \cdot \frac{\cos(M-N-\psi)}{\cos\psi} \quad \text{für den Eintritt des Sterns}$$

$$d\lambda^{(h)} = -\frac{m}{n} \cdot \frac{\cos(M-N+\psi)}{\cos\psi} \quad \text{für den Austritt des Sterns}$$

$$\lambda = \lambda' + d\lambda$$

Die vom Mondort abhängigen Größen werden in einigen Ephemeriden für jede Bedeckung von Sternen bis zur Größe 6.5^m angegeben. Das Nautische Jahrbuch enthält T_0 (auf 1^s), q, log n, N. Nautical Almanac und American ephemeris geben T_0 (nur auf 0.1^m), q (mit Y bezeichnet), p' (mit x' bezeichnet), q' (mit y' bezeichnet).

Strenge Rechnung.

Verzichtet man auf die Benutzung der in den Ephemeriden für die Zeit T_0 der Konjunktion angegebenen Bedeckungskonstanten T_0, q, log n, N, p', q', so läßt sich die Rechnung strenge in folgender Weise führen, die ein genaueres Resultat ergibt, als die an erster Stelle behandelte Methode. Die Bezeichnungen sind dieselben wie vorhin.

Für die Zeit $T + \lambda'$ wird der Ephemeride $\alpha_\mathbb{C}$, $\delta_\mathbb{C}$, Π, $d\alpha$, $d\delta$ entnommen.

$$p = \frac{\sin(\alpha_\mathbb{C} - \alpha_*)\cos\delta_\mathbb{C}}{\sin\Pi}$$

$$q = \frac{\sin(\delta_\mathbb{C} - \delta_*)\cos^2\tfrac{1}{2}(\alpha_\mathbb{C} - \alpha_*) + \sin(\delta_\mathbb{C} + \delta_*)\sin^2\tfrac{1}{2}(\alpha_\mathbb{C} - \alpha_*)}{\sin\Pi}$$

$$p' = \frac{d\alpha \cos\delta_\mathbb{C}}{\Pi} \qquad\qquad q' = \frac{d\delta}{\Pi}$$

$$\operatorname{tg} N = \frac{p'}{q'} \qquad n = \frac{p'}{\sin N} = \frac{q'}{\cos N} \qquad \begin{array}{l} 0° < N < 180° \\ \text{n stets positiv} \end{array}$$

$$x = \varrho \cos\varphi' \sin t_*$$
$$y = \varrho \sin\varphi' \cos\delta_* - \varrho \cos\varphi' \sin\delta_* \cos t_*$$

66. Formeln zur Ortsbestimmung (Fortsetzung).

Längenbestimmung (Fortsetzung).

$$\operatorname{tg} M = \frac{p-x}{q-y}$$

$\sin M$ gleiches Vorzeichen mit $p-x$
$\cos M$ „ „ „ $q-y$
m stets positiv

$$m = \frac{p-x}{\sin M} = \frac{q-y}{\cos M}$$

χ durchweg so zu nehmen, daß $\cos \chi$ negativ für Eintritte, positiv für Austritte ist[1].

$$\sin \chi = \frac{m}{k} \sin(M-N)$$

$\log k = 9.435\,446$

$$d\lambda^{(h)} = \frac{k}{n} \cos \chi - \frac{m}{n} \cos(M-N)$$

oder, wenn $\sin \chi$ nicht sehr klein, bequemer:

$$d\lambda^{(h)} = \frac{m}{n} \cdot \frac{\sin(M-N-\chi)}{\sin \chi}$$

$$\lambda = \lambda' + d\lambda$$

Die mit dem Mondort der Ephemeride berechnete Länge λ ist noch behaftet mit den Fehlern des Mondortes. Seien dessen Korrektionen $\Delta\alpha$, $\Delta\delta$, beide in Bogensekunden ausgedrückt, und sei λ_w die wahre von den Fehlern des Mondortes befreite Länge, so besteht zwischen λ_w und λ die folgende Beziehung:

$$\lambda_w = \lambda - \Delta\alpha \frac{3600}{n\Pi} \cos\delta_{\mathbb{C}} (\operatorname{tg}\chi \cos N + \sin N)$$
$$+ \Delta\delta \frac{3600}{n\Pi} (\operatorname{tg}\chi \sin N - \cos N)$$

Π ist in Bogensekunden anzusetzen. Die Verbesserung $(\lambda_w - \lambda)$ der Länge erhält man in Zeitsekunden.

Die Korrektionsglieder für Mondradius, Mondparallaxe und Erdfigur brauchen bei Beobachtungen zur Längenbestimmung auf Reisen nicht eingeführt zu werden.

Bei genauen Rechnungen hat man den Erdradius ϱ des Beobachtungsortes wegen Seehöhe h und Strahlenbrechung zu verbessern. Den Einfluß der Seehöhe findet man in der Erläuterung zur Tafel 40 (S. 28).

---

[1] Ausnahmen von dieser Regel können in seltenen Fällen eintreten; doch ist dann auch die Okkultation zur Längenbestimmung ungeeignet.

66. Formeln zur Ortsbestimmung (Fortsetzung).

Längenbestimmung (Fortsetzung).

Die Wirkung der Refraktion für Okkultationen äußert sich in einer scheinbaren Vergrößerung des Erdradius des Beobachtungsortes. Das folgende Täfelchen gibt die Korrektion des $\log \varrho$ in Einheiten der sechsten Dezimale des Logarithmus mit dem Argument wahre Zenitdistanz z des bedeckten Sterns im beobachteten Moment. In der dritten Spalte steht als weiteres Argument $\log \cos z$.

Korrektion des $\log \varrho$ wegen Refraktion bei Bedeckungen.

Wahre ZD	$\Delta \log \varrho$	$\log \cos z$	Wahre ZD	$\Delta \log \varrho$	$\log \cos z$
60°	0	9.70	88°0	+ 41	8.54
65	+ 1	9.63	2	45	50
70	+ 1	9.53	4	49	45
72	1	49	6	53	39
74	2	44	8	59	8.32
76	2	38	89.0	+ 64	8.24
78	3	9.32	1	67	20
80	+ 5	9.24	2	71	14
81	6	19	3	74	09
82	7	14	4	78	8.02
83	9	09	89.5	+ 82	7.94
84	11	9.02	6	86	84
			7	90	72
85.0	+ 15	8.94	8	95	54
85.5	17	89	9	100	7.24
86.0	20	84			
86.5	23	79	90.0	+ 105	—
87.0	28	72			
87.5	34	8.64			
88.0	+ 41	8.54			

Beispiel (fingiert; Beobachtungsort im Parallel bei Capstadt).
Strenge Rechnung.

$\varphi = -33°\ 56'\ 3''\!.2 \qquad \lambda' = -1^h\ 14^m\ 0^s\!.0$ östl. v. Greenw.

1912 März 29 42 Leonis Eintritt $14^h\ 20^m\ 59^s\!.4$ MOZ = $14^h\ 49^m\ 13^s\!.15$ Sternzt.

$T' + \lambda \qquad 13^h\ 6^m\ 59^s\!.4$

$\alpha_{\mathbb{C}}$	$10^h\ 19^m\ 12^s\!.27$	α_*	$10^h\ 17^m\ 8^s\!.07$	$\alpha_{\mathbb{C}} - \alpha_*$	$+\ 0^h\ 2^m\ 4^s\!.20$
$\delta_{\mathbb{C}} +$	$14°\ 48'\ 33''\!.4$	δ_*	$+15°\ 25'\ 7''\!.3$	$\delta_{\mathbb{C}} - \delta_*$	$-\ 0°\ 36'\ 33''\!.9$
$\pi_{\mathbb{C}}$	$59\ 28.91$	t_*	$+\ 4^h\ 32^m\ 5^s\!.08$	$\delta_{\mathbb{C}} + \delta_*$	$+30°\ 13'\ 40''\!.7$

$\log d\alpha^{('')}\ 3.30\ 604$
$\log d\delta^{('')}\ 2.95\ 046_n$

66. Formeln zur Ortsbestimmung (Schluß).

Längenbestimmung (Schluß).

$$
\begin{array}{rl}
\cos\delta_{\mathbb{C}} & 9.98\,533 \\
\sin(\alpha_{\mathbb{C}}-\alpha_*) & 7.95\,578 \\
\text{cpl}\sin\Pi_{\mathbb{C}} & 1.76\,191 \\
\log p & \overline{9.70\,302} \\
p & +0.50\,469
\end{array}
\qquad
\begin{array}{rl}
\sin(\delta_{\mathbb{C}}-\delta_*) & 8.02\,678_n \\
\cos^2\tfrac{1}{2}(\alpha_{\mathbb{C}}-\alpha_*) & 0.00\,000 \\
& \overline{8.02\,678_n}\;(a) \\
& 9.99\,958\;(C) \\
\text{cpl}\sin\Pi_{\mathbb{C}} & 1.76\,191 \\
\log q & \overline{9.78\,827_n} \\
q & -0.61\,414
\end{array}
\qquad
\begin{array}{rl}
\sin(\delta_{\mathbb{C}}+\delta_*) & 9.70\,195 \\
\sin^2\tfrac{1}{2}(\alpha_{\mathbb{C}}-\alpha_*) & \underline{5.30\,950} \\
& 5.01\,145\;(b) \\
& 3.01\,533\;(B)
\end{array}
$$

$$
\begin{array}{rl}
\log d\alpha & 3.30\,604 \\
\cos\delta_{\mathbb{C}} & 9.98\,533 \\
\text{cpl}\lg\Pi_{\mathbb{C}} & 6.44\,746 \\
\log p' & \overline{9.73\,883}
\end{array}
\qquad
\begin{array}{rl}
\log d\delta & 2.95\,046_n \\
\log\Pi_{\mathbb{C}} & \underline{3.55\,254} \\
\log q' & 9.39\,792_n \\
\tg N & 0.34\,091_n \\
N & 114°\,31'\,9'' \\
\log n & 9.77\,987
\end{array}
$$

$$
\begin{array}{rl}
\lg\varrho\cos\varphi' & 9.91\,936 \\
\sin t_* & 9.96\,723 \\
\log x & \overline{9.88\,659} \\
x & +0.77\,018
\end{array}
\qquad
\begin{array}{rl}
\lg\varrho\sin\varphi' & 9.74\,435_n \\
\cos\delta_* & \underline{9.98\,409} \\
& 9.72\,844_n \\
& -0.53\,511 \\
& -0.08\,264 \\
y & -0.61\,775
\end{array}
\qquad
\begin{array}{rl}
\lg\varrho\cos\varphi' & 9.91\,936 \\
\sin\delta_* & 9.42\,467 \\
\cos t_* & \underline{9.57\,318} \\
& 8.91\,721
\end{array}
$$

$$
\begin{array}{rl}
p-x & -0.26\,549 \\
q-y & +0.00\,361 \\
& \tg M\;\overline{1.86\,653_n} \\
M & 270°\,46'\,44''.6 \\
M-N & 156\;\;15\;\;35.6 \\
M-N-\chi & -0\;\;38\;\;58.4
\end{array}
\qquad
\begin{array}{rl}
\lg 9.42\,404 \\
\lg 7.55\,751
\end{array}
\qquad
\begin{array}{rl}
\lg m & 9.42\,408 \\
\text{cpl}\lg k & 0.56\,455 \\
\sin(M-N) & 9.60\,486 \\
\sin\chi & 9.59\,349 \\
\chi & 156°\,54'\,34''
\end{array}
$$

$$
\begin{array}{rl}
\lg m & 9.42\,408 \\
\lg n & \underline{9.77\,987} \\
& 9.64\,421 \\
& 8.46\,100_n \\
\lg 3600 & \underline{3.55\,630} \\
\log d\lambda & 1.66\,151_n \\
d\lambda & = -45^s.87
\end{array}
\qquad
\begin{array}{rl}
\sin(M-N-\chi) & 8.05\,449_n \\
\sin\chi & \underline{9.59\,349} \\
& 8.46\,100_n
\end{array}
\qquad
\begin{array}{rl}
\lambda' & -1^h\,14^m\,0^s.0 \\
d\lambda & -45.9 \\
\hline
\lambda & -1\;\;14\;\;45.9 = -18°\,41'\,28''
\end{array}
$$

$$
\begin{array}{rl}
\tg\chi & 9.62\,976_n \\
\cos N & \underline{9.61\,804_n} \\
& 9.24\,780 \\
\\
& +0.17\,693 \\
+\sin N & \underline{+0.90\,982} \\
& +1.08\,675 \\
\\
& 0.03\,613 \\
& \underline{0.20\,922} \\
& 0.24\,535 \\
\\
& +1.7593
\end{array}
\qquad
\begin{array}{rl}
\tg\chi & 9.62\,976_n \\
\sin N & \underline{9.95\,896} \\
& 9.58\,872_n \\
\\
& -0.38\,790 \\
-\cos N & \underline{+0.41\,499} \\
& +0.02\,709 \\
\\
& 8.43\,281 \\
& \underline{0.22\,389} \\
& 8.65\,670 \\
\\
& +0.04\,536
\end{array}
\qquad
\begin{array}{rl}
\lg n & 9.77\,987 \\
\lg\Pi_{\mathbb{C}} & \underline{3.55\,254} \\
& 3.33\,241 \\
\lg 3600 & 3.55\,630 \\
\cos\delta_{\mathbb{C}} & 9.98\,533
\end{array}
$$

$\lambda_w = \lambda - 1.759\,\Delta\alpha^{('')} + 0.045\,\Delta\delta^{('')}$

Für $\Delta\alpha$ in Zeitsekunden hat man

$\lambda_w = \lambda - 26.39\,\Delta\alpha^{(s)} + 0.045\,\Delta\delta^{('')}$

Die Zenitdistanz des Sterns ergibt sich für den Bedeckungsmoment zu $81°\,19'$. Der $\log\varrho$ wäre daher wegen Refraktion zu verbessern um $+6^{VI}$. Der Einfluß blieb vernachlässigt, da er in $d\lambda$ kaum $0^s.1$ ausmacht.

67. Formeln zur theoretischen Astronomie.

Verwandlung von äquatorealen Koordinaten (α, δ) in ekliptikale (λ, β) und umgekehrt.

$$\operatorname{tg} M = \frac{\operatorname{tg}\delta}{\sin\alpha} \qquad\qquad \operatorname{tg} N = \frac{\operatorname{tg}\beta}{\sin\lambda}$$

$$\operatorname{tg}\lambda = \frac{\cos(M-\varepsilon)}{\cos M}\operatorname{tg}\alpha \qquad\qquad \operatorname{tg}\alpha = \frac{\cos(N+\varepsilon)}{\cos N}\operatorname{tg}\lambda$$

$$\operatorname{tg}\beta = \operatorname{tg}(M-\varepsilon)\sin\lambda \qquad\qquad \operatorname{tg}\delta = \operatorname{tg}(N+\varepsilon)\sin\alpha$$

ε Schiefe der Ekliptik
$\cos\lambda$ und $\cos\alpha$ haben das gleiche Vorzeichen.

Kontrollformeln:

$$\frac{\cos(M-\varepsilon)}{\cos M} = \frac{\cos\beta\sin\lambda}{\cos\delta\sin\alpha} \qquad\qquad \frac{\cos(N+\varepsilon)}{\cos N} = \frac{\cos\delta\sin\alpha}{\cos\beta\sin\lambda}$$

$$\sin(\lambda-\alpha) = 2\cos\alpha\operatorname{tg}\beta\operatorname{cosec}(M-\varepsilon)\sin\tfrac{1}{2}\varepsilon\sin(M-\tfrac{1}{2}\varepsilon)$$
$$\sin\tfrac{1}{2}(\delta-\beta) = \sin\beta\operatorname{cosec}(M-\varepsilon)\sin\tfrac{1}{2}\varepsilon\cos(M-\tfrac{1}{2}\varepsilon)\sec\tfrac{1}{2}(\delta+\beta)$$
$$\sin(\lambda-\alpha) = 2\cos\alpha\sec\beta\sin\delta\operatorname{cosec}(N+\varepsilon)\sin\tfrac{1}{2}\varepsilon\sin(N+\tfrac{1}{2}\varepsilon)$$
$$\sin\tfrac{1}{2}(\delta-\beta) = \sin\delta\operatorname{cosec}(N+\varepsilon)\sin\tfrac{1}{2}\varepsilon\cos(N+\tfrac{1}{2}\varepsilon)\sec\tfrac{1}{2}(\delta+\beta)$$

Anomalie und Radiusvektor in der Ellipse.

M mittlere Anomalie
E exzentrische Anomalie
v wahre Anomale
e Exzentrizität
φ Exzentrizitätswinkel, $e = \sin\varphi$
a große Halbachse
q Periheldistanz
$p = a(1-e^2)$ = Parameter
r Radiusvektor
U Umlaufszeit
μ mittlere tägliche Bewegung.

$$M = E - e\sin E \qquad\qquad r = a(1 - e\cos E)$$

$$\operatorname{tg}\tfrac{1}{2}v = \sqrt{\frac{1+e}{1-e}}\operatorname{tg}\tfrac{1}{2}E \qquad\qquad r = \frac{p}{1+e\cos v} = \frac{a(1-e^2)}{1+e\cos v}$$

$$\sin\tfrac{1}{2}(v-E) = \sin\frac{\varphi}{2}\sqrt{\frac{r}{p}}\sin v = \sin\frac{\varphi}{2}\sqrt{\frac{a}{r}}\sin E$$

$$\sin\tfrac{1}{2}(v+E) = \cos\frac{\varphi}{2}\sqrt{\frac{r}{p}}\sin v = \cos\frac{\varphi}{2}\sqrt{\frac{a}{r}}\sin E$$

$$r\sin v = a\cos\varphi\sin E$$
$$r\cos v = a(\cos E - e)$$

67. Formeln zur theoretischen Astronomie (Fortsetzung).

Die Gaußschen Äquatorkonstanten und die heliozentrischen Koordinaten x′, y′, z′.

Bahnelemente auf die Ekliptik bezogen:

- ω Abstand des Perihels vom Knoten
- Ω Länge des Knotens
- i Neigung.

$$\operatorname{tg} N = \frac{\operatorname{tg} i}{\cos \Omega}$$

$$\operatorname{cotg} A = -\operatorname{tg} \Omega \cos i \qquad \sin a = \frac{\cos \Omega}{\sin A}$$

$$\operatorname{cotg} B = \frac{\cos i \cos(N+\varepsilon)}{\operatorname{tg} \Omega \cos N \cos \varepsilon} \qquad \sin b = \frac{\sin \Omega \cos \varepsilon}{\sin B}$$

$$\operatorname{cotg} C = \frac{\cos i \sin(N+\varepsilon)}{\operatorname{tg} \Omega \cos N \sin \varepsilon} \qquad \sin c = \frac{\sin \Omega \sin \varepsilon}{\sin C}$$

$\sin a$, $\sin b$, $\sin c$ stets positiv.

Probe: $\operatorname{tg} i = \dfrac{\sin b \sin c \sin(C-B)}{\sin a \cos A}$

Heliozentrische Koordinaten:

$$x' = r \sin a \sin(A' + v) \qquad A' = A + \omega$$
$$y' = r \sin b \sin(B' + v) \qquad B' = B + \omega$$
$$z' = r \sin c \sin(C' + v) \qquad C' = C + \omega$$

Übergang auf geozentrischen Ort α, δ.

ϱ Abstand Erde – Gestirn
X, Y, Z äquatoreale Sonnenkoordinaten.

$$\varrho \sin \alpha \cos \delta = y' + Y$$
$$\varrho \cos \alpha \cos \delta = x' + X$$
$$\varrho \sin \delta = z' + Z$$

Reduktion des geozentrischen mittleren Ortes (α, δ) auf wahren Ort.

$$\Delta \alpha = f + g \sin(G + \alpha) \operatorname{tg} \delta \qquad \Delta \delta = g \cos(G + \alpha)$$

f, g, G den astronomischen Ephemeriden zu entlehnen.

67. Formeln zur theoretischen Astronomie (Fortsetzung).

Transformation der Bahnlage.

i, Ω, ω bezogen auf die Ekliptik
i', Ω', ω' bezogen auf den Äquator.

Übergang von Ekliptik zu Äquator.

$$\cos\tfrac{1}{2}i' \sin\tfrac{1}{2}(\Omega' + \sigma) = \cos\tfrac{1}{2}(i - \varepsilon) \sin\tfrac{1}{2}\Omega$$
$$\cos\tfrac{1}{2}i' \cos\tfrac{1}{2}(\Omega' + \sigma) = \cos\tfrac{1}{2}(i + \varepsilon) \cos\tfrac{1}{2}\Omega$$
$$\sin\tfrac{1}{2}i' \sin\tfrac{1}{2}(\Omega' - \sigma) = \sin\tfrac{1}{2}(i - \varepsilon) \sin\tfrac{1}{2}\Omega$$
$$\sin\tfrac{1}{2}i' \cos\tfrac{1}{2}(\Omega' - \sigma) = \sin\tfrac{1}{2}(i + \varepsilon) \cos\tfrac{1}{2}\Omega$$
$$\omega' = \omega + \sigma$$
$$\pi' = \omega' + \Omega'$$

Übergang von Äquator zu Ekliptik.

$$\sin\tfrac{1}{2}i \sin\tfrac{1}{2}(\Omega + \sigma) = \sin\tfrac{1}{2}(i' + \varepsilon) \sin\tfrac{1}{2}\Omega'$$
$$\sin\tfrac{1}{2}i \cos\tfrac{1}{2}(\Omega + \sigma) = \sin\tfrac{1}{2}(i' - \varepsilon) \cos\tfrac{1}{2}\Omega'$$
$$\cos\tfrac{1}{2}i \sin\tfrac{1}{2}(\Omega - \sigma) = \cos\tfrac{1}{2}(i' + \varepsilon) \sin\tfrac{1}{2}\Omega'$$
$$\cos\tfrac{1}{2}i \cos\tfrac{1}{2}(\Omega - \sigma) = \cos\tfrac{1}{2}(i' - \varepsilon) \cos\tfrac{1}{2}\Omega'$$
$$\omega = \omega' - \sigma$$
$$\pi = \omega + \Omega$$

π, π' Länge des Perihels.

Übertragung der Bahnlage auf verschiedene Äquinoktien.

Die Größen mit Index o gelten für das mittlere Äquinox t_0
„ „ „ „ 1 „ „ „ „ t_1
„ „ „ „ m „ „ „ „ $\dfrac{t_0 + t_1}{2}$

System der Ekliptik.

$$\Omega_1 = \Omega_0 + \{p - \pi \cot g\, i_m \sin(\Pi - \Omega_m)\}(t_1 - t_0)$$
$$i_1 = i_0 - \pi \cos(\Pi - \Omega_m)(t_1 - t_0)$$
$$\omega_1 = \omega_0 + \pi \cosec i_m \sin(\Pi - \Omega_m)(t_1 - t_0)$$

System des Äquators.

$$\Omega'_1 = \Omega'_0 + \{m - n \cot g\, i'_m \cos \Omega'_m\}(t_1 - t_0)$$
$$i'_1 = i'_0 - n \sin \Omega'_m (t_1 - t_0)$$
$$\omega'_1 = \omega'_0 + n \cos \Omega'_m \cosec i'_m (t_1 - t_0)$$

Die Werte p, π, Π, m, n werden mit dem Argument $\tfrac{1}{2}(t_0 + t_1)$ der Tafel 37 (S. 138) entnommen. In erster Näherung setzt man statt der mit dem Index m versehenen Größen jene mit dem Index o ein.

67. Formeln zur theoretischen Astronomie (Schluß).

Heliozentrische Länge und Breite (l, b) aus dem Orte in der Bahn.

u Argument der Breite $\qquad u = \omega + v$

$\cos b \cos(l - \Omega) = \cos u$
$\cos b \sin(l - \Omega) = \cos i \sin u$
$\sin b = \sin i \sin u$

$\operatorname{tg}(l - \Omega) = \cos i \operatorname{tg} u$
$\operatorname{tg} b = \operatorname{tg} i \sin(l - \Omega)$

Heliozentrische Koordinaten.

$x' = r \cos b \cos l$
$y' = r \cos b \sin l$
$z' = r \sin b$

Einige allgemeine Beziehungen in der elliptischen Bahn.

$$a = \frac{q}{1 - e}$$

Apheldistanz $= a(1 + e) = q \dfrac{1 + e}{1 - e}$

$U = a^{\frac{3}{2}}$ Siderische Jahre

$$\mu = \frac{k''}{a^{\frac{3}{2}}}$$

Sid. Jahr $= 365^d 256\,360$
$[2.562\,5978]$
$\log k'' = 3.550\,0066$

68. Refraktionstafeln nach Radau's Theorie.
a) Normale Refraktion.
Bar. 760 mm Quecks. bei 0°, Lufttemp. 0°, Dampfspannung 6 mm, Geogr. Breite 45°, Seehöhe 0ᵐ.

Scheinbare ZD	ϱ_0	Scheinbare ZD	ϱ_0	Scheinbare ZD	ϱ_0	Scheinbare ZD	ϱ_0
0°	0′ 0″	40°	0′ 50″	64° 0′	2′ 3″	77° 0′	4′ 15″
1	1	41	52	20	4	10	18
2	2	42	54	40	6	20	22
3	3	43	56	65 0	8	30	25
4	4	44	0 58	20	10	40	29
				40	12	50	33
5	0 5	45	1 0				
6	6	46	2	66 0	2 14	78 0	4 36
7	7	47	4	20	16	10	40
8	8	48	7	40	19	20	44
9	10	49	9	67 0	21	30	48
				20	23	40	52
10	0 11	50	1 12	40	25	50	4 56
11	12	51	14				
12	13	52	17	68 0	2 28	79 0	5 1
13	14	53	20	20	30	10	5
14	15	54	23	40	33	20	10
				69 0	35	30	15
15	0 16	55	1 26	20	38	40	20
16	17			40	41	50	25
17	18	56 0′	1 29				
18	20	20	30	70 0	2 44	80 0	5 30
19	21	40	31	20	47	10	35
		57 0	32	40	50	20	41
20	0 22	20	33	71 0	53	30	46
21	23	40	35	20	2 56	40	52
22	24			40	3 0	50	5 58
23	26	58 0	1 36				
24	27	20	37	72 0	3 3	81 0	6 4
		40	38	20	7	10	11
25	0 28	59 0	40	40	10	20	18
26	29	20	41	73 0	14	30	25
27	31	40	42	20	18	40	32
28	32			40	23	50	39
29	33	60 0	1 44				
		20	45	74 0	3 27	82 0	6 47
30	0 35	40	47	20	31	10	6 55
31	36	61 0	48	40	36	20	7 3
32	38	20	50	75 0	41	30	11
33	39	40	51	20	46	40	20
34	41			40	51	50	30
		62 0	1 53				
35	0 42	20	54	76 0	3 57	83 0	7 39
36	44	40	56	10	4 0	10	7 49
37	45	63 0	57	20	3	20	8 0
38	47	20	59	30	6	30	11
39	49	40	2 1	40	9	40	22
				50	12	50	34
40	0 50	64 0	2 3				
				77 0	4 15	84 0	8 46

68. Refraktionstafeln nach Radau's Theorie (Fortsetzung).

a) Normale Refraktion (Schluß).

Scheinbare ZD	ϱ_0	Scheinbare ZD	ϱ_0	Scheinbare ZD	ϱ_0	Scheinbare ZD	ϱ_0
84° 0'	8' 46"	86° 10'	12' 36"	87° 30'	16' 50"	88° 50'	24' 18"
10	8 59 ₁₃	12	12 40 ₄	32	16 58 ₈	52	24 33 ₁₅
20	9 13 ₁₄	14	12 45 ₅	34	17 6 ₈	54	24 49 ₁₆
30	9 27 ₁₄	16	12 51 ₆	36	17 15 ₉	56	25 5 ₁₆
40	9 42 ₁₅	18	12 56 ₅	38	17 23 ₈	58	25 21 ₁₆
50	9 57 ₁₅				₉		₁₆
	₁₆	86 20	13 1 ₅	87 40	17 32 ₉	89 0	25 37 ₁₇
85 0	10 13	22	13 6 ₅	42	17 41 ₉	2	25 54 ₁₇
2	10 17 ₄	24	13 11 ₅	44	17 50 ₉	4	26 11 ₁₇
4	10 20 ₃	26	13 17 ₆	46	17 59 ₉	6	26 28 ₁₇
6	10 24 ₄	28	13 22 ₅	48	18 8 ₉	8	26 45 ₁₇
8	10 27 ₃		₆		₁₀		₁₈
	₄	86 30	13 28 ₅	87 50	18 18 ₉	89 10	27 3 ₁₈
85 10	10 31	32	13 33 ₆	52	18 27 ₁₀	12	27 21 ₁₉
12	10 34 ₃	34	13 39 ₆	54	18 37 ₉	14	27 40 ₁₉
14	10 38 ₄	36	13 45 ₅	56	18 46 ₁₀	16	27 59 ₁₉
16	10 42 ₄	38	13 50 ₆	58	18 56 ₁₁	18	28 18 ₂₀
18	10 45 ₃		₆				
	₄	86 40	13 56 ₆	88 0	19 7 ₁₀	89 20	28 38 ₂₀
85 20	10 49	42	14 2 ₆	2	19 17 ₁₀	22	28 58 ₂₀
22	10 53 ₄	44	14 8 ₆	4	19 27 ₁₁	24	29 18 ₂₀
24	10 56 ₃	46	14 14 ₆	6	19 38 ₁₁	26	29 39 ₂₁
26	11 0 ₄	48	14 20 ₆	8	19 49 ₁₀	28	30 0 ₂₁
28	11 4 ₄		₆				₂₁
	₄	86 50	14 26 ₇	88 10	19 59 ₁₁	89 30	30 21 ₂₂
85 30	11 8	52	14 33 ₇	12	20 10 ₁₂	32	30 43 ₂₂
32	11 12 ₄	54	14 40 ₇	14	20 22 ₁₁	34	31 5 ₂₃
34	11 16 ₄	56	14 46 ₆	16	20 33 ₁₂	36	31 28 ₂₃
36	11 20 ₄	58	14 52 ₇	18	20 45 ₁₁	38	31 51 ₂₃
38	11 24 ₄						
	₄	87 0	14 59 ₆	88 20	20 56 ₁₂	89 40	32 14 ₂₄
85 40	11 28	2	15 5 ₇	22	21 8 ₁₂	42	32 38 ₂₅
42	11 32 ₄	4	15 12 ₇	24	21 20 ₁₃	44	33 3 ₂₅
44	11 36 ₄	6	15 19 ₇	26	21 33 ₁₂	46	33 28 ₂₅
46	11 41 ₅	8	15 26 ₇	28	21 45 ₁₃	48	33 53 ₂₆
48	11 45 ₄		₇				
	₄	87 10	15 33 ₇	88 30	21 58 ₁₃	89 50	34 19 ₂₆
85 50	11 49	12	15 40 ₈	32	22 11 ₁₃	52	34 45 ₂₇
52	11 54 ₅	14	15 48 ₇	34	22 24 ₁₄	54	35 12 ₂₇
54	11 58 ₄	16	15 55 ₈	36	22 38 ₁₃	56	35 39 ₂₈
56	12 3 ₅	18	16 3 ₇	38	22 51 ₁₄	58	36 7 ₂₉
58	12 7 ₄						
	₅	87 20	16 10 ₈	88 40	23 5 ₁₄	90 0	36 36
86 0	12 12	22	16 18 ₈	42	23 19 ₁₄		
2	12 16 ₄	24	16 26 ₇	44	23 33 ₁₅	$d\varrho_T = \varrho_0 A a \tau$	
4	12 21 ₅	26	16 33 ₈	46	23 48 ₁₅	$\varrho' = \varrho_0 + d\varrho_T$	
6	12 26 ₅	28	16 41 ₉	48	24 3 ₁₅	$d\varrho_B = \varrho' B \beta$	
8	12 31 ₅	87 30	16 50	88 50	24 18	$\varrho = \varrho' + d\varrho_B$	
86 10	12 36						

68. Refraktionstafeln nach Radau's Theorie (Fortsetzung).

b) Temperaturfaktor A.

Therm. C	A	Therm. C	A	Therm. C	A
−50°	+0.234 ₅	−20°	+0.083 ₅	+10°	−0.037 ₃
49	229 ₆	19	078 ₄	11	040 ₄
48	223 ₅	18	074 ₅	12	044 ₄
47	218 ₆	17	069 ₄	13	048 ₃
46	212 ₆	16	065 ₄	14	051 ₃
−45	+0.206 ₅	−15	+0.061 ₅	+15	−0.054 ₄
44	201 ₅	14	056 ₄	16	058 ₃
43	196 ₆	13	052 ₄	17	061 ₄
42	190 ₅	12	048 ₄	18	065 ₃
41	185 ₅	11	044 ₄	19	068 ₃
−40	+0.180 ₆	−10	+0.040 ₄	+20	−0.071 ₄
39	174 ₅	9	036 ₄	21	075 ₃
38	169 ₅	8	032 ₄	22	078 ₃
37	164 ₅	7	028 ₄	23	081 ₃
36	159 ₅	6	024 ₄	24	084 ₄
−35	+0.154 ₅	−5	+0.020 ₄	+25°	−0.088 ₃
34	149 ₅	4	016 ₄	26	091 ₃
33	144 ₅	3	012 ₄	27	094 ₃
32	139 ₅	2	008 ₄	28	097 ₃
31	134 ₅	−1	+0.004 ₄	29	100 ₄
−30	+0.129 ₅	0	0.000 ₄	+30	−0.104 ₃
29	124 ₄	+1	−0.004 ₄	31	107 ₃
28	120 ₅	2	008 ₃	32	110 ₃
27	115 ₅	3	011 ₄	33	113 ₃
26	110 ₅	4	015 ₄	34	116 ₃
−25	+0.105 ₄	+5	−0.019 ₃	+35	−0.119 ₃
24	101 ₅	6	022 ₄	36	122 ₃
23	096 ₄	7	026 ₄	37	125 ₃
22	092 ₅	8	030 ₃	38	128 ₃
21	087 ₄	9	033 ₄	39	131 ₃
−20	+0.083	+10	−0.037	+40	−0.134

$$d\varrho_T = \varrho_0 A a\tau$$
$$\varrho' = \varrho_0 + d\varrho_T$$
$$d\varrho_B = \varrho' B \beta$$
$$\varrho = \varrho' + d\varrho_B$$

68. Refraktionstafeln nach Radau's Theorie (Fortsetzung).

c) Faktor a.

Scheinb. ZD	a	Scheinb. ZD	a	Scheinb. ZD	a	Scheinb. ZD	a
45°	1.000	70°	1.009	85° 0'	1.114	88° 0'	1.299
46	001	71	010	10	119	10	319
47	001	72	011	20	125	20	340
48	001	73	013	30	131	30	363
49	001	74	015	40	138	40	388
				50	145	50	415
50	1.002	75	1.017	86 0	1.152	89 0	1.444
51	002	76	020	10	160	10	475
52	002	77	023	20	168	20	509
53	002	78	026	30	178	30	547
54	002	79	031	40	188	40	587
				50	198	50	630
55	1.002	80° 0'	1.037				
56	003	30	041	87 0	1.210	90 0	1.677
57	003	81 0	045	10	222		
58	003	30	050	20	235		
59	003			30	249		
		82 0	1.055	40	264		
60	1.004	20	059	50	281		
61	004	40	064				
62	004	83 0	069	88 0	1.299		
63	004	20	074				
64	005	40	080				
65	1.005	84 0	1.087			$d\varrho_T = \varrho_0 A a \tau$	
66	006	20	095			$\varrho' = \varrho_0 + d\varrho_T$	
67	007	40	104			$d\varrho_B = \varrho' B \beta$	
68	007	85 0	114			$\varrho = \varrho' + d\varrho_B$	
69	008						
70	1.009						

d) Faktor τ.

Temp. C	Scheinbare Zenitdistanz									Temp. C
	81°	82°	83°	84°	85°	86°	87°	88°	89°	90°	
−48°	1.002	1.003	1.005	1.006	1.009	1.015	1.022	1.037	1.067	1.120	−48°
−40	002	003	004	005	008	012	018	030	053	095	−40
−32	002	002	003	004	006	009	014	023	041	072	−32
−24	1.001	1.001	1.002	1.003	1.004	1.006	1.010	1.016	1.029	1.051	−24
−16	001	001	001	002	003	004	006	011	019	032	−16
− 8	000	000	000	001	001	002	003	005	009	015	− 8
0	1.000	1.000	1.000	1.000	1.000	1.000	1.000	1.000	1.000	1.000	0
+ 8	1.000	0.999	0.999	0.999	0.999	0.998	0.997	0.995	0.992	0.986	+ 8
+16	0.999	999	999	998	998	996	994	991	984	972	+16
+24	0.999	0.999	0.998	0.998	0.997	0.995	0.992	0.987	0.977	0.960	+24
+32	999	998	998	997	996	993	989	982	970	949	+32
+40	0.999	0.998	0.997	0.996	0.995	0.991	0.987	0.979	0.964	0.938	+40

68. Refraktionstafeln nach Radau's Theorie (Schluß).

e) Luftdruckfaktor B.   f) Faktor β.

Barometer	B	Barometer	B	Barometer	B
mm		mm		mm	
500	−0.342	650	−0.145	720	−0.053
510	329 ¹³	652	142 ³	722	050 ³
520	316 ¹³	654	140 ²	724	047 ³
530	303 ¹³	656	137 ³	726	045 ²
540	289 ¹⁴	658	134 ³	728	042 ³
	¹³		²		²
550	−0.276	660	−0.132	730	−0.040
560	263 ¹³	662	129 ³	732	037 ³
570	250 ¹³	664	126 ³	734	034 ³
580	237 ¹³	666	124 ²	736	032 ²
590	224 ¹³	668	121 ³	738	029 ³
	¹³		³		³
600	−0.211	670	−0.118	740	−0.026
602	208 ³	672	116 ²	742	024 ²
604	205 ³	674	113 ³	744	021 ³
606	202 ³	676	110 ³	746	018 ³
608	200 ²	678	108 ²	748	016 ²
	³		³		³
610	−0.197	680	−0.105	750	−0.013
612	195 ²	682	103 ²	752	010 ³
614	192 ³	684	100 ³	754	008 ²
616	190 ²	686	097 ³	756	005 ³
618	187 ³	688	095 ²	758	−0.003
	³		³		³
620	−0.184	690	−0.092	760	0.000
622	182 ²	692	090 ²	762	+0.003 ³
624	179 ³	694	087 ³	764	005 ²
626	176 ³	696	084 ³	766	008 ³
628	174 ²	698	082 ²	768	010 ²
	³		³		³
630	−0.171	700	−0.079	770	+0.013
632	168 ³	702	076 ³	772	016 ³
634	166 ²	704	074 ²	774	018 ²
636	163 ³	706	071 ³	776	021 ³
638	160 ³	708	068 ³	778	024 ³
	²		²		²
640	−0.158	710	−0.066	780	+0.026
642	155 ³	712	063 ³		
644	153 ²	714	060 ³		
646	150 ³	716	058 ²		
648	147 ³	718	055 ³		
	²		²		
650	−0.145	720	−0.053		

ϱ'	β
0′	1.000
2	001 ¹
4	002 ¹
6	004 ²
8	008 ⁴
	⁴
10	1.012
12	017 ⁵
14	023 ⁶
16	029 ⁶
18	035 ⁶
	⁶
20	1.041
22	048 ⁷
24	055 ⁷
26	062 ⁷
28	069 ⁷
	⁷
30	1.076
32	083 ⁷
34	091 ⁸
36	098 ⁷
38	106 ⁸
	⁸
40	1.114

$$d\varrho_T = \varrho_0 A a \tau$$
$$\varrho' = \varrho_0 + d\varrho_T$$
$$d\varrho_B = \varrho' B \beta$$
$$\varrho = \varrho' + d\varrho_B$$

69. Mittlere Extinktion.

a) Argument Wahre ZD.

Wahre ZD	Extinktion	Wahre ZD	Extinktion	Wahre ZD	Extinktion
	m		m		m
15°	0.00	40°	0.06	65°	0.32
16	00	41	07	66	34 ₂
17	01	42	07	67	36 ₂
18	01	43	08	68	39 ₃
19	01	44	08	69	42 ₃
20	0.01	45	0.09	70	0.45 ₃
21	01	46	09	71	48 ₃
22	01	47	10	72	52 ₄
23	01	48	11	73	56 ₄
24	02	49	11	74	60 ₄
25	0.02	50	0.12	75	0.65 ₅
26	02	51	13	76	70 ₅
27	02	52	14	77	76 ₆
28	02	53	15	78	82 ₆
29	03	54	16	79	90 ₈
30	0.03	55	0.17	80	0.98 ₈
31	03	56	18	81	1.07 ₉
32	03	57	19	82	1.18 ₁₁
33	04	58	20	83	1.32 ₁₄
34	04	59	22	84	1.49 ₁₇
35	0.04	60	0.23	85	1.72 ₂₃
36	05	61	25	86	2.04 ₃₂
37	05	62	26	87	2.48 ₄₄
38	05	63	28	88	3.10 ₆₂
39	06	64	30		
40	0.06	65	0.32		

b) Argument Scheinbare ZD.

Scheinbare ZD	Extinktion
	m
75°	0.65 ₆
76	71 ₆
77	77 ₆
78	83 ₈
79	91 ₈
80	0.99 ₉
81	1.08 ₉
82	1.19 ₁₁
83	1.33 ₁₄
84	1.52 ₁₉
85	1.77 ₂₅
86	2.12 ₃₅
87	2.61 ₄₉
88	3.33 ₇₂

70. Photometrische Größenklassen und Intensitäten.

M	J	M	J	M	J
m		m		m	
−4.0	39.81	5.0	0.01 000	9.0	0.000 251
−3.5	25.12	1	00 912	2	000 209
−3.0	15.85	2	00 832	4	000 174
−2.5	10.00	3	00 759	6	000 145
−2.0	6.31	4	00 692	9.8	000 120
−1.5	3.98	5	00 631		
−1.0	2.51	6	00 575	10.0	0.000 100
−0.5	1.58	7	00 525	2	000 083
		8	00 479	4	000 069
0.0	1.000	5.9	00 436	6	000 058
2	0.832			10.8	000 048
4	692	6.0	0.00 398		
6	575	1	00 363	11.0	0.000 040
0.8	479	2	00 331	2	000 033
		3	00 302	4	000 028
1.0	0.398	4	00 275	6	000 023
2	331	5	00 251	11.8	000 019
4	275	6	00 229		
6	229	7	00 209	12.0	0.000 016
1.8	191	8	00 191	2	000 013
		6.9	00 174	4	000 011
2.0	0.158			6	000 009
2	132	7.0	0.00 158	12.8	000 008
4	110	1	00 145		
6	091	2	00 132	13.0	0.000 006
2.8	076	3	00 120	2	000 005
		4	00 110	4	000 004
3.0	0.0631	5	00 100	6	000 004
2	0525	6	00 091	13.8	000 003
4	0437	7	00 083		
6	0363	8	00 076	14.0	0.000 003
3.8	0302	7.9	00 069	2	000 002
				4	000 002
4.0	0.0251	8.0	0.00 063	6	000 001
2	0209	2	00 052	14.8	000 001
4	0174	4	00 044		
6	0145	6	00 036	15.0	0.000 001
4.8	0120	8.8	00 030		
5.0	0.0100	9.0	0.00 025		

$$J = \frac{1}{2.512^M} \qquad \log J = -M \cdot 0.400 \qquad M = -2.5 \log J$$

71. Reduktion beobachteter Zeiten auf die Sonne. Scheinbare Sonnenlänge.

Mittl. Mittag Greenw. G	S	☉		log($\overset{m}{8.308}\cdot R$)		Mittl. Mittag Greenw.	☉		log($\overset{m}{8.308}\cdot R$)	
Jan. 0	1	279°26	10.20	0.9122	1	Juli 19	115°99	9.55	0.9265	4
10	11	289.46	10.18	9123	2	29	125.54	9.57	9261	6
20	21	299.64	10.17	9125	5	Aug. 8	135.11	9.61	9255	8
30	31	309.81	10.13	9130	7	18	144.72	9.64	9247	9
Febr. 9	10	319.94	10.11	9137	9	28	154.36	9.68	9238	10
19	20	330.05	10.05	0.9146	10	Sept. 7	164.04	9.74	0.9228	12
März 1	1	340.10	10.01	9156	12	17	173.78	9.78	9216	12
11		350.11	9.95	9168	12	27	183.56	9.85	9204	12
21		0.06	9.90	9180	12	Okt. 7	193.41	9.90	9192	13
31		9.96	9.84	9192	12	17	203.31	9.95	9179	12
Apr. 10		19.80	9.79	0.9204	12	27	213.26	10.01	0.9167	11
20		29.59	9.73	9216	12	Nov. 6	223.27	10.06	9156	10
30		39.32	9.69	9228	10	16	233.33	10.10	9146	9
Mai 10		49.01	9.64	9238	9	26	243.43	10.14	9137	7
20		58.65	9.60	9247	8	Dez. 6	253.57	10.17	9130	5
30		68.25	9.57	0.9255	6	16	263.74	10.18	0.9125	2
Juni 9		77.82	9.56	9261	4	26	273.92	10.19	9123	1
19		87.38	9.53	9265	2	36	284.11		9122	
29		96.91	9.54	9267	0					
Juli 9		106.45	9.54	9267	2					
19		115.99		0.9265						

Helioz. Zeit — Geoz. Zeit = $-\overset{m}{8.308}\cdot R \cos\beta \cos(\odot - \lambda)$

G Gemeinjahr   S Schaltjahr

Die Jahresverbesserung k siehe Tafel 1c, S. 74.

72. Dreistellige Logarithmentafel.
a) Additions- und Subtraktionslogarithmen.

A	B 0	1	2	3	4	5	6	7	8	9
7.	0.000	.001	.001	.001	.001	.001	.002	.002	.003	.003
8.0	0.004	.004	.005	.005	.005	.005	.005	.005	.005	.005
8.1	005	.006	.006	.006	.006	.006	.006	.006	.007	.007
8.2	.007	.007	.007	.007	.007	.008	.008	.008	.008	.008
8.3	.009	.009	.009	.009	.009	.010	.010	.010	.010	.011
8.4	.011	.011	.011	.012	.012	.012	.012	.013	.013	.013
8.5	0.014	.014	.014	.014	.015	.015	.015	.016	.016	.017
8.6	.017	.017	.018	.018	.019	.019	.019	.020	.020	.021
8.7	.021	.022	.022	.023	.023	.024	.024	.025	.025	.026
8.8	.027	.027	.028	.028	.029	.030	.030	.031	.032	.032
8.9	.033	.034	.035	.035	.036	.037	.038	.039	.040	.040
9.0	0.041	.042	.043	.044	.045	.046	.047	.048	.049	.050
9.1	.051	.053	.054	.055	.056	.057	.059	.060	.061	.063
9.2	.064	.065	.067	.068	.070	.071	.073	.074	.076	.077
9.3	.079	.081	.082	.084	.086	.088	.090	.091	.093	.095
9.4	.097	.099	.101	.104	.106	.108	.110	.112	.115	.117
9.5	0.119	.122	.124	.127	.129	.132	.135	.137	.140	.143
9.6	.146	.148	.151	.154	.157	.160	.163	.167	.170	.173
9.7	.176	.180	.183	.187	.190	.194	.197	.201	.205	.209
9.8	.212	.216	.220	.224	.228	.232	.237	.241	.245	.250
9.9	254	.258	.263	.267	.272	.277	.281	.286	.291	.296
0.0	0.301	.306	.311	.316	.321	.327	.332	.337	.343	.348
0.1	.354	.360	.365	.371	.377	.382	.388	.394	.400	.406
0.2	.412	.419	.425	.431	.437	.444	.450	.457	.463	.470
0.3	.476	.483	.490	.497	.503	.510	.517	.524	.531	.538
0.4	.546	.553	.560	.567	.575	.582	.589	.597	.604	.612
0.5	0.619	.627	.635	.642	.650	.658	.666	.674	.681	.689
0.6	.697	.705	.713	.721	.730	.738	.746	.754	.762	.771
0.7	.779	.787	.796	.804	.813	.821	.830	.838	.847	.855
0.8	.864	.873	.881	.890	.899	.907	.916	.925	.934	.943
0.9	.951	.960	.969	.978	.987	.996	*.005	*.014	*.023	*.032
1.0	1.041	.050	.060	.069	.078	.087	.096	.105	.115	.124
1.1	.133	.142	.152	.161	.170	.180	.189	.198	.208	.217
1.2	.227	.236	.245	.255	.264	.274	.283	.293	.302	.312
1.3	.321	.331	.340	.350	.359	.369	.379	.388	.398	.407
1.4	.417	.427	.436	.446	.455	.465	.475	.484	.494	.504
1.5	1.514	.523	.533	.543	.552	.562	.572	.582	.591	.601
1.6	*.611	.621	.630	.640	.650	.660	.669	.679	.689	.699
1.7	.709	.718	.728	.738	.748	.758	.767	.777	.787	.797
1.8	.807	.817	.827	.836	.846	.856	.866	.876	.886	.896
1.9	.905	.915	.925	.935	.945	.955	.965	.975	.985	.994
2.	2.004	.103	.203	.302	.402	.501	.601	.701	.801	.901
3.	3.000									
A	B 0	1	2	3	4	5	6	7	8	9

$\log a - \log b = A$
$\log (a + b) = \log b + B$

$\log a - \log b = B$
$\log (a - b) = \log b + A$

cpl $\log a = B$
$\log (1 - a) = \log a + A$

72. Dreistellige Logarithmentafel.
b) Logarithmen der Zahlen.

N.	L. 0	1	2	3	4	5	6	7	8	9
10	.000	.004	.009	.013	.017	.021	.025	.029	.033	.037
11	.041	.045	.049	.053	.057	.061	.064	.068	.072	.076
12	.079	.083	.086	.090	.093	.097	.100	.104	.107	.111
13	.114	.117	.121	.124	.127	.130	.134	.137	.140	.143
14	.146	.149	.152	.155	.158	.161	.164	.167	.170	.173
15	.176	.179	.182	.185	.188	.190	.193	.196	.199	.201
16	.204	.207	.210	.212	.215	.217	.220	.223	.225	.228
17	.230	.233	.236	.238	.241	.243	.246	.248	.250	.253
18	.255	.258	.260	.262	.265	.267	.270	.272	.274	.276
19	.279	.281	.283	.286	.288	.290	.292	.294	.297	.299
20	.301	.303	.305	.307	.310	.312	.314	.316	.318	.320
21	.322	.324	.326	.328	.330	.332	.334	.336	.338	.340
22	.342	.344	.346	.348	.350	.352	.354	.356	.358	.360
23	.362	.364	.365	.367	.369	.371	.373	.375	.377	.378
24	.380	.382	.384	.386	.387	.389	.391	.393	.394	.396
25	.398	.400	.401	.403	.405	.407	.408	.410	.412	.413
26	.415	.417	.418	.420	.422	.423	.425	.427	.428	.430
27	.431	.433	.435	.436	.438	.439	.441	.442	.444	.446
28	.447	.449	.450	.452	.453	.455	.456	.458	.459	.461
29	.462	.464	.465	.467	.468	.470	.471	.473	.474	.476
30	.477	.479	.480	.481	.483	.484	.486	.487	.489	.490
31	.491	.493	.494	.496	.497	.498	.500	.501	.502	.504
32	.505	.507	.508	.509	.511	.512	.513	.515	.516	.517
33	.519	.520	.521	.522	.524	.525	.526	.528	.529	.530
34	.531	.533	.534	.535	.537	.538	.539	.540	.542	.543
35	.544	.545	.547	.548	.549	.550	.551	.553	.554	.555
36	.556	.558	.559	.560	.561	.562	.563	.565	.566	.567
37	.568	.569	.571	.572	.573	.574	.575	.576	.577	.579
38	.580	.581	.582	.583	.584	.585	.587	.588	.589	.590
39	.591	.592	.593	.594	.595	.597	.598	.599	.600	.601
40	.602	.603	.604	.605	.606	.607	.609	.610	.611	.612
41	.613	.614	.615	.616	.617	.618	.619	.620	.621	.622
42	.623	.624	.625	.626	.627	.628	.629	.630	.631	.632
43	.633	.634	.635	.636	.637	.638	.639	.640	.641	.642
44	.643	.644	.645	.646	.647	.648	.649	.650	.651	.652
45	.653	.654	.655	.656	.657	.658	.659	.660	.661	.662
46	.663	.664	.665	.666	.667	.667	.668	.669	.670	.671
47	.672	.673	.674	.675	.676	.677	.678	.679	.679	.680
48	.681	.682	.683	.684	.685	.686	.687	.688	.688	.689
49	.690	.691	.692	.693	.694	.695	.695	.696	.697	.698
50	.699	.700	.701	.702	.702	.703	.704	.705	.706	.707
51	.708	.708	.709	.710	.711	.712	.713	.713	.714	.715
52	.716	.717	.718	.719	.719	.720	.721	.722	.723	.723
53	.724	.725	.726	.727	.728	.728	.729	.730	.731	.732
54	.732	.733	.734	.735	.736	.736	.737	.738	.739	.740
N.	L. 0	1	2	3	4	5	6	7	8	9

72. Dreistellige Logarithmentafel.

b) Logarithmen der Zahlen (Schluß).

N.	L. 0	1	2	3	4	5	6	7	8	9
55	.740	.741	.742	.743	.744	.744	.745	.746	.747	.747
56	.748	.749	.750	.751	.751	.752	.753	.754	.754	.755
57	.756	.757	.757	.758	.759	.760	.760	.761	.762	.763
58	.763	.764	.765	.766	.766	.767	.768	.769	.769	.770
59	.771	.772	.772	.773	.774	.775	.775	.776	.777	.777
60	.778	.779	.780	.780	.781	.782	.782	.783	.784	.785
61	.785	.786	.787	.787	.788	.789	.790	.790	.791	.792
62	.792	.793	.794	.794	.795	.796	.797	.797	.798	.799
63	.799	.800	.801	.801	.802	.803	.803	.804	.805	.806
64	.806	.807	.808	.808	.809	.810	.810	.811	.812	.812
65	.813	.814	.814	.815	.816	.816	.817	.818	.818	.819
66	.820	.820	.821	.822	.822	.823	.823	.824	.825	.825
67	.826	.827	.827	.828	.829	.829	.830	.831	.831	.832
68	.833	.833	.834	.834	.835	.836	.836	.837	.838	.838
69	.839	.839	.840	.841	.841	.842	.843	.843	.844	.844
70	.845	.846	.846	.847	.848	.848	.849	.849	.850	.851
71	.851	.852	.852	.853	.854	.854	.855	.856	.856	.857
72	.857	.858	.859	.859	.860	.860	.861	.862	.862	.863
73	.863	.864	.865	.865	.866	.866	.867	.867	.868	.869
74	.869	.870	.870	.871	.872	.872	.873	.873	.874	.874
75	.875	.876	.876	.877	.877	.878	.879	.879	.880	.880
76	.881	.881	.882	.883	.883	.884	.884	.885	.885	.886
77	.886	.887	.888	.888	.889	.889	.890	.890	.891	.892
78	.892	.893	.893	.894	.894	.895	.895	.896	.897	.897
79	.898	.898	.899	.899	.900	.900	.901	.901	.902	.903
80	.903	.904	.904	.905	.905	.906	.906	.907	.907	.908
81	.908	.909	.910	.910	.911	.911	.912	.912	.913	.913
82	.914	.914	.915	.915	.916	.916	.917	.918	.918	.919
83	.919	.920	.920	.921	.921	.922	.922	.923	.923	.924
84	.924	.925	.925	.926	.926	.927	.927	.928	.928	.929
85	.929	.930	.930	.931	.931	.932	.932	.933	.933	.934
86	.934	.935	.936	.936	.937	.937	.938	.938	.939	.939
87	.940	.940	.941	.941	.942	.942	.943	.943	.943	.944
88	.944	.945	.945	.946	.946	.947	.947	.948	.948	.949
89	.949	.950	.950	.951	.951	.952	.952	.953	.953	.954
90	.954	.955	.955	.956	.956	.957	.957	.958	.958	.959
91	.959	.960	.960	.960	.961	.961	.962	.962	.963	.963
92	.964	.964	.965	.965	.966	.966	.967	.967	.968	.968
93	.968	.969	.969	.970	.970	.971	.971	.972	.972	.973
94	.973	.974	.974	.975	.975	.975	.976	.976	.977	.977
95	.978	.978	.979	.979	.980	.980	.980	.981	.981	.982
96	.982	.983	.983	.984	.984	.985	.985	.985	.986	.986
97	.987	.987	.988	.988	.989	.989	.989	.990	.990	.991
98	.991	.992	.992	.993	.993	.993	.994	.994	.995	.995
99	.996	.996	.997	.997	.997	.998	.998	.999	.999	.000
N.	L. 0	1	2	3	4	5	6	7	8	9

72. Dreistellige Logarithmentafel.

c) Logarithmen der trigonometrischen Funktionen.

	sin	tang	cotg	cos			sin	tang	cotg	cos	
0°,0	—	—	—	0,000	90°,0	10°,0	9,240	9,246	0,754	9,993	80°,0
0,2	7,543	7,543	2,457	0,000	89,8	10,2	9,248	9,255	0,745	9,993	79,8
4	7,844 ³⁰¹	7,844 ³⁰¹	2,156	0,000	6	4	9,257	9,264	0,736	9,993	6
6	8,020 ¹⁷⁶	8,020 ¹⁷⁶	1,980	0,000	4	6	9,265	9,272	0,728	9,993	4
0,8	8,145 ¹²⁵	8,145 ¹²⁵	1,855	0,000	89,2	10,8	9,273	9,280	0,720	9,992	79,2
1,0	8,242 ⁹⁷	8,242 ⁹⁷	1,758	0,000	89,0	11,0	9,281	9,289	0,711	9,992	79,0
1,2	8,321 ⁷⁹	8,321 ⁷⁹	1,679	0,000	88,8	11,2	9,288	9,297	0,703	9,992	78,8
4	8,388 ⁶⁷	8,388 ⁶⁷	1,612	0,000	6	4	9,296	9,305	0,695	9,991	6
6	8,446 ⁵⁸	8,446 ⁵⁸	1,554	0,000	4	6	9,303	9,312	0,688	9,991	4
1,8	8,497 ⁵¹	8,497 ⁵¹	1,503	0,000	88,2	11,8	9,311	9,320	0,680	9,991	78,2
2,0	8,543 ⁴⁶	8,543 ⁴⁶	1,457	0,000	88,0	12,0	9,318	9,327	0,673	9,990	78,0
2,2	8,584 ⁴¹	8,585 ⁴²	1,415	0,000	87,8	12,2	9,325	9,335	0,665	9,990	77,8
4	8,622 ³⁸	8,622 ³⁷	1,378	0,000	6	4	9,332	9,342	0,658	9,990	6
6	8,657 ³⁵	8,657 ³⁵	1,343	0,000	4	6	9,339	9,349	0,651	9,989	4
2,8	8,689 ³²	8,689 ³²	1,311	9,999	87,2	12,8	9,345	9,356	0,644	9,989	77,2
3,0	8,719 ³⁰	8,719 ³⁰	1,281	9,999	87,0	13,0	9,352	9,363	0,637	9,989	77,0
3,2	8,747 ²⁸	8,747 ²⁸	1,253	9,999	86,8	13,2	9,359	9,370	0,630	9,988	76,8
4	8,773 ²⁶	8,774 ²⁷	1,226	9,999	6	4	9,365	9,377	0,623	9,988	6
6	8,798 ²⁵	8,799 ²⁵	1,201	9,999	4	6	9,371	9,384	0,616	9,988	4
3,8	8,821 ²³	8,822 ²³	1,178	9,999	86,2	13,8	9,378	9,390	0,610	9,987	76,2
4,0	8,844 ²³	8,845 ²³	1,155	9,999	86,0	14,0	9,384	9,397	0,603	9,987	76,0
4,2	8,865 ²¹	8,866 ²¹	1,134	9,999	85,8	14,2	9,390	9,403	0,597	9,987	75,8
4	8,885 ²⁰	8,886 ²⁰	1,114	9,999	6	4	9,396	9,410	0,590	9,986	6
6	8,904 ¹⁹	8,906 ²⁰	1,094	9,999	4	6	9,402	9,416	0,584	9,986	4
4,8	8,923 ¹⁹	8,924 ¹⁸	1,076	9,998	85,2	14,8	9,407	9,422	0,578	9,985	75,2
5,0	8,940 ¹⁷	8,942 ¹⁸	1,058	9,998	85,0	15,0	9,413	9,428	0,572	9,985	75,0
5,2	8,957 ¹⁷	8,959 ¹⁷	1,041	9,998	84,8	15,2	9,419	9,434	0,566	9,985	74,8
4	8,974 ¹⁵	8,976 ¹⁷	1,024	9,998	6	4	9,424	9,440	0,560	9,984	6
6	8,989 ¹⁶	8,991 ¹⁵	1,009	9,998	4	6	9,430	9,446	0,554	9,984	4
5,8	9,005 ¹⁴	9,007 ¹⁵	0,993	9,998	84,2	15,8	9,435	9,452	0,548	9,983	74,2
6,0	9,019 ¹⁴	9,022 ¹⁴	0,978	9,998	84,0	16,0	9,440	9,457	0,543	9,983	74,0
6,2	9,033 ¹⁴	9,036 ¹⁴	0,964	9,997	83,8	16,2	9,446	9,463	0,537	9,982	73,8
4	9,047 ¹³	9,050 ¹³	0,950	9,997	6	4	9,451	9,469	0,531	9,982	6
6	9,060 ¹³	9,063 ¹³	0,937	9,997	4	6	9,456	9,474	0,526	9,982	4
6,8	9,073 ¹³	9,076 ¹³	0,924	9,997	83,2	16,8	9,461	9,480	0,520	9,981	73,2
7,0	9,086 ¹²	9,089 ¹³	0,911	9,997	83,0	17,0	9,466	9,485	0,515	9,981	73,0
7,2	9,098 ¹²	9,102 ¹²	0,898	9,997	82,8	17,2	9,471	9,491	0,509	9,980	72,8
4	9,110 ¹¹	9,114 ¹¹	0,886	9,996	6	4	9,476	9,496	0,504	9,980	6
6	9,121 ¹²	9,125 ¹²	0,875	9,996	4	6	9,481	9,501	0,499	9,979	4
7,8	9,133 ¹¹	9,137 ¹¹	0,863	9,996	82,2	17,8	9,485	9,507	0,493	9,979	72,2
8,0	9,144 ¹⁰	9,148 ¹¹	0,852	9,996	82,0	18,0	9,490	9,512	0,488	9,978	72,0
8,2	9,154 ¹¹	9,159 ¹⁰	0,841	9,996	81,8	18,2	9,495	9,517	0,483	9,978	71,8
4	9,165 ¹⁰	9,169 ¹⁰	0,831	9,995	6	4	9,499	9,522	0,478	9,977	6
6	9,175 ¹⁰	9,180 ¹⁰	0,820	9,995	4	6	9,504	9,527	0,473	9,977	4
8,8	9,185 ⁹	9,190 ¹⁰	0,810	9,995	81,2	18,8	9,508	9,532	0,468	9,976	71,2
9,0	9,194 ¹⁰	9,200 ⁹	0,800	9,995	81,0	19,0	9,513	9,537	0,463	9,976	71,0
9,2	9,204 ⁹	9,209 ¹⁰	0,791	9,994	80,8	19,2	9,517	9,542	0,458	9,975	70,8
4	9,213 ⁹	9,219 ⁹	0,781	9,994	6	4	9,521	9,547	0,453	9,975	6
6	9,222 ⁹	9,228 ⁹	0,772	9,994	4	6	9,526	9,552	0,448	9,974	4
9,8	9,231 ⁹	9,237 ⁹	0,763	9,994	80,2	19,8	9,530	9,556	0,444	9,974	70,2
10,0	9,240	9,246	0,754	9,993	80,0	20,0	9,534	9,561	0,439	9,973	70,0
	cos	cotg	tang	sin			cos	cotg	tang	sin	

72. Dreistellige Logarithmentafel.
c) Logarithmen der trigonometrischen Funktionen (Fortsetzung).

	sin	tang	cotg	cos			sin	tang	cotg	cos	
20°.0	9.534	9.561	0.439	9.973	70°.0	**30°.0**	9.699	9.761	0.239	9.938	**60°.0**
20.2	9.538	9.566	0.434	9.972	69.8	30.2	9.702	9.765	0.235	9.937	59.8
4	9.542	9.570	0.430	9.972	6	4	9.704	9.768	0.232	9.936	6
6	9.546	9.575	0.425	9.971	4	6	9.707	9.772	0.228	9.935	4
20.8	9.550	9.580	0.420	9.971	69.2	30.8	9.709	9.775	0.225	9.934	59.2
21.0	9.554	9.584	0.416	9.970	**69.0**	**31.0**	9.712	9.779	0.221	9.933	**59.0**
21.2	9.558	9.589	0.411	9.970	68.8	31.2	9.714	9.782	0.218	9.932	58.8
4	9.562	9.593	0.407	9.969	6	4	9.717	9.786	0.214	9.931	6
6	9.566	9.598	0.402	9.968	4	6	9.719	9.789	0.211	9.930	4
21.8	9.570	9.602	0.398	9.968	68.2	31.8	9.722	9.792	0.208	9.929	58.2
22.0	9.574	9.606	0.394	9.967	**68.0**	**32.0**	9.724	9.796	0.204	9.928	**58.0**
22.2	9.577	9.611	0.389	9.967	67.8	32.2	9.727	9.799	0.201	9.927	57.8
4	9.581	9.615	0.385	9.966	6	4	9.729	9.803	0.197	9.927	6
6	9.585	9.619	0.381	9.965	4	6	9.731	9.806	0.194	9.926	4
22.8	9.588	9.624	0.376	9.965	67.2	32.8	9.734	9.809	0.191	9.925	57.2
23.0	9.592	9.628	0.372	9.964	**67.0**	**33.0**	9.736	9.813	0.187	9.924	**57.0**
23.2	9.595	9.632	0.368	9.963	66.8	33.2	9.738	9.816	0.184	9.923	56.8
4	9.599	9.636	0.364	9.963	6	4	9.741	9.819	0.181	9.922	6
6	9.602	9.640	0.360	9.962	4	6	9.743	9.822	0.178	9.921	4
23.8	9.606	9.644	0.356	9.961	66.2	33.8	9.745	9.826	0.174	9.920	56.2
24.0	9.609	9.649	0.351	9.961	**66.0**	**34.0**	9.748	9.829	0.171	9.919	**56.0**
24.2	9.613	9.653	0.347	9.960	65.8	34.2	9.750	9.832	0.168	9.918	55.8
4	9.616	9.657	0.343	9.959	6	4	9.752	9.836	0.164	9.917	6
6	9.619	9.661	0.339	9.959	4	6	9.754	9.839	0.161	9.915	4
24.8	9.623	9.665	0.335	9.958	65.2	34.8	9.756	9.842	0.158	9.914	55.2
25.0	9.626	9.669	0.331	9.957	**65.0**	**35.0**	9.759	9.845	0.155	9.913	**55.0**
25.2	9.629	9.673	0.327	9.957	64.8	35.2	9.761	9.848	0.152	9.912	54.8
4	9.632	9.677	0.323	9.956	6	4	9.763	9.852	0.148	9.911	6
6	9.636	9.680	0.320	9.955	4	6	9.765	9.855	0.145	9.910	4
25.8	9.639	9.684	0.316	9.954	64.2	35.8	9.767	9.858	0.142	9.909	54.2
26.0	9.642	9.688	0.312	9.954	**64.0**	**36.0**	9.769	9.861	0.139	9.908	**54.0**
26.2	9.645	9.692	0.308	9.953	63.8	36.2	9.771	9.864	0.136	9.907	53.8
4	9.648	9.696	0.304	9.952	6	4	9.773	9.868	0.132	9.906	6
6	9.651	9.700	0.300	9.951	4	6	9.775	9.871	0.129	9.905	4
26.8	9.654	9.703	0.297	9.951	63.2	36.8	9.777	9.874	0.126	9.903	53.2
27.0	9.657	9.707	0.293	9.950	**63.0**	**37.0**	9.779	9.877	0.123	9.902	**53.0**
27.2	9.660	9.711	0.289	9.949	62.8	37.2	9.781	9.880	0.120	9.901	52.8
4	9.663	9.715	0.285	9.948	6	4	9.783	9.883	0.117	9.900	6
6	9.666	9.718	0.282	9.948	4	6	9.785	9.887	0.113	9.899	4
27.8	9.669	9.722	0.278	9.947	62.2	37.8	9.787	9.890	0.110	9.898	52.2
28.0	9.672	9.726	0.274	9.946	**62.0**	**38.0**	9.789	9.893	0.107	9.897	**52.0**
28.2	9.674	9.729	0.271	9.945	61.8	38.2	9.791	9.896	0.104	9.895	51.8
4	9.677	9.733	0.267	9.944	6	4	9.793	9.899	0.101	9.894	6
6	9.680	9.737	0.263	9.943	4	6	9.795	9.902	0.098	9.893	4
28.8	9.683	9.740	0.260	9.943	61.2	38.8	9.797	9.905	0.095	9.892	51.2
29.0	9.686	9.744	0.256	9.942	**61.0**	**39.0**	9.799	9.908	0.092	9.891	**51.0**
29.2	9.688	9.747	0.253	9.941	60.8	39.2	9.801	9.911	0.089	9.889	50.8
4	9.691	9.751	0.249	9.940	6	4	9.803	9.915	0.085	9.888	6
6	9.694	9.754	0.246	9.939	4	6	9.804	9.918	0.082	9.887	4
29.8	9.696	9.758	0.242	9.938	60.2	39.8	9.806	9.921	0.079	9.886	50.2
30.0	9.699	9.761	0.239	9.938	**60.0**	**40.0**	9.808	9.924	0.076	9.884	**50.0**
	cos	cotg	tang	sin			cos	cotg	tang	sin	

72. Dreistellige Logarithmentafel.

c) Logarithmen der trigonometrischen Funktionen (Schluß).

	sin	tang	cotg	cos	
40°0	9.808	9.924	0.076	9.884	**50°0**
40.2	9.810	9.927	0.073	9.883	49.8
4	9.812	9.930	0.070	9.882	6
6	9.813	9.933	0.067	9.880	4
40.8	9.815	9.936	0.064	9.879	49.2
41.0	9.817	9.939	0.061	9.878	**49.0**
41.2	9.819	9.942	0.058	9.876	48.8
4	9.820	9.945	0.055	9.875	6
6	9.822	9.948	0.052	9.874	4
41.8	9.824	9.951	0.049	9.872	48.2
42.0	9.826	9.954	0.046	9.871	**48.0**
42.2	9.827	9.957	0.043	9.870	47.8
4	9.829	9.961	0.039	9.868	6
6	9.831	9.964	0.036	9.867	4
42.8	9.832	9.967	0.033	9.866	47.2
43.0	9.834	9.970	0.030	9.864	**47.0**
43.2	9.835	9.973	0.027	9.863	46.8
4	9.837	9.976	0.024	9.861	6
6	9.839	9.979	0.021	9.860	4
43.8	9.840	9.982	0.018	9.858	46.2
44.0	9.842	9.985	0.015	9.857	**46.0**
44.2	9.843	9.988	0.012	9.855	45.8
4	9.845	9.991	0.009	9.854	6
6	9.846	9.994	0.006	9.852	4
44.8	9.848	9.997	0.003	9.851	45.2
45.0	9.849	0.000	0.000	9.849	**45.0**
	cos	cotg	tang	sin	

72. Dreistellige Logarithmentafel.

d) Logarithmen der trigonometrischen Funktionen der in Zeit ausgedrückten Winkel.

0^h	sin	tang	cotg	cos	5^h	0^h	sin	tang	cotg	cos	5^h
0^m	—	—	—	0,000	60^m	30^m	9,116	9,119	0,881	9,996	30^m
1	7,640 ₃₀₁	7,640 ₃₀₁	2,360	0,000	59	31	9,130 ¹⁴	9,134 ¹⁵	0,866	9,996	29
2	7,941 ₁₇₆	7,941 ₁₇₆	2,059	0,000	58	32	9,144 ¹⁴	9,148 ¹⁴	0,852	9,996	28
3	8,117 ₁₂₅	8,117 ₁₂₅	1,883	0,000	57	33	9,157 ¹³	9,161 ¹³	0,839	9,995	27
4	8,242	8,242	1,758	0,000	56	34	9,170 ¹³	9,174 ¹³	0,826	9,995	26
	97	97					12	13			
5	8,339 ₇₉	8,339 ₇₉	1,661	0,000	55	35	9,182 ¹²	9,187 ¹³	0,813	9,995	25
6	8,418 ₆₇	8,418 ₆₇	1,582	0,000	54	36	9,194 ¹²	9,200 ¹²	0,800	9,995	24
7	8,485 ₅₈	8,485 ₅₈	1,515	0,000	53	37	9,206 ¹²	9,212 ¹²	0,788	9,994	23
8	8,543 ₅₁	8,543 ₅₁	1,457	0,000	52	38	9,218 ¹²	9,224 ¹²	0,776	9,994	22
9	8,594	8,594	1,406	0,000	51	39	9,229 ¹¹	9,235 ¹¹	0,765	9,994	21
	46	46					11	11			
10	8,640 ₄₁	8,640 ₄₂	1,360	0,000	50	40	9,240 ₁₀	9,246 ₁₁	0,754	9,993	20
11	8,681 ₃₈	8,682 ₃₇	1,318	9,999	49	41	9,250 ₁₁	9,257 ₁₁	0,743	9,993	19
12	8,719 ₃₅	8,719 ₃₅	1,281	9,999	48	42	9,261 ₁₀	9,268 ₁₀	0,732	9,993	18
13	8,754 ₃₂	8,754 ₃₂	1,246	9,999	47	43	9,271 ₁₀	9,278 ₁₀	0,722	9,992	17
14	8,786	8,786	1,214	9,999	46	44	9,281	9,289	0,711	9,992	16
	30	31					9	10			
15	8,816 ₂₈	8,817 ₂₈	1,183	9,999	45	45	9,290 ₁₀	9,299 ₉	0,701	9,992	15
16	8,844 ₂₆	8,845 ₂₆	1,155	9,999	44	46	9,300 ₉	9,308 ₁₀	0,692	9,991	14
17	8,870 ₂₅	8,871 ₂₅	1,129	9,999	43	47	9,309 ₉	9,318 ₉	0,682	9,991	13
18	8,895 ₂₃	8,896 ₂₄	1,104	9,999	42	48	9,318 ₉	9,327 ₁₀	0,673	9,990	12
19	8,918	8,920	1,080	9,999	41	49	9,327	9,337	0,663	9,990	11
	22	22					8	9			
20	8,940 ₂₁	8,942 ₂₁	1,058	9,998	40	50	9,335 ₉	9,346 ₉	0,654	9,990	10
21	8,961 ₂₁	8,963 ₂₁	1,037	9,998	39	51	9,344 ₈	9,355 ₈	0,645	9,989	9
22	8,982 ₁₉	8,984 ₁₉	1,016	9,998	38	52	9,352 ₈	9,363 ₉	0,637	9,989	8
23	9,001 ₁₈	9,003 ₁₉	0,997	9,998	37	53	9,360 ₈	9,372 ₈	0,628	9,988	7
24	9,019	9,022	0,978	9,998	36	54	9,368	9,380	0,620	9,988	6
	18	17					8	9			
25	9,037 ₁₇	9,039 ₁₈	0,961	9,997	35	55	9,376 ₈	9,389 ₈	0,611	9,987	5
26	9,054 ₁₆	9,057 ₁₆	0,943	9,997	34	56	9,384 ₇	9,397 ₈	0,603	9,987	4
27	9,070 ₁₆	9,073 ₁₆	0,927	9,997	33	57	9,391 ₈	9,405 ₈	0,595	9,986	3
28	9,086 ₁₅	9,089 ₁₆	0,911	9,997	32	58	9,399 ₇	9,413 ₇	0,587	9,986	2
29	9,101	9,105	0,895	9,997	31	59	9,406	9,420	0,580	9,985	1
	15	14					7	8			
30	9,116	9,119	0,881	9,996	30	60	9,413	9,428	0,572	9,985	0
0^h	cos	cotg	tang	sin	5^h	0^h	cos	cotg	tang	sin	5^h

72. Dreistellige Logarithmentafel.

d) Logarithmen der trigonometrischen Funktionen der in Zeit ausgedrückten Winkel (Fortsetzung).

1ʰ	sin	tang	cotg	cos	4ʰ	1ʰ	sin	tang	cotg	cos	4ʰ
0ᵐ	9.413 ₇	9.428 ₈	0.572	9.985	60ᵐ	30ᵐ	9.583 ₄	9.617 ₆	0.383	9.966	30ᵐ
1	9.420 ₇	9.436 ₇	0.564	9.984	59	31	9.587 ₅	9.623 ₅	0.377	9.965	29
2	9.427 ₇	9.443 ₇	0.557	9.984	58	32	9.592 ₄	9.628 ₅	0.372	9.964	28
3	9.434 ₆	9.450 ₇	0.550	9.983	57	33	9.596 ₅	9.633 ₅	0.367	9.963	27
4	9.440 ₇	9.457 ₈	0.543	9.983	56	34	9.601 ₄	9.638 ₅	0.362	9.962	26
5	9.447 ₆	9.465 ₇	0.535	9.982	55	35	9.605 ₄	9.643 ₆	0.357	9.962	25
6	9.453 ₇	9.472 ₇	0.528	9.982	54	36	9.609 ₅	9.649 ₅	0.351	9.961	24
7	9.460 ₆	9.479 ₆	0.521	9.981	53	37	9.614 ₄	9.654 ₅	0.346	9.960	23
8	9.466 ₆	9.485 ₇	0.515	9.981	52	38	9.618 ₄	9.659 ₅	0.341	9.959	22
9	9.472 ₆	9.492 ₇	0.508	9.980	51	39	9.622 ₄	9.664 ₅	0.336	9.958	21
10	9.478 ₆	9.499 ₆	0.501	9.979	50	40	9.626 ₄	9.669 ₅	0.331	9.957	20
11	9.484 ₆	9.505 ₇	0.495	9.979	49	41	9.630 ₄	9.674 ₄	0.326	9.956	19
12	9.490 ₆	9.512 ₆	0.488	9.978	48	42	9.634 ₄	9.678 ₅	0.322	9.955	18
13	9.496 ₅	9.518 ₇	0.482	9.978	47	43	9.638 ₄	9.683 ₅	0.317	9.955	17
14	9.501 ₆	9.525 ₆	0.475	9.977	46	44	9.642 ₄	9.688 ₅	0.312	9.954	16
15	9.507 ₆	9.531 ₆	0.469	9.976	45	45	9.646 ₄	9.693 ₅	0.307	9.953	15
16	9.513 ₅	9.537 ₆	0.463	9.976	44	46	9.650 ₃	9.698 ₄	0.302	9.952	14
17	9.518 ₅	9.543 ₆	0.457	9.975	43	47	9.653 ₄	9.702 ₅	0.298	9.951	13
18	9.523 ₆	9.549 ₆	0.451	9.974	42	48	9.657 ₄	9.707 ₅	0.293	9.950	12
19	9.529 ₅	9.555 ₆	0.445	9.974	41	49	9.661 ₃	9.712 ₄	0.288	9.949	11
20	9.534 ₅	9.561 ₆	0.439	9.973	40	50	9.664 ₄	9.716 ₅	0.284	9.948	10
21	9.539 ₅	9.567 ₆	0.433	9.972	39	51	9.668 ₄	9.721 ₅	0.279	9.947	9
22	9.544 ₅	9.573 ₅	0.427	9.972	38	52	9.672 ₃	9.726 ₄	0.274	9.946	8
23	9.549 ₅	9.578 ₆	0.422	9.971	37	53	9.675 ₄	9.730 ₅	0.270	9.945	7
24	9.554 ₅	9.584 ₆	0.416	9.970	36	54	9.679 ₃	9.735 ₄	0.265	9.944	6
25	9.559 ₅	9.590 ₅	0.410	9.969	35	55	9.682 ₄	9.739 ₅	0.261	9.943	5
26	9.564 ₅	9.595 ₆	0.405	9.969	34	56	9.686 ₃	9.744 ₄	0.256	9.942	4
27	9.569 ₅	9.601 ₅	0.399	9.968	33	57	9.689 ₃	9.748 ₅	0.252	9.941	3
28	9.574 ₅	9.606 ₆	0.394	9.967	32	58	9.692 ₄	9.753 ₄	0.247	9.940	2
29	9.578 ₅	9.612 ₅	0.388	9.966	31	59	9.696 ₃	9.757 ₄	0.243	9.939	1
30	9.583	9.617	0.383	9.966	30	60	9.699	9.761	0.239	9.938	0
1ʰ	cos	cotg	tang	sin	4ʰ	1ʰ	cos	cotg	tang	sin	4ʰ

72. Dreistellige Logarithmentafel.

d) Logarithmen der trigonometrischen Funktionen der in Zeit ausgedrückten Winkel (Schluß).

2^h	sin	tang	cotg	cos	3^h	2^h	sin	tang	cotg	cos	3^h
0^m	9.699 ₃	9.761 ₅	0.239	9.938	60^m	30^m	9.784 ₃	9.885 ₄	0.115	9.899	30^m
1	9.702 ₃	9.766 ₅	0.234	9.936	59	31	9.787 ₃	9.889 ₄	0.111	9.898	29
2	9.705 ₃	9.770 ₄	0.230	9.935	58	32	9.789 ₂	9.893 ₄	0.107	9.897	28
3	9.709 ₄	9.774 ₄	0.226	9.934	57	33	9.792 ₃	9.897 ₄	0.103	9.895	27
4	9.712 ₃	9.779 ₅	0.221	9.933	56	34	9.794 ₃	9.901 ₄	0.099	9.894	26
5	9.715 ₃	9.783 ₄	0.217	9.932	55	35	9.797 ₂	9.904 ₃	0.096	9.892	25
6	9.718 ₃	9.787 ₄	0.213	9.931	54	36	9.799 ₂	9.908 ₄	0.092	9.891	24
7	9.721 ₃	9.792 ₅	0.208	9.930	53	37	9.801 ₂	9.912 ₄	0.088	9.889	23
8	9.724 ₃	9.796 ₄	0.204	9.928	52	38	9.804 ₃	9.916 ₄	0.084	9.887	22
9	9.727 ₃	9.800 ₄	0.200	9.927	51	39	9.806 ₂	9.920 ₄	0.080	9.886	21
10	9.730 ₃	9.804 ₄	0.196	9.926	50	40	9.808 ₂	9.924 ₄	0.076	9.884	20
11	9.733 ₃	9.808 ₄	0.192	9.925	49	41	9.810 ₂	9.928 ₄	0.072	9.883	19
12	9.736 ₃	9.813 ₅	0.187	9.924	48	42	9.813 ₂	9.931 ₃	0.069	9.881	18
13	9.739 ₃	9.817 ₄	0.183	9.922	47	43	9.815 ₂	9.935 ₄	0.065	9.879	17
14	9.742 ₃	9.821 ₄	0.179	9.921	46	44	9.817 ₂	9.939 ₄	0.061	9.878	16
15	9.745 ₃	9.825 ₄	0.175	9.920	45	45	9.819 ₂	9.943 ₄	0.057	9.876	15
16	9.748 ₂	9.829 ₄	0.171	9.919	44	46	9.821 ₂	9.947 ₄	0.053	9.874	14
17	9.750 ₃	9.833 ₄	0.167	9.917	43	47	9.823 ₃	9.951 ₃	0.049	9.873	13
18	9.753 ₃	9.837 ₄	0.163	9.916	42	48	9.826 ₂	9.954 ₄	0.046	9.871	12
19	9.756 ₃	9.841 ₄	0.159	9.915	41	49	9.828 ₂	9.958 ₄	0.042	9.869	11
20	9.759 ₂	9.845 ₄	0.155	9.913	40	50	9.830 ₂	9.962 ₄	0.038	9.868	10
21	9.761 ₃	9.849 ₄	0.151	9.912	39	51	9.832 ₂	9.966 ₄	0.034	9.866	9
22	9.764 ₃	9.853 ₄	0.147	9.911	38	52	9.834 ₂	9.970 ₃	0.030	9.864	8
23	9.767 ₂	9.857 ₄	0.143	9.909	37	53	9.836 ₂	9.973 ₄	0.027	9.862	7
24	9.769 ₃	9.861 ₄	0.139	9.908	36	54	9.838 ₂	9.977 ₄	0.023	9.861	6
25	9.772 ₂	9.865 ₄	0.135	9.907	35	55	9.840 ₂	9.981 ₄	0.019	9.859	5
26	9.774 ₃	9.869 ₄	0.131	9.905	34	56	9.842 ₂	9.985 ₄	0.015	9.857	4
27	9.777 ₂	9.873 ₄	0.127	9.904	33	57	9.844 ₂	9.989 ₃	0.011	9.855	3
28	9.779 ₃	9.877 ₄	0.123	9.902	32	58	9.846 ₂	9.992 ₄	0.008	9.853	2
29	9.782 ₂	9.881 ₄	0.119	9.901	31	59	9.848 ₁	9.996 ₄	0.004	9.851	1
30	9.784	9.885	0.115	9.899	30	60	9.849·	0.000	0.000	9.849	0
2^h	cos	cotg	tang	sin	3^h	2^h	cos	cotg	tang	sin	3^h

73. Phasenwinkel.

Der Phasenwinkel spielt eine wichtige Rolle bei photometrischen Untersuchungen und Beobachtungen der Planeten, sei es ihres Gesamtlichtes, sei es ihrer Oberflächenelemente. In dem ebenen Dreieck Sonne – Planet – Erde nennt man den Winkel am Planeten den Phasenwinkel α, den man kaum je genauer als auf $\pm 0°2$ zu kennen braucht. Zu seiner bequemen Berechnung sind die kurzen Tafeln 73 entworfen, deren vorteilhafte Benutzung den Gebrauch des Rechenschiebers voraussetzt. Sie reichen hin zur Ableitung des Phasenwinkels α für alle oberen Planeten.

Folgende Formel liegt zugrunde. Sei

r der Radiusvektor des Planeten, d. h. sein Abstand von der Sonne,
Δ die Entfernung Planet – Erde,
R der Radiusvektor der Erde, d. h. die Strecke Sonne – Erde
  (Taf. 73 a),

so hat man

$$\sin\frac{\alpha}{2} = \frac{\tfrac{1}{2}\sqrt{1-\left(\frac{r-\Delta}{R}\right)^2}}{\sqrt{r\cdot\Delta}}\cdot R$$

Nun tabuliert man die Größe

$$E = \tfrac{1}{2}\sqrt{1-\left(\frac{r-\Delta}{R}\right)^2}$$

mit dem vom Rechenschieber leicht gelieferten Argument $\frac{r-\Delta}{R}$ (Taf. 73 b), bildet, wiederum am Rechenschieber, $\sqrt{r\cdot\Delta}$ und gewinnt durch eine weitere Einstellung des Schiebers den Wert

$$\sin\frac{\alpha}{2} = \frac{E}{\sqrt{r\cdot\Delta}}\cdot R,$$

mit dem man dem Täfelchen 73 c den gesuchten Winkel α entnimmt.

Beispiel. Juli 18.

r 2.133	$\frac{r-\Delta}{R}$ 0.707	$\sin\frac{\alpha}{2}$ 0.207
Δ 1.415	E 0.354	α 23°9
R 1.016	$\sqrt{r\cdot\Delta}$ 1.738	

73. Phasenwinkel.

a) Radiusvektor R der Erde.

Tag	R
Jan. 1	0.983 ₁
11	984 ₀
21	984 ₁
31	985 ₂
Febr. 10	987 ₂
20	0.989 ₂
März 2	991 ₃
12	994 ₃
22	0.997 ₃
April 1	1.000 ₂
11	1.002 ₃
21	005 ₃
Mai 1	008 ₂
11	010 ₂
21	012 ₂
31	1.014 ₁
Juni 10	015 ₁
20	016 ₁
30	017 ₀
Juli 10	017 ₁
20	1.016 ₁
30	015 ₁
Aug. 9	014 ₂
19	012 ₂
29	010 ₃
Sept. 8	1.007 ₂
18	005 ₃
28	1.002 ₃
Okt. 8	0.999 ₃
18	996 ₃
28	0.993 ₂
Nov. 7	991 ₃
17	988 ₁
27	987 ₂
Dez. 7	985 ₁
17	0.984 ₁
27	983 ₀
37	983

$$\sin \tfrac{1}{2}\alpha = \frac{E}{\sqrt{r \cdot \varDelta}} \cdot R$$

b) $E = \tfrac{1}{2}\sqrt{1 - \left(\dfrac{r - \varDelta}{R}\right)^2}$

$\dfrac{r-\varDelta}{R}$	E	$\dfrac{r-\varDelta}{R}$	E
0.00	0.500 ₀	0.80	0.300 ₇
02	500 ₀	81	293 ₇
04	500 ₁	82	286 ₇
06	499 ₁	83	279 ₈
08	498 ₁	84	271 ₈
0.10	0.497 ₁	0.85	0.263 ₈
12	496 ₁	86	255 ₈
14	495 ₁	87	247 ₉
16	494 ₂	88	238 ₁₀
18	492 ₂	89	228 ₁₀
0.20	0.490 ₂	0.90	0.218 ₁₁
22	488 ₃	91	207 ₁₁
24	485 ₂	92	196 ₁₂
26	483 ₃	93	184 ₁₃
28	480 ₃	94	171 ₁₅
0.30	0.477 ₃	0.950	0.156 ₈
32	474 ₄	955	148 ₈
34	470 ₄	960	140 ₉
36	466 ₄	965	131 ₉
38	462 ₄	970	122 ₁₁
		975	111 ₁₁
0.40	0.458 ₄		
42	454 ₅	0.980	0.100 ₆
44	449 ₅	982	094 ₅
46	444 ₅	984	089 ₆
48	439 ₆	986	083 ₆
		988	077 ₇
0.50	0.433 ₆		
52	427 ₆	0.990	0.070 ₃
54	421 ₇	991	067 ₄
56	414 ₇	992	063 ₄
58	407 ₇	993	059 ₄
		994	055 ₅
0.60	0.400 ₈		
62	392 ₈	0.995	0.050 ₅
64	384 ₈	996	045 ₆
66	376 ₉	997	039 ₇
68	367 ₁₀	998	032 ₁₀
		999	022 ₂₂
0.70	0.357 ₁₀		
72	347 ₁₁	1.000	0.000
74	336 ₁₁		
76	325 ₁₂		
78	313 ₁₃		
0.80	0.300		

c) Sinus des halben Winkels.

$\sin \tfrac{1}{2}\alpha$	α
0.00	0°.0
01	1.1 ₁₁
02	2.3 ₁₂
03	3.4 ₁₁
04	4.6 ₁₂
0.05	5.7 ₁₁
06	6.9 ₁₂
07	8.0 ₁₁
08	9.2 ₁₂
09	10.3 ₁₁
0.10	11.5 ₁₂
11	12.6 ₁₁
12	13.8 ₁₂
13	14.9 ₁₁
14	16.1 ₁₂
0.15	17.3 ₁₂
16	18.4 ₁₁
17	19.6 ₁₂
18	20.7 ₁₁
19	21.9 ₁₂
0.20	23.1 ₁₁
21	24.2 ₁₂
22	25.4 ₁₂
23	26.6 ₁₂
24	27.8 ₁₂
0.25	29.0 ₁₁
26	30.1 ₁₂
27	31.3 ₁₂
28	32.5 ₁₂
29	33.7 ₁₂
0.30	34.9 ₁₂
31	36.1 ₁₂
32	37.3 ₁₂
33	38.5 ₁₃
34	39.8 ₁₂
0.35	41.0 ₁₂
36	42.2 ₁₂
37	43.4 ₁₃
38	44.7 ₁₂
39	45.9 ₁₃
0.40	47.2

74. Wahrscheinlichkeitsintegral.

Das Wahrscheinlichkeitsintegral

$$\Theta(t) = \frac{2}{\sqrt{\pi}} \int_0^t e^{-t^2} dt$$

besitzt eine große Bedeutung in Statistik und Wahrscheinlichkeitsrechnung und in der Physik, z. B. in Refraktions- und Wärmetheorie. Das Integral $\Theta(t)$ ist die Wahrscheinlichkeit dafür, daß ein positiver oder negativer Fehler zwischen die absoluten Grenzen 0 und t fällt. Bei physikalischen Untersuchungen bleibt der konstante Faktor $\frac{2}{\sqrt{\pi}} = 1.128\,379\,[0.052\,455]$ meist fort.

Die Tafel des Integrals $\Theta(t)$ wird hier mit dem Argument t auf 3 Stellen genau derart gegeben, daß sie für alle stellarstatistischen Zwecke ausreichend und bequem ist.

$$\Theta(t) = \frac{2}{\sqrt{\pi}} \int_0^t e^{-t^2} dt$$

t	Θ 0	1	2	3	4	5	6	7	8	9
0.0	0.000	0.011	0.023	0.034	0.045	0.056	0.068	0.079	0.090	0.101
0.1	112	124	135	146	157	168	179	190	201	212
0.2	223	234	244	255	266	276	287	297	308	318
0.3	329	339	349	359	369	379	389	399	409	419
0.4	428	438	447	457	466	475	485	494	503	512
0.5	0.520	0.529	0.538	0.546	0.555	0.563	0.572	0.580	0.588	0.596
0.6	604	612	619	627	635	642	649	657	664	671
0.7	678	685	691	698	705	711	718	724	730	736
0.8	742	748	754	760	765	771	776	781	787	792
0.9	797	802	807	812	816	821	825	830	834	839
1.0	0.843	0.847	0.851	0.855	0.859	0.862	0.866	0.870	0.873	0.877
1.1	880	884	887	890	893	896	899	902	905	908
1.2	910	913	916	918	921	923	925	928	930	932
1.3	934	936	938	940	942	944	946	947	949	951
1.4	952	954	955	957	958	960	961	962	964	965
1.5	0.966	0.967	0.968	0.970	0.971	0.972	0.973	0.974	0.975	0.975
1.6	976	977	978	979	980	980	981	982	982	983
1.7	984	984	985	986	986	987	987	988	988	989
1.8	989	990	990	990	991	991	991	992	992	992
1.9	993	993	993	994	994	994	994	995	995	995
2.0	0.995	0.996	0.996	0.996	0.996	0.996	0.996	0.997	0.997	0.997
2.1	997	997	997	997	998	998	998	998	998	998
2.2	998	998	998	998	998	999	999	999	999	999
2.3	999	999	999	999	999	999	999	0.999	0.999	0.999
2.4	999	999	999	999	999	999	999	1.000	1.000	1.000

t	Θ	t	Θ
2.5	0.999 59	3.0	0.999 978
2.6	999 76	3.1	999 988
2.7	999 87	3.2	999 994
2.8	999 92	3.3	999 997
2.9	999 96	3.4	999 998
3.0	0.999 978	3.5	0.999 999
		3.6	1.000 000

Alphabetisches Register.

Angegeben sind die Seitenzahlen.

Aberration in Distanz 27, 150.
Aberration in Positionswinkel 27, 149.
Aberrationskonstante 55.
Abplattung der Erde 28, 34.
Abplattung der Erde, Verbesserung einer Monddistanz wegen — 16, 131.
Additions- und Subtraktionslogarithmen 221.
Anomalie, exzentrische, in der Ellipse 44, 209.
Anomalie, wahre, in der Ellipse 209.
Anomalie, wahre, in der Parabel für große Anomalieen 40, 41, 177.
Anomalie, wahre, in parabelnahen Bahnen 42, 178.
Anomalie, wahre, in der parabolischen Bewegung 40, 174.
Apheldistanz 212.
Äquatorkonstanten, Gaußsche 210.
Äquatorradius der Erde 28, 55.
Astronomische Konstanten 55, 196.
Auf- und Untergang, Refraktion bei — 5.
Ausdehnungskoeffizient der Luft 35.
Ausdehnungskoeffizienten, lineare 35, 162.
Ausgleichungsrechnung 56, 198.
Azimut aus Distanzmessung 200.
Azimut für ein beliebiges Gestirn (Zeitazimut) 11, 115.
Azimut des Polarsterns 10, 111, 113.
Azimut, Sphäroidische Übertragung in — 29, 30, 154.
Azimutberechnung 200.

Bahnlage, Umwandlung der — 211.
Bahnverbesserung für große Exzentrizitäten (Th. v. Oppolzer) 51.
Barkersche Tafel 40.
Barometerskalen, Verwandlung der — 86.
Barometrische Höhenmessung 35, 163.
Barometrische Höhenmessung, logarithmische Rechnung 38, 169.
Barometrische Höhenmessung, Näherungsformel 37, 168.
Barometrische Höhenmessung, verschiedene Konstanten der Laplaceschen Formel 35, 38.
Beobachtungsfehler, Theorie der — 55, 197.

Besselsche Refraktion 6, 90; genäherte Formel 15.
Bessels Interpolationsformel 53, 193.
Bogenmaß in Zeitmaß 75.
Breite aus Polariszenitdistanzen 9, 107.
Breite, Sphäroidische Übertragung in — 29, 30, 154.
Breitenbestimmung 199.

Deklination der Sonne 65.
Dezimalteile des Tages 79.
Differenzialquotienten für große Exzentrizitäten (Th. v. Oppolzer) 51, 191.
Differenzialquotienten in der Parabel 49, 188.
Differenzielle Präzession in Positionswinkel 26, 146.
Differenzielle Präzession in Rektaszension und Deklination 26, 139.
Distanz, Aberration in — 27, 150.
Distanz, Berechnung der scheinbaren — zweier Gestirne aus AR und Decl. 20.
Distanz naher Sterne 24, 135.
Distanz, Refraktion in — 7, 15.

Elementenkorrektionen, Übergang auf die — 50.
Elfords Methode (Monddistanzen) 14.
Ellipsoidische Erdfigur 28, 152.
Enckes f-Tafel 48, 187.
Erde, Abplattung 28, 34.
Erde, Äquatorradius 28, 55.
Erde, Dimensionen 34, 160.
Erde, Radiusvektor der Bahn 231.
Erdfigur, ellipsoidische 28, 152.
Erdoberfläche, Flächenwert 160.
Erdoberfläche, Formel 34.
Erdquadrant, Formel 34.
Erdquadrant, Länge 160.
Erdradius 152.
Erdradius, Verbesserung wegen Seehöhe 28.
Erster Vertikal, Stundenwinkel und Zenitdistanz 5, 82, 84.
Eulersche Gleichung 45, 183.
Extinktion 61, 218.

Exzentrische Anomalie für e < 0.25 44, 182.
Exzentrische Anomalie für e < 0.6 44, 182.
Exzentrizitätswinkel der Erdbahn 55.

f-Tafel, Enckes 48, 187.
Fehleranzahl 58.
Fehlerrechnung 55, 197.
Fehlerverteilung 58.
Feuchtigkeit bei barometrischer Höhenmessung 36, 164.

Gaußsche Äquatorkonstanten 210.
Gaußsche Fehlerverteilung 58.
Gaußsche Tafel der wahren Anomalie in der Parabel 40.
Geodätische Linie 31.
Geozentrische Breite 28, 152.
Geozentrischer Ort 210.
Geozentrische Zeit 62, 220.
Grade und Minuten, Verwandlung in Sekunden 89.
Greenwichzeit aus Monddistanzen 20.
Größenklassen, photometrische 61, 219.
Große Planeten, Massen 49.
Große Planeten, Störungsfaktoren 49.

Halbe Tagbogen 80.
Heliozentrische Koordinaten 210, 212.
Heliozentrischer Ort 212.
Heliozentrische Zeit 62, 220.
Höhe, Berechnung der scheinbaren — aus φ, δ, t 18, 199.
Höhenazimut 200.
Höhenformel 18, 199.
Höhenmessung, barometrische 35, 163.
Höhenparallaxe des Mondes 127.
Höhenparallaxe der Planeten 106.
Höhenparallaxe, Verbesserung der — des Mondes 19.
Höhenparallaxe der Sonne 106.
Horizontalparallaxe des Mondes, Korrektion der — 14.

Jahresanfang, Verbesserung wegen — 3, 74.
Immerwährende Sonnenephemeride 3, 65.
Intensitäten, photometrische 61, 219.
Interpolation 53.
Interpolation in die Mitte 54.
Interpolation nach Bessel 53, 193.
Interpolation nach Newton 53, 194.
Interpolationsfaktoren für Minutenteilung 33, 158.
Julianische Periode 39, 172.
Julianisches Jahr 196.

Keplersche Gleichung, Auflösung der — 44, 182.
Kimmtiefe 7, 99.

Kimmtiefe, Verbesserung wegen Temperatur 8, 99.
Konstanten, astronomische 55, 196.
Konstanten der barometrischen Höhenmessung 35, 38.
Konstanten, mathematische 196.
Koordinaten, Verwandlung der — 209.

Länge, Berechnung aus Monddistanzen 20.
Länge, scheinbare, der Sonne 62, 220.
Länge, sphäroidische Übertragung in — 29, 30, 154.
Längenbestimmung 204.
Laplacesche Formel der barometrischen Höhenmessung 35.
Lichtgeschwindigkeit 55, 196.
Lichtjahr 196.
Logarithmen, dreistellige 221, 222.
Logarithmentafeln, empfehlenswerte V.
Luft, Ausdehnungskoeffizient 35.
Luftdruck und Siedetemperatur des Wassers 39.

m-Tafel 8, 100.
Massen der großen Planeten 49.
Maßvergleichungen 34, 162.
Mathematische Konstanten 196.
Meridian, Reduktion in Zenitdistanz auf den — 8, 100.
Meridianbogen vom Äquator bis zur Breite φ 33, 157.
Meridianquadrant der Erde, Formel 34.
Methode der kleinsten Quadrate 55, 197, 198.
Mittlere Refraktion 90.
Mittlere Zeit in Sternzeit 77.
Mond, Höhenparallaxe 127.
Mond, Verbesserung der Höhenparallaxe 18, 19.
Monddeklination, Reduktion auf den Normalpunkt 18.
Monddistanz 13.
Monddistanz, Ableitung der Greenwichzeit für eine — 19, 20.
Monddistanz, Ableitung der scheinbaren — 19.
Monddistanz, Einstellung eines Mondkraters 21.
Monddistanz, IV. Korrektion 15, 128.
Monddistanz, V. Korrektion 15, 130.
Monddistanz, VI. Korrektion (Verbesserung wegen Erdfigur) 16, 131.
Monddistanz, VII. Korrektion (Verbesserung wegen Sonnenparallaxe) 16, 132.
Monddistanz, Fehlereinflüsse 21.
Monddistanz, genäherte Reduktion 21, 133.
Monddistanz, Genauigkeit 13.
Monddistanz, Reduktion auf den Erdmittelpunkt 19.
Monddistanz, Reduktion einer — 17.
Monddistanz, Verbesserung wegen Abplattung 16, 131.

Monddistanz, Verbesserung wegen Gestirnsparallaxe 16, 132.
Mondparallaxe, Reduktion der — 121.
Mondradius, parallaktische Vergrößerung 14, 120.
G. Müllers Extinktion 61, 218.

n Tafel 8, 100.
Newtons Interpolationsformel 53, 194.
Normalpunkt des Beobachtungsortes 15.
Normalzeiten der wichtigeren Länder 161.

Oberfläche der Erde 34, 160.
Oppolzersche Hilfsgrößen 51, 191.
Ortsbestimmung, Formeln 199.

Parabel, wahre Anomalie in der — 40, 174, 177.
Parallaktische Faktoren 33, 159.
Parallaktische Glieder in Monddistanz 15, 16, 128, 130.
Parallaktischer Winkel am Gestirn (Formeln) 13, 14, 115.
Parallaxe in Rektaszension und Deklination 34, 159.
Parallaxe, mittlere, der Sonne 3, 55.
Parallaxe, Verbesserung einer Monddistanz wegen — des Gestirns 16, 17, 132.
Perihelzeit in parabelnahen Bahnen 43, 181.
Periode, Julianische 39, 172.
Perrins A-B-C-Tafel 12.
Phasenwinkel 230, 231.
Photometrische Größenklassen 61, 219.
Photometrische Intensitäten 61, 219.
Planeten, Höhenparallaxe 106.
Planeten, Massen der großen — 49.
Planeten, Störungsfaktoren der großen — 49.
Plato, Wallebene auf der Mondoberfläche, selenographische Koordinaten 21.
Polaris, Azimut 10, 111, 113.
Polaris, Polhöhe 9, 107.
Polhöhe aus Zenitdistanzen von Polaris 9, 107.
Polhöhenbestimmung 199.
Positionswinkel, Aberration in — 27, 149.
Positionswinkel, Präzession in — 26, 146.
Präzession, differenzielle, in AR und Dekl. 26, 139.
Präzession, genaue Berechnung für verschiedene Äquinoktien 24, 25, 138.
Präzession in Deklination 24, 137.
Präzession in Positionswinkel 26, 146.
Präzession in Rektaszension 24, 136.

Quecksilberbarometer, Reduktion auf 0^0 87.

Radaus Refraktion 59, 213.
Radiusvektor in der Ellipse 209.
Radiusvektor in der Parabel 40, 174.
Radiusvektor in parabelnahen Bahnen 42, 178.

Radiusvektor der Sonne 65, 231.
Reduktion auf den Meridian 8, 100.
Reduktion auf die Sonne 62, 220.
Reduktion des Quecksilberbarometers auf 0^0 87.
Reduktion der Sternzeit im mittleren Mittag 77.
Refraktion (Bessel-Gyldén) 5, 6, 90.
Refraktion als Funktion der wahren Zenitdistanz 6, 97.
Refraktion in Distanz für beliebige Abstände 15, 122, 123, 124.
Refraktion im Tagbogen 5.
Refraktion bei Okkultationsphänomenen 59, 207.
Refraktion nach Radau 59, 213.
Refraktion, Verbesserung wegen Luftdruck 92, 95, 126, 217.
Refraktion, Verbesserung wegen Lufttemperatur 91, 96, 125, 215, 216.
Refraktion, logarithmische Formel 5, 93.
Refraktion für Mikrometermessungen 6, 7, 98.
Refraktion, Verkürzung des Sonnen- und Mondradius durch — 121.
Refraktionstafel, logarithmische 5, 93.
Rektaszension der Sonne 65.

Sättigungsdrucke des Wasserdampfes 39, 171.
Scheinbare Sonnenlänge 62.
Schönfeldsche Hilfsgrößen 49.
Schreibers Hilfsgrößen (1) und (2), Nachweis von Tafeln 31.
Schwerekorrektion für Quecksilberbarometer 35, 163, 167.
Seehöhe, Verbesserung des $\log \varrho$ wegen — 28.
Sehne in der Parabel 45, 183.
Sektor zu Dreieck in der Ellipse 46, 184, 186.
Sektor zu Dreieck in der Hyperbel 46, 184, 186.
Sektor zu Dreieck in der Parabel 45, 183.
Siderisches Jahr, Änderung 55, 196.
Siedepunkte des Wassers und atmosphärischer Druck 39, 171.
Sonne, Deklination 65.
Sonne, Höhenparallaxe 106.
Sonne, mittlere Horizontalparallaxe 55.
Sonne, Radiusvektor der Bahn 65, 231.
Sonne, Rektaszension 65.
Sonnenephemeride 3, 65.
Sonnenhöhe, Stundenwinkel der größten — 9, 105.
Sonnenlänge 62, 220.
Sonnenparallaxe 3, 55, 74.
Sonnenparallaxe, mittlere 3, 55.
Sonnenradius 3, 65.
Sonnenradius, mittlerer 3.
Sonnentafeln (Stürmers) 4.
Spezielle Störungen 48.

Sphäroidische Übertragung von Breiten, Längen und Azimuten 29, 154.
Sphäroidische Übertragung, maximale Korrektionsglieder 31.
Sternbedeckung 204.
Sternzeit im mittleren Mittag 65, 77.
Sternzeit in mittlere Zeit 78.
Sternzeit, Reduktion der — im mittleren Mittag 77.
Störungen in den rechtwinkligen Koordinaten 48.
Störungsfaktoren der großen Planeten 49.
Stunden, Minuten, Sekunden in Dezimalteile des Tages 79.
Stundenwinkel im Ersten Vertikal 5, 82.
Stundenwinkel der größten Sonnenhöhe 9, 105

Tafeln 63.
Tag, Dezimalteile des — 79.
Tagbogen 4, 5, 80.
Tägliche Bewegung der Erde in der Bahn 55.
Temperatur bei barometrischer Höhenmessung 36.
Theoretische Astronomie, Formeln zur — 209.
Thermometerskalen, Verwandlung der — 86.
Tietjens Methoden für die Keplersche Gleichung 44, 182.
Transformation der Bahnlage 211.
Trigonometrische Funktionen, Logarithmen der — 224.
Tropisches Jahr, Änderung 55, 196.

Umlaufszeit 212.

Vergrößerung des Mondradius 14, 120.
Verhältnis Sektor zu Dreieck in der Parabel 45, 183.
Verhältnis Sektor zu Dreieck in Ellipse und Hyperbel 46, 184, 186.
Verkürzung des Sonnen- und Mondradius durch Refraktion 121.
Verwandlung von Graden und Minuten in Sekunden 89.
Verwandlung von Koordinaten 209.

Wahre Anomalie in der Ellipse 209.
Wahre Anomalie in der Parabel 40, 174.
Wahre Anomalie in der Parabel für große Anomalieen 40, 41, 177.
Wahre Anomalie in parabelnahen Bahnen 42, 178.
Wahrscheinlichkeitsintegral 232.
Wasserdampf, Sättigungsdrucke 39, 171.

Zeitazimut 11, 12, 115, 200.
Zeitbestimmung 199.
Zeitgleichung 65.
Zeitmaß in Bogenmaß 76.
Zeitreduktion auf die Sonne 62, 220.
Zenitdistanz, Berechnung aus φ, δ, t 18, 199.
Zenitdistanz im Ersten Vertikal 5, 84.
Zirkummeridianhöhen 8, 100.
Zirkummeridianzenitdistanzen 8, 100.
Zonenzeiten 161.

Berichtigungen.

Seite 6, Zeile 15 von oben statt 0_0 lies $0°$.
Seite 25, Zeile 3 von unten statt 25^m lies 52^m.
Seite 111, $t = 8^h\ 40^m\ \varphi = 46°$ statt 71 lies 73.

MIX
Papier aus verantwortungsvollen Quellen
Paper from responsible sources
FSC® C105338

If you have any concerns about our products,
you can contact us on
ProductSafety@springernature.com

In case Publisher is established outside the EU,
the EU authorized representative is:
**Springer Nature Customer Service Center GmbH
Europaplatz 3, 69115 Heidelberg, Germany**

Printed by Libri Plureos GmbH
in Hamburg, Germany